Digitale Personalauswahl und Eignungsdiagnostik

Uwe Peter Kanning · Marie L. Ohlms
Hrsg.

Digitale Personal- auswahl und Eignungsdiagnostik

Springer

Hrsg.
Uwe Peter Kanning
Wirtschafts-u Sozialwissenschaften
Hochschule Osnabrück
Osnabrück, Deutschland

Marie L. Ohlms
Arbeits- und Organisationspsychologie
Universität Ulm
Ulm, Deutschland

ISBN 978-3-662-68210-4 ISBN 978-3-662-68211-1 (eBook)
https://doi.org/10.1007/978-3-662-68211-1

Die Deutsche Nationalbibliothek verzeichnet diese Publikation in der Deutschen Nationalbibliografie; detaillierte bibliografische Daten sind im Internet über https://portal.dnb.de abrufbar.

Springer ist ein Imprint der eingetragenen Gesellschaft Springer-Verlag GmbH, DE und ist ein Teil von Springer Nature.
Die Anschrift der Gesellschaft ist: Heidelberger Platz 3, 14197 Berlin, Germany

Das Papier dieses Produkts ist recyclebar.

Vorwort

Die zunehmende Digitalisierung der Gesellschaft bringt es mit sich, dass auch Personalauswahlverfahren und eignungsdiagnostische Untersuchungen in Unternehmen immer stärker digitalisiert durchgeführt werden. Wie in anderen gesellschaftlichen Feldern so gilt jedoch auch hier, dass nicht alles technisch Mögliche am Ende auch sinnvoll ist.

Getragen von der Idee, dass Forschung einen gesellschaftlichen Nutzen bringen sollte, bewegt sich das vorliegende Buch an der Schnittstelle zwischen Forschung und Praxis. Zum einen geht es darum, den Forschungsstand kritisch zu reflektieren, zum anderen sollen hieraus Handlungsvorschläge für die Praxis abgeleitet werden.

Das vorliegende Buch gibt einen Einblick in die aktuelle Forschung zur digitalen Personalauswahl und Eignungsdiagnostik. Dabei werden alle Bausteine personaldiagnostischer Untersuchungen behandelt, vom Personalmarketing über die Vorauswahl von Bewerberinnen und Bewerbern auf der Basis von Online-Bewerbungsunterformularen, Videobewerbungen und Daten aus sozialen Netzwerken, gamifizierten Testverfahren und technikgestützten Einstellungsinterviews bis hin zum digitalen Assessment-Center. Darüber hinaus werden die Chancen und Risiken des Einsatzes künstlicher Intelligenz – etwa in Bezug auf die automatisierte Analyse von Internetdaten oder Sprachparametern im Einstellungsinterview – diskutiert und digitale Varianten der Leistungsbeurteilung reflektiert.

Die Analyse wird zeigen, dass trotz der inzwischen durchaus umfangreichen Forschung noch viele Fragen unbeantwortet bleiben. Daher werden zahlreiche Aufgaben für die weitere Forschung skizziert.

Überdies liefert das Buch viele praktische Tipps zur Umsetzung einer professionellen, digitalen Personaldiagnostik im betrieblichen Alltag.

Es richtet sich an all diejenigen, die sich in Studium, Forschung und Praxis mit Fragen der digitalen Personaldiagnostik beschäftigen und an einer evidenzbasierten Personalarbeit interessiert sind.

Uwe Peter Kanning
Osnabrück, Deutschland

Marie L. Ohms
Ulm, Deutschland

Inhaltsverzeichnis

Autorenverzeichnis

Johannes M. Basch Fakultät Wirtschaftswissenschaften, Hochschule Neu-Ulm, Neu-Ulm, Deutschland

Wolfgang Habermann Lautertal, Deutschland

Uwe Peter Kanning Fakultät Wirtschafts- und Sozialwissenschaften, Hochschule Osnabrück, Osnabrück, Deutschland

Franziska J. Kerle Bad Schönborn, Deutschland

Harriet Lingel Institut für Psychologie und Pädagogik, Abteilung Arbeits- und Organisationspsychologie, Universität Ulm, Ulm, Deutschland

Daniela Lohaus FB GW/Wirtschaftspsychologie, Hochschule Darmstadt, Darmstadt, Deutschland

Klaus G. Melchers Institut für Psychologie und Pädagogik, Abteilung Arbeits- und Organisationspsychologie, Universität Ulm, Ulm, Deutschland

Marie L. Ohlms Institut für Psychologie und Pädagogik, Abteilung Arbeits- und Organisationspsychologie, Universität Ulm, Ulm, Deutschland

Tina Uhle Uhle Unternehmensberatung GmbH, Hannover, Deutschland

Digitale Personalauswahl und Eignungsdiagnostik – Eine Einführung

Uwe Peter Kanning und Marie L. Ohlms

Inhaltsverzeichnis

U. P. Kanning, M. L. Ohlms (Hrsg.), *Digitale Personalauswahl und Eignungsdiagnostik*, https://doi.org/10.1007/978-3-662-68211-1_1

1

1.1 Aufgaben der Diagnostik im Personalmanagement

Mithilfe diagnostischer Methoden lassen sich im Personalmanagement sehr unterschiedliche Aufgaben erfüllen. ◘ Abb. 1.1 gibt einen Überblick (siehe auch Kanning, 2018a; Rosenstiel, 2000). Zu unterscheiden ist zwischen den Zielen und den Ansatzpunkten einer diagnostischen Maßnahme. Auf der Ebene der Ziele stellt sich die Frage, ob etwas ausgewählt oder entwickelt werden soll. Auf der Ebene der Ansatzpunkte geht es darum, was ausgewählt oder entwickelt werden soll – entweder Personen oder Arbeitsplätze.

Das erste Aufgabenfeld ist die *Personalauswahl.* Ziel der Personalauswahl ist es, auf dem Arbeitsmarkt eine Person zu finden, die den Anforderungen einer vakanten Stelle möglichst gut entspricht (Kanning, 2018a; Schuler, 2014a). Der erste Schritt hierzu wäre, die Durchführung einer Anforderungsanalyse (Schuler, 2014b), mit deren Hilfe die spezifischen Anforderungen der zu besetzenden Stelle an zukünftige Stelleninhaber/-innen definiert werden. Im zweiten Schritt folgen verschiedene Maßnahmen des Personalmarketings (Felser, 2010; Kanning, 2017; Moser & Sende, 2014). Üblicherweise werden in dieser Phase Stellenanzeigen geschaltet, ebenso möglich ist aber auch eine persönliche Ansprache potenziell geeigneter Personen durch Mitarbeitende des Arbeitgebers (Zottoli & Wanous, 2000) oder die gezielte Abwerbung von Fach- und Führungskräften aus anderen Unternehmen (Executive Search oder Headhunting; Hamori, 2010). Im Zuge der Vorauswahl gilt es, Bewerbungsunterlagen zu sichten und/oder Daten, die sich im Internet über Bewerbende finden lassen, richtig zu bewerten. Die Endauswahl erfolgt dann – je nach Komplexität des Auswahlverfahrens – auf der Basis von Leistungstests, Persönlichkeitsfragebögen, Einstellungsinterviews, Arbeitsproben und/oder Assessment-Centern (AC;

◘ **Abb. 1.1** Aufgabenfelder der Diagnostik im Personalmanagement

Kanning, 2018a; Schuler, 2014b). In fast allen hier skizzierten Prozessschritten der Personalauswahl spielt die Digitalisierung heute eine wichtige Rolle, wie im Folgenden erläutert wird.

Das zweite Ausgabenfeld ist die *Personalentwicklung*. Personaldiagnostische Methoden helfen hierbei zunächst, den individuellen Entwicklungsbedarf festzustellen (Kanning, 2014; Kauffeld, 2016). Hinweise auf sinnvolle Themen der individuellen Weiterentwicklung liefern beispielsweise die Regelbeurteilung durch Führungskräfte, die in vielen Unternehmen jährlich durchgeführt wird (Lohaus & Schuler, 2014; Kanning et al., 2013), oder anlassbezogene 360-Grad-Beurteilungen, mit deren Hilfe Stärken und Schwächen von Führungskräften aus verschiedenen Perspektiven (Selbstbild, Vorgesetztenbewertung, Bewertung durch Mitarbeitende, Kollegen/-innen, Kunden/-innen; Scherm, 2005) beleuchtet werden. Vergleichbar zum Assessment-Center setzen Potenzialanalysen verschiedene diagnostische Methoden (Testdiagnostik, Befragungstechnik, Verhaltensbeobachtung) ein, um zu untersuchen, von welchen Entwicklungsmaßnahmen Mitarbeitende profitieren könnten, um den nächsten Karriereschritt erfolgreich zu meistern. Diagnostische Methoden dienen jedoch nicht nur der Bestimmung des individuellen Weiterbildungsbedarfs, sondern helfen auch, den Erfolg von Entwicklungsmaßnahmen zu evaluieren. In vielen Feldern der Personalarbeit lässt sich eine zunehmende Digitalisierung feststellen (Tirrel et al., 2021). Im Rahmen des vorliegenden Buches beschränken wir uns auf die Digitalisierung der diagnostischen Verfahren, inklusive der Leistungsbeurteilung (► Kap. 10).

Das dritte Aufgabenfeld ist das der *Personalplatzierung*. Die eingesetzten diagnostischen Methoden entsprechen weitgehend denen, die auch im Zuge der Personalauswahl zum Einsatz kommen. Im Vergleich zur Personalauswahl verändert sich hier allerdings das Ziel des Vorgehens. In der Personalauswahl steht am Anfang ein Arbeitsplatz, den es zu besetzen gilt. Hierzu wird aus einer Gruppe von Bewerbenden die Person mit der besten Passung ausgesucht. Bei der Personalplatzierung steht die Mitarbeiterin bzw. der Mitarbeiter schon fest. Diesmal geht es darum, in einer Reihe von Arbeitsplätzen denjenigen zu identifizieren, der am besten zur jeweiligen Person passt. Personalplatzierungen werden vorgenommen, wenn beispielsweise nach einem erfolgreichen Trainee-Programm ein dauerhafter Arbeitsplatz gesucht wird, wenn aufgrund von Umstrukturierungsmaßnahmen alte Arbeitsplätze weggefallen sind oder nach einem längeren Ausstieg (z. B. aufgrund von Kindererziehung) ein neuer Arbeitsplatz gefunden werden muss. Neben der Passung im Hinblick auf fachliche und überfachliche Kompetenzen spielt bei der Personalplatzierung die Untersuchung von Arbeitsmotiven und Interessen eine wichtige Rolle (Kanning, 2016a).

Das vierte und letzte Aufgabenfeld ist das der *Organisationsentwicklung*. Im Gegensatz zur Personalentwicklung geht es hier nicht um die Veränderung der Kompetenzen von Mitarbeitenden, sondern um die Veränderung von Arbeitsplätzen, Organisationsstrukturen und -prozessen (Stegmaier, 2014, 2016). Dabei gibt es zahlreiche Aufgaben für die Personaldiagnostik (Felfe & Liepmann, 2008). Hierzu gehören beispielsweise die Durchführung von Befragungen der Belegschaft, um auf Schwachstellen des Unternehmens aufmerksam zu werden oder um die Arbeitszufriedenheit bzw. das Commitment zu erfassen. Vergleichbar zur Personaldiagnostik helfen diagnostische Methoden einerseits bei der Festlegung des Entwicklungsbedarfs und andererseits bei der Evaluation laufender oder bereits abgeschlossener Organisationsentwicklungsmaßnahmen.

1.2 Funktionen der Digitalisierung in der Personalauswahl und Eignungsdiagnostik

Der Begriff der Digitalisierung bedeutet im diagnostischen Prozess zunächst einmal nur, dass ein technisches Medium – insbesondere ein Computer – zum Einsatz kommt. Der Computer erfüllt dabei Aufgaben, die früher – wenn auch mitunter in einer deutlich reduzierteren Form – ein Mensch übernommen hat. Schauen wir uns zunächst den prototypischen Verlauf eines Personalauswahlprozesses an, ehe in einem zweiten Schritt auf die Besonderheiten der Digitalisierung in diesem Prozess eingegangen wird.

Die Grundlage einer guten Personalauswahl bildet eine *Anforderungsanalyse* (Schuler, 2014b). Mit ihrer Hilfe wird möglichst differenziert erfasst, welche Anforderungen ein bestimmter Arbeitsplatz an zukünftige Stelleninhaber/-innen stellt. Hierzu stehen sehr unterschiedliche Methoden zur Verfügung. Im einfachsten Fall benennt eine Person, die den Arbeitsplatz kennt, die Kompetenzen, die ihrer Meinung nach relevant sind (= intuitive Anforderungsanalyse, Schuler, 2014b). In der Regel handelt es sich hierbei um Vorgesetzte und/oder Beschäftigte der Personalabteilung (Kanning, 2016b). Deutlich differenzierter wäre ein arbeitsplatzanalytischer Zugang, bei dem mehrere Personen, die selbst den fraglichen Arbeitsplatz ausfüllen, mit einem standardisierten Fragebogen eine Einschätzung im Hinblick auf mehrere Kompetenzen vornehmen (z. B. Kleinmann et al., 2010). Noch spezifischer ließen sich mit der Critical Incident Technique (CIT; Flanagan, 1954) die Anforderungen eines Arbeitsplatzes erfassen. Hierzu werden mehrere Personen, die aus unterschiedlichen Perspektiven auf den Arbeitsplatz schauen – Stelleninhaber/-innen, Vorgesetzte, Kollegen/-innen, Kunden/-innen, Mitarbeitende –, in Einzelinterviews befragt. In den Interviews schildern sie erfolgsrelevante Situationen aus dem Arbeitsalltag der vakanten Stelle und beschreiben konkrete Verhaltensweisen, mit denen zukünftige Stelleninhaber/-innen diese Situationen gut oder schlecht meistern könnten. Aus der Auswertung der Interviews ergeben sich stellenspezifisch definierte Anforderungen. Darüber hinaus liefert die CIT Informationen zur inhaltlichen Gestaltung von AC-Übungen oder situativen Fragen im strukturierten Einstellungsinterview. Eine vierte Methode stellt die statistische Analyse von Leistungsindikatoren dar (Schuler, 2014b). Sie stellt recht große Anforderungen an die hierfür notwendigen Daten. Zunächst müssen leistungsbezogene Daten von Menschen vorliegen, die im Unternehmen bereits einen entsprechenden Arbeitsplatz innehaben. Darüber hinaus müssen Daten vorliegen oder generiert werden, die möglichst breit Auskunft über individuelle Merkmale dieser Personen geben (Ausbildung, Berufserfahrung, Intelligenz, soziale Kompetenzen etc.). Liegen entsprechende Daten vor, so wird statistisch überprüft, welche der Personenmerkmale in einem signifikanten Zusammenhang zu den Leistungsdaten stehen und in welchem Ausmaß dies der Fall ist. Hieraus wiederum ergibt sich die Auswahl der im späteren Auswahlverfahren zu untersuchenden Merkmale und deren Gewichtung.

Ist bekannt, welche Anforderungen der Arbeitsplatz stellt, so tritt das Verfahren in die Phase des *Personalmarketings* ein. Das Ziel des Personalmarketings ist zweigeteilt. Zum einen geht es darum, sich als ein attraktiver Arbeitgeber mit einem interessanten Stellenangebot zu präsentieren. Zum anderen ist es das Ziel, den Markt potenziell Bewerbender selektiv anzusprechen, damit sich geeignete Personen bewerben und nicht geeignete Personen von einer Bewerbung Abstand nehmen. Im

Fokus steht eine hohe „Grundquote" (Taylor & Russel, 1939), also ein möglichst hoher Prozentsatz geeigneter Personen im Pool der sich bewerbenden Personen. Die Methoden des Personalmarketings sind sehr vielfältig (Felser, 2010; Kanning, 2017). Im einfachsten Fall wird eine Stellenanzeige gestaltet und veröffentlicht. Sehr viel weitergehender ist die aktive Ansprache einzelner Personen oder Personengruppen, die für die Stelle potenziell geeignet erscheinen. Dies kann je nach Zielgruppe auf sehr unterschiedliche Weise geschehen. Menschen, die bereits im Unternehmen arbeiten, werden auf die vakante Stelle hingewiesen, um sie zu einer internen Bewerbung zu animieren. In ähnlicher Weise ließen sich Personen kontaktieren, die früher im Unternehmen tätig waren und jetzt beispielsweise nach einem Studium wieder rekrutiert werden sollen. Mitarbeitende sowie Führungskräfte könnten zudem in ihrem Bekanntenkreis geeignet erscheinende Personen ansprechen (Zottoli & Wanous, 2000) oder es werden im Zuge des Headhuntings Fach- und Führungskräfte aus anderen Unternehmen abgeworben (Hamori, 2010).

Nach erfolgreichem Personalmarketing steht im nächsten Schritt die *Vorauswahl* an. Dies geschieht im Wesentlichen auf der Basis der eingereichten Bewerbungsunterlagen. Folgen wir den üblichen Ritualen des Bewerbungsprozesses, so stellen die Bewerberinnen und Bewerber umfangreiche Informationen zur Verfügung, die es vor dem Hintergrund der Anforderungen der vakanten Stelle richtig zu interpretieren gilt: Anschreiben, Lebenslauf, Schul- und Ausbildungszeugnisse, Arbeitszeugnisse sowie Referenzen. Genau hier liegt das zentrale Problem der Vorauswahl. Die Vielfalt der Informationen bietet zahlreiche Möglichkeit zur Fehlinterpretation und von diesen Möglichkeiten wird in der Praxis reichlich Gebrauch gemacht (Kanning, 2015, 2016b). Eindrucksvolle Beispiele hierfür liefern die Deutung von Tippfehlern im Anschreiben, Lücken im Lebenslauf oder Freizeitaktivitäten. In einer Befragung von 244 Unternehmen (Kanning, 2016b) geben 88 % an, dass sie Tippfehler im Anschreiben (negativ) bewerten. Ähnlich verhält es sich bei Lücken im Lebenslauf (84 %). Für Freizeitaktivität interessieren sich immerhin noch 27 % der Unternehmen. Studien, die sich mit der Frage beschäftigen, inwieweit sich in diesen Kriterien Hinweise auf berufsrelevante Eigenschaften finden lassen, kommen durchweg zu negativen Befunden (Frank & Kanning, 2014; Kanning et al., 2018; Kanning & Wörmann, 2018). Gefährlich sind entsprechende Fehlinterpretationen vor allem dann, wenn sie zu einer voreiligen Ablehnung geeigneter Personen führen. Da diese Personen nicht zu einer tiefergehenden Untersuchung eingeladen werden, haben sie keine Chance, zu zeigen, wie geeignet sie tatsächlich sind, und die Entscheidungsträger/-innen haben zudem keine Chance, ihre Fehlentscheidungen als solche zu erkennen und zu korrigieren.

Je nachdem, wie groß die Gruppe der Bewerberinnen und Bewerber ist, folgen nun ggf. mehrere Auswahlschritte. In einem Großunternehmen, das bei der Besetzung von Stellen für Auszubildende oder Trainees nach der Vorauswahl immer noch sehr viel mehr Bewerbende als vakante Arbeitsplätze hat, könnte sich an dieser Stelle eine umfassende *Testdiagnostik* anschließen. Unter den Begriff der Testverfahren werden sowohl Leistungstests als auch Fragebögen zur Selbsteinschätzung subsumiert. Leistungstests konfrontieren Bewerberinnen und Bewerber mit kognitiven Leistungsaufgaben, die richtig oder falsch gelöst werden können. Als besonders relevant für die Prognose der beruflichen Leistung haben sich Testverfahren zur Messung der Intelligenz erwiesen (Salgado et al., 2003). Bei Fragebögen zur Selbsteinschätzung ist dies weit weniger gegeben (Barrick & Mount, 1991).

Kaum ein Auswahlverfahren kommt ohne *Einstellungsinterview* aus (Armoneit et al., 2020). Zahlreiche Studien belegen, dass die Prognosegüte des Einstellungsinterviews in sehr starkem Maß vom Grad der Strukturierung abhängt (Huffcutt et al., 2014; Sackett et al., 2022). Demnach sollten Einstellungsinterviews auf einer Anforderungsanalyse beruhen und mit einem Interviewleitfaden arbeiten. Der Leitfaden beinhaltet die Fragen, die jeder Bewerberin und jedem Bewerber für die vakante Stelle gestellt werden. Jede Anforderungsdimension, die mit dem Interview untersucht werden soll, ist dabei mit mehreren Fragen vertreten. Zu empfehlen sind neben Fachfragen, biografische Fragen, die sich vor allem mit der Berufsbiografie auseinandersetzen, und situative Fragen, die sich auf zukünftige berufliche Situationen beziehen (Klehe und Latham, 2005; Schuler, 2018). Darüber hinaus beinhaltet der Interviewleitfaden verhaltensverankerte Beurteilungsskalen zur Bewertung der einzelnen Antworten.

Jenseits des Interviews bietet das *Assessment-Center* die Möglichkeit, nicht nur über arbeitsbezogenes Verhalten zu reden, sondern Verhalten auch direkt zu beobachten. Dies geschieht in verschiedenen Szenarien (Rollenspiel, Diskussionsrunde, Vortrag), in denen berufliche Situationen simuliert werden. Ein gutes Assessment-Center entspricht somit der Aneinanderreihung mehrerer Arbeitsproben. Das Verhalten der Bewerberinnen und Bewerber in den Übungen wird von mehreren geschulten Beobachterinnen und Beobachtern auf verhaltensverankerten Beurteilungsskalen bewertet, sodass sichergestellt ist, dass den später zu treffenden Auswahlentscheidungen einheitliche Bewertungsmaßstäbe zugrunde liegen. Neben den Verhaltensübungen werden häufig Testverfahren und Interviews eingesetzt. Noch stärker als beim Interview handelt es sich auch beim Assessment-Center um einen sehr komplexen Ansatz, der in der Praxis viele Möglichkeiten bietet, mehr oder weniger aussagekräftige Verfahren zu gestalten (Boltz et al., 2009; Kanning et al., 2007).

Leistungsbeurteilungen können bei Auswahlverfahren mit hausinternen Bewerberinnen und Bewerbern an verschiedenen Stellen des diagnostischen Prozesses zum Einsatz kommen. So könnten sie beispielsweise zur Vorauswahl herangezogen werden. Die Leistungsbeurteilung entscheidet dann im Vorfeld, welche Personen zum eigentlichen Auswahlverfahren zugelassen werden. In einer anderen Variante stellt eine positive Leistungsbeurteilung durch die derzeitigen Vorgesetzten eine Anforderungsdimension dar, sodass sie im Vergleich zu den übrigen Daten, die im Rahmen des eigentlichen Auswahlverfahrens erhoben werden, betrachtet werden kann. Die Sinnhaftigkeit der Berücksichtigung von Leistungsbeurteilungen im Rahmen der Personalauswahl steht und fällt mit der diagnostischen Qualität der Beurteilung (Kanning et al., 2011, 2013).

Eine wichtige Aufgabe des Auswahlverfahrens ist schließlich die *Integration aller Einzelbefunde* zu einer abschließenden Auswahlentscheidung. Je komplexer das Verfahren ist, desto anspruchsvoller ist diese Aufgabe. Dabei geht es um Fragen der Gewichtung einzelner Daten, wie z. B. die Dauer der Berufserfahrung im Vergleich zur Abschlussnote im Examen oder eine etwaige Kompensation von Schwächen in einem Bereich durch Stärken in einem anderen. In einem professionellen Verfahren folgt auch die Integration der Befunde einem festgelegten Modus. Am einfachsten geschieht dies in Form eines expliziten Anforderungsprofils, das im Vorhinein festlegt, welche Kompetenzen wie stark ausgeprägt sein müssen, um von einer Mindesteignung der Bewerberinnen und Bewerber für die vakante Stelle ausgehen zu können (Kanning, 2018a).

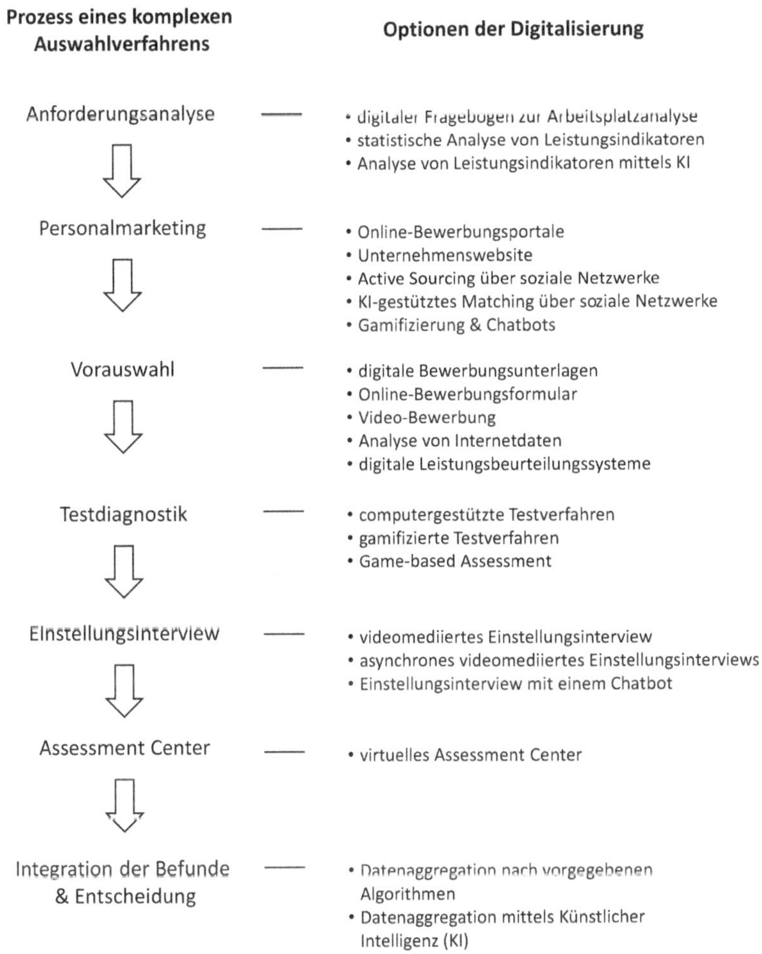

Abb. 1.2 Ansatzpunkte digitalisierter Personalauswahl und Eignungsdiagnostik

Soweit der diagnostische Prozess in aller Kürze. Schauen wir uns nun an, in welcher Form die Digitalisierung in diesem Prozess Einzug halten kann. Abb. 1.2 gibt hierzu einen Überblick.

Im Zuge der *Anforderungsanalyse* könnten digitalisierte Fragebögen zur Arbeitsplatzanalyse zum Einsatz kommen. Sie würden sich nicht grundlegend von klassischen Paper-Pencil-Fragebögen unterscheiden. Der einzige Unterschied läge darin, dass der Fragebogen am Rechner bearbeitet wird. Sehr viel weitgehender wäre der Einsatz des Computers bei der statistischen Analyse von Leistungsindikatoren. Dies kann entweder auf herkömmlichem Weg über ein Statistikprogramm oder mittels künstlicher Intelligenz (KI) erfolgen. Letzteres bedeutet, dass eine Software selbstständig in mehreren aufeinanderfolgenden Berechnungszyklen nach einer mathematischen Formel sucht, mit deren Hilfe sich die berufliche Leistung durch eine Kombination geeigneter Variablen möglichst gut vorhersagen lässt (s. u.).

Im Bereich des *Personalmarketings* ist der Einsatz digitalisierter Techniken seit vielen Jahren gelebte Praxis (vgl. ► Kap. 2). Stellenanzeigen werden heute mehrheitlich in Online-Bewerbungsportalen und weitaus weniger in Papierform veröffentlicht (Weitzel et al., 2015). Die Forschung zeigt, dass der Gestaltung von Unternehmenswebseiten eine wichtige Funktion im Personalmarketing zukommen kann (Cober et al., 2003), nicht zuletzt auch deshalb, weil die Webseiten die Möglichkeit bieten, den Arbeitgeber und die Stelle weitaus differenzierter darzustellen, als dies aus Kostengründen über eine Stellenanzeige möglich wäre. Für viele Menschen offensichtlich ist die zunehmende aktive Ansprache von potenziell interessanten Kandidatinnen und Kandidaten über soziale Netzwerke (Active Sourcing). Dies gilt selbst für Studierende, die noch keinen Abschluss vorweisen können. Dabei erfolgt die Auswahl derjenigen, die aktiv angesprochen werden, in der Regel über einen Menschen, der sich die Profile der potenziell geeigneten Personen in sozialen Netzwerken durchliest. Sehr viel weitergehender wäre eine Auswahl (und Ansprache) der Betreffenden auf der Basis computer-basierter Algorithmen (Wittram-Schwardt & Tirrel, 2021; vgl. ► Kap. 2). Darüber hinaus kommen mitunter spielerische Elemente – etwa im Rahmen von Selbsttests (Laumer et al., 2012) – oder Chatbots (Koivunnen et al., 2022) zum Einsatz, mit deren Hilfe u. a. auch positive Einstellungen gegenüber dem Arbeitgeber erzeugt werden sollen.

Bei der *Vorauswahl* hat die Digitalisierung auch schon seit langer Zeit Einzug gehalten (vgl. ► Kap. 3). So dürfte es beispielsweise inzwischen der Regelfall sein, dass Bewerbungsunterlagen nicht mehr in Papierform, sondern in digitalisierter Form verschickt werden. Mehr noch, große Unternehmen haben heute meist eigene Bewerbungsplattformen, mit deren Hilfe die wichtigsten Informationen über die Bewerberinnen und Bewerber in standardisierter Weise durch Online-Bewerbungsformulare erfasst werden. Auch hier lassen sich unterschiedlich weitreichende Formen der Digitalisierung realisieren. Im einfachsten Fall dient der Rechner nur dazu, die Daten zu sammeln, damit sie beim Arbeitgeber entsprechend gespeichert werden können. Die Sichtung und Bewertung erfolgen dann aber nach wie vor durch einen Menschen. In einer sehr viel weitergehenderen Variante würden auch die Bewertung und Auswahlentscheidung über eine Software erfolgen (Kanning, 2018a; Wittram-Schwardt & Tirrel, 2021). Ergänzend zu diesen Varianten einer klassischen Bewerbungsmappe werden seit einiger Zeit Videobewerbungen eingesetzt (vgl. ► Kap. 4). In einem kurzen Film stellen die Bewerberinnen und Bewerber darin ihre Vorzüge und Beweggründe der Bewerbung dar. Die Videobewerbung ersetzt gewissermaßen die Selbstdarstellung im Anschreiben (Bruns & Kanning, 2020). Bei all den bislang skizzierten Formen des Einsatzes von Computern in der Vorauswahl sind sich die Bewerbenden dessen bewusst, dass bestimmte Daten von ihnen zum Zweck der Vorauswahl erhoben werden. Ja, sie stellen diese Daten für diesen Zweck sogar selbst zur Verfügung. Dies ist nicht mehr der Fall, wenn der Arbeitgeber beliebige Daten aus dem Internet über die Betroffenen sammelt und zur Einschätzung der Personen heranzieht (= Cybervetting; Cook et al., 2020). Auch hier ist es prinzipiell möglich, eine entsprechende Suche und Bewertung der gewonnenen Daten über künstliche Intelligenz laufen zu lassen (Faliagka et al., 2014; Kanning et al., 2019). Sofern bei internen Bewerberinnen und Bewerbern Leistungsbeurteilungen herangezogen werden, können auch sie in digitalisierter Form bei der Vorauswahl zum Einsatz kommen (vgl. ► Kap. 10).

Die *Testdiagnostik* bietet zahlreiche Möglichkeiten zur Digitalisierung (Deterding et al., 2011; Woods et al., 2019; vgl. ► Kap. 5). Es beginnt bei computergestützten Testverfahren, die im Kern nichts anderes sind als digitalisierte Paper-Pencil-Tests. Gamifizierte Testverfahren versuchen demgegenüber die Möglichkeiten des Computers zu nutzen, um Testverfahren visuell ansprechender zu gestalten (Landers & Sanchez, 2022). Hierzu werden bestehende Instrumente gewissermaßen „aufgefrischt". Game-based Assessments sind hingegen Testverfahren, die von vornherein für den Computereinsatz entwickelt wurden. Sie laufen vergleichbar zu einem Computerspiel ab und versuchen auf indirektem Weg, durch eine Analyse des Spielverhaltens Rückschlüsse auf die kognitive Leistungsfähigkeit, grundlegende Persönlichkeitseigenschaften oder andere Eigenschaften der Bewerberinnen und Bewerber zu ziehen (vgl. ► Kap. 6; Landers & Sanchez, 2022; Nikolaou et al., 2019).

Auch *Einstellungsinterviews* bieten verschiedene Möglichkeiten der Digitalisierung (Woods et al., 2019; vgl. ► Kap. 7). Die einfachste Form der Digitalisierung in diesem Bereich haben viele Bewerberinnen und Bewerber in der Zeit der Corona-Pandemie erlebt: Einfache videomediierte Einstellungsinterviews nutzen die Digitalisierung lediglich, um räumliche Distanzen zu überwinden. Bewerbende auf der einen Seite und Vertreter/-innen des Arbeitgebers auf der anderen befinden sich zum Zeitpunkt des Interviews an unterschiedlichen Orten und kommunizieren über eine Konferenzsoftware miteinander. Ein wenig anders sieht es beim asynchronen (oder „zeitversetzten") videomediierten Einstellungsinterview aus. Hier werden die Fragen des Arbeitgebers auf einer Softwareoberfläche präsentiert. Nach kurzer Zeit des Überlegens müssen die Bewerbenden ihre Antwort auf die jeweilige Frage in ihre Webcam sprechen. Nach Beendigung des Interviews wird die Datei zu einem beliebigen Zeitpunkt vom Arbeitgeber gesichtet und auf herkömmlichem Weg ausgewertet (Kanning & Cordes, 2016). Deutlich weitergehender ist der Einsatz der Digitalisierung, wenn das Interview durch eine Software geführt und auch noch ausgewertet wird. Inzwischen gibt es verschiedene Varianten, bei denen verschiedene Parameter der Sprache (Satzlänge, Verwendung von Personalpronomen, Betonung etc.) oder die Körpersprache der Bewerbenden mithilfe künstlicher Intelligenz bewertet werden (z. B. Stulle, 2018) – eine Technik, die zahlreiche Probleme aufwirft (vgl. ► Kap. 9; Kanning, 2018b, 2021).

Auch *Assessment-Center* lassen sich digitalisieren (vgl. ► Kap. 8). Vergleichbar zu videomediierten Interviews befinden sich dabei die Bewerbenden und Beobachtenden an verschiedenen Orten. Die Interaktionen mit Rollenspieler/-innen laufen ggf. auch nur vermittelt über eine Konferenzsoftware. Darüber hinaus erfolgt die Bewertung des Verhaltens der Bewerbenden in digitaler Form.

Zu guter Letzt können die *Integration* der einzelnen diagnostischen Befunde sowie die *Entscheidungsfindung* in digitalisierter Form erfolgen. Ein Beispiel hierfür wäre der Einsatz eines Online-Bewerbungsformulars, bei dem der Computer die Entscheidung trifft, ob eine sich bewerbende Person zum Einstellungsinterview eingeladen wird oder nicht (vgl. ► Kap. 3).

1.3 Digitalisierung und künstliche Intelligenz

Digitalisierung in der Personalauswahl und Eignungsdiagnostik ist gegeben, sobald ein Computer bzw. eine Software zum Einsatz kommen. Dabei kann es je nach Zielsetzung um die *Erhebung* von Daten, eine *Verarbeitung* der Daten oder auch um das *Treffen von Entscheidungen* gehen. In all diesen Fällen ist zudem eine *Speicherung* von Daten inkludiert.

Beispiele für die digitale Erhebung von Daten sind ein Online-Bewerbungsformular oder auch die Durchführung eines computergestützten Testverfahrens. In beiden Fällen werden die erfassten Daten digital gespeichert, sie müssen aber nicht zwangsläufig auch digital verarbeitet werden. Viele Unternehmen nutzen beispielsweise Online-Bewerbungsbögen offenbar nur dazu, Daten über Bewerberinnen und Bewerber in systematischer Weise digital zu erfassen und zu speichern. Die Analyse erfolgt anschließend wie bei einer klassischen Bewerbungsmappe durch einen Menschen, der die Inhalte von Textfeldern interpretiert und eine subjektive Bewertung biografischer Fakten vornimmt (Kanning & Colpan, 2016). Bei einem computergestützten Fragebogen wäre ein solches Vorgehen sehr ungewöhnlich. Wurden die Daten erst einmal über einen Computer erhoben, ist es mehr als naheliegend, diese Daten auch digital zu verarbeiten – also etwa Summenwerte über die Antworten der Items einer gemeinsamen Skala zu berechnen und in normierte Werte umzuwandeln. Prinzipiell ist es allerdings auch möglich, die Daten analog zu erfassen und erst im Nachhinein zur weiteren Verarbeitung in ein Computerprogramm einzugeben. Dieses auf den ersten Blick vielleicht antiquiert wirkende Vorgehen kann bei Befragungen der Belegschaft in produzierenden Unternehmen sinnvoll sein. Hier werden mitunter Tausende von Menschen befragt, die an ihrem Arbeitsplatz keinen Computer haben oder für die ein Paper-Pencil-Fragebogen, der in eine Box eingeworfen wird, ein viel größeres Gefühl von Anonymität vermittelt als das Aufsuchen eines beaufsichtigten Befragungsraumes, in dem mehrere Rechner stehen. Ob ein Rechner am Ende auch eine Entscheidung darüber trifft, welche Schlüsse aus den Ergebnissen einer diagnostischen Untersuchung zu ziehen sind, hängt letztlich davon ab, inwieweit die Entscheidungsträger/-innen in einem Unternehmen bereit sind, ihre Verantwortungen an eine Software abzugeben. In der digitalen Vorauswahl über Online-Bewerbungsformulare wäre eine solch weitgehende Automatisierung durchaus naheliegend. Der Computer würde darüber entscheiden, welche Bewerberin bzw. welcher Bewerber im Auswahlprozess eine Runde weiterkommt. Es ist aber eher fraglich, ob in Deutschland viele Unternehmen so weit gehen. Die meisten dürften hier wohl einer menschlichen Entscheidung immer noch mehr Vertrauen schenken als einer Software (vgl. Kanning & Colpan, 2016; Kanning et al., 2019).

Digitale Personalauswahl und Eignungsdiagnostik bedeuten also keineswegs, dass alle Schritte im diagnostischen Prozesse komplett über einen Computer laufen. Es gibt vielmehr unterschiedliche Varianten eines Wechselspiels zwischen analoger und digitaler Diagnostik (■ Abb. 1.3).

Ein vollständig digitalisierter Prozess bietet sich vor allem dann an, wenn die Aufgabe sehr komplex ist, also extrem viele Daten verarbeitet werden müssen. Dies ist bei den klassischen Methoden der Personalauswahl eher selten der Fall. Bei der Sichtung von Bewerbungsunterlagen gibt es nur wenige nachweislich valide Informationen, die in eine Analyse des Einzelfalls einfließen sollten (Kanning, 2018b). In einem

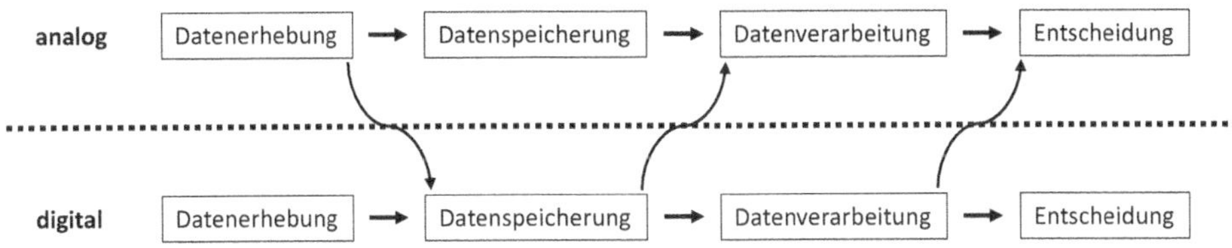

Abb. 1.3 Wechselspiel zwischen analoger und digitaler Diagnostik

einstündigen Einstellungsinterview lassen sich bestenfalls 5 Anforderungsdimensionen reliabel untersuchen (5 Dimensionen × 3 Fragen pro Dimension, zuzüglich Smalltalk, realistische Tätigkeitsinformation und Beantwortung von Fragen der Bewerbenden). Bei einem umfangreichen Persönlichkeitsfragebogen müssen vielleicht 10 oder 12 Merkmale in die Analyse einfließen. Es gibt jedoch auch einige wenige Ansätze der Eignungsdiagnostik, bei denen so viele einzelne Datenpunkte von Bewerberinnen und Bewerben erfasst werden, dass diese Aufgaben nicht mehr von einem Menschen zu bewerkstelligen sind (= *Big Data*). Ein Beispiel hierfür wäre die Sprachanalyse (Stulle, 2018), ein weiteres die Analyse von Daten über Bewerbende, die sich im Internet finden lassen (vgl. ► Kap. 9). In diesen Fällen kommen Technologien der künstlichen Intelligenz zum Einsatz.

Die *künstliche Intelligenz* ist ein Oberbegriff, unter dem sich zahlreiche Computertechnologien subsumieren lassen, denen eines gemeinsam ist, nämlich Computerprogramme bzw. Roboter zu entwickeln, die menschliche Eigenschaften simulieren und dabei den Menschen sogar übertreffen sollen (Baumeister et al., 2023; Ertel, 2021; Langer & Landers, 2021). Im Zentrum stehen kognitive Eigenschaften, wie etwa das Erkennen von Gesichtern und Emotionen oder das schlussfolgernde Denken. Für die Eignungsdiagnostik ist vor allem ein Teilgebiet der Forschung zur künstlichen Intelligenz von Bedeutung – das maschinelle Lernen. Wenn im weiteren Verlauf des Buches von künstlicher Intelligenz oder „KI“ die Rede ist, bezieht sich dies in aller Regel auf das maschinelle Lernen.

Verdeutlichen wir uns die Prinzipien des *maschinellen Lernens* an einem fiktiven Beispiel (siehe auch Ertel, 2021): Ein Konzern möchte bei der Vorauswahl von Trainees persönliche Daten der Bewerberinnen und Bewerber nutzen, die sich frei in sozialen Netzwerken finden lassen. Nachdem eine Bewerbung eingegangen ist, sollen mithilfe einer Software entsprechende Daten gesammelt und zur Erstellung von Persönlichkeitsprofilen genutzt werden. Die Verantwortlichen erhoffen sich von diesem Vorgehen eine unverfälschte Einschätzung grundlegender Persönlichkeitsmerkmale, weil sie davon ausgehen, dass Fragebogendaten der Bewerberinnen und Bewerber aufgrund einer allzu offensiven Selbstdarstellung keine valide Einschätzung der Persönlichkeit ermöglichen. Sie folgen in dieser Sichtweise den Marketingstrategien der Anbieter entsprechender Softwarelösungen (Kanning, 2018b). Das Ziel des maschinellen Lernens besteht also in der Entwicklung einer mathematischen Formel (= Algorithmus) mit deren Hilfe sich aus vielleicht 50 oder 100 Einzelinformationen die Ausprägung grundlegender Persönlichkeitsmerkmale berechnen lässt. Zur Entwicklung der Formel benötigen die Entwicklerinnen und Entwickler zunächst einen großen Datensatz, der aus zwei Arten von Daten besteht. Zum einen sind dies möglichst viele Informationen, die sich über einen Menschen in sozialen Netzwerken finden lassen (Anzahl der Freunde, Anzahl und Art veröffentlichter

Fotos, biografische Daten, Interessengebiete, Hinweise auf das Ausmaß von Aktivitäten im Internet und vieles mehr), zum anderen bittet man Menschen, von denen entsprechende Daten gesammelt werden, einen Fragebogen zur Messung der interessierenden Persönlichkeitsmerkmale auszufüllen. Nehmen wir einmal an, 3000 Menschen beteiligen sich an dieser Aktion. In einem ersten Schritt der Datenanalyse wird eine Teildatensatz von vielleicht 1000 Personen herangezogen. Die Software sucht in diesem Teildatensatz nun nach einer Formel, mit deren Hilfe die diversen Internetdaten so miteinander kombiniert und gewichtet werden, dass sie die individuelle Ausprägung der Persönlichkeitsfragebögen möglichst gut vorhersagen. Psychologen/-innen erinnert dies an die Berechnung einer multiplen Regression. Es gibt jedoch zwei wichtige Unterschiede. Der über maschinelles Lernen berechnete Algorithmus ist mathematisch sehr viel komplexer als eine Regressionsgleichung, die letztlich ja nur aus der Addition, Subtraktion und Multiplikation der Prädiktoren besteht. Die Formel ist so komplex, dass sie für einen Menschen inhaltlich kaum zu interpretieren ist. Ein weiterer wichtiger Unterschied liegt darin, dass der Algorithmus nicht einfach nur an einer Stichprobe berechnet wird und dann feststeht. Er wird vielmehr in mehreren aufeinanderfolgenden Berechnungsschritten nach und nach optimiert. Dieser Prozess wird als „Lernen" bezeichnet. Die Software lernt gewissermaßen auf der Basis neuer Datensätze den Algorithmus nach und nach zu verbessern. Hierzu würden man in einem zweiten Schritt der Software einen neuen Teildatensatz von vielleicht 800 Menschen zur Verfügung stellen. Die Software überprüft nun, inwieweit sich mit der ersten Formel in diesem Datensatz die Persönlichkeitsmerkmale gut vorhersagen lassen bzw. wie die Formel verändert werden müsste, damit die Vorhersage besser gelingt. Dieser Prozess wiederholt sich mehrfach auf der Basis neuer Teildatensätze – im Idealfall so oft, bis keine weitergehende Optimierung mehr möglich ist. An diesem Punkt angelangt liegt nun der Algorithmus fest, mit dem das Unternehmen die Vorauswahl seiner Bewerberinnen und Bewerber vornimmt. ◘ Abb. 1.4 skizziert zusammenfassend das Vorgehen.

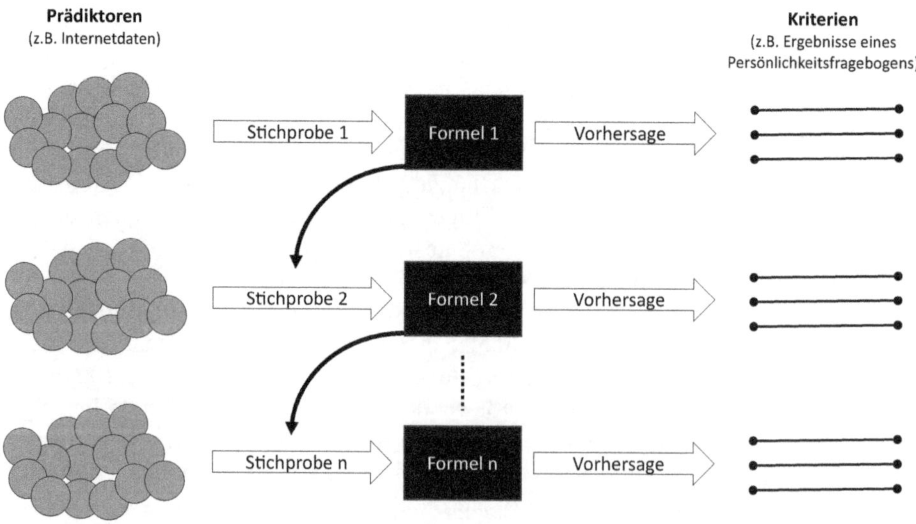

◘ **Abb. 1.4** Prinzipielles Vorgehen beim maschinellen Lernen zur Entwicklung von Algorithmen

Auf den ersten Blick erscheint der Einsatz künstlicher Intelligenz im Sinne des soeben beschriebenen Prozesses als eine Art Ideal der digitalen Diagnostik: Auf der Basis sehr großer Stichproben werden statistisch abgesicherte Entscheidungsregeln festgelegt und in einem vollständig objektiven Auswahlprozess zur Anwendung gebracht. Die zahlreichen Probleme, die mit dieser Technologie verbunden sind, offenbaren sich erst beim zweiten oder dritten Blick (Kanning, 2018b, 2021). Eine ausführliche Diskussion erfolgt in ▶ Kap. 9. An dieser Stelle seien die wichtigsten Punkte nur grob skizziert:

- Fehler in den Datensätzen, die zur Entwicklung der Algorithmen eingesetzt werden, können zu systematischen Fehlentscheidungen und einer Diskriminierung bestimmter Personengruppen führen.
- Die Algorithmen sind in aller Regel geheim. Im Sinn einer Blackbox ist für anwendende Unternehmen nicht klar, nach welchen Kriterien sie Personalauswahl betreiben. Ja, es ist nicht einmal sichergestellt, ob einem erfolgreich vermarkteten System überhaupt KI-generierte Algorithmen zugrunde liegen.
- Die prognostische Validität liegt mitunter deutlich unter der eines herkömmlichen Fragebogens, obwohl die Verfahren ein Vielfaches an Kosten verursachen.
- Das Vorgehen ist rechtlich sowie ethisch nicht unbedenklich, da Daten von Bewerberinnen und Bewerbern verarbeitet werden, die von den Betroffenen für diesen Zweck nicht bewusst freigegeben werden.

1.4 Chance und Risiken der Digitalisierung

Die Digitalisierung der Eignungsdiagnostik ist mit zahlreichen Chancen und Risiken verbunden (Brandão et al., 2019, Chamorro-Permuzic et al., 2016; Kanning, 2018b, 2021; vgl. ▶ Kap. 9). Dies wird in den später folgenden Kapiteln für die einzelnen diagnostischen Methoden noch deutlich werden. An dieser Stelle sollen zunächst die grundlegenden Hoffnungen und Vorteile sowie mögliche Befürchtungen und Nachteile im Überblick diskutiert werden. Orientieren wir uns dabei zunächst an den klassischen Gütekriterien der Diagnostik und fragen danach, inwieweit die Digitalisierung zu einer qualitativ besseren Eignungsdiagnostik beitragen kann.

Als Erstes wäre hier die Objektivität zu nennen. Das Kriterium der Objektivität bezieht sich auf die Frage, inwieweit das Ergebnis einer diagnostischen Untersuchung allein von der untersuchten Person oder auch von der Person, welche die Untersuchung durchgeführt hat, beeinflusst wird (z. B. Kanning, 2018a; Schuler, 2014a). Verdeutlichen wir uns das Problem am Beispiel eines unstrukturierten Einstellungsinterviews. Bewerber A wird von Personalerin X befragt. Neben einigen Standardfragen, die sie immer allen Bewerberinnen und Bewerbern stellt (Was sind Ihre Stärken? Was sind Ihre Schwächen? Warum haben Sie sich bei uns beworben?), geht sie auf den individuellen Einzelfall ein. Bewerber A hat einige Jahre in Asien gelebt, was Personalerin X besonders interessant erscheint, und daher dreht sich das Gespräch mehrere Minuten lang um dieses Thema. Die konkreten Fragen denkt sich die Interviewerin im laufenden Interview aus. Je nachdem, welche Antwort der Bewerber gibt, entwickeln sich daraus – wie in einem privaten Gespräch – neue Fragen. Sie macht sich keine Notizen und es gibt erst recht keine verbindlichen Kriterien zur Bewertung der Antworten. Im Laufe des Gespräches entwickelt die Interviewerin vielmehr ein Gefühl dafür, ob der Bewerber für die Stelle geeignet ist. Am Ende entscheidet sie allein über die Einstellung des Kandidaten. Dies ist ein alltägliches Beispiel für ein Auswahlverfahren mit einer sehr geringen Objektivität. Ob Bewerber A eingestellt wird oder nicht, hängt in erheblichem Maß von Interviewerin X ab. Den Bewerbenden B oder C stellt sie weitestgehend andere Fragen und kann auch hier jedes Mal nach Belieben andere subjektive Bewertungskriterien heranziehen. Wäre Bewerber A nicht von Frau X, sondern von Y oder Z befragt worden, wäre ein mehr oder minder anderes Ergebnis produziert worden.

Die *Objektivität* einer diagnostischen Untersuchung lässt sich in drei Bereiche gliedern: Durchführungs-, Auswertungs- und Interpretationsobjektivität (z. B. Kanning, 2018a; Schuler, 2014a). Die *Durchführungsobjektivität* bezieht sich auf die Frage, ob die Untersuchungsbedingungen für alle Bewerberinnen und Bewerber identisch sind. Im Interview ist dies zunächst einmal gegeben, wenn allen Personen dieselben Fragen in der gleichen Reihenfolge gestellt werden. Darüber hinaus müssten sich Interviewende aber auch allen Personen gegenüber gleich verhalten, also beispielsweise in gleicher Weise freundlich und aufmerksam auftreten. Die Digitalisierung kann dazu beitragen, Untersuchungsbedingungen über verschiedene Personen hinweg weitestgehend konstant zu halten. Dies gilt insbesondere für computergestützte Testverfahren, würde aber auch für computergestützte Interviews gelten. Eine perfekte Standardisierung ist damit aber nicht zwangsläufig verbunden. Sitzen die Bewerberinnen und Bewerber beispielsweise zu Hause, während sie einen Online-Test bearbeiten, ist nicht sichergestellt, dass von außen keine Störung erfolgt oder der private Computer störungsfrei arbeitet. Ein (geringes) Risiko kann zudem darin bestehen, dass der Computer die diagnostische Situation nicht auf einer Metaebene betrachten kann und daher nicht erkennt, wenn eine Bewerberin oder ein Bewerber eine Frage nicht verstanden hat oder eine Störung eintritt. Im Gegensatz zu einem Menschen kann er daher in entsprechenden Situationen auch nicht korrigierend eingreifen.

Die *Auswertungsobjektivität* bezieht sich auf die Regeln zu Quantifizierung und Verrechnung der erhobenen Daten. Beim Leistungstest muss beispielsweise überprüft werden, wie viele Aufgaben richtig gelöst wurden, und anschließend wird ein Summenwert berechnet. Beim Assessment-Center geht es darum, das beobachtete Verhalten einer passenden Anforderungsdimension zuzuordnen und es nach einem vorgegebenen Punktesystem zu bewerten. Menschen können bei der Auswertung Fehler unterlaufen, weil sie beispielsweise einen Moment lang unaufmerksam sind oder weil sie sich bei der Bewertung eines Verhaltens im AC oder einer Antwort im Interview von Sympathie leiten lassen. Einem Computer würden derartige Fehler nicht unterlaufen. Er kennt keine Tagesform oder produziert keine eigenen subjektiven Urteilsfehler. Allerdings kann er Fehler, die in der Programmierung der Auswertungsalgorithmen unterlaufen sind, dauerhaft replizieren (vgl. ▶ Kap. 9). Der Computer hat kein Bewusstsein für seine programmierten Fehler und kann sie daher auch nicht korrigieren.

Die *Interpretationsobjektivität* bezieht sich auf die Bewertung der gewonnenen Befunde. Ist das Ergebnis eines Leistungstests als durchschnittlich oder überdurchschnittlich zu bewerten? Ist das Ergebnis hinreichend für die vakante Stelle? Wie ist damit umzugehen, wenn zwei geeignete Personen unterschiedlich ausgeprägte Leistungsprofile aufweisen? Wer von beiden sollte ein Stellenangebot erhalten? Je einfacher die Aufgabe ist, desto eher lässt sich ein Algorithmus programmieren und desto eher bringt der Computer einen Vorteil, weil er immer wieder in gleicher Weise die vorgegebene Regel umsetzt. Nicht immer wird es jedoch leicht fallen, im Vorhinein derartige Regeln sinnvoll festzulegen. Dies ist umso weniger der Fall, je mehr

Anforderungsdimensionen im Spiel sind. Denken wir hier beispielsweise an ein Assessment-Center, in dem 6 Dimensionen über Verhaltensübungen bzw. Interviewtechniken und weitere 10 Dimensionen über Testverfahren untersucht werden. Hier ist es kaum sinnvoll möglich, alle denkbaren Kompensationsmöglichkeiten im Vorfeld zu durchdenken. Versucht man es dennoch, würde der Computer programmierte Fehler wiederum dauerhaft reproduzieren.

Neben der Objektivität stellt die *Reliabilität* eines diagnostischen Verfahrens ein wichtiges Qualitätskriterium dar. Je höher die Reliabilität einer Untersuchung ist, desto exakter kann die Ausprägung eines Merkmals (Intelligenz, Führungskompetenz etc.) bestimmt werden. Oder anders ausgedrückt: Je höher die Reliabilität ausfällt, desto weniger wird das Messergebnis durch Messfehler verunreinigt (z. B. Kanning, 2018a; Schuler, 2014a). Ein wichtiges Prinzip, um eine hohe Reliabilität gewährleisten zu können, ist das der wiederholten Messung. Im Persönlichkeitsfragebogen werden mitunter 10 oder mehr Fragen gestellt, um ein bestimmtes Persönlichkeitsmerkmal zu erfassen. Am Ende interessiert nicht die Antwort auf die einzelne Frage, sondern der Mittelwert über die Antworten der zueinander gehörenden Fragen. Übertragen auf das Einstellungsinterview bedeutet dies, dass eine Steigerung der Reliabilität zu erzielen ist, wenn zu jeder Anforderungsdimension mehrere Fragen gestellt und einzeln bewertet werden (also z. B. vier Fragen zur Fachkompetenz). Im Zuge der Auswertung wird dann der Mittelwert über die einzelnen Punktwerte zu diesen Fragen berechnet. Dieser Mittelwert dient als Messergebnis zur Einschätzung der Fachkompetenz der Bewerberinnen und Bewerber. Vereinfacht ausgedrückt gilt, dass die Reliabilität mit der Anzahl der Einzelmessungen, über die hinweg ein Mittelwert berechnet wird, ansteigt. Die Digitalisierung im Bereich von Testverfahren oder Einstellungsinterviews ändert zunächst einmal nichts an der Reliabilität, wenn die Aufgabe der Software letztlich darin besteht, entsprechende Mittelwerte zu berechnen. Kommen jedoch sehr komplexe, KI-basierte Berechnungsalgorithmen zum Einsatz, könnte ein Vorteil entstehen. Falls beispielsweise bei der Analyse von Internetdaten oder im Einstellungsinterview sehr viele Einzeldaten zur Messung einer Eigenschaft integriert werden, könnte dies mit einer höheren Reliabilität einhergehen. Diese Hoffnung ist allerdings nur dann begründet, wenn die einzelnen Daten tatsächlich dasselbe messen. Bisherige Hinweise auf die Reliabilität KI-basierter Methoden lassen keinen Reliabilitätsgewinn gegenüber herkömmlichen Testverfahren, die weitaus weniger aufwändig sind, erkennen (z. B. Stulle, 2018). Einfach nur „wahllos" Daten zu integrieren trägt nicht zu einer verbesserten Reliabilität bei. In der Vermarktung entsprechender Instrumente mag die Vielzahl der berücksichtigten Einzeldaten allerdings leicht den gegenteiligen Eindruck erwecken (vgl. ► Kap. 9).

Die Frage nach der Validität ist gewissermaßen die Gretchenfrage der Personalauswahl und Eignungsdiagnostik. Es geht darum, inwieweit das Ergebnis einer Untersuchung die tatsächlichen Eigenschaften der untersuchten Personen widerspiegelt. Erfassen also die vier Fragen zur Messung der Führungskompetenz eines Einstellungsinterviews tatsächlich die Führungskompetenz oder doch nur die Durchsetzungsfähigkeit (= Konstruktvalidität)? In der Personalauswahl steht eine weitere Form der Validität – die prognostische Validität – im Zentrum des Interesses. Sie bezieht sich auf die Prognosegüte des Auswahlverfahrens im Hinblick auf die zukünftige Leistung der Bewerberinnen und Bewerber am Arbeitsplatz. Eine hohe Objektivität und Reliabilität bilden eine notwendige, aber keineswegs hinreichende Bedingung für eine hohe Validität. So ließe sich etwa die Sternenkonstellation zum

Zeitpunkt der Geburt eines Menschen oder die Größe der Ohren sehr objektiv und sehr reliabel erfassen und dennoch würde diese Information keine signifikante Prognose der beruflichen Leistung ermöglichen (Kanning, 2010). Es besteht die Hoffnung, dass digitalisierte Methoden der Diagnostik ebenso valide Ergebnisse erzeugen, wie nicht-digitalisierte Methoden (Woods et al., 2020). In manchen Feldern könnte sich vielleicht sogar ein Reliabilitätsgewinn ergeben, der dann auch zu einem Validitätsanstieg führen mag. Man denke hier beispielsweise an die Sichtung von Bewerbungsunterlagen. Aufgrund der Tatsache, dass in der Praxis bei der Sichtung von Bewerbungsunterlagen sehr viele Kriterien herangezogen werden, die nachweislich kaum oder gar nicht valide sind (Kanning, 2016b), könnte eine KI-basierte Vorauswahl von Bewerberinnen und Bewerbern ein Potenzial zur Validitätssteigerung in sich tragen. Wenn viele Einzeldaten optimal aggregiert werden, die jeweils für sich nur eine sehr geringe Validität in sich tragen, könnten sie insgesamt zu einer validen Auswahlentscheidung beitragen (vgl. ► Kap. 3). Ob dies tatsächlich der Fall ist, bleibt abzuwarten. Ein Risiko besteht darin, dass beim Einsatz von KI-basierten Methoden systematische Fehler in den Datensätzen dazu führen, dass eine hohe Validität nur dem Anschein nach existiert (Kanning, 2021).

Jenseits der klassischen Qualitätskriterien – Objektivität, Reliabilität, Validität – sind insbesondere in der Personalauswahl zwei weitere Kriterien von Bedeutung: die Akzeptanz der eingesetzten Verfahren sowie ihre Ökonomie.

Die *Akzeptanz* (auch „soziale Validität“, Schuler, 1993, oder „Fairness“, Gilliland, 1993) bezieht sich auf die Frage, wie die Verfahren aus der Perspektive von Bewerbenden bewertet werden. Dies ist durchaus eine für die Praxis bedeutsame Perspektive, denn fällt die Akzeptanz gering aus, so führt dies zu Leistungseinbußen in den Auswahlverfahren (Hausknecht et al., 2004) und gleichzeitig sinkt die Bereitschaft, ein etwaiges Stellenangebot anzunehmen (Chapman et al., 2005). Die Hoffnung vieler Anwenderinnen und Anwender digitalisierter Methoden dürfte wohl darin liegen, dass insbesondere bei jüngeren Menschen der Einsatz des Computers gern gesehen wird. Die bisher vorliegenden Studien deuten jedoch weitestgehend nicht darauf hin. Im Gegenteil, digitalisierte Methoden werden in mehreren Studien negativer beurteilt als analoge Methoden (Kanning et al., 2019; Landers et al., 2020; Melchers et al., 2021). Die negative Bewertung findet sich darüber hinaus auch in der Gruppe von Personalerinnen und Personalern, sofern es um den Einsatz KI-basierter Methoden geht (Kanning et al., 2019).

Zu guter Letzt stellt sich in Unternehmen immer auch die Frage nach dem *ökonomischen Nutzen*. Gemeint ist hiermit die Relation der Kosten, die mit dem Einsatz eines bestimmten Verfahrens verbunden sind, zur Validität. Letztlich geht es um eine Abwägung im Einzelfall, zumal die Kosten für verschiedene digitale Methoden sehr unterschiedlich ausfallen. Das Spektrum reicht hier von einem computergestützten Fragebogen, der für vielleicht 30 € pro Durchführung zu haben ist, bis zu einer KI-Analyse eines Interviews, die leicht das Zehnfache an Kosten verursacht. Vertreterinnen und Vertreter KI-basierter Verfahren würden wahrscheinlich behaupten, dass die Kosten durch eine außergewöhnlich hohe Validität gerechtfertigt seien. Belastbare Belege für diese These gibt es bislang allerdings nicht.

◘ Tab. 1.1 fast die zentralen Chancen und Risiken des Einsatzes digitalisierter Methoden der Personalauswahl und Eignungsdiagnostik zusammen. Eine tiefergehende Analyse erfolgt in den nachfolgenden Kapiteln.

Tab. 1.1 Chancen und Risiken digitalisierter Diagnostik im Überblick

Qualitätskriterium	Chancen der Digitalisierung	Risiken der Digitalisierung
Objektivität		
Durchführung	Hohe Standardisierung der Durchführung einer Untersuchung durch den Einsatz des Computers	Störungen werden nicht als solche erkannt und bleiben daher unberücksichtigt
Auswertung	Hohe Standardisierung bei der Anwendung von Auswertungsregeln durch den Einsatz des Computers	Programmierte Auswertungsfehler werden dauerhaft repliziert
Interpretation	Hohe Standardisierung bei der Anwendung von Interpretationsregeln durch den Einsatz des Computers	Bei komplexen Verfahren ist es im Vorfeld schwer möglich, sinnvolle Regeln für alle denkbaren Fälle zu definieren; programmierte Fehler werden dauerhaft repliziert
Reliabilität	Anstieg der Reliabilität durch die die Verarbeitung zahlreicher Einzeldaten bei KI-gestützten Verfahren	Integration zahlreicher Einzeldaten gaukelt ggf. eine Reliabilitätssteigerung vor, die de facto nicht gegeben ist
Validität	Anstieg der Validität durch Aggregation vieler Einzeldaten, die für sich allein betrachtet kaum valide sind	Fehler in den Datensätzen zur Entwicklung von KI-Algorithmen erzeugen eine Scheinvalidität
Akzeptanz	Insbesondere bei jungen Menschen könnte ein vermehrter Einsatz des Computers positiv bewertet werden	Geringe Akzeptanz für eine Vielzahl digitaler Methoden
Ökonomie	Eine sehr hohe Validität digitaler Verfahren vorausgesetzt, könnten sie auch ökonomisch von Vorteil sein	Angesichts der bislang fehlenden Belege für eine hohe Validität KI-basierter Methoden dürfte ihr Einsatz bislang auch ökonomisch nicht sinnvoll sein

Fazit

Die Digitalisierung in der Personalauswahl und Eignungsdiagnostik ist gelebte Praxis und Zukunftsherausforderung zugleich. Die Bandbreite reicht von Online-Bewerbungsfragebögen und Videobewerbungen über Game-based Assessments, digitalisierte Interviews und Assessment-Center bis hin zur digitalisierten Leistungsbeurteilung. Aus der Kombination der verschiedenen Bausteine ergibt sich eine bunte Vielfalt mehr oder weniger stark digitalisierter Verfahren. Die Materie ist insgesamt recht komplex und hat gleichermaßen in Forschung und Praxis viel Aufmerksamkeit auf sich gezogen. Nicht alles, was denkbar und machbar ist, wird sich dabei am Ende auch als sinnvoll erweisen. In den folgenden Kapiteln werden die spezifischen Methoden der digitalen Diagnostik ausführlich dargestellt. Dabei gilt es, den aktuellen Forschungsstand so aufzubereiten, dass sich hieraus – zur Unterstützung einer evidenzbasierten Personalarbeit (Kanning, 2022) – auch für die Praxis nützliche Erkenntnisse ergeben.

Literatur

Armoneit, C., Schuler, H., & Hell, B. (2020). Nutzung, Validität, Praktikabilität und Akzeptanz psychologischer Personalauswahlverfahren in Deutschland 1985, 1993, 2007, 2019: Fortführung einer Trendstudie. *Zeitschrift für Arbeits- und Organisationspsychologie, 64*, 67–82.

Barrick, M. R., & Mount, M. K. (1991). The big five personality dimensions and job performance: A meta-analysis. *Personnel Psychology, 44(1)*, 1–26. https://doi.org/10.1111/j.1744-6570.1991.tb00688.x

Baumeister, H., Garatva, P., Pryss, R., Ropinski, T., & Montag, C. (2023). Digitale Phänotypisierung in der Psychologie – Ein Quantensprung in der psychologischen Forschung? *Psychologische Rundschau, 74*(2), 89–106. https://doi.org/10.1026/0033-3042/a000609

Boltz, J., Kanning, U. P., & Hüttemann, T. (2009). Qualitätsstandards für Assessment Center – Treffende Prognosen durch Beachtung von Standards. *Personalführung, 10*, 32–37.

Brandão, C., Silva, R., & dos Santos, J. V. (2019). Online recruitment in Portugal: Theories and candidate profiles. *Journal of Business Research, 94*, 273–279. https://doi.org/10.1016/j.jbusres.2018.04.011

Bruns, M., & Kanning, U. P. (2020). Bewerbung, Klappe die erste: Was halten Bewerber von Videobewerbungen. *Personalwirtschaft, 5*, 52–53.

Chamorro-Premuzic, T., Winsborough, D., Sherman, R., & Hogan, R. (2016). New talent signals: Shiny new objects or a brave new world? *Industrial and Organizational Psychology, 9*(3), 621–640. https://doi.org/10.1017/iop.2016.6

Chapman, D. S., Uggerslev, K. L., Carroll, S. A., Piasentin, K. A., & Jones, D. A. (2005). Applicant attraction to organizations and job choice: A meta-analytic review of the correlates of recruiting outcomes. *Journal of Applied Psychology, 90*(5), 928–944. https://doi.org/10.1037/0021-9010.90.5.928

Cober, R. T., Brown, D. J., Levy, P. E., Cober, A. B., & Keeping, L. M. (2003). Organizational web sites: Web site content and style as determinants of organizational attraction. *International Journal of Selection and Assessment, 11*(2–3), 158–169. https://doi.org/10.1111/1468-2389.00239

Cook, R., Jones-Chick, R., O'Rourke, K., & Roulin, N. (2020). Job seekers' attitudes toward cybervetting: Scale development, validation, and platform comparison. *International Journal of Selection and Assessment, 28*(4), 383–398. https://doi.org/10.1111/ijsa.12300

Deterding, S., Dixon, D., Khaled, R., & Nacke, L. (2011). From game design elements to gamefulness: Defining „gamification". *Proceedings of the 15th international academic MindTrek conference: Envisioning future media environments* (S. 9–15). Association for Computing Machinery. https://doi.org/10.1145/2181037.2181040

Ertel, W. (2021). *Grundkurs Künstliche Intelligenz (5*. Aufl.). Springer Vierweg.

Faliagka, E., Iliadis, L., Karydis, I., Rigou, M., Sioutas, S., Tsakalidis, A., & Tzimas, G. (2014). On-line consistent ranking on e-recruitment: Seeking the truth behind a well-formed CV. *Artificial Intelligence Review, 42(3)*, 515–528. https://doi.org/10.1007/s10462-013-9414-y

Felfe, J., & Liepmann, D. (2008). *Organisationsdiagnostik*. Hogrefe.

Felser, G. (2010). *Personalmarketing*. Hogrefe.

Flanagan, J. C. (1954). The critical incident technique. *Psychological Bulletin, 51*(4), 327–358. https://doi.org/10.1037/h0061470

Frank, F., & Kanning, U. P. (2014). Lücken im Lebenslauf – Ein valides Kriterium der Personalauswahl? *Zeitschrift für Arbeits- und Organisationspsychologie, 58*(3), 155–162. https://doi.org/10.1026/0932-4089/a000140

Gilliland, S. W. (1993). The perceived fairness of selection systems: An organizational justice perspective. *Academy of Management Review, 18(4)*, 694–734. https://doi.org/10.5465/amr.1993.9402210155

Hamori, M. (2010). Who gets headhunted – And who gets ahead? *Academy of Management Perspectives, 24*(4), 46–59. https://doi.org/10.5465/amp.2010.24.4.3654611.a

Hausknecht, J. P., Day, D. V., & Thomas, S. C. (2004). Applicant reactions to selection procedures: An updated model and meta-analysis. *Personnel Psychology, 57*(3), 639–683. https://doi.org/10.1111/j.1744-6570.2004.00003.x

Huffcutt, A. I., Culbertson, S. S., & Weyhrauch, W. S. (2014). Moving forward indirectly: Reanalyzing the validity of employment interview with indirect range restriction methodology. *International Journal of Selection and Assessment, 22*(3), 297–309. https://doi.org/10.1111/ijsa.12078

Kanning, U. P. (2010). *Von Schädeldeutern und anderen Scharlatanen: Unseriöse Methoden der Psychodiagnostik*. Pabst.

Kanning, U. P. (2014). Prozess und Methoden der Personalentwicklung. In H. Schuler & U. P. Kanning (Hrsg.), *Lehrbuch der Personalpsychologie* (3. Aufl., S. 501–562). Hogrefe.

Kanning, U. P. (2015). *Personalauswahl zwischen Anspruch und Wirklichkeit – Eine wirtschaftspsychologische Analyse*. Springer.

Kanning, U. P. (2016a). *Inventar zur Erfassung von Arbeitsmotiven (IEA)*. Hogrefe.

Kanning, U. P. (2016b). Über die Sichtung von Bewerbungsunterlagen in der Praxis der Personalauswahl. *Zeitschrift für Arbeits- und Organisationspsychologie, 60*(1), 18–32. https://doi.org/10.1026/0932-4089/a000193

Kanning, U. P. (2017). *Personalmarketing, Employer Branding und Mitarbeiterbindung: Forschungsbefunde und Praxistipps aus der Personalpsychologie.* .

Kanning, U. P. (2018a). *Standards der Personaldiagnostik* (2. überarbeitetet und erweiterte. Aufl.). Hogrefe.

Kanning, U. P. (2018b). Digitalisierung in der Eignungsdiagnostik. *Report Psychologie, 10*, 398–405.

Kanning, U. P. (2021). Künstliche Intelligenz in der Eignungsdiagnostik. In H. Tirrel, L. Winnen, & R. Lanwehr (Hrsg.), *Digitales Human Resources Management: Aktuelle Forschungserkenntnisse, Trends und Anwendungsbeispiele* (S. 17–30). Springer Gabler.

Kanning, U. P. (2022). Forschung und Praxis in der Personalpsychologie – Plädoyer für eine evidenzbasierte Personalarbeit. *Report Psychologie, 4*, 5–8.

Kanning, U. P., & Colpan, C. (2016). Alter Wein in neuen Schläuchen: Einsatz von Online-Bewerbungsformularen in deutschen Unternehmen. *Human Ressources Manager, 6*, 76–77.

Kanning, U. P., & Cordes, J. (2016). Personalauswahl per Webcam. Wie erleben Bewerber zeit-versetzte Videointerviews? *Personalmagazin, 9*, 54–57.

Kanning, U. P., & Wörmann, J. (2018). Ist es sinnvoll, Freizeitaktivitäten in der Personalauswahl zu berücksichtigen? *Report Psychologie, 2*, 58–66.

Kanning, U. P., Pöttker, J., & Gelléri, P. (2007). Assessment Center Praxis in deutschen Großunternehmen – Ein Vergleich zwischen wissenschaftlichem Anspruch und Realität. *Zeitschrift für Arbeits- und Organisationspsychologie, 51*(4), 155–167. https://doi.org/10.1026/0932-4089.51.4.155

Kanning, U. P., Rustige, J., Möller, J. H., & Kolev, N. (2011). Entwicklung und Evaluation von Leistungsbeurteilungssystemen. *Personalführung, 2*, 30–36

Kanning, U. P., Möller, J. H., Kolev, N., & Pöttker, J. (2013). *Systematische Leistungsbeurteilung: Leitfaden für die HR- und Führungspraxis*. Schäffer Poeschel.

Kanning, U. P., Budde, L., & Hülskötter, M. (2018). Wie valide ist die regelkonforme Gestaltung von Bewerbungsunterlagen? *Personal Quaterly, 4*, 38–45.

Kanning, U. P., Kraul, L.-F., & Litz, R. Z. (2019). Einstellungen zu digitalen Methoden der Personalauswahl. *Journal of Business and Media Psychology, 10*(1), 57–61.

Kauffeld, S. (2016). *Nachhaltige Personalentwicklung und Weiterbildung*. Springer.

Klehe, U.-C., & Latham, G. P. (2005). The predictive and incremental validity of the situational and patterned behavior description interviews for teamplaying behavior. *International Journal of Selection and Assessment, 13*(2), 108–115. https://doi.org/10.1111/j.0965-075X.2005.00305.x

Kleinmann, M., Manzey, D., Schumacher, S., & Fleishman, E. A. (2010). *Fleishman – Job Analyse System für eigenschaftsbezogene Anforderungsanalysen (F-JAS)*. Hogrefe.

Koivunen, S., Ala-Luopa, S., Olsson, T., et al. (2022). The March of Chatbots into recruitment: Recruiters' experiences, expectations, and design opportunities. *Comput Supported Coop Work, 31*, 487–516. https://doi.org/10.1007/s10606-022-09429-4

Landers, R. N., & Sanchez, D. R. (2022). Game-based, gamified, and gamefully designed assessments for employee selection: Definitions, distinctions, design, and validation. *International Journal of Selection and Assessment, 30*(1), 1–13. https://doi.org/10.1111/ijsa.12376

Landers, R. N., Auer, E., & Abraham, J. (2020). Gamifying a situational judgment test with immersion and control game elements: Effects on applicant reactions and construct validity. *Journal of Managerial Psychology, 35*(4), 225–239. https://doi.org/10.1108/JMP-10-2018-0446

Langer, M., & Landers, R. N. (2021). The future of artificial intelligence at work: A review on effects of decision automation and augmentation on workers targeted by algorithms and third-party observers. *Computers in Human Behavior, 123*, 106878. https://doi.org/10.1016/j.chb.2021.106878

Laumer, S., Eckhardt, A., & Weitzel, T. (2012). Online gaming to find a new job – Examining job seekers‘ intention to use serious games as a self-assessment tool. *Zeitschrift für Personalforschung, 26(3)*, 218–240.

Lohaus, D., & Schuler, H. (2014). Leistungsbeurteilung. In H. Schuler & U. P. Kanning (Hrsg.), *Lehrbuch der Personalpsychologie* (S. 357–411). Hogrefe.

1

Melchers, K. G., Petrig, A., Basch, J. M., & Sauer, J. (2021). A comparison of conventional and technology-mediated selection interviews with regard to interviewees' performance, fairness perceptions, and affective reactions. *Frontiers in Psychology, 11*, 603632. https://doi.org/10.3389/fpsyg.2020.603632

Moser, K., & Sende, C. (2014). Personalmarketing. In H. Schuler & U. P. Kanning (Hrsg.), *Lehrbuch der Personalpsychologie* (S. 99–148). Hogrefe.

Nikolaou, I., Georgiou, K., & Kotsasarlidou, V. (2019). Exploring the relationship of a gamified assessment with performance. *Spanish Journal of Psychology, 22*, e6. https://doi.org/10.1017/sjp.2019.5

von Rosenstiel, L. (2000). Potentialanalyse und Potentialentwicklung. In L. von Rosenstiel & T. Lang von Wins (Hrsg.), *Perspektiven der Potentialbeurteilung* (S. 3–25). Verlag für Angewandte Psychologie.

Sackett, P. R., Zhang, C., Berry, C. M., & Lievens, F. (2022). Revisiting meta-analytic estimates of validity in personnel selection: Addressing systematic overcorrection for restriction of range. *Journal of Applied Psychology, 107*(11), 2040–2068. https://doi.org/10.1037/apl0000994

Salgado, J. F., Moscoso, S., de Fruyt, F., Anderson, N., Bertua, C., & Rolland, J. P. (2003). A meta-analytic study of general mental ability validity for different occupations in the European Community. *Journal of Applied Psychology, 88*(6), 1068–1081. https://doi.org/10.1037/0021-9010.88.6.1068

Scherm, M. (Hrsg.). (2005). *360-Grad-Beurteilungen*. Hogrefe.

Schuler, H. (1993). Social validity of selection situations: A concept and some empirical results. In H. Schuler, J. L. Farr, & M. Smith (Hrsg.), *Personnel selection and assessment: Individual and organizational perspectives* (S. 11–26). Erlbaum.

Schuler, H. (2014a). *Psychologische Personalauswahl*. Hogrefe.

Schuler, H. (2014b). Arbeits- und Anforderungsanalyse. In H. Schuler & U. P. Kanning (Hrsg.), *Lehrbuch der Personalpsychologie* (S. 61–98). Hogrefe.

Schuler, H. (2018). *Das Einstellungsinterview* (2. Aufl.). Hogrefe.

Stegmaier, R. (2014). Management von Veränderungsprozessen. In H. Schuler & U. P. Kanning (Hrsg.), *Lehrbuch der Personalpsychologie* (S. 813–845). Hogrefe.

Stegmaier, R. (2016). *Management von Veränderungsprozessen*. Hogrefe.

Stulle, K. P. (Hrsg.). (2018). *Psychologische Diagnostik durch Sprachanalyse*. Springer Gabler.

Taylor, H. C., & Russel, J. F. (1939). The relationship of validity coefficients to the practical effectiveness of tests in selection: Discussion and tables. *Journal of Applied Psychology, 23*(5), 565–578. https://doi.org/10.1037/h0057079

Tirrel, H., Winnen, L., & Lanwehr, R. (Hrsg.). (2021). *Digitales Human Resources Management: Aktuelle Forschungserkenntnisse, Trends und Anwendungsbeispiele*. Springer Gabler.

Weitzel, T., Eckhardt, A., Laumer, S., von Maier, C., Stetten, A., Weinert, C., & Wirth, J. (2015). *Recruitung Trends 2015*. Otto-Friedrich-Universität Bamberg.

Wittram-Schwardt, N., & Tirrel, H. (2021). Künstliche Intelligenz in der Recruiting-Praxis. In H. Tirrel, L. Winnen, & R. Lanwehr (Hrsg.), *Digitales Human Resources Management: Aktuelle Forschungserkenntnisse, Trends und Anwendungsbeispiele* (S. 157–172). Springer Gabler.

Woods, S. A., Ahmed, S., Nikolaou,I., Costa, A. C. & Anderson, N. R. (2019). Personnel selection in the digital age: a review of validity and applicant reactions, and future research challenges, European Journal of Work and Organizational Psychology. https://doi.org/10.1080/1359432X.2019.1681401

Woods, S. A., Ahmed, S., Nikolaou, I., Costa, A. C., & Anderson, N. R. (2020). Personnel selection in the digital age: A review of validity and applicant reactions, and future research challenges. *European Journal of Work and Organizational Psychology, 29*(1), 64–77. https://doi.org/10.1080/1359432X.2019.1681401

Zottoli, M. A., & Wanous, J. P. (2000). Recruitment source research: Current status and future directions. *Human Resource Management Review, 10*(4), 353–382. https://doi.org/10.1016/S1053-4822(00)00032-2

Digitalisierung im Personalmarketing

Uwe Peter Kanning

Inhaltsverzeichnis

U. P. Kanning, M. L. Ohlms (Hrsg.), *Digitale Personalauswahl und Eignungsdiagnostik*,
https://doi.org/10.1007/978-3-662-68211-1_2

2

2.1 Grundlagen

Auf den ersten Blick betrachtet geht es beim Personalmarketing darum, einen Arbeitgeber bzw. einen konkreten Arbeitsplatz möglichst erfolgreich zu vermarkten. Vergleichbar zum Produktmarketing wäre dieses Ziel umso besser erreicht, je mehr Menschen sich bei einem Arbeitgeber bewerben. Erst auf den zweiten Blick wird klar, dass es beim Personalmarketing – im Gegensatz zu den meisten Formen des Produktmarketings – nicht primär um die Menge, sondern um die Qualität geht. So ist einem Unternehmen, das beispielsweise eine Stelle im Personalwesen ausschreibt, wenig geholfen, wenn sich scharenweise Personen mit abgeschlossenem Germanistikstudium bewerben. Selbst wenn es 100 Bewerbungen auf eine Stelle sein sollten, kann die Stelle dennoch nicht sinnvoll besetzt werden. Im Vergleich hierzu wäre es einem Hersteller von Schokoriegeln vollkommen egal, wer seine Produkte kauft, Hauptsache er kann möglichst viele Schokoriegel absetzen.

Das Ziel des Personalmarketings liegt darin, den Markt potenzieller Bewerberinnen und Bewerber *selektiv anzusprechen* (Kanning, 2017a). Auf der einen Seite sollen geeignete Personen zu einer Bewerbung animiert werden, auf der anderen Seite geht es darum, nicht geeignete Personen möglichst von einer Bewerbung abzuhalten. Dabei bezieht sich der Begriff der Eignung keineswegs nur auf die Fachlichkeit, sondern auch auf überfachliche Merkmale, wie etwa die Intelligenz, die Leistungsmotivation oder soziale Kompetenzen.

Die wahrscheinlich Ersten, die derartige Überlegungen zu Papier gebracht haben, waren Taylor und Russel (1939). Sie erläutern, dass gute Personalauswahlentscheidungen von drei grundlegenden Variablen abhängen (■ Abb. 2.1). Das Ergebnis einer guten Personalauswahl wird dabei als eine möglichst hohe *Trefferquote* definiert. Die Trefferquote bezieht sich auf den Anteil der tatsächlich für die Stelle geeigneten Menschen unter den eingestellten Personen. Stellt beispielsweise ein Unternehmen zehn neue Trainees ein und kommt nach einem halben Jahr zu dem Schluss, dass nur sieben von ihnen den beruflichen Anforderungen gut gewachsen sind, so beträgt die Trefferquote 70 %.

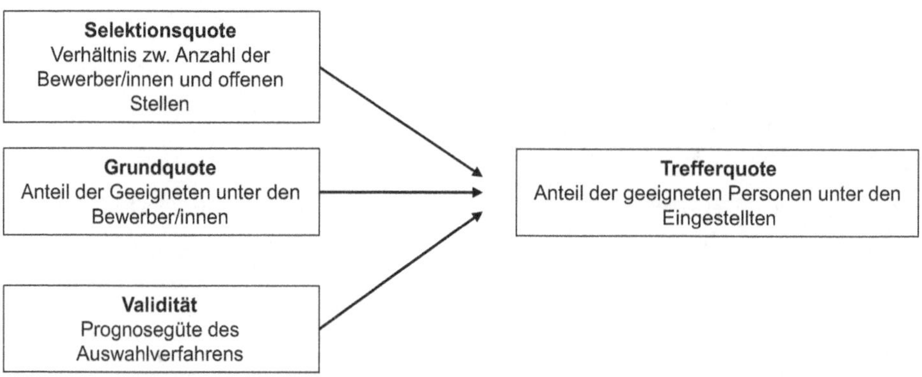

■ Abb. 2.1 Einflussvariablen im Modell von Taylor und Russel (Taylor & Russel, 1939; Abbildung aus Kanning, 2023, S. 338)

Die Trefferquote wird zunächst durch die *Selektionsquote* beeinflusst. Die Selektionsquote bezieht sich auf das Verhältnis der Menge der eingegangenen Bewerbungen zur Menge der vakanten Stellen. Wird eine Stelle ausgeschrieben und es gehen zehn Bewerbungen ein, so liegt die Selektionsquote bei 10 %. Gesetzt dem Fall, dass der Arbeitgeber die Stelle nicht neu ausschreiben möchte, müsste er 10 % der Bewerber/-innen einstellen. Anders ausgedrückt, hätte er also zehn Chancen, eine passende Stellenbesetzung vorzunehmen, sofern sich unter den Bewerber/-innen hinreichend viele geeignete Personen befinden sollten. Je kleiner die Selektionsquote ausfällt, desto günstiger ist die Situation für den Arbeitgeber, da er eine umso größere Auswahl hat. Eine große Auswahlmöglichkeit ist letztlich aber nur dann hilfreich, wenn sich im Bewerbungspool auch (viele) geeignete Personen befinden.

Die zweite Variable im Modell von Taylor und Russel (1939) bezieht sich auf die zentrale Frage, wie viele Personen im Bewerbungspool tatsächlich den Anforderungen der vakanten Stelle gewachsen sind – die *Grundquote*. Wären unter den zehn Personen, die sich in unserem fiktiven Fall beworben haben, zwei Personen geeignet, so würde die Grundquote 20 % betragen. Je kleiner die Grundquote ausfällt, desto schwieriger ist es, im Bewerbungspool eine geeignete Person als solche zu identifizieren.

An dieser Stelle kommt die dritte Variable – die (prognostische) *Validität* des Auswahlverfahrens – ins Spiel. Sie drückt aus, wie gut ein Auswahlverfahren die spätere berufliche Leistung prognostizieren kann (vgl. ► Kap. 1). Je höher die prognostische Validität ausfällt, desto größer ist die Wahrscheinlichkeit, am Ende eine Person einzustellen, die tatsächlich gute Leistung auf dem vakanten Arbeitsplatz erbringt. Je höher die Validität, desto größer ist damit auch die Wahrscheinlichkeit, im Bewerbungspool geeignete Personen als solche zu identifizieren. Auch hier gilt allerdings: Nur wenn geeignete Personen im Pool sind, lassen sich durch das eingesetzte Auswahlverfahren geeignete Personen finden. Je höher die Grundquote, desto leichter ist die Identifizierung geeigneter Personen.

Während die Selektionsquote sowie die Grundquote durch die Qualität des Personalmarketings bestimmt werden, hängt die Validität von der Gestaltung der Auswahlverfahren ab. An dieser Stelle wird deutlich, wie Personalmarketing und Personalauswahl ineinandergreifen. Schwächen des Personalmarketings müssen durch eine validere Personalauswahl kompensiert werden. Ebenso gilt: Je besser das Personalmarketing, desto eher könnte ein Unternehmen mit einer mäßig guten Validität der eingesetzten Auswahlmethoden leben.

Aus der Perspektive des Personalmarketings heraus betrachtet, ist die Grundquote die Schlüsselvariable des Ganzen. Eine noch so geringe Selektionsquote ist letztlich wertlos, wenn die Grundquote bei null liegt. Das wäre in etwa so, als würde ein Pilzsammler in einem Wald auf die Suche gehen, in dem sich Hunderte von Pilzen befinden, die aber leider alle giftig sind. Die Freude über die Menge der Pilze wäre allzu verfrüht. Umgekehrt wird die Selektionsquote zu einer Nebensächlichkeit, wenn alle Bewerber/-innen geeignet wären. Geht auf eine Stellenbesetzung genau eine geeignete Bewerbung ein, so ist eine gute Auswahl leicht zu realisieren. In unserem Bild würde der Pilzsammler für sein Gericht nur einen einzigen schmackhaften Pilz benötigen und der steht auch schon gleich in exponierter Position am Eingang des Waldes.

Wie gelingt es nun aber, eine hohe Grundquote zu erzielen? In der Kommunikation mit potenziellen Bewerberinnen und Bewerbern muss der Arbeitgeber zum einen die Vorzüge der vakanten Stelle bzw. des Arbeitgebers hervorheben und zum anderen deutlich machen, dass nicht jeder für die Stelle geeignet ist. Im Gegensatz zum Produktmarketing müssen also auch Anforderungen formuliert werden. Das Ziel ist eine *Selbstselektion* der Bewerberinnen und Bewerber (Zottoli & Wanous, 2000). Mit Mitteln des Personalmarketings sollen Stellensuchende in die Lage versetzt werden, sich selbst dahingehend kritisch zu hinterfragen, ob sie tatsächlich geeignet sind oder nicht. Grundsätzlich geht es also im Personalmarketing darum, eine realistische Tätigkeitsinformation (*Realistic Job Preview*; Landis et al., 2014) zu liefern, um eine angemessene Selbstselektion zu fördern. Dabei werden von vornherein die Personengruppen angesprochen, von denen sich der Arbeitgeber ein besonders hohes Eignungsniveau verspricht (Kanning, 2017a).

Je nach Attraktivität der Stelle werden Arbeitgeber aber aus strategischen Gründen bisweilen von dieser Grundregel abweichen. Je attraktiver die Stelle ist, desto mehr Personen wird sie anziehen und desto geringer dürfte daher im Allgemeinen die Grundquote sein. Bei besonders attraktiven Stellen sollten die Ansprüche daher auch durchaus akzentuiert und vielleicht auch ein klein wenig überhöht dargestellt werden. Handelt es sich hingegen um einen eher unattraktiven Arbeitsplatz, der ohnehin nur wenige Menschen interessiert, würde diese Strategie den Bewerbungspool unnötig reduzieren. In diesem Falle wäre es für den Arbeitgeber zielführender, die Anforderungen weniger stark zu akzentuieren bzw. darüber nachzudenken, ob nicht auch Personen mit geringerer Qualifikation die Aufgaben übernehmen können, beispielsweise nachdem sie im eigenen Unternehmen weitergebildet wurden.

Effektives Personalmarketing besteht letztlich also in einer strategisch gewichteten Kombination von zwei Strategien, der „Anziehung“ und der „Abschreckung“ potenzieller Bewerberinnen und Bewerber.

2.2 Methoden des Personalmarketings

Grundsätzlich lässt sich zwischen einem organisationsinternen und -externen Personalmarketing unterscheiden (Kanning (2017a). Beim organisationsinternen Personalmarketing werden potenzielle Bewerber/-innen angesprochen, die bereits im Unternehmen arbeiten und sich beispielsweise auf eine vakante Stelle in einer anderen Abteilung oder einer anderen Niederlassung bewerben könnten. Beim organisationsexternen Personalmarketing richten sich die Bemühungen des Arbeitgebers auf den freien Markt jenseits der Beschäftigten des eigenen Unternehmens.

Die Möglichkeiten der *organisationsinternen Ansprache* sind überschaubar. So könnte der Arbeitgeber beispielsweise Stellen im Intranet oder in hauseigenen Zeitschriften ausschreiben oder potenziell geeignete Personen persönlich oder indirekt über deren Vorgesetze ansprechen. In einem erweiterten Sinne würde zur organisationsinternen Ansprache auch der Versuch gehören, teilzeitbeschäftigte Personen zu einer Aufstockung ihrer Stundenzahl zu bewegen oder ehemalige, die das Unternehmen z. B. aufgrund eines Studiums verlassen haben, gezielt zu einer Rückkehr zu ihrem alten Arbeitgeber zu veranlassen (Moser & Sende, 2014). Systematische Forschung zu den verschiedenen Formen der internen Ansprache gibt es nicht. Eine der wenigen Studien von Kanning und Sodermans (2016) zur Bedeutung des

Praktikums als Personalmarketingmaßnahme deutet an, dass Praktikanten/-innen eine positivere Beziehung zu einem Arbeitgeber aufbauen, wenn sie in ihrem Praktikum Wertschätzung erfahren, in ihrer Fachlichkeit ernst genommen werden und passend zum Studium eingesetzt werden, also beispielsweise nicht die meiste Zeit des Tages am Kopierer stehen. Dies erhöht auch die Bereitschaft, im eigenen Bekanntenkreis positiv über das Unternehmen zu reden. Der Wunsch, später nach dem Studium beim Praktikumsunternehmen arbeiten zu wollen, hängt hingegen maßgeblich von den wahrgenommenen sozialen Kompetenzen der Praktikumsbetreuer/-innen ab. Haben die Betroffenen den Eindruck, dass während des Praktikums mit ihnen zwischenmenschlich gut umgegangen wird, fördert dies die Arbeitgeberattraktivität.

Eine Studie von Thielsch et al. (2021), bei der mehr als 1000 Arbeitnehmer/-innen nach ihren Erfahrungen mit Personalmarketingmaßnahmen befragt wurden, ergab bei erstaunlichen 54 %, dass sie bereits Erfahrungen mit einer persönlichen Kontaktaufnahme gesammelt haben. Weitere 35 % kennen diese Methode, haben sie bislang aber nicht genutzt. Hierbei wird allerdings nicht zwischen organisationsinternen und -externen Ansprachen unterschieden.

Potenzielle Vorteile der internen Ansprache können darin liegen, dass die Betroffenen die Organisations- oder Abteilungskultur bereits kennen und daher eine besser abgesicherte Entscheidung treffen können. Zudem könnte der Arbeitgeber aufgrund vorliegender Leistungsdaten eine gezielte Vorauswahl der anzusprechenden Personen vornehmen und hierdurch die Grundquote erhöhen.

Nachteilig kann sich auswirken, dass die interne Ansprache aufgrund des geringeren Aufwandes grundsätzlich bevorzugt wird und dadurch geeignetere Kandidaten und Kandidatinnen, die der freie Markt zur Verfügung stellen könnte, erst gar nicht angesprochen werden. Zudem könnten verdiente Mitarbeiter/-innen für ihre bisherige Leistung mit einer Beförderung belohnt werden. Dabei wird allzu leicht aus dem Blick verloren, dass der neue Arbeitsplatz andere Anforderungen stellt und der Arbeitgeber daher ohne eine Überprüfung der Eignung für die neue Stelle ein unnötiges Risiko eingeht.

Die Methoden des *organisationsexternen Personalmarketings* sind vielfältiger und auch besser erforscht. Schauen wir uns im Folgenden die wichtigsten Befunde zu verschiedenen Methoden einmal näher an. Dabei wird zwischen analogen (klassischen) Methoden und digitalen Methoden unterschieden.

2.2.1 Analoge Methoden des Personalmarketings

Analoge Methoden des Personalmarketings werden seit Jahrzehnten eingesetzt. Sie kommen prinzipiell ohne jede Form der Digitalisierung aus, lassen sich aber zumindest teilweise digitalisieren. Dies gilt insbesondere für Stellenanzeigen. Im Folgen werden Forschungsergebnisse zu drei Methoden des klassischen Personalmarketings vorgestellt: Stellenanzeigen, Anwerbung durch Mitarbeiter/-innen und Headhunting.

▪ Stellenanzeigen

Stellenanzeigen haben als sehr klassische Methode des Personalmarketings vergleichsweise viel Aufmerksamkeit in der Forschung auf sich gezogen (Felser, 2010; Moser & Sende, 2014; Walker & Hinojosa, 2014). Stellenanzeigen beinhalten üblicherweise die folgenden Informationen:

2

- Vorstellung des Arbeitgebers,
- Beschreibung der vakanten Stelle,
- Anforderungen der Stelle bzw. des Arbeitgebers,
- Vorzüge des Arbeitsplatzes bzw. des Arbeitgebers,
- Modalitäten der Bewerbung und Kontaktangaben des Arbeitgebers.

Mehrere Studien zeigen, dass kleine Veränderungen in der *inhaltlichen Gestaltung* einer Stellenanzeige das Image und damit die Attraktivität eines Arbeitgebers signifikant verändern können. So konnten beispielsweise Walker und Hinojosa (2014) zeigen, dass die Angabe eines konkreten Gehalts, den Arbeitgeber als individualistischer erscheinen lässt, wodurch der Arbeitgeber für Menschen mit einer stärker individualistischen Orientierung attraktiver wird (Kuhn, 2009). Grundsätzlich erhöht allerdings die Gehaltsangabe die Bewerberattraktivität (García et al., 2010), was möglicherweise damit zu tun hat, dass die meisten Studien in der Psychologie in eher individualistisch geprägten Kulturen angesiedelt sind. Die positive Wirkung der Gehaltsangabe auf die Bewerbungsbereitschaft kann darüber hinaus auch Folge differenzierterer Angaben des Arbeitgebers sein. Differenziertere Angaben erhöhen die Arbeitgeberattraktivität (Feldman et al., 2006; Jones et al., 2006; Mason & Belt, 1986; Walker et al., 2008), insbesondere bei höher qualifizierten und motivierten Bewerbern/-innen, was wahrscheinlich darauf zurückzuführen ist, dass potenzielle Bewerber/-innen den Arbeitgeber besser einschätzen können und der Arbeitgeber in diesem Punkt den Bedürfnissen der potenziellen Bewerber/-innen besser entgegenkommt (Robertson et al., 2005). In der Regel wird es allerdings aus Kostengründen kaum möglich sein, in klassischen Stellenanzeigen ein sehr differenziertes Bild des Arbeitgebers zu vermitteln. Sinnvoll wäre es daher, die Bewerber/-innen über die Stellenanzeige zunächst auf eine vakante Stelle aufmerksam zu machen und von dort auf die Unternehmenswebsite weiterzuleiten, auf der sich dann sehr reichhaltige Informationen finden lassen.

Die Inhalte können sich einerseits auf konkrete Merkmale und andererseits auf abstrakte Merkmale beziehen. *Konkrete Merkmale* wären beispielsweise Informationen über die Arbeitsinhalte, Arbeitsort, Arbeitszeiten, freiwillige soziale Leistungen, Dienstwagen oder die Anzahl der zu führenden Mitarbeiter/-innen. *Abstrakte Merkmale* sind vor allem die Werte eines Arbeitgebers. Versteht sich der Arbeitgeber als ein traditionelles oder eher als ein innovatives Unternehmen? Wie wichtig sind Fairness gegenüber Kunden/-innen und ökologische Nachhaltigkeit? Zahlreiche Studien zeigen, dass die konkreten Merkmale einen größeren Einfluss auf die Arbeitgeberattraktivität haben als die abstrakten (Lievens et al., 2007; Lievens & Harris, 2003). Vermutlich ist es so, dass ein Arbeitgeber für die meisten Bewerben/-innen zunächst einmal im Hinblick auf die konkreten Merkmale attraktiv sein muss. Wenn Bewerber/-innen dann zwischen verschiedenen Arbeitgebern wählen können, die sich in diesen Merkmalen nicht wesentlich voneinander unterscheiden, geben die abstrakten Merkmale den Ausschlag, welcher Arbeitgeber der attraktivere ist.

Eine Studie von Kanning und Schirch (2021) geht der Frage nach, wie *Unternehmenswerte* zu kommunizieren sind, um eine positive Wirkung für den Arbeitgeber zu entfalten. Dabei zeigt sich, dass die Arbeitgeberattraktivität ansteigt, wenn Werte nicht nur benannt, sondern zusätzlich auch noch inhaltlich erklärt werden (Was bedeutet „Nachhaltigkeit“ für unser Unternehmen?). Die besten Werte wurden erzielt, wenn der Arbeitgeber darüber hinaus auch noch Belege liefern kann, dass die Werte auch tatsächlich gelebt werden und nicht nur auf dem Papier stehen (z. B. Angaben zum eingesparten CO_2).

Felser (2010) formuliert ausgehend von der Forschung zur *grafischen Gestaltung* von Werbeanzeigen die folgenden Empfehlungen für die Gestaltung von Stellenanzeigen:

- Die zentralen Informationen müssen auf den ersten Blick leicht erkennbar sein. Dies betrifft beispielsweise die Nennung der konkreten Stelle bzw. der zu besetzenden Position („Geschäftsführung eines Bauunternehmens in Düsseldorf").
- Die Anzeige sollte sich vom übrigen Umfeld abheben. Dies geschieht durch Größe, grafische Elemente, Fotos oder den Einsatz von Farben.
- Die Schrifttyp muss gut lesbar sein. Gestalterische Elemente sollten sich also weniger auf den Schrifttyp als vielmehr auf Farben oder Bilder beziehen.

Da insbesondere der Einsatz von Bildern und Farben in Stellenanzeigen sehr kostspielig ist, lassen sich diese Empfehlungen sehr viel leichter bei Stellenanzeigen realisieren, die auf der eigenen Unternehmenswebsite veröffentlicht werden (s. u.).

Eine Studie von Kaplan et al. (1991) zeigt allerdings, dass die grafische Gestaltung bei besonders qualifizierten Bewerbern/-innen keine positive Wirkung entfaltet. Gemeinsam mit den Ergebnissen von Mason und Belt (1986) und Walker et al. (2008) lässt sich daraus die Erkenntnis ableiten, dass mit zunehmendem Qualifikationsniveau die Inhalte der Stellenanzeigen eine größere Bedeutung erlangen als ihre Form.

Im weiteren Sinne gehört zur grafischen Gestaltung auch der Einsatz von *Fotos*. Studien, die sich mit der Wirkung von Fotos in Stellenanzeigen beschäftigen, zeigen, dass die Arbeitgeberattraktivität in der Zielgruppe gesteigert werden kann, wenn die Fotos Personen zeigen, welche die Zielgruppe der Stellenanzeige – z. B. im Hinblick auf das Alter – repräsentieren. Besteht beispielsweise die Absicht darin, vermehrt weibliche Führungskräfte einzustellen, sollten auch Frauen in Führungspositionen abgebildet sein (Avery et al., 2004; Avery & McKay, 2006; Perkins et al., 2000). Arbeitgeber, die bildhaft Diversity im eigenen Unternehmen darstellen, werden von entsprechenden Bevölkerungsgruppen als attraktivere Arbeitgeber erlebt (Avery et al., 2004; Perkins et al., 2000). Explizite Hinweise auf Chancengleichheit erhöhen die Bewerbungsbereitschaft in Bevölkerungsgruppen, die üblicherweise in entsprechenden Positionen seltener anzutreffen sind (Brown et al., 2006).

Die in Bildern abgebildeten Personen sollten jedoch – im Gegensatz zur Produktwerbung – nicht besonders gut aussehen, sondern eher „Durchschnittstypen" repräsentieren (Burt et al., 2010). Wirken die dargestellten Personen wie Models, so scheint dies der Glaubwürdigkeit der Stellenanzeige nicht zuträglich zu sein. Wahrscheinlich haben viele Betrachter/-innen den Eindruck, dass der Arbeitgeber den Versuch einer Manipulation unternimmt. Auch der Kontext, in dem die Personen gezeigt werden, hat einen Einfluss auf das Image des Arbeitgebers. Mitunter zeigen Arbeitgeber auf ihren Karrierewebsites junge Menschen, die sich offenkundig in Freizeitsituationen befinden und hier einfach nur Freude am Leben ausdrücken. Der reale berufliche Kontext wird dabei komplett ausgeblendet. Eine Studie von Kanning und Gebhard (2022) untersuchte die Wirkung derartiger Bilder. Im Rahmen einer fiktiven Stellenausschreibung werden drei Bilder einer jungen Frau miteinander verglichen. In Bild

2

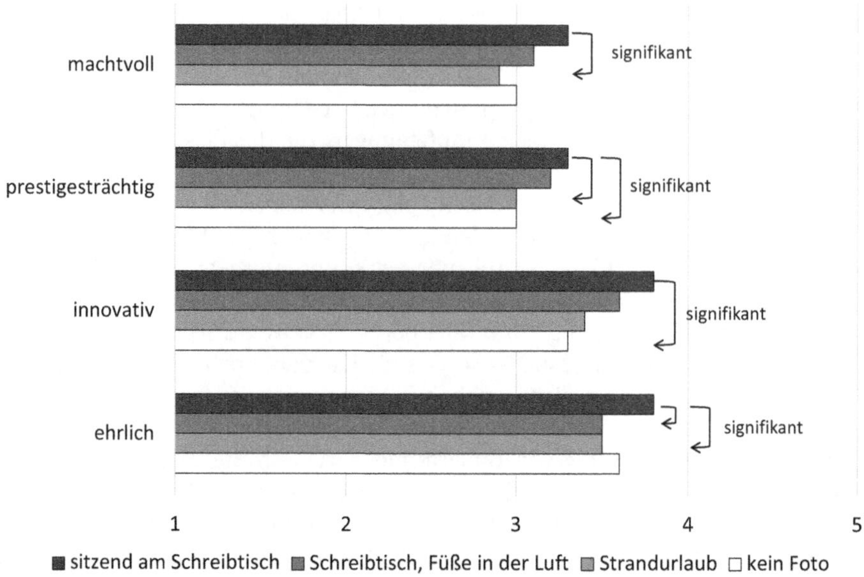

Abb. 2.2 Wirkung verschiedener Fotos (nach Kanning & Gebhard, 2022)

eins sitzt sie am Schreibtisch und schaut lächelnd in die Kamera. In Bild zwei sitzt sie vor dem Schreibtisch und hält verspielt die Füße in die Kamera. Bild drei zeigt die Frau am Strand. In der Bewertung durch potenzielle Bewerber/-innen schneidet das erste Bild am besten ab. Es erscheint den Befragten angemessener, authentischer und ansprechender. Überdies wirkt der Arbeitgeber ehrlicher, innovativer, prestigeträchtiger und machtvoller (Abb. 2.2).

Erfolgreiche Prinzipien des Produktmarketings lassen sich also auch in diesem Punkt nicht einfach auf das Personalmarketing übertragen. Dafür spricht auch, dass der wahrgenommenen *Glaubwürdigkeit* einer Stellenanzeige eine entscheidende Bedeutung zukommt (Kanning & Schirch, 2021; Lee et al., 2013). Während die meisten Produktkunden/-innen sich wahrscheinlich darüber im Klaren sind, dass sie in der Produktwerbung oft angelogen werden, und damit ganz gut leben können, wird das Gefühl mangelnder Glaubwürdigkeit im Personalmarketing zu einem Problem. Dies ist möglicherweise auf die viel größere Bedeutung der Arbeitsplatzwahl zurückzuführen. Einen neuen Arbeitsplatz anzunehmen, beeinflusst das eigene Leben sehr viel stärker als etwa der Kauf eines neuen Handys. Insofern ist es nur sinnvoll, wenn Bewerber/-innen im Rahmen des Personalmarketings eine kritischere Haltung einnehmen.

Seit wenigen Jahren gehen zunehmend mehr Unternehmen dazu über, potenzielle Bewerberinnen und Bewerber in Stellenanzeigen zu *duzen*. Manche Unternehmen – wie z. B. OTTO – bekennen sich offensiv dazu, dass in ihrem Haus ein gegenseitiges Duzen für alle Beschäftigten verbindlich vorgeschrieben wird. Die Beweggründe sind nicht ganz offensichtlich. Im Personalmarketing versprechen sich Arbeitsgeber vom Duzen vielleicht ein jüngeres oder teamorientierteres Image. Im alltäglichen Umgang mögen sie auf ein friedfertigeres Miteinander hoffen. Die wenigen Studien, die es zu diesem Themenfeld gibt, deuten darauf hin, dass beide Strategien – das Duzen in Stellenanzeigen und das vorgeschriebene Duzen im Berufsalltag – wenig sinnvoll sind. Kanning und Bröckelmann-Bruns (2018), Kanning, Kempa, und Winkelmann (2019a) untersuchen, in mehreren Studien den Einfluss des Duzens in Stellenanzeigen. Es zeigt sich im Vergleich zum Siezen tatsächlich ein Einfluss auf das Arbeitgeberimage, dieser Einfluss ist aber nicht nur positiv. Das Duzen geht mit einem „weicheren" Image im Sinne einer größeren Mitarbeiterorientierung der Führungskräfte, einer stärkeren Kollegialität und einer größeren Modernität einher. Das Siezen führt hingegen zu einem leistungsstärkeren Image des Arbeitgebers. Je nachdem, welche individuelle Orientierung einzelne Bewerber/-innen in sich tragen, wird durch das Duzen ein Arbeitgeber für die einen attraktiver und für die anderen weniger attraktiv. Zudem zeigt sich, dass es für den Arbeitgeber weniger folgenschwer ist, Menschen, die lieber geduzt werden, zu siezen, als umgekehrt, Menschen zu duzen, die lieber gesiezt werden wollen. Da mehrheitlich Bewerber/-innen nach wie vor im Bewerbungsprozess lieber gesiezt werden, wäre die beste Strategie, nach wie vor konsequent zu siezen. Die Idee, mit einem kollektiven Zwangsduzen im späteren Berufsalltag ein positives Arbeitgeberimage zu erzeugen, ist ebenfalls eine irrige Annahme. Die meisten Berufstätigen wollen nicht, dass der Arbeitgeber ihnen ein kollektives Duzen (oder Siezen) vorschreibt. Sie wollen selbst entscheiden, wen sie duzen und wen sie siezen (Kanning, Kempa, & Winkelmann, 2019a).

Eine besondere Variante der Stellenanzeige ist die *verdeckte Stellenanzeige*. Verdeckte Stellenanzeigen ermöglichen keinen Rückschluss auf das einstellende Unternehmen. Ansonsten unterscheiden sie sich inhaltlich nicht von herkömmlichen Anzeigen. Ganz offensichtlich möchte sich in diesem Fall ein Arbeitgeber vorerst nicht zu erkennen geben, weil er einen Nachteil befürchtet. In diesem Fall geht die Bewerbung an eine Beratungsfirma. Die Identität des Arbeitgebers wird erst kurz vor dem Einstellungsinterview oder aber sogar erst nach dem positiven Abschluss eines Einstellungsinterviews preisgegeben. Die Gründe für verdeckte Stellenanzeigen liegen einerseits in einem schlechten Image des Arbeitgebers – z. B. aufgrund der Branche (Schlachthof, Rüstungsindustrie) oder eines aktuellen Skandals – oder in der derzeitigen Besetzung der Stelle. Letzteres wäre der Fall, wenn eine Führungskraft demnächst entlassen wird, sie hiervon aber erst erfahren soll, nachdem die Nachfolge geregelt wurde. Studien zu verdeckten Stellenanzeigen sind äußerst selten. Kanning und Bröckelmann-Bruns (2018) belegen in einem Experiment negative Effekte verdeckter Stellenanzeigen im Vergleich zu offenen. Potenzielle Bewerber/-innen interessieren sich trotz ansonsten gleicher Inhalte weniger für die vakante Stelle, wenn sie als verdeckte Stellenanzeige veröffentlicht wird. Zudem wollen sie dort weniger gern arbeiten und würden auch ein Stellenangebot mit geringerer Wahrscheinlichkeit annehmen (◘ Abb. 2.3).

▪ Anwerbung durch Beschäftigte

Während eine Stellenanzeige den Markt potenzieller Bewerberinnen und Bewerber auf breiter Front anspricht, geht es bei der Anwerbung durch Beschäftigte um die gezielte Ansprache geeignet erscheinender Personen. Dazu sollten Beschäftigte des Unternehmens in ihrem Bekanntenkreis solche Personen auf eine vakante Stelle aufmerksam machen, die ihnen geeignet erscheinen. Diese Strategie kann parallel oder alternativ zu einer herkömmlichen Stellenausschreibung eingesetzt werden. Die wenigen Studien, die es zu dieser Variante des Personalmarketings gibt, unterstreichen die Sinnhaftigkeit eines solchen Vorgehens. Die Strategie erhöht nicht nur die Anzahl der eingehenden Bewerbungen, sondern beeinflusst auch positiv die Grundquote

2

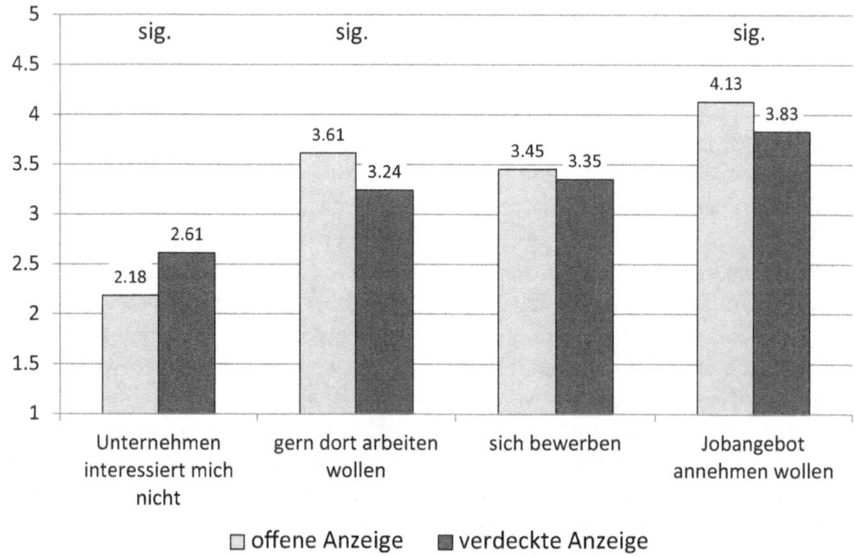

Abb. 2.3 Wirkung verdeckter Stellenanzeigen (nach Kanning & Bröckelmann-Bruns, 2018)

(Kirnan et al., 1989; Van Hoye, 2013; Zottoli & Wanous, 2000). Dies gilt umso mehr, wenn die Anwerbung durch Beschäftigte erfolgt, die selbst Führungsverantwortung in dem Unternehmen tragen (Kirnan et al., 1989). Offenbar sprechen die Betroffenen nicht wahllos irgendwelche Personen an, sondern solche, die tatsächlich eher gute Leistung bringen werden.

Headhunting

Als Headhunting (oder Executive Search) wird die gezielte Abwerbung von Fach- und Führungskräften bezeichnet. Ist in einem Unternehmen eine hochkarätige Stelle vakant und entscheiden sich die Verantwortlichen für den Weg des Headhuntings, so wird die Stelle nicht öffentlich ausgeschrieben. Stattdessen wird ein spezialisiertes Beratungsunternehmen damit beauftragt, in anderen Unternehmen geeignete Kandidaten/-innen zu identifizieren und für einen Stellenwechsel zu motivieren. Üblicherweise übernimmt das Beratungsunternehmen eine diagnostische Vorauswahl und präsentiert dem Auftraggeber später zur Endauswahl ein bis drei Kandidaten/-innen.

Die Forschung zu Headhunting ist sehr überschaubar. Eine Studie von Hamori (2010), die sich auf mehr als 2000 Headhuntingfälle bezieht, zeigt die Schwachstellen der Methode auf. Zunächst einmal stellt sich die Frage, nach welchen Kriterien Beratungsunternehmen geeignete Personen identifizieren. Da der Pool derjenigen, die angesprochen werden, sehr klein ist, hängt von der Auswahl der anzusprechenden Personen sehr viel ab. Die Studie von Hamori (2010) zeigt, dass die Beratungsfirmen in der Regel die tatsächliche Eignung der angesprochenen Personen nicht einschätzen können, weil ihnen hierzu die nötigen Insiderinformationen fehlen. Daher orientieren sie sich am Prestige der derzeitigen Stelle, beziehungsweise des derzeitigen Arbeitgebers der anzusprechenden Personen. Implizit gehen die Beratungsunternehmen also davon aus, dass beispielsweise eine Person, die in einem renommierten DAX-Unternehmen auf der Ebene der Abteilungsleitung arbeitet, automatisch auch eine sehr gute Besetzung darstellt. Dies ist eine gewagte These, die von Insidern derartiger Unternehmen sehr schnell zurückgewiesen werden kann. Es ist keineswegs so, dass in herausragenden Positionen renommierter Unternehmen ausschließlich sehr gut geeignete Personen tätig sind. Nachdem die Auswahl der anzusprechenden Personen erfolgt ist, geht es im zweiten Schritt darum, eine diagnostische Einschätzung derjenigen vorzunehmen, die auf ein erstes Gespräch positiv reagiert haben. Die Beratungsfirmen befinden sich nun in einer schwierigen Situation. Auf der einen Seite wäre es ihre Aufgabe, die Eignung der Kandidaten/-innen für die zukünftige Position kritisch zu überprüfen. Auf der anderen Seite haben sie aber ein wirtschaftliches Interesse daran, ihrem Auftraggeber in jedem Fall potenziell geeignete Personen vorzustellen. Darüber hinaus stellt sich das Problem, dass die angesprochenen Personen den Eindruck haben, äußerst gut für die Stelle geeignet zu sein. Ansonsten hätte man sie ja wahrscheinlich nicht angesprochen. Vor diesem Hintergrund fällt es schwer, die Betroffenen einem sehr anspruchsvollen Auswahlverfahren zu unterziehen. In der Konsequenz werden gering strukturierte Verfahren eingesetzt, denen im Allgemeinen nur eine geringe prognostische Validität bescheinigt werden kann (Kanning & Dressler, 2018). Die Studie von Hamori (2010) zeigt zudem, dass die Wahrscheinlichkeit, auf diesem Weg eine wichtige Position zu besetzen, davon abhängt, ob die angesprochenen Personen auch in der Vergangenheit über den Weg des Headhuntings Karriere gemacht haben. Je häufiger sie bereits in der Vergangenheit durch Headhunting zu einer attraktiven Stelle gelangt sind, desto größer ist die Wahrscheinlichkeit, dass sie dies auch in Zukunft tun. Zudem zeigt sich, dass Personen, die per Headhunting auf eine neue Stelle wechseln, bei ihrem alten Arbeitgeber signifikant kürzer verweilen. Es handelt sich also um Personen mit einem eher geringen Commitment. All dies zusammengenommen lässt die Befürchtung wachsen, dass Headhunting in besonderer Weise Blenderkarrieren fördert. Die Betroffenen wechseln das Unternehmen, bevor ihre eigene mangelnde Eignung offen zutage treten kann. Je schneller sie aufsteigen, desto größer ist ihr Prestige und desto größer ist die Wahrscheinlichkeit, dass sie nach kurzer Zeit erneut von einer Headhuntingfirma angesprochen werden.

Zur Wirkung des Headhuntings auf die angesprochenen Personen liegen bislang keine Studien vor. Zu erwarten ist, dass die Betroffenen diese Form der Ansprache als schmeichelhaft empfinden, weil sie ihnen einen hohen Marktwert suggerieren und mit geringem Aufwand verbunden sind. Gleichzeitig könnte das Ansinnen von einer Teilmenge aber auch als ethisch zweifelhaft erlebt werden, weil das Beratungsunternehmen sie zu einem illoyalen Verhalten gegenüber dem derzeitigen Arbeitgeber überreden will.

2.2.2 Digitale Methoden des Personalmarketings

Digitale Methoden des Personalmarketings ergänzen das Spektrum der analogen Methoden, ohne sie bislang zu ersetzen. So zeigt etwa die Studie von Thielsch et al. (2021), dass 71 % der mehr als 1000 befragten Arbeitnehmer/-innen sich nach wie vor u. a. mithilfe von Zeitungen und Zeitschriften über vakante Stellen informieren. Stellenanzeigen auf Online-Jobportalen liegen hingegen nur bei 54 % und Unternehmenswebsites bei 55 %. In der Effizienz unterscheiden sich verschiedene Kanäle zur Veröffentlichung von Stellenanzeigen recht deutlich voneinander. Dividieren wir

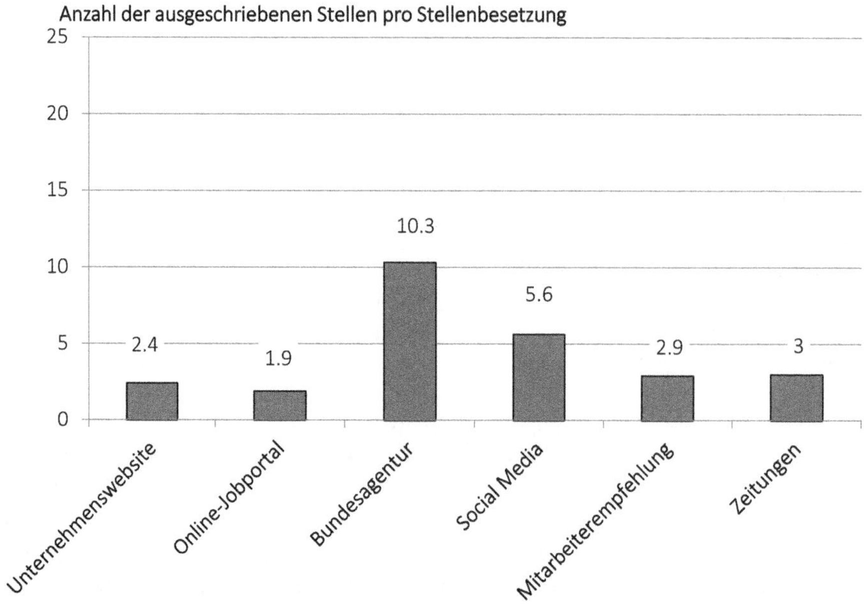

Abb. 2.4 Effizienz verschiedener Kanäle zur Veröffentlichung von Stellenanzeigen (eigene Berechnungen auf der Basis der Daten von Weitzel et al., 2015)

den prozentualen Anteil der über bestimmte Kanäle beworbenen Stellen mit der Anzahl der über diese Kanäle besetzten Stellenanzeigen (Weitzel et al., 2015), so ergibt sich ein grober Hinweis auf die Effizienz (Abb. 2.4). Die größte Effizienz verzeichnen Online-Bewerbungsportale gefolgt von der Unternehmenswebsite. Knapp dahinter folgen Empfehlungen von Beschäftigten sowie die Stellenanzeige in Zeitungen und Zeitschriften.

Digitale Methoden gehen allerdings über die bloße Ansprache von Bewerberinnen und Bewerbern hinaus, wenn Unternehmen zusätzlich Online-Bewerbungsformulare zur Verfügung stellen, mit denen sich interessierte Personen gleich von der Website aus bei einem Unternehmen bewerben können. Im Zentrum der Bemühungen steht die zielführende Gestaltung von Inhalten, die sich im Internet entweder auf kommerziellen Jobportalen (z. B. Stepstone, Monster.de) oder direkt auf den Websites (Karriereseite) oder in Recruiting-Apps der Arbeitgeber finden lassen. Hinzu kommt die individuelle Ansprache über soziale Netzwerke. In früheren Zeiten war dabei zu bedenken, dass nicht alle Bewerberinnen und Bewerber eine hinreichende Affinität und Vorerfahrung mit dem Internet mit sich bringen könnten, sodass der Arbeitsmarkt in ungewollter Weise selektiv angesprochen wurde (Batinic & Appel, 2009). Mit voranschreitender Digitalisierung der gesamten Gesellschaft dürfte diese Sorge jedoch zunehmend unbegründet sein.

Lievens und Harris (2003) beschreiben mehrere potenzielle Vorteile des digitalen Personalmarketings im Vergleich zum klassischen Vorgehen:

- Das Internet ermöglicht Arbeitgebern sehr viel mehr Informationen über sich und die vakante Stelle zu vermitteln als herkömmliche Stellenanzeigen. Zudem können die Informationen in vielfältigerer Weise (Text, Audio, Video) präsentiert werden.

- Der Kontakt zu Besuchern/-innen der Website kann über Cookies gehalten werden. Dadurch ergibt sich die Möglichkeit, Personen, die sich zunächst nicht zu einer Bewerbung entschließen, später erneut zu kontaktieren.
- Die Kosten des digitalen Personalmarketings sollten unter denen des klassischen Vorgehens liegen.
- Die Nutzung des Internets soll den Bewerbungsprozess schneller und leichter gestalten – etwa durch den Einsatz von Online-Bewerbungsformularen. Hierdurch soll die Hemmschwelle für eine Bewerbung sinken.

Nicht all diese Punkte, die vor 20 Jahren formuliert wurden, dürften flächendeckend eingetreten sein. Dies dürfte insbesondere für die Kosten gelten. Arbeitgeber, die inzwischen Imagefilme drehen oder Chatbots programmieren lassen, werden heute sicherlich weitaus mehr Geld in ihr Personalmarketing investieren als früher. Die geringere Hemmschwelle zur Bewerbung kann sich für den Arbeitgeber sogar nachteilig auswirken, wenn viele Bewerbungen von wenig geeigneten Personen eingehen und dadurch die Grundquote sinkt. Forschungsergebnisse können dabei helfen, den Einsatz digitaler Methoden des Personalmarketings zu optimieren. Schauen wir uns im Folgenden die wichtigsten Ergebnisse zu verschiedenen Methoden einmal näher an.

▪ Gestaltung von Websites

Vergleichbar zu Stellenanzeigen in Zeitungen oder Zeitschriften transportieren auch Websites zunächst einmal *Informationen* über eine ausgeschriebene Stelle bzw. den Arbeitgeber. Eine Studie von Allen et al. (2007) zeigt, dass sowohl die Websiteinformationen über einen konkreten Arbeitsplatz als auch Informationen über den Arbeitgeber Einfluss auf die Bewerbungsbereitschaft nehmen. Im Falle der Informationen über den Arbeitsplatz handelt es sich dabei um einen direkten Einfluss. Im Falle der Informationen über den Arbeitgeber um einen indirekten: Die Arbeitgeberinformationen beeinflussen zunächst die Einstellung zum Arbeitgeber und diese dann wiederum die Bereitschaft zur Bewerbung. Interessant ist in diesem Zusammenhang, dass sowohl die Informationen über den Arbeitsplatz als auch die Informationen über den Arbeitgeber einen signifikanten Einfluss auf die Einstellung zur Website nehmen, die ihrerseits dann wiederum das Arbeitgeberimage und indirekt die Bewerbungsbereitschaft beeinflusst.

Konrath und Rack (2006) untersuchen neben dem Einfluss der Inhalte auch die Wirkung des Layouts in der subjektiven Wahrnehmung realer Websites durch Studierende. Sie fanden, dass sich die Arbeitgeberattraktivität durch die Gestaltung der Seite positiv verändern ließe (32 % Varianzaufklärung). Der Einfluss der Inhalte war dabei geringfügig größer als der des Layouts. Dies deckt sich mit Erkenntnissen zu papiergestützten Stellenanzeigen, in denen der Inhalt der Stellenanzeige insbesondere bei höher qualifizierten Personen mehr Einfluss auf die Arbeitgeberattraktivität nimmt als die Ästhetik (Kaplan et al., 1991; Mason & Belt, 1986; Walker et al., 2008; s. u.).

Allen et al. (2013) zeigen in einer Studie, in der die Blickbewegung bei der Sichtung von digitalen Stellenanzeigen erfasst wird, dass potenzielle Bewerber/-innen den Informationen zur Stelle und Hyperlinks mehr Aufmerksamkeit schenken als den grafischen Elementen. In einer zweiten Studie wurden potenzielle Bewerber/-innen beim Lesen einer Website gebeten, ihre Gedanken laut zu verbalisieren. Hierdurch soll erfasst werden, welche Informationen in stärkerem Maß ihre Aufmerksamkeit auf sich ziehen und im Kurzzeitgedächtnis verarbeitet werden. Erneut ergab sich eine größere Bedeutung der Inhalte (60 % der verbalisierten Inhalte) gegenüber der des Designs der Website (36 %).

Alles in allem kommt den Inhalten digitaler Stellenanzeigen mithin ein größerer Stellenwert zu. Bei der Entwicklung digitaler Stellenanzeigen sollten sich Arbeitgeber daher stärker mit den Inhalten als der Form beschäftigen, ohne Letztere dabei völlig aus dem Blick zu verlieren.

Neben Inhalten und grafischen Elementen, die sich auch in papiergestützten Stellenanzeigen finden, sind Stellenanzeigen auf Websites durch eine mehr oder minder ausgeprägte *Usability* gekennzeichnet. Die Usability (Nutzerfreundlichkeit) bezieht sich auf die Handhabung einer Internetseite durch deren Nutzer/-innen. Dabei kann es um vielfältige Fragen gehen: Funktioniert die Darstellung der Inhalte auf verschiedenen Endgeräten (Computer, Tablet, Handy)? Sind die Darstellung und Funktion über verschiedene Browser gewährleistet? Sind die Seiten übersichtlich gestaltet? Wie viele Ebenen müssen Bewerber/-innen in die Tiefe gehen, um zu wichtigen Inhalten zu gelangen? Mehrere Studien beschäftigen sich mit der Bedeutung der Usability für die Arbeitgeberattraktivität.

Eine der ersten Studien in diesem Bereich ist die von Cober et al. (2003). Sie vergleichen die Wirkung von Inhalt und Style von Unternehmenswebsites auf die Arbeitgeberattraktivität. Die Kategorie „Style“ beinhaltet dabei sowohl ästhetische Merkmale der Website als auch die Usability. Die Arbeitgeberattraktivität wird in dieser Studie zum einen über die Bewerbungsbereitschaft und zum anderen über die Bereitschaft, den Arbeitgeber Freunden und Bekannten zu empfehlen, operationalisiert. Sowohl Inhalt als auch Style nehmen positiven Einfluss auf beide Variablen. Bezogen auf die Bewerbungsbereitschaft fällt der Einfluss von Style deutlich größer aus als der Einfluss des Inhalts (15 % bzw. 5 % Varianzaufklärung, inkrementelle Validität). Bezogen auf die Empfehlungsbereitschaft ist der jeweilige Einfluss etwa gleich groß (9 % bzw. 10 %). Dabei geht von der Ästhetik der Seite keine signifikante Wirkung aus. Der Effekt bezieht sich allein auf die Usability.

Thompson et al. (2008) vergleichen den Einfluss subjektiv wahrgenommener Usability im Vergleich zur erlebten Formatierung der Inhalte auf die Bewerbungsbereitschaft. Der Formatierung kommt dabei eine sehr viel größere Bedeutung als der Usability zu, wobei beide Variablen für sich allein eine signifikante Wirkung entfalten (16 % vs. 2 %).

Pfieffelmann et al. (2010) finden einen positiven Einfluss der Usability verschiedener Websites auf die Arbeitgeberattraktivität. Die Größenordnung liegt bei einem Varianzanteil von 10 % bei Probandinnen und 0 % bei Probanden. Im Vergleich hierzu erzielte die individuelle wahrgenommene Passung zwischen dem Arbeitgeber und den potenziellen Bewerber/-innen (Person-Organization-Fit) eine Varianzaufklärung von 37 % bei Probandinnen und 7 % bei Probanden. Wenn wir davon ausgehen, dass die wahrgenommene Passung der eigenen Person zur ausgeschriebenen Stelle vor allem durch die Inhalte der Stellenanzeige geprägt wird, unterstreicht dies erneut die besondere Bedeutung der Inhalte.

Selden und Orenstein (2011) untersuchen den Einfluss der Usability im Vergleich zu Inhalten der Website. Eine Besonderheit besteht darin, dass sich die Studie auf reale Bewerbungen bezieht. Im Ergebnis zeigt sich eine interessante Differenzierung der Wirkung beider Variablen. Während eine gute Usability zu einer größeren An-

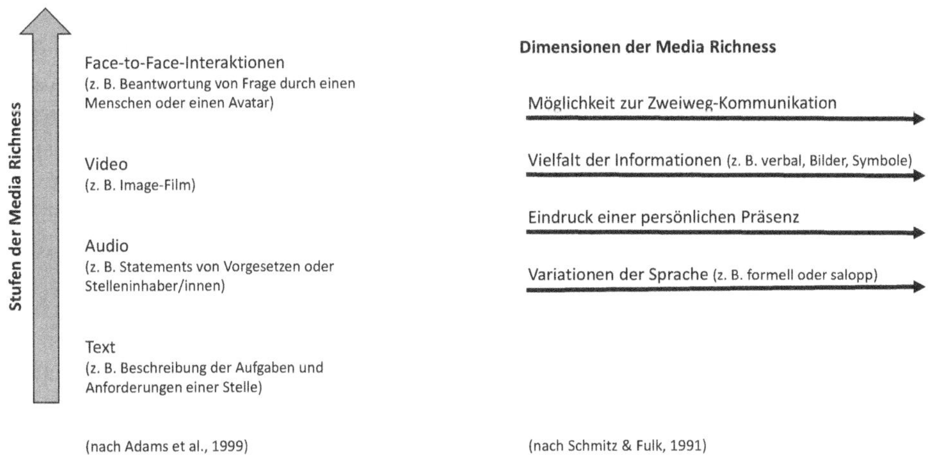

Abb. 2.5 Verschiedene Grade der Media Richness

zahl von Bewerbungen pro Stellenausschreibung führt, beeinflussen die Inhalte der Website eher die Qualität des Bewerbungspools. Die Inhalte stehen in einem signifikanten Zusammenhang zum dauerhaften Verbleib beim Arbeitgeber nach einer Einstellung. Bezogen auf die Usability lässt sich ein solcher Effekt nicht belegen.

Das Internet ermöglicht in vielfältiger Weise den Einsatz von Medien zur Verbreitung von Informationen. Websites zur Anwerbung von Bewerberinnen und Bewerbern können beispielsweise neben Texten und Bildern auch Imagefilme beinhalten, Fragen durch einen Menschen oder einen Avatar beantworten lassen und einen virtuellen Gang durch ein Unternehmen ermöglichen (vgl. Jansen et al., 2023). In der Forschung wird diese Vielfalt der Möglichkeiten mit dem Begriff *Media Richness* (Daft & Lengel, 1986) umschrieben. Abb. 2.5 verdeutlicht verschiedene Grade der Media Richness.

Bislang nicht explizit berücksichtigt wird dabei der Einsatz spielerischer Elemente (Gamification; vgl. ▶ Kap. 6) in der Selbstdarstellung eines Arbeitgebers (z. B. mithilfe von Avataren, die durchs Unternehmen führen) oder die Verfügbarkeit gamifizierter Testverfahren zum Selbsttest der Bewerber/-innen vor der eigentlichen Bewerbung. Jansen et al. (2023) sprechen in diesem Zusammenhang auch von „Recruitainment".

Mehrere Studien gehen der Frage nach, welche Bedeutung Media Richness für das digitalisierte Personalmarketing besitzt.

Allen et al. (2004) vergleichen vier Abstufungen der Media Richness. In der einfachsten Bedingung lesen die Teilnehmer/-innen der Studie Informationen zu einer Stellenausschreibung auf der Website eines Arbeitgebers. In der zweiten Bedingung werden die Informationen auditiv übermittelt. Bedingung drei arbeitet mit Videotechnik, kombiniert also visuelle und auditive Informationen miteinander. Die vierte Bedingung repräsentiert den höchsten Grad der Media Richness. Die Informationen werden durch einen Menschen gegeben der überdies anbietet, Fragen „face to face" zu beantworten. Zusätzlich haben die potenziellen Bewerber/-innen die Möglichkeit, bis zu drei Fragen zu stellen, die individuell beantwortet werden. Aus Sicht der Studienteilnehmer/-innen ist der Informationsgehalt in der Video- sowie in der Audiobedingung am höchsten, gefolgt von der reinen Textbedingung. Die Bedingung mit dem höchsten Grad an Media Richness schneidet am schlechtesten ab. Erstaunlicherweise wurde Bedingung vier auch keineswegs als persönlicher wahrgenommen. Auch hier liegt die Videobedingung signifikant vorn. Dasselbe gilt für die soziale Präsenz, also die Wahrnehmung der Situation als zwischenmenschlich angenehm. Der einzige Bereich, in dem die Bedingung maximaler Media Richness besser als alle übrigen Bedingungen abschneidet, ist der der Zweiweg-Kommunikation, da sie die einzige Bedingung ist, in der individuelle Fragen gestellt werden können. Alles in allem lässt sich somit keine grundsätzliche Überlegenheit eines maximal reichhaltigen Medieneinsatzes belegen. Möglicherweise hat dies auch damit zu tun, dass bei der Interaktion mit einem einzelnen Menschen dessen wahrgenommene Persönlichkeit als Repräsentant des Arbeitgebers im Sinne eines Haloeffektes auf die Wahrnehmung des Arbeitgebers überstrahlen kann. Insofern wäre bei der Auswahl entsprechender Repräsentanten große Sorgfalt an den Tag zu legen.

Badger et al. (2014) untersuchen die Wirkung der Media Richness in zwei Abstufungen. In der Bedingung einer geringen Media Richness sichten die Teilnehmer/-innen der Untersuchung eine einfache Website, die Informationen über einen Arbeitsplatz und ein Unternehmen beinhaltet. In der Bedingung einer hohen Media Richness durchlaufen sie einen virtuellen Raum, indem die Informationen an den Wänden stehen. Die Probanden bewegen sich mithilfe eines Avatars durch den virtuellen Raum. Der Avatar kann dabei individuelle Fragen beantworten. Zusätzlich ist es möglich, dass die potenziellen Bewerber/-innen, die den virtuellen Raum gleichzeitig besuchen, untereinander kommunizieren. Im Ergebnis zeigt sich, dass der Einsatz des Avatars zu einer Ablenkung von den eigentlichen Inhalten des Personalmarketings führt. In der Bedingung einer hohen Media Richness können die Untersuchungsteilnehmer/-innen weniger Inhalte erinnern. Der Effekt wird moderiert durch die subjektiv erlebte kognitive Beanspruchung (Cognitive Load), die von der Vielfalt der Informationen ausgeht. Je höher die subjektiv erlebte kognitive Beanspruchung ausfällt, desto weniger Inhalte können erinnert werden. Auch wenn der Einsatz eines virtuellen Raumes vielleicht auf den ersten Eindruck ein positives Image erzeugt, weil der Arbeitgeber sich offenbar in besonderer Weise engagiert, kann dies am Ende zu einem schlechteren Ergebnis führen als eine einfach gestaltete Website. Zu viel des Guten führt dazu, dass die eigentlich zu vermittelnden Botschaften auf der Strecke bleiben und damit auch keine sinnvolle Selbstselektion der potenziellen Bewerberinnen und Bewerber mehr erfolgt.

Cable und Yu (2006) vergleichen drei Grade der Media Richness: den persönlichen Kontakt zu Vertreter/-innen des Arbeitgebers auf einer Messe, die Website des Unternehmens und Informationen, die über ein Internetportal verbreitet werden, auf dem Beschäftigte des Unternehmens anonym Auskunft über ihren Arbeitgeber geben. In der Wahrnehmung der potenziellen Bewerber/-innen repräsentiert der Messestand den höchsten Grad an Media Richness, gefolgt von der Unternehmenswebsite und dem Bewertungsportal. Das Ausmaß an wahrgenommener Media Richness beeinflusst dabei das Image des Arbeitgebers dahingehend, dass die potenziellen Bewerberinnen und Bewerber ihr Image in die Richtung verändern, die vom Arbeitgeber intendiert ist. Der persönliche Kontakt erweist sich somit als eine effektivere Methode der Imagebildung als eine einfache Website oder unabhängige Bewertungen im Internet.

Eine Studie von Banerjee (2016) belegt einen positiven Einfluss einer vielfältig gestalteten Website. Die Attraktivität eines Arbeitgebers war der Studie zufolge am größten, wenn der Arbeitgeber Informationen nicht nur in Textform, sondern audiovisuell präsentiert, zusätzlich die Möglichkeit schafft, dass Beschäftigte sich anonym zu Wort melden, und Letzteres über einen Link zu unabhängigen Bewertungsportalen geschieht.

Dineen et al. (2007) untersuchen die Wirkung einer besonderen Form der Interaktivität einer Website. Die Interaktivität besteht darin, dass von den potenziellen Bewerberinnen und Bewerbern der Website Informationen erfragt werden, die anschließend dazu führen, das verschiedene Personengruppen mit jeweils spezifischen Informationen versorgt werden. Inzwischen gibt es mehrere große Unternehmen, die zu diesem Zweck auf ihren Seiten eine Art von *Selbsttest* ermöglichen, um den Betroffenen die Möglichkeit zu geben, vor einer Bewerbung die eigene Passung und damit den möglichen Erfolg einer Bewerbung zu überprüfen (vgl. Jansen et al., 2023). Die Website gibt dabei ein Feedback zum Testergebnis im Hinblick auf eine mögliche Passung der Person zum Anforderungsprofil. Zusätzlich wird von Dineen et al. (2007) untersucht, welche Rolle die Ästhetik der Website in diesem Zusammenhang spielt. Im Ergebnis zeigt sich, dass eine gute Ästhetik die Verweildauer auf der Website erhöht, sofern sie eine Interaktivität im oben skizzierten Sinne liefert. Gleiches gilt für die Erinnerung der Websiteinhalte. Die Ästhetik kann somit den tieferen Sinn der Interaktivität – nämlich die Grundquote der geeigneten Personen im Bewerbungspool zu erhöhen – unterstützen. Laumer et al. (2012) zeigen, dass die Nutzung von Selbsttests vor allem von ihrer erwarteten Aussagekraft für die Bewerberinnen und Bewerber (33 % Varianzaufklärung) sowie der Usability (7 %) abhängt. Der Unterhaltungswert hat keinen direkten Einfluss.

Eine sehr weitführende Steigerung der Media Richness stellt der Einsatz von *Chatbots* bzw. *Bots* auf der Website des Arbeitgebers dar. Hierbei handelt es sich um Computerprogramme, die Fragen stellen und Antworten verarbeiten können. Die Programme treten vergleichbar zu Menschen auf und simulieren dabei z. T. auch die menschliche Sprache. Koivunen et al. (2022) unterscheiden drei Formen:

- Customer Service Bots beantworten Fragen der potenziellen Bewerberinnen und Bewerber. Die Fragen können sich dabei auf das Unternehmen, die vakante Stelle oder den Bewerbungsprozess beziehen. Die Bots selbst müssen technisch in der Lage sein, frei formulierte Fragen zu dekodieren und dabei Spezifika der individuellen Sprache, wie etwa Akzente, zu bewältigen. Die Antworten helfen den Bewerber/-innen schnell zu den Informationen zu gelangen, die für sie interessant sind. Dies könnte insbesondere bei sehr umfangreichen Websites großer Arbeitgeber sinnvoll sein.
- Attraction Bots stellen den potenziellen Bewerberinnen und Bewerbern Fragen, die fest programmiert sind. Die Antworten erfolgen über eine Tastatureingabe oder kurze Antworten (Ja, Nein, Zahlen). Daher sind die Ansprüche an die Dekodierung der Sprache weniger groß. Attraction Bots können dabei – vergleichbar zu Online-Bewerbungsformularen – auch genutzt werden, um gezielt Daten zur Vorauswahl von Bewerberinnen und Bewerber zu sammeln.
- Interview Bots ersetzen den Menschen, der üblicherweise ein Einstellungsinterview führt. Auch hier sind die Ansprüche an die Dekodierung der Antworten sehr hoch. Die Bots müssen im Idealfall die Antworten „verstehen“, um passende Nachfragen stellen zu können.

Studien zur Wirkung der ersten beiden Varianten von Bots im Rahmen des Personalmarketings liegen bislang nicht vor. Bezogen auf Interview Bots kann vor dem Hintergrund der bisherigen Erkenntnisse zu technikbasierten Interviews (Basch et al., 2021; Langer et al., 2017) erwartet werden, dass sie der Arbeitgeberattraktivität schaden.

Alles in allem betrachtet kann Media Richness positive Wirkungen im Personalmarketing erzielen. Sie ist aber kein Selbstläufer und im schlimmsten Fall richtet sie Schaden an. Angesichts der großen Vielfalt der Gestaltungsmöglichkeiten steht die Forschung in diesem Feld noch ganz am Anfang.

Jenseits von Usability und Media Richness gibt es mehrere Studien, die sehr spezifische Gestaltungselemente und Inhalte von Websites auf ihren Nutzen für das Personalmarketing untersuchen.

De Goede et al. (2011) gehen in ihrer Studie davon aus, dass bestimmte Branchen ein *stereotypes Image* haben und daher vor allem solche Personen anziehen, die davon ausgehen, dass ihre eigene Person zu diesem Image passt (Person-Industry-Fit). Da nun aber nicht jeder Arbeitgeber, der einer bestimmten Branche angehört, über dieselben stereotypen Eigenschaften verfügt, könnte es hilfreich sein, auf der eigenen Website explizit die Unterschiede zum Stereotyp zu akzentuieren. Hierdurch ließen sich einerseits neue Bewerber/-innen-Kreise erschließen und über die Selbstselektion auch möglicherweise passendere Personen anwerben. Im Ergebnis zeigt sich, dass Personen mit einer hohen Passung zum Arbeitgeber sich nicht durch inhaltliche und formelle Gestaltung der Website in ihrer Wahrnehmung der Passung beeinflussen lassen. Personen mit einer geringen Passung wird jedoch durch eine Website, die auf die Abweichungen zum Stereotyp hinweist, ihre mangelnde Passung deutlich. Arbeitgeber, die einem starken Branchenstereotyp ausgesetzt sind, könnten somit durch eine gezielte Herausarbeitung der eigenen Unterschiede zu diesem Stereotyp eine bessere Grundquote erzielen.

Eine Studie von Kraichy und Chapman (2014) verdeutlicht hingegen, wie eine schlechte Gestaltung der Internetseite dem Ziel einer guten Grundquote entgegenwirken kann. Sie untersuchen die Wirkung *emotionaler Inhalte* der Website auf die Bewerbungsbereitschaft. Der Zusammenhang ist positiv, und zwar insbesondere für Personen mit einem geringeren oder mittleren Need for Cognition, also bei Menschen, die eher wenig nachdenken und unreflektierter durchs Leben gehen. Hierdurch steigt die Wahrscheinlichkeit, dass die Betroffenen keine kritische Selbstselektion im Hinblick auf die eigene Passung zur Stelle vornehmen, was wiederum dazu führen wird, dass der Bewerbungspool anwächst und gleichzeitig die Grundquote sinkt.

Oikarinen und Söderlung (2016) untersuchen die Rolle des *Humors* im digitalen Personalmarketing. Betrachtet werden drei verschiedene Varianten des Humors im Vergleich zu einer Online-Stellenausschreibung: Widersprüchlichkeit, Nonsens und Ironie. Die verschiedenen Varianten erzeugen jedoch keine unterschiedliche Wirkung. Im Ergebnis zeigt sich, dass der Einsatz von Humor negative Auswirkungen hat, und zwar bezogen auf die Einstellung potenzieller Bewerber/-innen zur Stellenanzeige, der Stelle an sich sowie zu dem Arbeitgeber im Vergleich zu einer Stellenanzeige ohne humoristische Elemente. Dies gilt, obwohl es sich um eine sehr junge Zielgruppe handelt. Es ging um die Ausschreibung eines Traineeprogramms für Hochschulabsolventen/-innen.

- **Ansprache über soziale Netzwerke**

In einer Zeit, in der insbesondere junge Menschen nahezu vollständig in sozialen Netzwerken anzutreffen sind, liegt es nahe, diese Netzwerke auch zum Personalmarketing zu nutzen. Vergleichbar zum Headhunting können Personen hier gezielt angesprochen werden, sofern sich in den Netzwerken erste Informationen auf deren Qualifikation finden lassen (Benabderrahmane et al., 2018; Woźniak, 2015). Dies dürfte insbesondere für berufsbezogene Netzwerke wie Xing oder LinkedIn und weniger für primär private Netzwerke wie Facebook, Instagram oder Twitter gelten. Die Auswahl und Ansprache potenziell geeigneter Personen können entweder nach der Sichtung der Internetdaten durch einen Menschen oder durch computergestützte Algorithmen erfolgen (Benabderrahmane et al., 2018). Ziel KI-basierter Lösungen ist ein direkter Abgleich (Matching) zwischen den Anforderungen einer Stelle und (biografischen) Daten potenziell geeigneter Personen. In der Praxis wird hierfür auch der Begriff des *Active Sourcing* verwendet. Nur äußerst wenige Studien beschäftigen sich mit dieser Methode. Dies gilt auch für eine passive Variante der Nutzung sozialer Netzwerke, bei der die Plattformen ohne gezielte Ansprache einzelner Personen lediglich dazu genutzt werden, auf eine Stelle aufmerksam zu machen.

In der Studie von Thielsch et al. (2021) berichten die befragten Arbeitnehmer/-innen auf einem erstaunlich niedrigen Niveau davon, dass sie Stellenanzeigen, die in soziale Medien verbreitet wurden, für ihren eigenen Bewerbungsprozess genutzt haben. Bei berufsbezogenen Netzwerken liegen die Werte bei gerade einmal 23 % für Xing und 17 % für LinkedIn. Private Netzwerke erzielen z. T. noch deutlich geringere Nutzungswerte. Bei Facebook sind es 18 %, bei YouTube, Instagram und Twitter jeweils 8 %.

Eine Studie von Nikolaou (2014) zeigt in einer Stichprobe von jungen Menschen mit Hochschulabschluss, dass sie Online-Jobportale im Vergleich zu sozialen Netzwerken nicht nur intensiver zur Stellensuche nutzen, sondern sie auch als effektiver ansehen. Innerhalb der Gruppe der verschiedenen sozialen Netzwerke erscheint ihnen wiederum die Nutzung berufsbezogener sozialer Netzwerke effektiver als die Nutzung primär privater Netzwerke. Eine zweite Befragung unter Personen, die als Recruiter/-innen tätig sind, zeigt ein sich gut ergänzendes Bild. Auch sie präferieren die Nutzung berufsbezogener Netzwerke und glauben an eine größere Effizienz derselben.

Dieses Ergebnis deckt sich z. T. mit einer Befragung von mehr als 100 Unternehmen durch Bergemann (2016). Nach eigenen Angaben nutzen die Befragten, wenn es um die aktive oder passive Ansprache geht, sehr viel häufiger berufsbezogene Netzwerke (Xing 60 %; LinkedIn 36 %) als private (Twitter 16 %, YouTube 6 %). Eine Ausnahme bildet Facebook, das von 68 % genutzt wird, obwohl es eher zu den privaten Netzwerken zählt.

Eine Studie von Freimuth (2019) konzentriert sich auf die aktive Direktansprache und befragt mehr als 500 Personen. Die Befragten erhalten signifikant häufiger allgemeine Hinweise auf vakante Stellen, als dass die Ansprache auf sie selbst zugeschnitten wäre. Gleichzeitig empfinden sie eine Ansprache aber als umso zielführender, je spezifischer sie ausgerichtet ist. Insbesondere solche Personen, die selbst nicht aktiv eine Stelle suchen, fühlen sich von der Ansprache über soziale Netzwerke belästigt. Ein Zusammenhang zwischen der Häufigkeit der Ansprache und tatsächlichem Stellenwechsel lässt sich nur auf einem sehr niedrigen Niveau (1 % Varianzaufklärung) und nur hinsichtlich berufsbezogener Netzwerke (Xing, LinkedIn) belegen. All dies deutet auf eine sehr geringe Effizienz dieser Methoden des Personalmarketings hin.

Arbeitgeberbewertungsportale

Arbeitgeberbewertungsportale wie etwa KUNUNU stellen eine sehr indirekte, digitale Form des Personalmarketings dar. Die Portale ermöglichen es Beschäftigten, ihren eigenen Arbeitgeber anonym zu bewerten. Indirekt fördern sie dadurch die Bemühungen ihres Arbeitgebers um ein positives Arbeitgeberimage oder aber ihre Bewertungen laufen diesen Bemühungen zuwider – je nachdem, wie die Bewertungen ausfallen. Prinzipiell ist es auch für einen Arbeitgeber möglich, hier positive Bewertungen zu platzieren, indem er Beschäftigte mit dieser Aufgabe beauftragt oder selbst unter falscher Identität Bewertungen vornimmt. In welchem Umfang dies geschieht, ist unklar.

Hoye und Lievens (2007) vergleichen die Wirkung von Bewertungen eines Arbeitgebers durch Beschäftigte, die entweder auf der Website des Arbeitgebers oder unabhängig vom Arbeitgeber auf einer freien Bewertungsplattform zu finden sind. Die Informationen auf dem freien Bewertungsportal werden als glaubwürdiger angesehen und führen im Vergleich zu den Bewertungen auf der Website des Arbeitgebers auch zu einer höheren Arbeitgeberattraktivität. Die Bewertungen auf der Website des Arbeitgebers sind wirkungsvoller, wenn sie Bezug auf das individuelle Erleben derjenigen nehmen, die die Bewertung vornehmen. Bei Bewertungen auf Bewertungsportalen verhält es sich entgegengesetzt. Sie werden einflussreicher, wenn sie nicht auf das individuelle Erleben abzielen, sondern mehr Informationen über das Unternehmen liefern.

Banerjee (2016) findet in ihrer Studie einen signifikanten Effekt der Quelle einer Arbeitgeberbewertung. Erfolgt die Bewertung unabhängig vom Arbeitgeber, so nimmt dies mehr Einfluss auf die Arbeitgeberattraktivität sowie die Bewerbungsabsicht, als wenn die Quelle der Arbeitgeber selbst ist.

In der Studie von Cable und Yu (2006) zeigt sich, dass freie Bewertungen im Internet keineswegs automatisch zu einer höheren Einschätzung der Glaubwürdigkeit im Vergleich zu den Websites des Arbeitgebers oder den Aussagen von Vertreter/-innen auf einer Jobmesse führen. Die Glaubwürdigkeit der unabhängigen Bewertungen wurde in dieser Studie sogar signifikant geringer eingeschätzt als die beiden alternativen Quellen. So gesehen würde es sich für Arbeitgeber kaum lohnen, die Bewertungen auf freien Plattformen gezielt zu manipulieren. Möglicherweise spielt die Art der Kommunikation eine entscheidende Rolle für den Einfluss der Quelle (vgl. van Hoye & Lievens, 2007).

Claus und Kanning (2021) untersuchen den Einfluss positiver vs. negativer Bewertungen von Beschäftigten auf einem Arbeitgeberbewertungsportal. Die Studie umfasst drei Untersuchungsgruppen. In Gruppe 1 erhalten die potenziellen Bewerber/-innen Informationen der Website eines fiktiven Arbeitgebers. In Gruppe 2 werden zusätzlich Informationen einer freien Bewertungsplattform, auf der sich positive Bewertungen des Arbeitgebers finden lassen, gegeben. In Gruppe 3 fallen diese Bewertungen negativ aus. Die negativen Bewertungen führen zu einer Abwertung des Arbeitgebers. Dies gilt sowohl für das Image des Arbeitgebers als auch für seine Attraktivität sowie die Bewerbungsbereitschaft. Die positiven Bewertungen auf der Plattform führen hingegen zu keiner positiveren Bewertung im Vergleich zur Selbstdarstellung des Arbeitgebers (◘ Abb. 2.6). Aus Sicht des Arbeitgebers stellen somit vor allem negative Bewertungen eine Gefahr für das Personalmarketing dar.

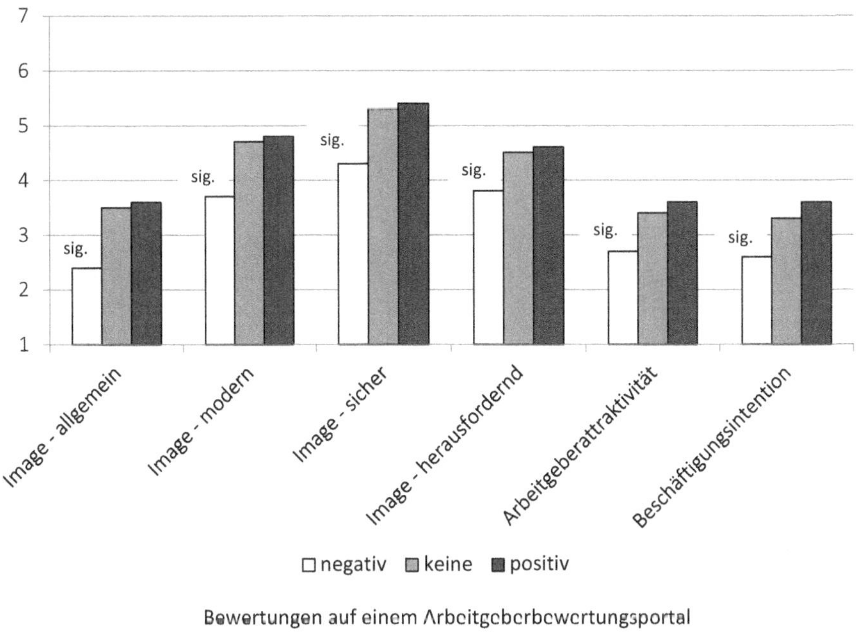

Abb. 2.6 Einfluss von Bewertungen auf einem Arbeitgeberbewertungsportal (nach Claus & Kanning, 2021)

2.3 Auswahlverfahren als Instrument des Personalmarketings

In einem engeren Sinne bezieht sich das Personalmarketing ausschließlich auf die Ansprache potenzieller Bewerberinnen und Bewerber. In einem weiteren Sinne umfasst es auch die Gestaltung des Auswahlverfahrens, denn auch das Auswahlverfahren vermittelt Bewerberinnen und Bewerbern einen Eindruck davon, auf welchen Arbeitsplatz sie sich bewerben. Das Auswahlverfahren fungiert dabei wie eine Visitenkarte des Arbeitgebers. Zahlreiche Studien beschäftigen sich mit der Frage, wie Personalauswahlverfahren von Bewerberinnen und Bewerbern erlebt werden (Anderson et al., 2010; Hausknecht et al., 2004; Kanning, 2017b; Konradt et al., 2013). Akzeptieren Bewerberinnen und Bewerber ein Auswahlverfahren, halten sie es also für legitim, fair und valide, so führt dies dazu, dass die Attraktivität des Arbeitgebers steigt.

Besonders markant wird dies deutlich in einer Metaanalyse von Chapman et al. (2005). Chapman et al. (2005) untersuchen den Einfluss verschiedener Variablen auf die Bereitschaft, nach einem Auswahlverfahren ein Stellenangebot anzunehmen. Es zeigt sich, dass die Wirkung der Auswahlmethoden gemeinsam mit der Wirkung des Auswahlpersonals nicht weniger bedeutsam ist als die Merkmale der zu besetzenden Stelle, gemeinsam mit den Merkmalen der Organisation (Abb. 2.7). Ersteres nimmt zu 28 % Einfluss auf die Bereitschaft, ein Stellenangebot anzunehmen, Letzteres zu 23 %. Ein aus Sicht der Bewerberinnen und Bewerber gutes Auswahlverfahren bedeutet dabei allerdings nicht, dass man die Betroffenen nicht fordern darf. Im Gegenteil, (leistungsstarke) Bewerber/-innen wollen in einem Auswahlverfahren

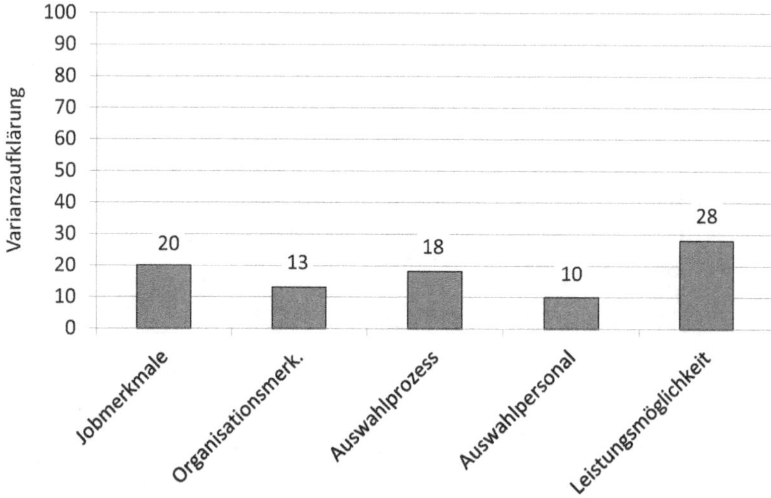

Abb. 2.7 Einflüsse auf die Bereitschaft, ein Stellenangebot anzunehmen (nach Chapman et al., 2005)

auch zeigen können, wie gut sie sind. Dies verdeutlicht in der Metaanalyse von Chapman et al. (2005) der Einfluss von 28 % der Leistungsmöglichkeit auf die Bereitschaft, ein Stellenangebot anzunehmen. Arbeitgeber sind gut beraten, wenn sie sich bei der Auswahl diagnostischer Methoden sowie der konkreten Gestaltung des Auswahlverfahrens Gedanken darüber machen, wie das Verfahren von Bewerberinnen und Bewerbern erlebt wird.

Im Folgenden werden die wichtigsten Erkenntnisse zur Akzeptanz digitaler Auswahlmethoden zusammengefasst (siehe auch Woods et al., 2020). In den nachfolgenden Kapiteln des vorliegenden Buches wird das Thema dann ggf. wieder aufgegriffen und für die jeweils spezifische Methode vertieft.

Eine Studie von Batinic und Appel (2009) zeigt, dass die Bereitschaft, sich per E-Mail zu bewerben, seinerzeit noch geringfügig (r = 0,23) davon abhing, welche Kompetenzen im Umgang mit dem Internet sich Betroffene zuschreiben. Mit fortschreitender Digitalisierung der gesamten Gesellschaft dürften immer mehr Menschen sehr umfangreiche Erfahrung in diesem Feld gesammelt haben, sodass dieser Punkt immer weniger relevant sein dürfte. Zudem zeigte sich, dass Bewerbungen per E-Mail bevorzugt an Großunternehmen und modern erscheinende Unternehmen geschickt wurden, und zwar insbesondere, wenn es sich um Positionen handelte, die weiter unten in der Hierarchie standen. Auch hier dürfte inzwischen eine Nivellierung der Präferenzen zu beobachten sein.

Gerade große Unternehmen schaffen über *Online-Bewerbungsformulare* eine sehr niedrige Bewerbungshürde. Im Vergleich zu früheren Zeiten lässt sich dabei in wenigen Minuten eine vollständige Bewerbung einreichen, indem die Bewerberinnen und Bewerber online einige wenige zentrale Fragen beantworten und ihre Zeugnisse als Attachment beilegen (Brandão et al., 2019). Studien zur Akzeptanz der Methoden sind äußerst selten und arbeiten mit sehr kleinen Stichproben. In einer qualitativen Studie von Brandão et al., (2019) mit 34 Personen, von denen nur 21 selbst Erfahrungen in diesem Bereich gesammelt haben, überwiegen positive Einschätzungen gegenüber den negativen (49 % vs. 26 %). Eine ältere Studie von Udechukwu und Manyak (2009) mit 30 Befragten ergab im Vergleich zwischen Online-Bewerbungsformular und klassischer Bewerbung fast keine Unterschiede in der Bewertung. Die klassische Bewerbung erschien den Befragten zwar leichter umsetzbar, es gab jedoch keine generelle Präferenz für die eine oder andere Form der Bewerbung. Beide Formen der Bewerbung ermöglichen aus Sicht der Befragten, Informationen für den Arbeitgeber flexibel zu gestalten und korrekt zu übermitteln.

Sylva und Mol (2009) untersuchen in einer großen Stichprobe realer Bewerberinnen und Bewerber, welche Variablen im Rahmen einer Online-Bewerbung die Zufriedenheit der Bewerber/-innen beeinflussen. Die Zufriedenheit ist umso größer, je nutzerfreundlicher die Software ist, je effizienter das Verfahren abläuft, je positiver die Betroffenen einer Personalauswahl per Internet gegenüberstehen und je fairer ihnen die Prozedur erscheint.

Haben Bewerber/-innen durch die Bewerbung ihr Interesse an einem Arbeitsplatz bzw. einem Arbeitgeber bekundet, ist es für die Organisation heute ein Leichtes, über das Internet bzw. soziale Netzwerke weitere Informationen für diese Personen zu sammeln und zu bewerten. Dieser Prozess wird als *Cybervetting* bezeichnet.

Stoughton et al. (2015) untersuchen in zwei Studien die Reaktionen potenzieller Bewerber/-innen auf Cybervetting. In beiden Studien zeigen sich durchweg negative Auswirkungen. Die Sichtung von Informationen aus sozialen Netzwerken wird von den Betroffenen als Angriff auf ihre Privatsphäre erlebt. Dies geht mit einer reduzierten Fairnesseinschätzung einher, die wiederum zu einer geringeren Arbeitgeberattraktivität führt. Zusätzlich wirkt sich der erlebte Angriff auf die Privatsphäre auch direkt negativ auf die Arbeitgeberattraktivität aus. Die zweite Studie zeigt zusätzlich, dass sogar die Bereitschaft steigt, rechtlich gegen eine solche Praxis vorzugehen.

Kanning, Kraul und Litz (2019b) finden in drei Studien, in denen Personaler/-innen, potenzielle Bewerber/-innen (Studierende) und Arbeitnehmer/-innen befragt wurden, einen signifikant negativen Einfluss von Cybervetting auf die Akzeptanz des Auswahlverfahrens, das Arbeitgeberimage sowie die Bereitschaft, sich zu bewerben. Dies gilt sowohl für die Sichtung der Internetdaten durch einen Menschen als auch für den Einsatz einer KI-Software.

Bauer et al. (2006) zeigen in einer Feldstudie mit realen Bewerbern/-innen, dass die Bereitschaft, an *Online-Testverfahren* teilzunehmen, davon abhängt, wie fair die Bewerberinnen und Bewerber derartige Verfahren erleben. Die wahrgenommene Fairness wird dabei von dem individuellen Bedürfnis, die eigene Privatsphäre schützen zu wollen, beeinflusst. Je höher dieses Bedürfnis ausgeprägt ist, desto geringer ist die Bereitschaft, sich online testen zu lassen, und desto geringer ist auch die Arbeitgeberattraktivität. Die Effekte sind insgesamt jedoch sehr klein ausgeprägt (1,4–4,8 % Varianzaufklärung).

Bezogen auf *Situational Judgment Tests* (SJT) – also Testverfahren, in denen die Bewerber/-innen mit Situationen aus dem Berufsalltag konfrontiert werden und mehrere alternative Verhaltensweisen in der jeweiligen Situation einschätzen müssen – wirkt sich ein hoher Grad an Digitalisierung vorteilhaft auf die Akzeptanz aus (Bruk-Lee et al., 2016; Kanning et al., 2006).

Woods et al. (2020) kommen in einem Überblicksartikel zu dem Schluss, dass Online-Testverfahren im Vergleich zu klassischen Paper-Pencil-Tests insgesamt betrachtet eine gute Akzeptanz unter Bewerberinnen und Bewerbern haben.

Vergleichsweise viele Studien gehen der Frage nach, wie sich die Digitalisierung von *Einstellungsinterviews* auf das Erleben der Bewerber/-innen auswirkt (Basch & Melchers, 2020).

Langer et al. (2017) vergleichen zwei Formen digitalisierter Interviews: ein Interview, das über eine Videokonferenz-Software abgewickelt wird, und ein zeitversetztes Videointerview. Beim zeitversetzten Videointerview werden die Fragen des Arbeitgebers in Textform präsentiert und anschließend beantwortet. Die Daten werden dann später zu einem unbekannten Zeitpunkt vom Arbeitgeber ausgewertet. Im Gegensatz zum Videokonferenz-Interview sehen die Bewerber/-innen die Vertreter/-innen des Arbeitgebers also nicht. Im Ergebnis zeigt sich, dass das zeitversetzte Video von den potenziellen Bewerbern/-innen zwar in einigen Punkten kritischer bewertet wird – beispielsweise im Hinblick auf die zwischenmenschliche Atmosphäre –, dies führt aber nicht zu einer reduzierten Arbeitgeberattraktivität.

Kanning und Cordes (2016) vergleichen ein klassisches Einstellungsinterview mit einem zeitversetzten, digitalen Interview. In allen Kriterien schneidet das zeitversetzte Interview signifikant schlechter ab als das klassische Interview. Dies gilt insbesondere für die Akzeptanz des Verfahrens in den Augen potenzieller Bewerber/-innen. Dabei zeigt sich, dass die Akzeptanz vor allem davon abhängt, wie transparent das digitale Interview in den Augen der Befragten wahrgenommen wird. Wenn die Bewerberinnen und Bewerber nicht wissen, was mit ihren Daten geschieht, führt dies zu einer deutlich geringeren Akzeptanz.

Suen et al. (2019) vergleichen Videointerviews mit KI-gestützten Interviews, bei denen die Auswertung per Computer über Algorithmen erfolgt. Erwartungsgemäß besitzen KI-gestützte Interviews eine geringere Akzeptanz bei den Bewerber/-innen. Dies gilt auch für den Vergleich zwischen KI-Interviews und herkömmlichen Interviews, die Face to Face geführt werden (Kanning et al. 2019b).

Die Metaanalyse von Blacksmith et al. (2016) fasst die Ergebnisse von 12 Studien zusammen und kommt zu dem Schluss, dass technologiebasierte Interviews im Vergleich zu klassischen Interviews zu signifikant negativeren Reaktionen der Bewerberinnen und Bewerber führen. Dies gilt nicht nur für Interviews, die mit Videos arbeiten, sondern auch für Telefoninterviews.

Fazit

Gutes Personalmarketing bereitet den Boden für eine erfolgreiche Personalauswahl. Das Ziel professionellen Personalmarketings besteht darin, die Grundquote – also den prozentualen Anteil der geeigneten Personen im Bewerbungspool – zu maximieren. Viele Erkenntnisse der Forschung zu analogen Methoden des Personalmarketings lassen sich auf digitale Methoden übertragen. Zur Gestaltung eines effektiven, digitalen Personalmarketings können die folgenden Empfehlungen gegeben werden:

- Digitale Stellenanzeigen sollten immer mit Informationen einer Arbeitgeberwebsite kombiniert werden. Die Aufgabe der Stellenanzeige besteht im Kern darin, potenzielle Bewerberinnen und Bewerber zunächst einmal auf eine vakante Stelle aufmerksam zu machen. Hier werden die wichtigsten Informationen vermittelt. Die Website des Arbeitgebers dient dann dazu, differenzierte Informationen zu geben.
- Differenzierte Darstellungen der Anforderungen einer Stelle beziehungsweise des Arbeitgebers ermöglichen potenziellen Bewerberinnen und Bewerbern einen Abgleich zwischen ihren eigenen Kompetenzen und Erwartungen auf der einen Seite

und den Anforderungen bzw. dem Angebot des Arbeitgebers auf der anderen Seite. Differenzierte Darstellungen sollten daher zu einer mündigen Selbstselektion der Bewerberinnen und Bewerber beitragen und in letzter Konsequenz die Grundquote heben. Mehrere Studien zeigen, dass differenzierte Darstellungen den Arbeitgeber zudem attraktiver erscheinen lassen.

- Arbeitgeber sollten generell darauf achten, dass sie im Bereich der konkreten Merkmale Attraktivität ausstrahlen. Hinter dieser Ausstrahlung sollte selbstverständlich eine reale Attraktivität stehen. Darüber hinaus ist es hilfreich, abstrakte Merkmale (Werte) darzustellen. In diesem Bereich sollte man sich nicht mit der bloßen Nennung von Unternehmenswerten zufriedengeben, sondern deutlich machen, was hinter den Begriffen steht und wie die Werte im Unternehmen tatsächlich gelebt werden.
- Grundsätzlich gilt, dass Arbeitgeber im Rahmen des Personalmarketings ehrlich sein sollten. Zum einen verhindern Lügen eine sinnvolle Selbstselektion der Bewerberinnen und Bewerber, zum anderen ist einem Arbeitgeber wenig geholfen, wenn neue Mitarbeiterinnen und Mitarbeiter schon nach wenigen Wochen merken, dass sie angelogen wurden. Die Qualifiziertesten von ihnen werden dann wahrscheinlich relativ schnell das Unternehmen wieder verlassen.
- Bei der Gestaltung der Website ist darauf zu achten, dass die Inhalte im Personalmarketing letztlich wichtiger sind als die Form. Im Zentrum der Überlegungen sollte somit der Inhalt der Website stehen. Dies bedeutet nicht, dass Ästhetik und Usability ohne Bedeutung wären. Richtig angewendet verstärken sie die Wirkung der Inhalte.
- Es ist sinnvoll, Fotos von Beschäftigten einzusetzen. Im Gegensatz zur Produktwerbung ist hierbei jedoch auf eine realistische, dem Arbeitsplatz entsprechende Darstellung zu achten. Zudem sollte man nicht die hübschesten Personen darstellen, sondern eher „Durchschnittstypen". Wer gezielt Minderheiten bzw. für eine bestimmte Stelle eher untypische Personengruppen zu einer Bewerbung animieren möchte, der sollte auch bei der Darstellung der Beschäftigten auf Fotos darauf achten, dass diese Personengruppen hier zu sehen sind. Zusätzlich ist es sinnvoll, im Text darauf hinzuweisen, dass entsprechende Bewerbungen sehr willkommen sind.
- Mit emotionalen Inhalten und humoristischen Einlagen sollten sich Arbeitgeber weitgehend zurückhalten. Auch hier zeigt die Forschung deutliche Unterschiede zwischen Produktmarketing und Personalmarketing.
- Auf ein Duzen der Bewerberinnen und Bewerber sollte verzichtet werden, sofern dies für die Branche bzw. das konkrete Berufsfeld nicht genuin typisch ist.
- Verdeckte Stellenanzeigen sollten die große Ausnahme darstellen. Auch sie erschweren es potenziellen Bewerberinnen und Bewerbern, selbst zu entscheiden, ob sie für die Stelle geeignet sind. Zudem besteht die Gefahr, dass insbesondere sehr gut qualifizierte Personen von einer Bewerbung absehen, da für sie kaum ein Grund besteht, sich „ins Blaue hinein" zu bewerben.
- Der Einsatz zusätzlicher Medien (Audio, Video, Avatare) sollte dosiert und überlegt erfolgen. Die Forschung zeigt nicht, dass ein Maximum an Media Richness auch die besten Ergebnisse erzielt. Ein zu viel an Medien lenkt eher von der eigentlichen Sache ab.
- So weit wie möglich sollte man hingegen persönliche Kontakte ermöglichen (vielleicht in Form einer Sprechstunde oder eines Chats mit realen Menschen). Bots sind bislang offenbar nicht in der Lage, derartige Kontakte zu ersetzen.

- Eine direkte Ansprache von potenziell geeigneten Personen über soziale Netzwerke kann durchaus sinnvoll sein. Dabei sollte man bevorzugt berufsbezogene Netzwerke nutzen und in der Ansprache deutlich machen, dass es sich nicht um eine Massen-E-Mail handelt, sondern dass sich jemand zuvor mit den spezifischen Inhalten des Lebenslaufes der betroffenen Personen auseinandergesetzt hat. Die Ansprache sollte also möglichst maßgeschneidert erfolgen.
- Arbeitgeberbewertungsportale können Einfluss auf die Arbeitgeberattraktivität nehmen. Dies scheint jedoch kein Automatismus zu sein. Auch hier gilt, wie für das gesamte Personalmarketing, dass die Glaubwürdigkeit der Informationen zu einer Schlüsselvariablen wird. Wahrscheinlich ist es so, dass negative (glaubwürdige) Informationen einflussreicher sind als positive. Es wäre daher sinnvoll, negative Bewertungen ernst zu nehmen und gegebenenfalls Stellung zu beziehen.
- Berichte von Beschäftigten auf der Arbeitgeberwebsite können hilfreich sein, sofern sie Glaubwürdigkeit ausstrahlen.
- Bei der Gestaltung und Durchführung des Auswahlverfahrens ist zu bedenken, dass das Auswahlverfahren auf Bewerberinnen und Bewerber wie eine Visitenkarte des Arbeitgebers wirkt.
- Nach derzeitigem Stand des Wissens ist Arbeitgebern von Cybervetting abzuraten. Zum einen ist nicht zu erwarten, dass über diesen Weg in nennenswertem Ausmaß valide Informationen über Bewerberinnen und Bewerber gewonnen werden können (▶ Kap. 3), zum anderen schadet Cybervetting nachweislich der Arbeitgeberattraktivität.
- Ganz ähnlich verhält es sich mit dem Einsatz künstlicher Intelligenz im Rahmen des Auswahlverfahrens.
- Aus Perspektive der Arbeitgeberattraktivität sollten Face-to-Face-Einstellungsinterviews nach wie vor die Regel und technologiemediierte Interviews die Ausnahme darstellen.

Jenseits dieser interessanten Erkenntnisse ist nicht zu übersehen, dass die Forschung zu digitalen Methoden des Personalmarketings noch in den Anfängen steckt. Zu vielen wichtigen Methoden gibt es nur vereinzelte Studien. Metaanalysen fehlen fast vollständig.

Literatur

Allen, D. G., Van Scotter, J. R., & Otondo, R. F. (2004). Recruitment communication media: Impact on prehire outcomes. *Personnel Psychology, 57*(1), 143–171. https://doi.org/10.1111/j.1744-6570.2004.tb02487.x

Allen, D. G., Mahto, R. V., & Otondo, R. F. (2007). Web-based recruitment: effects of information, organizational brand, and attitudes toward a Web site on applicant attraction. *Journal of Applied Psychology, 92*(6), 1696–1708. https://doi.org/10.1037/0021-9010.92.6.1696

Allen, D. G., Biggane, J. E., Pitts, M., Otondo, R., & Van Scotter, J. (2013). Reactions to recruitment web sites: Visual and verbal attention, attraction, and intentions to pursue employment. *Journal of Business and Psychology, 28*(3), 263–285. https://doi.org/10.1007/s10869-012-9281-6

Anderson, N., Salgado, J. F., & Hülsheger, U. R. (2010). Applicant reactions in selection: Comprehensive meta-analysis into reaction generalization versus situational specificity. *International Journal of Selection and Assessment, 18*(3), 291–304. https://doi.org/10.1111/j.1468-2389.2010.00512.x

Avery, D. R., & McKay, P. F. (2006). Target practice: An organizational impression management approach to attracting minority and female job applicants. *Personnel Psychology, 59*(1), 157–187. https://doi.org/10.1111/j.1744-6570.2006.00807.x

Avery, D. R., Hernandez, M., & Hebl, M. R. (2004). Who's watching the race? Racial salience in recruitment advertising. *Journal of Applied Social Psychology, 34*, 146–161. https://doi.org/10.1111/j.1559-1816.2004.tb02541.x

Badger, J. M., Kaminsky, S. E., & Behrend, T. S. (2014). Media richness and information acquisition in internet recruitment. *Journal of Managerial Psychology, 29*(7), 866–883. https://doi.org/10.1108/JMP-05-2012-0155

Banerjee, P. (2016). Attracting job-seekers through online job advertisements: Application of RJPs, Blogs and Video Podcasts. *International Journal of Technology and Human Interaction, 12*(3). https://doi.org/10.4018/IJTHI.2016070101

Basch, J. M., & Melchers, K. G. (2020). Technologie-mediierte Einstellungsinterviews: Ein Überblick über Befunde und offene Fragen [Technology-mediated interviews: An overview of findings and unresolved issues]. *Gruppe. Interaktion. Organisation. Zeitschrift für Angewandte Organisationspsychologie (GIO), 51*(1), 71–79. https://doi.org/10.1007/s11612-020-00497-y

Basch, J. M., Brenner, F. S., Melchers, K. G., Krumm, S., Dräger, L., Herzer, H., & Schuwerk, E. (2021). A good thing need time: The role of preparation time in asynchronous video interviews. *International Journal of Selection and Assessment, 29*(3-4), 378–392. https://doi.org/10.1111/ijsa.12341

Batinic, B., & Appel, M. (2009). Nutzung von Online- Bewerbungen aus Sicht von Bewerbern und Unternehmen. *Zeitschrift für Personalpsychologie, 8*, 14–23. https://doi.org/10.1026/1617-6391.8.1.14

Bauer, T. N., Truxillo, D. M., Tucker, J. S., Weathers, V., Bertolino, M., Erdogan, B., & Campion, M. A. (2006). Selection in the information age: The impact of privacy concerns and computer experience on applicant reactions. *Journal of Management, 32*(5), 601–621. https://doi.org/10.1177/0149206306289829

Benabderrahmane, S., Mellouli, N., & Lamolle, M. (2018). On the predictive analysis of behavioral massive job data using embedded clustering and deep recurrent neural networks. *Knowledge-Based Systems, 151*(1), 95–113. https://doi.org/10.1016/j.knosys.2018.03.025

Bergemann, L. (2016). *Nutzung von Facebook für die Personalauswahl – Eine Befragung von Personalern.* Unveröffentlichte Bachelorarbeit Hochschule Osnabrück.

Blacksmith, N., Willford, J. C., & Behrend, T. S. (2016). Technology in the employment interview: A meta-analysis and future research agenda. *Personnel Assessment and Decisions, 2*(1), 12–20. https://doi.org/10.25035/pad.2016.002

Brandão, C., Silva, R., & dos Santos, J. V. (2019). Online recruitment in Portugal: Theories and candidate profiles. *Journal of Business Research, 94*, 273–279. https://doi.org/10.1016/j.jbusres.2018.04.011

Brown, D. J., Cober, R. T., Keeping, L. M., & Levy, P. E. (2006). Racial tolerance and reactions to di versity Information in job advertisements. *Journal of Applied Social Psychology, 36*(8), 2048–2071. https://doi.org/10.1111/j.0021-9029.2006.00093.x

Bruk-Lee, V., Lanz, J., Drew, E. N., Coughlin, C., Levine, P., Tuzinski, K., & Wrenn, K. (2016). Examining applicant reactions to different media types in character-based simulations for employee selection. *International Journal of Selection and Assessment, 24*(1), 77–91. https://doi.org/10.1111/ijsa.12132

Burt, C. D. B., Halloumis, S. A., McIntyre, S., & Blackmore, H. S. (2010). Using colleague and team photographs in recruitment advertisements: Effects on applicant attraction. *Asia Pacific Journal of Human Resources, 48*(2), 233–250. https://doi.org/10.1177/1038411109355358

Cable, D. M., & Yu, K. Y. T. (2006). Managing job seekers' organizational image beliefs: The role of media richness and media credibility. *Journal of Applied Psychology, 91*(4), 828–840. https://doi.org/10.1037/0021-9010.91.4.828

Chapman, D. S., Uggerslev, K. L., Carroll, S. A., Piasentin, K. A., & Jones, D. A. (2005). Applicant attraction to organizations and job choice: A meta-analytic review of the correlates of recruiting outcome. *Journal of Applied Psychology, 90*(5), 928–944. https://doi.org/10.1037/0021-9010.90.5.928

Claus, L., & Kanning, U. P. (2021). Einflüsse von Arbeitgeberbewertungen im Internet auf Image, Attraktivität und Beschäftigungsintention. *Journal of Business and Media Psycholo-gy, 11*, 46–53.

Cober, R. T., Brown, D. J., Levy, P. E., Cober, A. B., & Keeping, L. M. (2003). Organizational web sites: Web site content and style as determinants of organizational attraction. *International Journal of Selection and Assessment, 11*(2-3), 158–169. https://doi.org/10.1111/1468-2389.00239

Daft, R. L., & Lengel, R. H. (1986). Organizational information requirements, media richness and structural design. *Management Science, 32*, 554–571. https://doi.org/10.1287/mnsc.32.5.554

De Goede, M. E. E., Van Vianen, A. E. M., & Klehe, U.-C. (2011). Attracting applicants on the Web: PO fit, industry culture stereotypes, and website design. *International Journal of Selection and Assessment, 19*(1), 51–61. https://doi.org/10.1111/j.1468-2389.2010.00534.x

Dineen, B. R., Ling, J., Ash, S. R., & DelVecchio, D. (2007). Aesthetic properties and message customization: Navigating the dark side of web recruitment. *Journal of Applied Psychology, 92*(2), 356–372. https://doi.org/10.1037/0021-9010.92.2.356

Feldman, D. C., Bearden, W. O., & Hardesty, D. M. (2006). Varying the content of job adver-tisements. *Journal of Advertising, 35*, 123–141. https://doi.org/10.2753/JOA0091-3367350108

Felser, G. (2010). *Personalmarketing*. Hogrefe.

Freimuth, I. (2019). *Active Sourcing aus Sicht potentieller Kandidatinnen und Kandidaten*. Unveröffentlichte Bachelorarbeit Hochschule Osnabrück.

García, M. F., Posthuma, R. A., & Quinones, M. (2010). How benefit information and demographics influence employee recruiting in Mexico. *Journal of Business Psychology, 25*(3), 523–531.

Hamori, M. (2010). Who gets headhunted – and who gets ahead? Academy of Management Perspectives, *24*, 46–59.

Hausknecht, J. P., Day, D. V., & Thomas, S. C. (2004). Applicant reactions to selection procedures: An updated model and meta-analysis. *Personnel Psychology, 57*(3), 639–683. https://doi.org/10.1111/j.1744-6570.2004.00003.x

Jansen, L. J., Diercks, J., & Kupka, K. (2023). *Gamification in employer branding*. Personalmarketing und Personalauswahl.

Jones, D. A., Shultz, J. W., & Chapman, D. S. (2006). Recruiting through job advertisements: The effects of cognitive elaboration on decision making. *International Journal of Selection and Assessment, 14*(2), 167–179. https://doi.org/10.1111/j.1468-2389.2006.00342.x

Kanning, U. P. (2017a). *Personalmarketing, Employer Branding und Mitarbeiterbindung: Forschungsbefunde und Praxistipps aus der Personalpsychologie*. Springer.

Kanning, U. P. (2017b). Fairness und Akzeptanz von Personalauswahlmethoden. In D. E. Krause (Hrsg.), *Personalauswahl* (S. 271–299). SpringerGabler.

Kanning, U. P. (2023). Die Chancen des Personalmarketings – Warum es nicht reicht, nur viele Bewerbungen zu generieren. In S. Schulte & M. Hiltmann (Hrsg.), *Eignungsdiagnostische Interviews* (S. 337–358). SpringerGabler.

Kanning, U. P., & Bröckelmann-Bruns, S. (2018). *Verdeckte Stellenanzeigen. Personalmagazin, 4*, 34–36.

Kanning, U. P., & Cordes, J. (2016). Personalauswahl per Webcam. Wie erleben Bewerber zeit-versetzte Videointerviews? *Personalmagazin, 9*, 54–57.

Kanning, U. P., & Dressler, N. (2018). Inhalt schlägt Form – Gestaltung von Stellenanzeigen. *Personal-Wirtschaft, 5*, 64–66.

Kanning, U. P., & Gebhard, C. (2022). Zu schön, um wahr zu sein – Gestaltung von Mitarbeiterfotos im Personalmarketing. *Personalwirtschaft, 12*, 52–54.

Kanning, U. P., & Schirch, C. (2021). Wie wirken unterschiedliche Varianten der Darstellung von Unternehmenswerten im Personalmarketing? *PersonalQuaterly, 1*, 42–49.

Kanning, U. P., & Sodermans, S. (2016). Personalmarketing: Praktikum als Chance. *Wirtschaftspsychologie aktuell, 2*, 13–16.

Kanning, U. P., Grewe, K., Hollenberg, S., & Hadouche, M. (2006). From the subjects' point of view: Reactions to different types of situational judgement items. European Journal of Psy-chological. *Assessment, 22*(3), 168–176. https://doi.org/10.1027/1015-5759.22.3.168

Kanning, U. P., Kempa, F., & Winkelmann, S. (2019a). Siezen Sie noch oder Duzt du schon? Einstellungen zum Siezen und Duzen im Beruf. *Personalmagazin, 9*, 76–80.

Kanning, U. P., Kraul, L.-F., & Litz, R. Z. (2019b). Einstellungen zu digitalen Methoden der Personalauswahl. *Journal of Business and Media Psychology, 10*, 57–61.

Kaplan, A. B., Aamodt, M. G., & Wilk, D. (1991). The relationship between advertisement vari-ables and applicant responses to newspaper recruitment advertisements. *Journal of Business and Psychology, 5*(3), 383–395. https://doi.org/10.1007/BF01017709

Kirnan, J. P., Farley, J. A., & Geisinger, K. F. (1989). The relationship between recruiting source, applicant quality, and hire performance: An analysis by sex, ethnicity, and age. *Per-sonnel Psychology, 42*(2), 293–308. https://doi.org/10.1111/j.1744-6570.1989.tb00659.x

Koivunen, S., Ala-Luopa, S., Olsson, T., & Haapakorpi, A. (2022). The March of Chatbots into recruitment: Recruiters' experiences, expectations, and design opportunities. *Computer Supported Cooperative Work, 31*, 487–516. https://doi.org/10.1007/s10606-022-09429-4

Konradt, U., Warszta, T., & Ellwart, T. (2013). Fairness perceptions in Web-based selection: Impact on applicants' pursuit intentions, recommendation intentions, and intentions to reapply. *International Journal of Selection and Assessment, 21*(2), 155–169. https://doi.org/10.1111/ijsa.12026

Konrath, U., & Rack, O. (2006). Personalrekrutierung im Internet. Einfluss der Qualität von Recruiting-Sites auf die Arbeitgeberqualität. *Zeitschrift für Personalpsychologie, 5*, 53–59.

Kraichy, D., & Chapman, D. S. (2014). Tailoring web-based recruiting messages: Individual differences in the persuasiveness of affective and cognitive messages. *Journal of Business and Psychology, 29*(2), 253–268. http://www.jstor.org/stable/24709858

Kuhn, K. M. (2009). Compensation as a signal of organizational culture: The effects of advertis-ing individual or collective incentives. *The International Journal of Human Resource Man-agement, 20*(7), 1634–1648. https://doi.org/10.1080/09585190902985293

Landis, R. S., Earnest, D. R., & Allen, D. G. (2014). Realistic job previews: Past, present, and future. In K. Y. T. Yu & D. M. Cable (Hrsg.), *The Oxford handbook of recruitment* (S. 423–436). Oxford University Press.

Langer, M., König, C. J., & Krause, K. (2017). Examining digital interviews for personnel selection: Applicant reactions and interviewer ratings. *International Journal of Selection and Assessment, 25*(4), 371–382. https://doi.org/10.1111/ijsa.12191

Laumer, S., Eckhardt, A., & Weitzel, T. (2012). Online gaming to find a new job – examining job seekers' intention to use serious games as a self-assessment tool. *Zeitschrift für Personalforschung, 26*(3), 218–240. https://doi.org/10.1177/239700221202600З

Lee, C.-H., Hwang, F.-M., & Yeh, Y.-C. (2013). The impact of publicity and subsequent inter-vention in recruitment advertising on job searching freshmen's attraction to an organization and job pursuit intention. *Journal of Applied Social Psychology, 43*(1), 1–13. https://doi.org/10.1111/j.1559-1816.2012.00975.x

Lievens, F., & Harris, M. M. (2003). Research on internet recruiting and testing: current status and future directions. *International Review of Industrial und Organizational Psychology, 18*, 131–165. https://doi.org/10.1002/0470013346.ch4

Lievens, F., & Highhouse, S. (2003). The relation of instrumental and symbolic attributes to a company's attractiveness as an Employer. *Personnel Psychology, 56*(1), 75–102. https://doi.org/10.1111/j.1744-6570.2003.tb00144.x

Lievens, F., van Hoye, G., & Anseel, F. (2007). Organizational identity and employer image. Towards a unifying framework. *British Journal of Management, 18*, 45–59. https://doi.org/10.1111/j.1467-8551.2007.00525.x

Mason, N. A., & Belt, J. A. (1986). Effectiveness of specificity in recruitment advertising. *Journal of Management, 12*(3), 425–432. https://doi.org/10.1177/014920638601200311

Moser, K., & Sende, C. (2014). Personalmarketing. In H. Schuler & U. P. Kanning (Hrsg.), *Lehrbuch der Personalpsychologie* (3. Aufl., S. 99–148). Hogrefe.

Nikolaou, I. (2014). Social networking web sites in job search and employee recruitment. *International Journal of Selection and Assessment, 22*(2), 179–189. https://doi.org/10.1111/ijsa.12067

Nikolaou, I., Georgiou, K., Bauer, T. N., & Truxillo, D. M. (2019). Applicant reactions in employee recruitment and selection: The role of technology. In R. N. Landers (Hrsg.), *The Cambridge handbook of technology and employee behavior* (S. 100–130). Cambridge University Press. https://doi.org/10.1017/9781108649636.006

Oikarinen, E.-L. & Söderlund, M. (2016). The effects of humour in online recruitment advertising. *Australasian marketing journal, 24*, 180–186.

Perkins, L. A., Thomas, K. M., & Taylor, G. A. (2000). Advertising and recruitment: Marketing to minorities. *Psychology & Marketing, 17*(3), 235–255. https://doi.org/10.1002/(SICI)1520-6793(200003)17:3<235::AID-MAR3>3.0.CO;2-#

Pfieffelmann, B., Wagner, S. H., & Libkuman, T. (2010). Recruiting on corporate web sites: Perceptions of fit and attraction. *International Journal of Selection and Assessment, 18*(1), 40–47. https://doi.org/10.1111/j.1468-2389.2010.00487.x. Available at SSRN: https://ssrn.com/abstract=1552561 or

Robertson, Q. M., Collins, C. J., & Oreg, S. (2005). The effects of recruitment message speci-ficity on applicant attraction to organizations. *Journal of Business and Psychology, 19*(3), 319–339. https://doi.org/10.1007/s10869-004-2231-1

Selden, S., & Orenstein, J. (2011). Government e-recruiting web sites: The influence of e-recruitment content and usability on recruiting and hiring outcomes in US state governments. *International Journal of Selection and Assessment, 19*(1), 31–40. https://doi.org/10.1111/j.1468-2389.2011.00532.x

Stoughton, J. W., Thompson, L. F., & Meade, A. W. (2015). Examining applicant reactions to the use of social networking websites in pre-employment screening. *Journal of Business and Psychology, 30*(1), 73–88. https://doi.org/10.1007/s10869-013-9333-6

Suen, H.-Y., Chen, M. Y.-C., & Lu, S.-H. (2019). Does the use of synchrony and artificial intelligence in video interviews affect interview ratings and applicant attitudes? *Computers in Human Behavior, 98*, 93–101. https://doi.org/10.1016/j.chb.2019.04.012

Sylva, H., & Mol, S. T. (2009). E-recruitment: A study into applicant perceptions of an online application system. *International Journal of Selection and Assessment, 17*(3), 311–323. https://doi.org/10.1111/j.1468-2389.2009.00473.x

Taylor, H. C., & Russel, J. F. (1939). The relationship of validity coefficients to the practical effectiveness of tests in selection: Discussion and tables. *Journal of Applied Psychology, 23*(5), 565–578.

Thielsch, M. T., Erdal, D., & Merhof, V. (2021). Recruiting aus Sicht der Bewerber_innen. *Zeitschrift für Arbeits- und Organisationspsychologie, 65*(3), 123–137. https://doi.org/10.1026/0932-4089/a000357

Thompson, L. F., Braddy, P. W., & Wuensch, K. L. (2008). E-recruitment and the benefits of organizational web appeal. *Computers in Human Behavior, 24*(5), 2384–2398. https://doi.org/10.1016/j.chb.2008.02.014

Udechukwu, I., & Manyak, T. (2009). Job applicants' perceptions of resumes versus employment application forms in the recruitment process in a public organization. *Public Personnel Management, 38*(4), 79–96. https://doi.org/10.1177/009102600903800405

Van Hoye, G. (2013). Recruiting through employee referrals: An examination of employees' motives. *Human Performance, 26*(5), 451–464. https://doi.org/10.1080/08959285.2013.836199

Van Hoye, G., & Lievens, F. (2007). Investigating web-based recruitment sources: Employee testimonials vs word-of-mouse. *International Journal of Selection and Assessment, 15*(4), 372–382. https://doi.org/10.1111/j.1468-2389.2007.00396.x

Walker, H. J., & Hinojosa, A. S. (2014). Recruitment: The role of job advertisements. In K. Y. T. Yu & D. M. Cable (Hrsg.), *The Oxford handbook of recruitment* (S. 269–283). Oxford University Press.

Walker, H. J., Feild, H. S., Giles, W. F., & Bernerth, J. B. (2008). The interactive effects of job advertisement characteristics and applicant experience on reactions to recruitment messages. *Journal of Occupational and Organizational Psychology, 81*, 619–638. https://doi.org/10.1348/096317907X252487

Weitzel, T., Eckhardt, A., Laumer, S., Maier, C. von Stetten, A., Weinert, C. & Wirth, J. (2015). Recruitung trends 2015. : Otto-Friedrich-Universität Bamberg.

Woods, S. A., Ahmed, S., Nikolaou, I., Costa, A. C., & Anderson, N. R. (2020). Personnel selection in the digital age: A review of validity and applicant reactions, and future research challenges. *European Journal of Work and Organizational Psychology, 29*(1), 64–77. https://doi.org/10.1080/1359432X.2019.1681401

Woźniak, J. (2015). The use of Gamification at different levels of E-recruitment. *Management Dynamics in the Knowledge Economy Journal, 3*, 257–278.

Zottoli, M. A., & Wanous, J. P. (2000). Recruitment source research: Current status and future directions. *Human Resource Management Review, 10*(4), 353–382. https://doi.org/10.1016/S1053-4822(00)00032-2

Digitalisierte Vorauswahl

Uwe Peter Kanning

Inhaltsverzeichnis

U. P. Kanning, M. L. Ohlms (Hrsg.), *Digitale Personalauswahl und Eignungsdiagnostik*,
https://doi.org/10.1007/978-3-662-68211-1_3

3

3.1 Grundlagen

Die Vorauswahl stellt den ersten Schritt des eigentlichen Auswahlverfahrens nach der Stellenausschreibung dar. Mithilfe der Vorauswahl wird grob zwischen potenziell geeigneten und ungeeigneten Bewerberinnen und Bewerbern unterschieden. Hierdurch soll der Aufwand, der bei der tiefergehenden Untersuchung etwa im Rahmen von Einstellungsinterviews oder Assessment-Centern betrieben wird, auf ein sinnvolles Maß reduziert werden. Schließlich ist es weder für den Arbeitgeber noch für Bewerber/-innen zielführend, wenn Personen, die nicht einmal über die grundlegendsten Voraussetzungen für eine erfolgreiche Aufgabenerfüllung auf der vakanten Stelle verfügen, zu weitergehenden Untersuchungen eingeladen werden. Leider beschränken sich sehr viele Arbeitgeber bei der Vorauswahl nicht darauf, einfach nur grundlegende Eignungskriterien zu prüfen, sondern versuchen aus den vorliegenden Daten tiefergehende Erkenntnisse etwa über Persönlichkeitseigenschaften der Bewerber/-innen abzuleiten. Hiermit geht in der Regel eine deutliche Überinterpretation der vorliegenden Daten einher (Kanning, 2018), was wiederum Fehlentscheidungen zur Folge hat.

Grundsätzlich lassen sich bei der Vorauswahl zwei Fehleinschätzungen unterscheiden (◘ Tab. 3.1): Ein *Fehler der ersten Art* liegt vor, wenn eine Person in ihrer Eignung für die Stelle überschätzt wird. Dieser Fehler lässt sich in den nachfolgenden Auswahlschritten – also beispielsweise im Einstellungsinterview – erkennen und wieder korrigieren. Für den *Fehler der zweiten Art* gilt dies leider nicht. Er besteht darin, dass eine Person unterschätzt wird, und zwar so stark, dass sie fälschlicherweise nicht zu nachfolgenden Auswahlschritten eingeladen wird. Sie scheidet also frühzeitig aus dem Auswahlverfahren aus und hat keine Chance zu zeigen, wie geeignet sie tatsächlich ist. Der Fehler der zweiten Art bleibt für den Arbeitgeber unentdeckt. Der Arbeitgeber kann daher aus diesem Fehler auch nichts lernen, um ihn in Zukunft besser verhindern zu können.

◘ **Tab. 3.1** Fehlentscheidungen bei der Vorauswahl

		Tatsächliche Eignung	
		Nicht geeignet	**Geeignet**
Einschätzung nach der Sichtung der Bewerbungsunterlagen	Nicht geeignet	Richtige Entscheidung	**Fehler der zweiten Art**
	Geeignet	**Fehler der ersten Art**	Richtige Entscheidung

3.2 Aussagekraft von Bewerbungsunterlagen

Bewerbungsunterlagen versorgen den Arbeitgeber mit zahlreichen Informationen, die von allzu vielen Arbeitgebern ebenso exzessiv wie unstrukturiert zur Vorauswahl genutzt werden (Kanning, 2015a, 2016). Nachweislich valide Kriterien (z. B. Berufserfahrung) kommen dabei oft ebenso häufig zum Einsatz wie solche, für die es keinerlei Validitätsbelege gibt (z. B. übersichtliche Gestaltung des Lebenslaufs) oder die sich in Studien als nicht valide erwiesen haben (z. B. Anzahl der Tippfehler im Anschreiben; ◘ Abb. 3.1). Schauen wir uns im Folgenden einmal klassische Kriterien der Sichtung von Bewerbungsunterlagen an und fragen nach deren Validität. Die Studien beziehen sich auf Kriterien, die unabhängig von der Form der Bewerbung – analog vs. digital – zur Vorauswahl der Bewerberinnen und Bewerber herangezogen werden können. Ausgespart bleiben hingegen solche Kriterien, die sich nur in der einen oder der anderen Form der Bewerbung denken lassen, da es hierzu keine Studien gibt. Im Bereich der papiergestützten Bewerbung wären dies beispielsweise die Farbe des Briefumschlags, die Wahl der Briefmarke (Regelmarke oder Sonderbriefmarke) oder Qualität des verwendeten Papiers. Bei der digitalisierten Bewerbung könnte ein Arbeitgeber versucht sein, die Menge der versendeten Dateien oder das Dateiformat zu deuten (Hesse & Schrader, 2019).

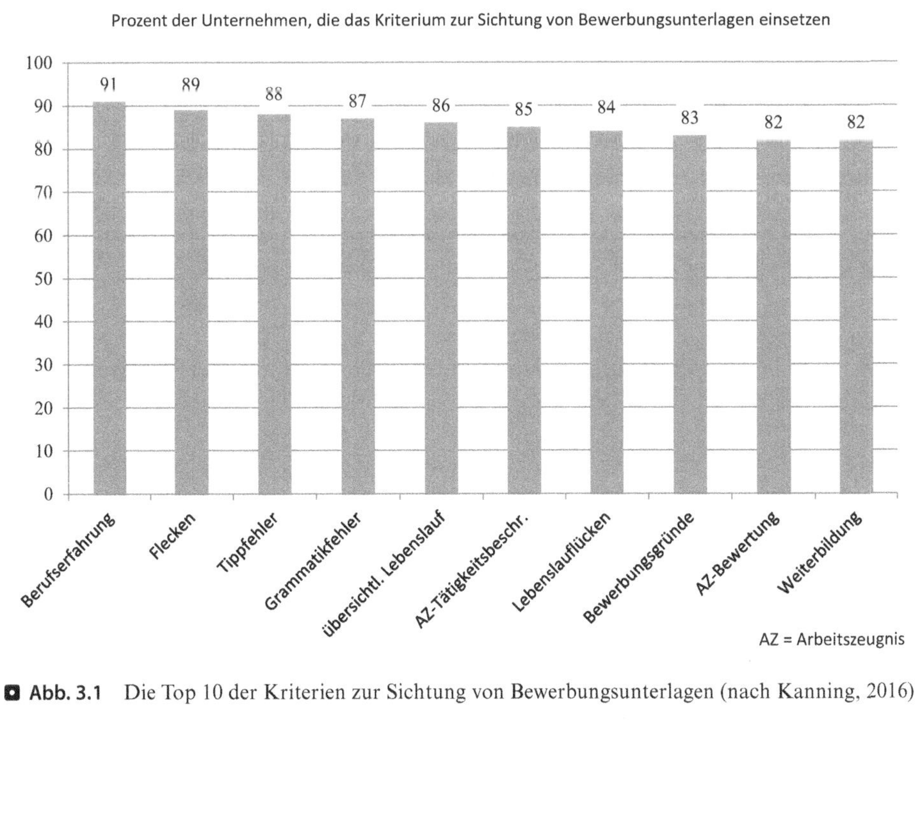

◘ **Abb. 3.1** Die Top 10 der Kriterien zur Sichtung von Bewerbungsunterlagen (nach Kanning, 2016)

▪ Bewerbungsfotos

In einer Studie von Kanning (2016), in der 244 Personalverantwortliche nach ihrem Vorgehen bei der Sichtung von Bewerbungsunterlagen befragt wurden, gaben 53 % an, dass sie sich für die Qualität des Fotos interessieren. 47 % ziehen Informationen aus der Kleidung der Bewerberinnen und Bewerber, 46 % interessieren sich für den Gesichtsausdruck und 35 % für die Körperhaltung. Studien, die sich mit der prognostischen Validität von Bewerbungsfotos beschäftigen, liegen bislang nicht vor, allerdings lassen Studien zu systematischen Verzerrungen der Personenbeurteilung vermuten, dass Fotos vor allem eine Quelle der fehlerhaften Einschätzung der Bewerberinnen und Bewerber darstellen. Das Foto gibt Informationen über das Geschlecht, das ungefähre Alter, die physische Attraktivität und mitunter auch grobe Informationen über den ethnischen Hintergrund eines Menschen und öffnet damit der Diskriminierung bestimmter Personengruppen Tür und Tor. Vor diesem Hintergrund verbietet das Allgemeine Gleichbehandlungsgesetz (AGG), dass Arbeitgeber aktiv Bewerbungsfotos anfordern dürfen. Die Sichtung und Interpretation von Fotos, die freiwillig eingesendet werden, ist jedoch weiterhin erlaubt. Zahlreiche Studien zur Wirkung der physischen Attraktivität zeigen, dass Menschen, die gut aussehen, im Auswahlprozess positiv verzerrt wahrgenommen werden und daher einen Vorteil haben gegenüber Personen, die in gleicher Weise für die Stelle geeignet sind, aber weniger gut aussehen (Desrumaux et al., 2009; Kanning & Wördekemper, 2019; Watkins & Johnston, 2000). Ähnlich verhält es sich bei Personen, die übergewichtig sind, im Vergleich zu schlanken Bewerberinnen und Bewerbern (Giel et al., 2012). Menschen, die groß und kräftig sind, wird aus dem Bauch heraus eine größere Führungskompetenz bescheinigt als Personen, die einen eher kleinen und zarten Körperbau aufweisen (Sczesny & Stahlberg, 2002). Suggeriert das Foto einen ausländischen Hintergrund, so kommt es zu einer Abwertung der Bewerber/-innen (Sachverständigenrat Deutscher Stiftungen, 2014). Mehrere Studien belegen, dass bei diesen und weiteren systematischen Urteilsverzerrungen die Berufserfahrung derjenigen, die die Bewertung vornehmen, keinen Einfluss nimmt (Kanning, 2021). Erfahrenen Personaler/-innen und Führungskräften unterlaufen die gleichen Fehler wie Menschen, die in der Personalauswahl völlige Laien sind. Eine Metaanalyse von Breil et al. (2021) zeigt zudem, dass körperliche Merkmale bzw. Informationen der Körpersprache mit einer Fehl- und Überinterpretation einhergehen. Ist für eine bestimmte Stelle das Aussehen eines Menschen nicht von entscheidender Bedeutung für den beruflichen Erfolg, so verbietet sich die Deutung des Bewerbungsfotos.

▪ Anschreiben

Das Anschreiben kann unterschiedliche Informationen liefern: formale Qualifikationen, persönliche Stärken, Bewerbungsmotivation etc. Zudem beinhaltet es Informationen über die formale Gestaltung, also etwa die Anrede („Sehr geehrte Damen und Herren" vs. „Sehr geehrte Frau Dr. Meyer"), die Formatierung oder die Länge. Die Befragung von Kanning (2016) zeigte, dass Personaler/-innen viel Wert auf das Anschreiben legen. So bewerten beispielsweise 39 % die Länge des Anschreibens. Die Ratgeberliteratur empfiehlt, mehr als eine halbe Seite und weniger als eine Seite zu schreiben (Hesse & Schrader, 2019). 83 % erwarten eine Erklärung, warum sich jemand bei ihnen bewirbt, und 70 % wollen etwas über konkrete Eigenschaften erfahren. Das vielleicht grundlegendste Problem bei der Interpretation ist, dass etwa zwei Drittel der Bewerber/-innen das Anschreiben heute nicht mehr selbst verfassen, sondern mit Vorlagen aus dem Internet arbeiten, in denen häufig nur noch entsprechend den in der Stellenanzeige genannten Anforderungen einzelne Begriffe ausgetauscht werden (Kanning,

2017). Zudem unterstützt eine sehr umfangreiche Ratgeberliteratur die sich bewerbenden Personen bei der geschickten Selbstdarstellung. All dies dürfte die Aussagekraft des Anschreibens im Hinblick auf die Eignung einer konkreten Person stark beeinträchtigen. Kanning et al. (2018) untersuchten sowohl formale als auch inhaltlichen Kriterien realer Bewerbungsunterlagen dahingehend, ob sie in einem signifikanten Zusammenhang zu grundlegenden Persönlichkeitsmerkmalen stehen, die in vielen Berufen vorteilhaft sein können (z. B. Gewissenhaftigkeit, Leistungsmotivation). Insgesamt zeigten sich nur vereinzelt signifikante Zusammenhänge, die zudem sehr gering ausfallen. Darüber hinaus untersuchten sie Zusammenhänge zwischen der Ausprägung von Persönlichkeitsmerkmalen und der Menge von Tipp- und Grammatikfehlern im Anschreiben sowie im Lebenslauf. Hier zeigen sich durchweg keine signifikanten Zusammenhänge. Leider nutzen jedoch mehr als 85 % der Unternehmen Tipp- und Grammatikfehler, um sich ein Bild von Bewerber/-innen zu machen (Kanning, 2016). Angesichts dieser Praxis ist damit zu rechnen, dass das Lesen des Anschreibens keinen wertvollen Beitrag zur Vorauswahl leistet. Vielmehr müssen Menschen, die sich nicht streng an die geltenden Regeln halten, mit einer negativ verzerrten Einschätzung ihrer tatsächlichen Eignung rechnen. Hierdurch erhöht sich die Wahrscheinlichkeit für einen Fehler der zweiten Art.

- **Schul- und Ausbildungszeugnisse**

Schulzeugnisse belegen den erreichten Bildungsgrad und geben darüber hinaus Auskunft über Leistungen in unterschiedlichen Fächern. Analog verhält es sich mit Ausbildungszeugnissen einer betrieblichen Lehre oder eines Studiums. Bezogen auf das Schulzeugnis interessieren sich Arbeitgeber stärker für einzelne Noten als für die Durchschnittsnote (36 % vs. 30 %; Kanning, 2016) während bei Ausbildungszeugnissen in der betrieblichen Ausbildung sowie im Studium die Gesamtnoten im Zentrum des Interesses stehen (47 % bzw. 53 %). Studien zur prognostischen Validität bestätigen insbesondere die Sinnhaftigkeit des Einsatzes von Durchschnittsnoten für die Auswahl von Auszubildenden (Schuler et al., 1990; Trapmann et al., 2007) sowie die Auswahl von Berufseinsteigern nach einer Ausbildung (Schuler, 2014) oder einem Studium (Roth et al., 1996). ◘ Tab. 3.2 gibt einen Überblick über die Aussagekraft von Schul- und Ausbildungsnoten.

◘ **Tab. 3.2** Prognosegüte von Schul- und Ausbildungsnoten in Prozent

Schul- und Ausbildungsnote	Prognostizierte Variable	Prognostische Validität in %
Abitur	Leistung im Studium (Trapmann et al., 2007)	28 %
Schulnoten	Ausbildungserfolg (Schuler et al., 1990)	17 %
Uni-Abschlussnote	Berufliche Leistung (Roth et al., 1996)	10 %
Uni-Abschlussnoten	Gehalt (Roth et al., 1996)	8 %
Uni-Abschlussnote	Gehaltszuwachs (Roth et al., 1996)	8 %

- **Arbeitszeugnisse**

Arbeitszeugnisse liefern Informationen über vergangene berufliche Tätigkeiten, die Bewertung der Arbeitsleistungen durch den Arbeitgeber sowie eine Einschätzung überfachlicher Eigenschaften, wie etwa das berufliche Engagement oder die Integration in ein Arbeitsteam. Arbeitszeugnisse sind in starkem Maß durch gesetzliche Vorgaben reglementiert. Dies betrifft nicht nur die anzusprechenden Themen, sondern auch die Bewertungen. Explizit negative Bewertungen sind nicht zulässig, was dazu führt, dass sich in der Praxis eine Art „Geheimsprache" entwickelt hat, mit der Arbeitgeber versuchen, die gesetzlichen Vorgaben zu unterlaufen, um auf verstecktem Weg negative Botschaften übermitteln zu können (Weuster & Scheer, 2015). Da unklar ist, welche Arbeitgeber überhaupt bei der Erstellung eines Zeugnisses entsprechende Techniken (richtig) einsetzen, ist die Interpretation mit einem Risiko der Fehldeutung verbunden. Ergebnisse von Kanning und Füssel (2020) legen den Schluss nahe, dass Praktiker/-innen bei der Deutung von Arbeitszeugnissen in stärkerem Maß verborgene Botschaften suchen, als diese beim Schreiben der Zeugnisse tatsächlich intendiert waren. Jenseits dieser Problematik stellt sich immer auch die Frage, wie gut ein Arbeitgeber überhaupt in der Lage ist, Eigenschaften von Menschen – ohne den Einsatz ausgereifter diagnostischer Instrumente – korrekt einschätzen zu können. Trotz dieser Probleme legt die Praxis sehr großen Wert auf Arbeitszeugnisse. Mehr als 80 % interessieren sich für die Bewertungen der Bewerber/-innen im Arbeitszeugnis (Kanning, 2016).

- **Berufserfahrung**

Art und Umfang der Berufserfahrung werden von fast allen Befragten in der Studie von Kanning (2016) zur Sichtung der Bewerbungsunterlagen herangezogen. Wahrscheinlich steckt hierhinter die plausible Hypothese, dass Berufserfahrung dazu führt, dass Menschen sich im Laufe der Zeit verbessern, da sie aus eigenen Fehlern lernen und sich Neues aneignen. Hinzu kommt, dass sie im Laufe der Zeit Routine entwickeln und daher wiederkehrende Aufgaben schneller und fehlerfreier bearbeiten können als Menschen mit geringer Berufserfahrung. Eine Metaanalyse zur prognostischen Validität der Berufserfahrung zeigt, dass es grundsätzlich sinnvoll ist, Berufserfahrungen in der Personalauswahl zu berücksichtigen. Allerdings ist die Vielfalt der Berufserfahrung deutlich aussagekräftiger (19 % Varianzaufklärung) als die reine Dauer in Jahren (7 %; Quinones et al., 1995). Praktiker/-innen schätzen diese Werte jedoch weitaus höher (55 % bzw. 52 % Varianzaufklärung; Varelmann & Kanning, 2018). Es besteht somit insgesamt die Gefahr einer zu starken Gewichtung der Berufserfahrung gegenüber anderen Informationen der Bewerbungsunterlagen. Dies dürfte insbesondere bei einfachen beruflichen Tätigkeiten der Fall sein, die schnell zu erlernen sind und bei denen über die Jahre der Berufserfahrung hinweg kein starker Leistungszuwachs zu erwarten ist. Wer beispielsweise einige Wochen an einer Supermarktkasse sitzt, dürfte schon alles gelernt haben, was es hier zu lernen gibt. Es wäre daher nicht sinnvoll, eine Person mit fünf Berufsjahren in diesem Arbeitsfeld positiver zu bewerten als eine mit einem Jahr Erfahrung. Eine Studie von Van Iddekinge et al. (2019) konnte unabhängig von der Komplexität der Arbeitsaufgaben keinen Nachweis für eine signifikante Aussagekraft der Berufserfahrung in Jahren finden.

Noch geringer ist die Bedeutung von Führungserfahrung für vielfältige Eigenschaften, von denen Führungskräfte profitieren können (Entscheidungsfähigkeit, Selbstreflexion, Konfliktfähigkeit, Überzeugungsfähigkeit etc.; Kanning & Fricke, 2013). Im

Mittelwert unterscheiden sich erfahrene Führungskräfte in diesen Eigenschaften nicht von Personen, die gerade erst in eine Führungsposition gekommen sind, was dafür spricht, dass die Lernerfahrungen im Führungsalltag nicht generell zu einem Ausbau entsprechender Eigenschaften führen. Daher ist es auch nicht sinnvoll, bei der Besetzung von Führungspositionen Bewerberinnen und Bewerber ohne Führungserfahrung nach der Sichtung der Bewerbungsunterlagen ausscheiden zu lassen. Dennoch interessieren sich ca. 78 % der Personaler/-innen für die Führungserfahrung (Kanning, 2016). Studien zur prognostischen Validität der Führungserfahrung liegen nicht vor.

Eine groß angelegte Studie von Sende (2016) findet fast keine Zusammenhänge zwischen Bewertungen im Arbeitszeugnis und grundlegenden Persönlichkeitseigenschaften. Bezogen auf das unabhängig vom Zeugnis erfasste Leistungsverhalten ergaben sich durchaus nennenswerte Zusammenhänge (Varianzaufklärung zwischen 3 % und 18 %). Zu erwarten ist, dass diese Werte im Hinblick auf die Prognose zukünftiger Leistungen (auf einem neuen Arbeitsplatz) allerdings deutlich niedriger ausfallen werden.

- **Lücken im Lebenslauf**

Die Interpretation von Lücken in der Berufsbiografie (kurz „Lebenslauflücken") gehört zu den Top 10 der Kriterien, die in Deutschland bei der Sichtung von Bewerbungsunterlagen eingesetzt werden (Kanning, 2016). Einer Studie von Weuster (2008) zufolge, die auf einer Befragung von 250 Personalern/-innen beruht, sehen etwa ein Drittel der Arbeitgeber Lücken im Lebenslauf sehr kritisch und weisen Bewerber/-innen mit Lücken zurück. Nur 2 % ignorieren Lücken. Die Übrigen bewerten sie negativ. Wahrscheinlich unterstellen die meisten eine enge Beziehung zwischen dem Auftreten bzw. der Länge entsprechender Lücken auf der einen Seite und unerwünschten Persönlichkeitseigenschaften auf der anderen. Demnach wäre eine Person beispielsweise umso weniger leistungsorientiert, zielstrebig oder selbstkontrolliert, je häufiger (längere) Lücken im Lebenslauf auftreten. Zwei Studien von Frank et al. (2014, 2017) stellen derartige Interpretationen stark infrage. Lebenslauflücken korrelieren zwar mit der Ausprägung berufsrelevanter Persönlichkeitsmerkmale und Leistungsdaten, die Zusammenhänge sind aber äußerst gering. Hinzu kommt, dass die Gründe für das Auftreten der Lücken den Zusammenhang stark moderieren. Wer grundsätzlich Menschen aus dem Bewerbungspool herausfiltert, die Lücken aufweisen, erhöht dadurch den Fehler der zweiten Art.

- **Freizeitaktivitäten**

Ganz ähnlich verhält es sich mit der Interpretation von Freizeitaktivitäten. Auch wenn es alltagspsychologisch plausibel erscheinen mag, dass Menschen, die Teamsportarten betreiben, über höhere soziale Kompetenzen verfügen als Nicht-Sportler/-innen oder Jogger/-innen, lässt sich dies letztlich nicht belegen (z. B. Kanning & Kappelhoff, 2012). Eine Ausnahme bilden Leistungssportler/-innen, die in Bezug auf die Ausprägung der allgemeinen Leistungsmotivation deutlich erhöhte Werte aufweisen (Gahlmann & Kanning, 2017). Andere Freizeitaktivitäten, wie etwa Kochen, Gesellschaftsspiele oder Jagen, stehen in keinem nennenswerten Zusammenhang zu berufsrelevanten Persönlichkeitsmerkmalen und sollten daher nicht zur Vorauswahl von Bewerber/-innen herangezogen werden (Kanning & Wörmann, 2018). Dennoch interessieren sich 27 % der Befragten in der Studie von Kanning (2016) für die Hobbys und 22 % für sportliche Aktivitäten ihrer Bewerber/-innen.

3

Zusammenfassend betrachtet erweist sich die Sichtung der Bewerbungsunterlagen als ein sehr stumpfes Schwert der Personalauswahl. Bewerbungsunterlagen geben vor allem Auskunft über die Aus- und Weiterbildung, die Leistung in Schule und Ausbildung sowie über Erfahrungen mit bestimmten Arbeitsinhalten. Zur validen Diagnostik von Persönlichkeitseigenschaften scheinen sie sich kaum zu eignen.

Die Praxis der Sichtung von Bewerbungsunterlagen berücksichtigt diese Erkenntnisse kaum und neigt offenkundig zur Überinterpretation. Zudem scheinen sich die Verantwortlichen mitunter nicht bewusst zu sein, welche Kriterien sie tatsächlich zur Auswahl heranziehen. Eine Studie von Machwirth et al. (1996) legt dies nahe. Nach ihrem Vorgehen bei der Sichtung von Bewerbungsunterlagen befragt, berichten Entscheidungsträger/-innen, dass sie primär berufsbezogene Kriterien, denen eine gewisse Validität unterstellt werden kann, heranziehen. In ihrem tatsächlichen Entscheidungsverhalten dominieren dann jedoch in sehr starke Maß formale Kriterien, deren Validität mehr als fragwürdig ist. Selbst wenn valide Kriterien in nennenswertem Umfang herangezogen werden, besteht die Gefahr, dass durch eine ungünstige subjektive Gewichtung valider vs. nicht-valider Informationen die Gesamtvalidität der Vorauswahl sinkt. Kausel et al. (2016) belegen vergleichbare Gewichtungsfehler bezogen auf das Einstellungsinterview. Es wäre daher sehr wichtig, bei der Sichtung der Bewerbungsunterlagen strukturiert vorzugehen und nur solche Informationen in die Entscheidung einfließen zu lassen, die tatsächlich Auskunft über die Eignung für eine bestimmte Stelle geben. Die Praxis ist hiervon noch weit entfernt. In der Studie von Kanning (2016) berichtet fast die Hälfte der Befragten (47 %), dass ihre Arbeitgeber bei der Sichtung der Bewerbungsunterlagen keine verbindlichen Auswahlkriterien festlegen. In weiteren 52 % der Fälle ist neben einigen verbindlichen Kriterien der „Gesamteindruck" der Bewerbung entscheidend.

Schauen wir uns im Folgenden einmal an, inwieweit ein Einsatz digitaler Methoden zu einer valideren Vorauswahl beitragen könnte.

3.3 E-Recruitment

Im Gegensatz zur herkömmlichen Sichtung von Bewerbungsunterlagen repräsentiert das E-Recruitment (oder Online-Recruitment; Brandão et al., 2019; Woźniak, 2015) ein sehr standardisiertes Vorgehen, bei dem möglichst nur valide Informationen in die Auswahlentscheidung einfließen. Die Daten einzelner Bewerberinnen und Bewerber werden dabei digital erfasst und digital weiterverarbeitet bis zur eigentlichen Auswahlentscheidung.

Wie so oft in der Psychologie werden auch in diesem Feld die Begrifflichkeiten allerdings nicht einheitlich definiert. Manche Autoren/-innen verwenden den Begriff der E-Recruitments ausschließlich für die (gezielte) Ansprache potenzieller Bewerber/-innen über das Internet im Sinne des Personalmarketings (Wozniak, 2015). Andere Autoren verorten ihn in der Personalauswahl und meinen damit die digitale Sammlung und Bewertung von (Internet-)Daten über Bewerber/-innen – vergleichbar zur Vorauswahl über die Bewerbungsunterlagen (Faliagka et al., 2014). Brandão et al. (2019) integrieren beide Sichtweisen und gehen noch einen Schritt weiter. Nach ihrer Definition umfasst das Online-Recruitment sechs Schritte:

1. Online-Publikation eines Stellenangebots,
2. Bereitstellung eine Online-Bewerbungsformulars,

3. computergestützte Bewertung der Daten aus dem Bewerbungsformular,
4. ggf. Einsatz von Online-Testverfahren zur weitergehenden Untersuchung der Bewerber/-innen,
5. Vorauswahl geeigneter Personen durch den Computer,
6. Online-Feedback an die Bewerber/-innen.

Im Folgenden wird der Begriff des E-Recruitment in diesem Sinne verwendet (siehe auch Kanning, 2018). ◘ Abb. 3.2 verdeutlicht den gesamten Prozess.

Zunächst macht ein Arbeitgeber auf sich bzw. eine vakante Stelle über das Internet aufmerksam. Hierzu arbeitet er mit Online-Stellenportalen sowie der eigenen Unternehmenswebsite (vgl. ► Kap. 2). Auf der Website gibt es die Möglichkeit, sich direkt zu bewerben. Eine Person, die sich für die Stelle interessiert, meldet sich nur auf der Seite an, woraufhin ein Online-Bewerbungsformular freigegeben wird. Eine Alternative hierzu wäre eine App, die Interessierte sich herunterladen können (Jansen et al., 2023).

Das *Online-Bewerbungsformular* ersetzt die klassische Bewerbung. Mithilfe gezielter Fragen erfasst der Arbeitgeber ausschließlich solche Informationen, die für die Besetzung der vakanten Stelle relevant und damit valide sind, also beispielsweise die Art der Ausbildung, etwaige Weiterbildungen, Noten, die Inhalte der Berufserfahrung. Informationen, die mit hoher Wahrscheinlichkeit nicht valide sind, bleiben hingegen unerfasst: Selbstdarstellung der eigenen Stärken, Hinweise auf die vermeintliche Passung der Person zum Unternehmen, Begeisterung für den Arbeitgeber oder das Bewerbungsfoto. Es existiert weder ein Anschreiben noch kann der Arbeitgeber die formale und ästhetische Gestaltung der Bewerbungsunterlagen in seine Entscheidung einfließen lassen, da nur noch relevante Daten erhoben werden. Nach dem Ausfüllen des Formulars lädt die sich bewerbende Person relevante Zeugnisse hoch und gibt anschließend die Daten zur Auswertung frei.

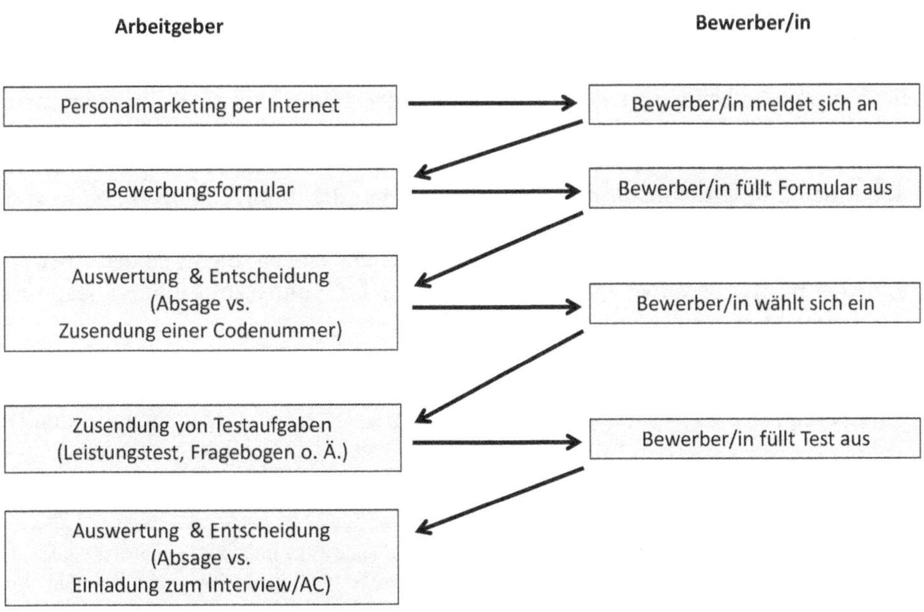

◘ **Abb. 3.2** Prozess des E-Recruitment (Kanning, 2018, S. 486)

Aufseiten des Arbeitgebers folgt nun durch den Computer eine Auswahlentscheidung nach vorgegebenen Entscheidungsregeln. Die Grundlage hierfür liefert das Anforderungsprofil der zu besetzenden Stelle. Wäre beispielsweise für die Tätigkeit ein zweites juristisches Staatexamen mit einer bestimmten Abschlussnote notwendig, so würden Bewerbungen von Personen, die dieses Kriterium nicht erfüllen, abgelehnt. Neben der Definition von Mindestanforderungen für einzelne Anforderungen wäre auch die Berechnung eines Gesamtscores möglich, in die einzelne Informationen gewichtet einfließen. Grundlage hierfür könnte eine Studie sein, bei der mithilfe einer Regression eine optimale Aggregation der Einzeldaten ermittelt wurde. Je nachdem, wie hoch die zu erwartende Validität eines solchen Vorgehens ist, wird der Arbeitgeber an dieser Stelle eher streng (hohe Validität) oder eher liberal (geringe Validität) filtern. Angesichts der insgesamt eher geringen Validität biografischer Daten dürfte sich in Zeiten des Fachkräftemangels meist eine liberale Vorauswahl empfehlen. Der Arbeitgeber verringert hierdurch den Fehler der zweiten Art.

Über das Ergebnis dieser ersten Vorauswahlstufe wird die sich bewerbende Person innerhalb von Sekunden informiert. Manche Arbeitgeber würden an dieser Stelle das E-Recruitment beenden und geeignete Personen zu einem Einstellungsinterview o. Ä. einladen. Nehmen wir einmal an, der Arbeitgeber erhält sehr viele Bewerbungen qualifizierter Menschen oder aber die Vorauswahl für die vakante Stelle allein aufgrund biografischer Daten lässt keine sehr valide Vorauswahl über biografische Daten erwarten, so könnte nun ein zweiter Schritt mithilfe eines sehr validen Testverfahrens folgen. Sinnvoll wäre an dieser Stelle in vielen Fällen ein kognitiver Leistungstest (siehe ► Kap. 5). Liegen andere valide Instrumente vor, wie etwa ein Situational Judgment Test,[1] so können auch sie an dieser Stelle zum Einsatz kommen.

Dem Bewerber bzw. der Bewerberin wird zu diesem Zweck eine Codenummer zugeschickt, mit der Testaufgaben freigeschaltet werden können. Alternativ läuft das Ganze unmittelbarer über eine heruntergeladene App. Es wird dabei nicht erwartet, dass der Text sofort bearbeitet wird. Wichtiger als eine unmittelbare Gewinnung neuer Daten ist deren Qualität. Die Person wird daher zunächst über sinnvolle Rahmenbedingungen einer aussagekräftigen Testung aufgeklärt (ausgeschlafen sein, für Störungsfreiheit sorgen etc.). Der Test kann nur innerhalb einer überschaubaren Zeit (z. B. zehn Tage) ein einziges Mal aufgerufen und bearbeitet werden.

Nachdem der Test bearbeitet wurde, erfolgt erneut eine Auswahlentscheidung durch den Computer, sodass der Pool derjenigen, die in die nähere Auswahl kommen, weiter schrumpft. Bewerberinnen und Bewerber erhalten wieder umgehend ein Feedback über das Ergebnis der Untersuchung. Diejenigen, die in beiden Auswahlschritten positiv bewertet wurden, erhalten eine Einladung zur Offline-Diagnostik, also beispielsweise zu einem Einstellungsinterview.

Die historischen Wurzeln des E-Recruitment reichen bis in die 80er-Jahre des letzten Jahrhunderts zurück. Smith et al., 1988 beschreiben bereits im Jahr 1988 ein stark regelgeleitetes Vorauswahlverfahren, bei dem allerdings die Daten aus den Be-

---

1 Situational Judgment Tests (SJT) konfrontieren Bewerbende mit konkreten beruflichen Situationen und stellen ihnen mehrere Verhaltensalternativen zur Verfügung. Die Bewerbenden wählen die Alternativen, die ihren eigenen Verhaltenspräferenzen entsprechen.

werbungsmappen von Hand in ein Computerprogramm eingegeben werden mussten, bevor anschließend die Informationen nach vorgegebenen Entscheidungsregeln gewichtet wurden und abschließend eine Auswahlentscheidung abgeleitet wurde.

Das E-Recruitment hat sowohl Vorteile als auch Nachteile (Kanning, 2004, 2018). Beide beziehen sich sowohl auf den Arbeitgeber als auch auf potenzielle Bewerber/-innen.

Aufseiten der *Vorteile* sind insbesondere die folgenden Punkte zu nennen:

- Standardisierte Vorauswahl: Im Gegensatz zum herkömmlichen Vorgehen ist sichergestellt, dass alle Bewerbungen nach denselben Kriterien bewertet werden. Dies trägt zu einer höheren Objektivität der Untersuchung bei.
- Validitätssteigerung: Sofern sich die Definition der Auswahlkriterien tatsächlich auf die Anforderungen der vakanten Stelle bezieht, sollte das Vorgehen zu einer valideren Auswahlentscheidung führen.
- Fairnessgewinn: Die höhere Validität geht wiederum mit einer höheren Fairness des Vorgehens einher, von der insbesondere solche Personengruppen profitieren, die üblicherweise einer Diskriminierung ausgesetzt sind (Lippens et al., 2023), also etwa weniger gut aussehende Personen, Menschen mit Migrationshintergrund, ältere Menschen oder Behinderte.
- Schnellere Vorauswahl: Die Geschwindigkeit der Vorauswahl wird im Vergleich zur klassischen Sichtung der Bewerbungsunterlagen dramatisch gesteigert (Brandão et al., 2019; Rust & Prages, 2002). Bewerberinnen und Bewerber müssen nicht wochenlang auf eine Entscheidung warten, Arbeitgeber müssen nicht befürchten, dass besonders qualifizierte Personen nicht mehr zur Verfügung stehen, nachdem sie ihre Vorauswahl abgeschlossen haben.
- Geringere Kosten: Aufseiten der Bewerber/-innen führt das E-Recruitment zu einer deutlichen Reduzierung der Kosten (Brandão et al., 2019). Dies gilt insbesondere im Vergleich zur Papierbewerbung, aber auch im Vergleich zu einer Bewerbung, bei der die Unterlagen per E-Mail versendet werden. Gegenüber der E-Mail-Bewerbung besteht der Vorteil vor allem in einer Zeitersparnis. Das Ausfüllen eines Online-Bewerbungsformulars wird in der Regel nur wenige Minuten in Anspruch nehmen. Im Vergleich hierzu dürfte die Anfertigung eines Anschreibens für eine E-Mail-Bewerbung deutlich mehr Zeit kosten.
- Imageförderung: Bartam (2000) verdeutlicht, dass der Einsatz von Bewerbungsformularen zu einer Steigerung des Arbeitgeberimages führen kann. Ja, der Arbeitgeber zeigt sich als innovativ und kundenorientiert. Voraussetzung ist hierfür allerdings, dass alles reibungslos abläuft. In diesem Zusammenhang mag auch der Einsatz gamifizierter Testverfahren zur Vorauswahl (vgl. ► Kap. 6) einen positiven Beitrag liefern (Jansen et al., 2023).

Den Vorteilen stehen jedoch auch *Nachteile* gegenüber (Kanning, 2004, 2018):

- Kosten für den Arbeitgeber: Es ist keineswegs sicher, dass auch Arbeitgeber auf diesem Weg eine kostengünstigere Vorauswahl durchführen können (Brandão et al., 2019). Die Kosten hängen letztendlich davon ab, wie kostspielig der Einsatz einer entsprechenden Auswahlsoftware ist. Dabei müssen allerdings die Kosten der Software in eine Relation zum Validitätsgewinn des Vorgehens gesetzt werden.

- Massenbewerbungen: Die sehr niedrige Bewerbungsschwelle, die mit dem Einsatz von E-Recruitment einhergeht, könnte dazu führen, dass sich viele Personen bewerben, die nicht für die vakante Stelle geeignet sind (Brandão et al., 2019; Chapmann & Webster, 2003). Dies wirkt sich negativ auf die Grundquote – also den Anteil der geeigneten Personen im Bewerbungspool – aus. Prinzipiell ist dies ein Problem, weil eine geringe Grundquote zu einer schlechteren Auswahlentscheidung beitragen kann (vgl. ▶ Kap. 2). Das Problem einer massenhaften Bewerbung falsch qualifizierter Personen lässt sich jedoch sehr leicht in den Griff bekommen. Im Gegensatz zum herkömmlichen Vorgehen lassen sich falsch qualifizierte Personen im E-Recruiting sehr schnell als solche erkennen. Die Grundquote in der vorausgelesenen Population könnte daher also sogar deutlich steigen. Inwieweit dies tatsächlich geschieht, hängt letztlich von der Validität der Auswahlschritte im E-Recruitment ab.
- Unklare Durchführungsobjektivität: Da alle Bewerberinnen und Bewerber die Online-Testung nicht in einer kontrollierten Situation durchführen, bleibt unklar, ob alle für optimale Rahmenbedingungen sorgen. Die Unterschiede in den Rahmenbedingungen der Testung könnten die Unterschiede in der tatsächlichen Eignung überlagern, wodurch die Gesamtvalidität des Vorgehens sinkt. Dieses Problem lässt sich nicht vollständig beheben. Eine explizite Information der Bewerberinnen und Bewerber kann es jedoch reduzieren.
- Diskriminierung spezifischer Personengruppen: Nicht alle Menschen haben einen Internetzugang oder sind geübt im Umgang mit digitalen Techniken (Brandão et al., 2019). Dies dürfte insbesondere für ältere Arbeitnehmerinnen und Arbeitnehmer mit geringer Bildung gelten. Ein E-Recruitment würde sie daher von vornherein ausschließen bzw. eine Bewerbung sehr unwahrscheinlich werden lassen. Interessiert sich ein Arbeitgeber, insbesondere für solche Personengruppen, so wäre ein (ausschließlicher) Einsatz von E-Recruitment sicherlich der falsche Weg. García-Izquierdo et al. (2010, 2015) verdeutlichen zudem, dass bestimmte Fragen im Online-Bewerbungsbogen zu einer Diskriminierung bestimmter Personengruppen beitragen können. In einer Analyse entsprechender Bögen stellen sie fest, dass in spanischen Unternehmen häufig nach dem Alter (87 %), der Nationalität (61%), dem Geburtsort (57 %) oder dem Familienstand (47%) gefragt wird. Da in den allermeisten Fällen nicht damit zu rechnen ist, dass derartige Fragen zu einer Steigerung der Validität des Auswahlverfahrens beitragen, verbietet sich ihr Einsatz im Online-Bewerbungsbogen.
- Unklare Identität im Online-Test: Es ist nicht sichergestellt, dass der Online-Test von der Person bearbeitet wird, die sich beworben hat (Brandão et al., 2019; Chapman & Webster, 2003). Ebenso ungewiss ist, ob Hilfsmittel bei der Durchführung des Tests genutzt werden. Manche Unternehmen erwarten daher, dass die Testung bei eingeschalteter Webcam läuft, was jedoch datenschutzrechtlich nicht ganz unproblematisch sein dürfte und sicherlich auch der Akzeptanz des Verfahrens nicht zuträglich ist. Alternativ wäre es sinnvoll, alle Personen, die später offline eingeladen werden, vor Ort noch einmal mit einer Parallelversion des Testverfahrens zu untersuchen. Kommt es zu deutlichen Abweichungen nach unten, wäre die Person sicherheitshalber abzulehnen.
- Gefahr von Testtrainings: Führt ein renommierter Arbeitgeber über längere Zeit denselben Online-Test durch, so besteht die Gefahr, dass die Aufgaben nach einiger Zeit im Internet kursieren und damit eine valide Testung nicht mehr sicher-

gestellt ist. Die Gefahr ist umso geringer, je weniger Bewerberinnen und Bewerber ein Arbeitgeber anzieht. Grundsätzlich müssen Arbeitgeber also überdenken, wie lange sie denselben Test einsetzen, oder aber von vornherein zu einem adaptiven Testverfahren greifen.
- Vergleichbarkeit alternativer Testvarianten: Manche Unternehmen versuchen das oben genannte Problem zu lösen, indem sie mit größeren Item-Pools arbeiten, aus denen bei jeder Messung unterschiedliche Items ausgewählt werden. Diese Variante ist nur dann sinnvoll, wenn tatsächlich sichergestellt werden kann, dass jede beliebige Kombination der Items zu einem qualitativ gleichwertigen Test führt.
- Benutzerfreundlichkeit: Eine Studie von Udechukwu und Manyak (2009) zeigt, dass Online-Bewerbungsformulare eine vergleichbare Akzeptanz bei Bewerberinnen und Bewerbern erzielen wie klassische Bewerbungen. Dies gilt jedoch nicht für alle Aspekte. In ihrer Studie erlebten die befragten Personen den Einsatz von Online-Bewerbungsfragebögen als wenig benutzerfreundlich. Eine klassische Bewerbung erschien ihnen einfacher. Ein solcher Nachteil lässt sich allerdings leicht beseitigen, wenn bei der Entwicklung der Oberfläche auf eine hohe Usability geachtet wird.

Zwei Studien gehen der Frage nach, wie Online-Bewerbungsformulare in deutschen Unternehmen gestaltet werden. Die Studie von Kanning (2015b) befragt dabei direkt Unternehmen, während in der Studie von Kanning und Colpan (2016) der Zweitautor als Dummy-Bewerber/-in Bewerbungsformulare direkt sichtet. Beide Studien verdeutlichen, dass viele Unternehmen die Chancen des E-Recruitment kaum nutzen. Online Bewerbungsformulare dienen im Großen und Ganzen betrachtet bislang eher dazu, die klassische Bewerbungsmappe zu digitalisieren.

Abb. 3.3 zeigt, dass fast 59 % der befragten Unternehmen ein Textfeld vorsehen, in das die Bewerberinnen und Bewerber ihr Anschreiben hineinkopieren müssen. Fast 34 % sehen ein Textfeld vor, indem die Motivation zur Bewerbung frei formuliert werden soll. 9 % geben sogar die Möglichkeit, in einem Textfeld eigene Stärken und Schwächen frei zu formulieren. Nur 4 % der Unternehmen setzen zusätzlich zur Interpretation der Daten aus der klassischen Bewerbung einen Online-Test ein (Kanning, 2015b). Die starke Verbreitung von Textfeldern deutet darauf hin, dass nach wie vor ein Mensch die Texte interpretiert. Dabei besteht die Gefahr, dass klassische Fehler der Bewerbungsmappensichtung (s. o.) auf diesem Weg auch in einem digitalisierten Bewerbungsprozess aufrechterhalten werden. Selbst wenn die Unternehmen die Texte mithilfe einer Spracherkennungssoftware analysieren würden, spricht bislang nichts dafür, dass es hierdurch zu einem Validitätsgewinn kommen könnte (vgl. ► Kap. 9).

Abb. 3.4 bezieht sich auf die Ergebnisse von Kanning und Colpan (2016). Auch hier zeigt sich, dass viele Unternehmen nach wie vor Daten erheben, die mit hoher Wahrscheinlichkeit nicht zu einer valideren Personalauswahlentscheidung beitragen. 84 % wollen ein klassisches Anschreiben, 26 % ein Foto und 46 % glauben offenbar, dass sie aus Internetdaten der Bewerberinnen und Bewerber valide Schlussfolgerungen auf deren Eignung für eine bestimmte Stelle ziehen können (= Cybervetting). Ob Letzteres der Fall ist, wird im folgenden Abschnitt diskutiert.

3

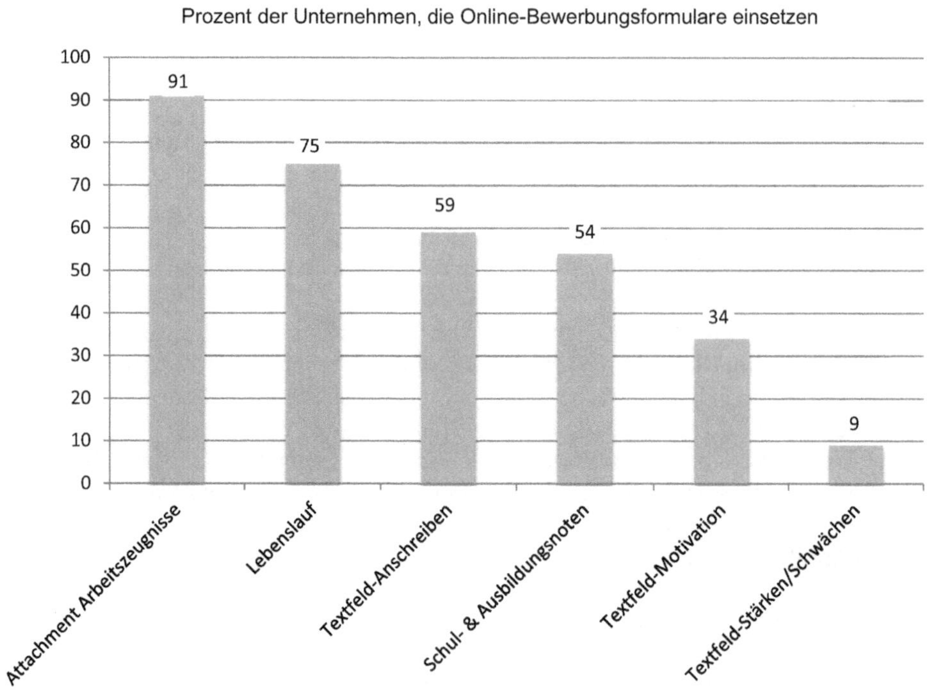

Abb. 3.3 Inhalte von Online-Bewerbungsformularen (nach Kanning, 2015b, 2018, S. 476)

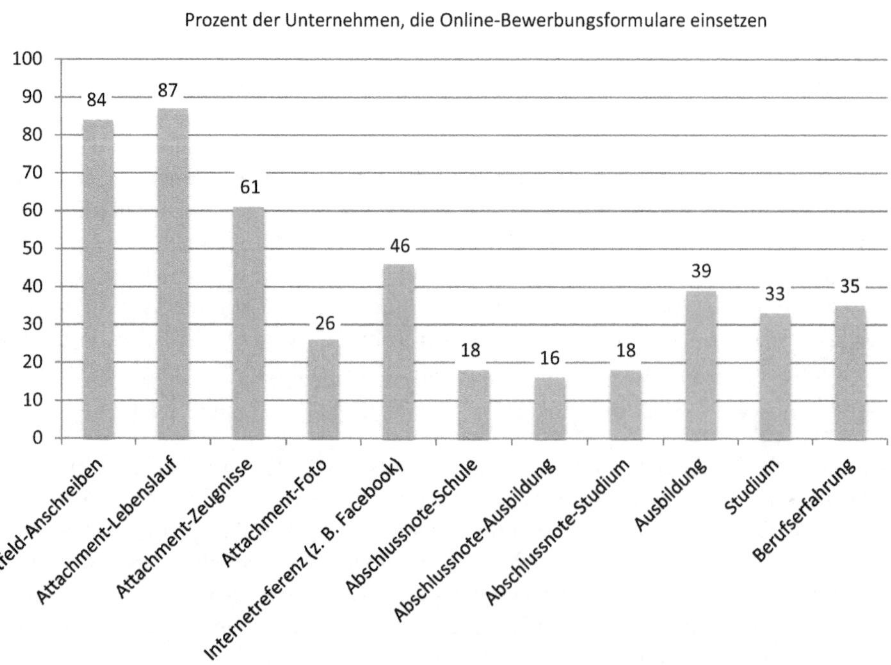

Abb. 3.4 Inhalte von Online-Bewerbungsformularen (nach Kanning & Colpan, 2016; Kanning 2018, S. 478)

3.4 Cybervetting

In Zeiten, in denen die allermeisten jungen Menschen und auch ein Großteil der älteren Bevölkerung in sozialen Netzwerken zu finden sind oder anderweitig Spuren im Internet hinterlassen, ist es fast schon naheliegend, dass sich Arbeitgeber im Zuge der Vorauswahl auch für derartige Informationen interessieren (Woods et al., 2020). Die gezielte Suche und Interpretation von Internetdaten zum Zwecke der Personalauswahl wird als *Cybervetting* bezeichnet (Cook et al., 2020). Die Methode scheint – zumindest in den USA – inzwischen eine sehr weite Verbreitung gefunden zu haben. Cook et al. (2020) berichten davon, dass hier bis zu 85 % der Unternehmen LinkedIn und 78 % Facebook-Daten im Rahmen der Personalauswahl nutzen. In einer Studie von Hartwell und Campion (2020) geben 82 % an, soziale Netzwerke zumindest gelegentlich zu nutzen. 43 % nutzen sie regelmäßig. Zhang et al. (2020) berichten davon, dass mindestens 70 % der Arbeitgeber Daten aus sozialen Netzwerken nutzen, wobei Facebook eine herausragende Rolle spielt. Dabei geht es nicht immer nur um Auswahlentscheidungen im Sinne der Vorauswahl, sondern auch um die Sammlung von Informationen, die bei bereits vorausgewählten Personen im späteren Einstellungsinterview angesprochen werden sollen (Caers & Castelyns, 2011). Nach einer Studie von Caers und Castelyns (2011) wird die Auswahlfunktion seltener genutzt (38 % Facebook, 26 % LinkedIn) als die Informationsfunktion (43 % Facebook, 71 % LinkedIn). Allerdings ist die Studie auch schon mehr als zehn Jahre alt. Darüber hinaus werden soziale Netzwerke herangezogen, um im Rahmen des Personalmarketings gezielt geeignet erscheinende Personen auf eine vakante Stelle aufmerksam zu machen (Caers & Castelyns, 2011).

In der Regel geschieht die Suche nach potenziell relevanten Informationen über Bewerber/-innen im Internet noch durch Menschen, mehr und mehr dürften in Zukunft derartige Aufgaben aber auch von digitalen Suchmaschinen (Webcrawler; Bauer et al., 2020) übernommen werden.

Die möglichen *Gründe für Cybervetting* zum Zwecke der Auswahl sind aus der Sicht von Arbeitgebern vielfältig:

- *Geringe Kosten:* Da die Daten über Bewerberinnen und Bewerber in sozialen Netzwerken ohnehin vorliegen, entstehen für Arbeitgeber nur äußerst geringe Kosten. Sie beziehen sich allein auf die Arbeitszeit derjenigen, die die Sichtung vornehmen. Anders sieht es aus, wenn hierzu externe Dienstleister herangezogen werden, die mithilfe von (KI-gestützten) Suchmaschinen eine Analyse von Internetdaten vornehmen.
- *Sammlung zusätzlicher, wichtiger Informationen* (Berkelaar, 2014): Ohne Zweifel ermöglich eine Internetrecherche die Sammlung von Informationen, die in den Bewerbungsunterlagen nicht zu finden sind. Aus einer diagnostischen Laiensicht führt die Sammlung zusätzlicher Informationen grundsätzlich zu einer besseren Einschätzung der sich bewerbenden Personen und damit auch zu einer qualitativ besseren Personalauswahl.
- *Tiefere Einblicke in die Persönlichkeit* (Berkelaar, 2014): Bewerbungsunterlagen folgen ähnlich wie Arbeitszeugnisse Spielregeln, die der Darstellung der Persönlichkeit eines Menschen enge Grenzen setzen. Das Internet kennt solche Grenzen nicht und liefert daher möglicherweise differenziertere Informationen zur Persönlichkeit eines Menschen.

- *Geringere Verfälschung der Daten* (Berkelaar, 2014): Da Informationen aus dem Internet nicht primär zum Zwecke der Bewerbung ins Netz gestellt werden, erhoffen sich manche Arbeitgeber ehrlichere Daten. Wer beispielsweise in starkem Maße Teamsportarten betreibt, der zeigt dies wahrscheinlich auch in Form von Bildern in sozialen Netzwerken. Im Lebenslauf kann hingegen jeder ohne großen Aufwand angeben, Teamsport zu betreiben, um dadurch den Eindruck ausgeprägter sozialer Kompetenzen zu erwecken.
- *Überprüfung von Angaben aus den Bewerbungsunterlagen* (Background Checks; Berkelaar & Buzzanell, 2015): Geben Bewerber/-innen in ihren Bewerbungsunterlagen beispielsweise an, im Ausland studiert zu haben oder soziales Engagement zu zeigen, so könnte der Arbeitgeber überprüfen, ob sich entsprechende Angaben auch im Internet finden lassen.
- *Befriedigung von Neugier* (Berkelaar & Buzzanell, 2014): Unabhängig von der Frage, wie geeignet eine Person für eine vakante Stelle ist, liefert das Internet Informationen, die einfach nur interessant sein könnten, ohne dass sie tatsächlich in die Auswahlentscheidung einfließen. Die Verantwortlichen in den Unternehmen sind in diesem Sinne einfach neugierig und wollen diesem Bedürfnis nachgehen.

Hartwell und Campion (2020) untersuchen 291 Personen, die sich beruflich mit der Personalauswahl beschäftigen, und gehen der Frage nach, *welche Informationen aus sozialen Netzwerken* zur Bewertung von Bewerbern und Bewerberinnen herangezogen werden. Dabei zeigt sich, dass privaten Netzwerken eine andere Funktion zukommt als berufsbezogenen Netzwerken. Während berufsbezogene Netzwerke vor allem dazu dienen, im positiven Sinne Informationen über die Eignung der sich bewerbenden Personen zu finden, dienen private Netzwerke eher dazu, die Eignung der Betroffenen infrage zu stellen. Hierhinter könnte sich ein zweistufiger Prozess verbergen. In Stufe 1 wird anhand berufsbezogener Netzwerke überprüft, inwieweit eine Person aufgrund von Bildung, Ausbildung und Berufserfahrung zu der vakanten Stelle passt. In Stufe 2 wird bei denjenigen, die positiv bewertet wurden, mithilfe privater Netzwerke untersucht, ob sie Schwächen in ihrer Persönlichkeit aufweisen und daher besser nicht in die nächste Runde des Auswahlverfahrens aufgenommen werden sollten. Inhaltlich lassen sich in der Studie von Hartwell und Campion (2020) die von den Befragten zur Sichtung von sozialen Netzwerken herangezogenen Informationen zu sechs Faktoren gruppieren (◘ Tab. 3.3). Es zeigt sich, dass zum einen sehr viele unterschiedliche Informationen gedeutet werden und zum anderen nur vergleichsweise wenige Informationen einen plausiblen Bezug zur Eignung eines Menschen für eine bestimmte berufliche Position aufweisen. Dabei überwiegt die Anzahl der Kriterien, die zu negativen Schlussfolgerungen führen, fast um das Dreifache die Anzahl der Kriterien, aus denen sich positive Schlussfolgerungen ableiten (19 vs. 7 Kriterien). Zudem ist der Einfluss negativer Informationen auf die Beurteilung stärker als der Einfluss positiver Informationen. Den größten negativen Einfluss haben negative Äußerungen über soziale Gruppen, potenzieller Drogenmissbrauch sowie die Verbreitung vertraulicher Informationen und negative Informationen über ehemalige oder derzeitige Arbeitgeber. Besonders positiv werden hingegen Informationen gewertet, welche die Qualifikation der Bewerber/-innen unterstützen.

Roulin und Bangerter (2013) untersuchen die Nutzung verschiedener Informationen aus sozialen Netzwerken durch Personalverantwortliche und lassen gleichzeitig potenzielle Bewerber/-innen die Nutzungspraxis schätzen. Dabei zeigt sich in vielen

Tab. 3.3 Inhalte aus sozialen Netzwerken, die zur Einschätzung von Bewerber/-innen herangezogen werden (nach Hartwell & Campion, 2020)

Faktor	Inhalte
Inhalte, die sofort zu einer negativen Gesamteinschätzung beitragen	- Potenzieller Drogenmissbrauch (-) - Provokative Fotos (-) - Obszönitäten (-) - Alkoholgenuss (-) - Abschätzige Äußerungen gegenüber früheren oder derzeitigen Arbeitgebern (-) - Negative Äußerung gegenüber sozialen Gruppen (Geschlecht, Religion, Ethnien; -) - Sexuelle Inhalte (-)
Private Informationen zur Person	- Familie (+) - Sportliche Aktivität (+) - Urlaub (+)
Informationen aus einem Netzwerkprofil	- Kein Netzwerkprofil (-) - Nur wenige öffentlich zugängliche Informationen im Profil (+) - Veraltetes Profil (-) - Geringe Anzahl der Freunde (-) - Hohe Anzahl von Freunden (+) - Fehlendes Profilfoto (-)
Persönliche Werthaltungen	- Äußerungen zu Fragen der Religion (-) - Politische Äußerungen (-) - Gebrauch einer verkürzten Sprache (z. B. „u“ für „you“; -)
Qualifikationen	- Widersprüchliche Angaben zur Qualifikation (-) - Angaben, die die angegebene Qualifikation unterstützen (+) - Positive Beschreibungen der Person durch andere Menschen (+) - Negative Beschreibungen der Person durch andere Menschen (-) - Rechtschreibungs- und Grammatikfehler (-)
Soziales	- Teilnahme an Partys und sozialen Events (0) - Mitteilung vertraulicher Informationen (-) - Darstellung oder Gebrauch von Waffen (-)

Erläuterung: Das Zeichen in Klammern hinter jedem Kriterium gibt an, ob die jeweilige Information positiv (+), neutral (0) oder negativ (-) gedeutet wird

Punkten eine Überschätzung durch die Bewerber/-innen. Für das Foto der Bewerber/-innen interessieren sich beispielsweise 33 % der Personalverantwortlichen, Bewerber/-innen schätzen diesen Wert auf 50 %. 19 % interessieren sich für unangemessene Selbstdarstellungen (z. B. Bilder, auf denen die Betroffenen Alkohol trinken oder einen Joint rauchen). Bewerber/-innen erwarten dies bei 30 % der Arbeitgeber. Trotz derartiger Unterschiede gibt es eine weitgehende Übereinstimmung hinsichtlich der Persönlichkeitseigenschaften, die aufgrund der Netzwerkdaten eingeschätzt werden sollen. 17 % der Verantwortlichen wollen aus den Daten Informationen über die Gewissenhaftigkeit und 14 % über die Extraversion der Bewerber/-innen ziehen. Die Gegenseite schätzt die Werte auf 19 % bzw. 14 %.

Auch wenn aus Sicht vieler Arbeitgeber Cybervetting diverse Vorteile bieten mag, so sind die *Probleme* kaum zu übersehen (siehe auch Davison et al., 2012, Mönke & Schäpers, 2022; Roth et al., 2016; Wilcox et al., 2022).

- *Verletzung der Privatsphäre*: Daten von Bewerber/-innen in sozialen Netzwerken sind zwar nicht im engeren Sinne privat, da sie Tausenden von Menschen zugänglich sind. Die Bewerber/-innen stellen diese Informationen aber aus anderen Zwecken ins Netz. Sie geben die Daten nicht explizit zur Analyse durch den Arbeitgeber frei, sondern nehmen dies bestenfalls in Kauf, weil sie dagegen kaum etwas ausrichten können. Selbst wenn hiermit kein rechtliches Problem verbunden sein sollte – Davison et al. (2012) bezweifelt dies (siehe auch Zhang et al., 2020) –, so ist das Vorgehen doch zumindest ethisch nicht ganz unproblematisch (Berkelaar, 2014; Davison et al., 2012). Die Sicht mancher Arbeitgeber, dass Menschen, die nichts zu verheimlichen haben, Cybervetting auch nicht fürchten müssten (Berkelaar, 2014), verkennt das eigentliche Problem. Es geht nicht darum, ob Bewerber/-innen etwas zu verheimlichen haben, sondern um die Frage, ob Arbeitgeber ungefragt Einblick in das Privatleben der Bewerber/-innen nehmen dürfen.
- *Diskriminierung*: Insbesondere private Netzwerke können Informationen liefern, die eine systematische Diskriminierung bestimmter Personengruppen fördern (Roth et al., 2016; Roulin & Levashina, 2018). Man denke hier etwa an Informationen zum ethischen Hintergrund, zu sexuellen oder weltanschaulichen Orientierungen, die aus gutem Grund aufgrund rechtlicher Bestimmungen nicht in eine Auswahlentscheidung einfließen dürfen. Zhang et al. (2020) untersuchen in zwei Experimenten die Facebook-Seiten von Bewerber/-innen und finden hier in starkem Maß Informationen, die diskriminierende Bewertungen zur Folge haben können (Lippens et al., 2023): Alter, Geschlecht, ethnischer Hintergrund, Familienstand, Schwangerschaft, Kinder, Behinderungen, Nationalität, Krankheiten, Religiosität, Parteizugehörigkeit, sexuelle Orientierung, Konsum von Alkohol oder Nikotin. Insgesamt überwiegen derartige Informationen die explizit berufsrelevanten Informationen (Bildung, Ausbildung, Berufserfahrung). Dass potenziell diskriminierende Informationen tatsächlich Einfluss auf die Bewertung der Bewerber/-innen nehmen, belegt die zweite Studie von Zhang et al. (2020). Während sich beispielsweise das Bildungsniveau und Weiterbildungen positiv auf die Bewertung der Personen auswirken, ist das Gegenteil der Fall, wenn die Betroffenen alleinstehend sind, jünger sind oder sich auf ihren Netzwerkseiten Hinweise auf Sexualverhalten finden lassen.
- *Starke Nutzung privater Netzwerke*: Das Problem einer Verletzung der Privatsphäre wird insbesondere durch die starke Nutzung primär privater Netzwerke verstärkt. Berufliche Netzwerke (LinkedIn, Xing etc.) dienen nicht zuletzt auch der Vermarktung der eigenen Person im beruflichen Kontext und beinhalten daher Informationen, die Bewerber/-innen zu diesem Zweck ins Netz stellen. Bei privaten Netzwerken (Facebook, Twitter etc.) sieht dies deutlich anders aus. Jenseits ethischer Gesichtspunkte stellt sich zudem die Frage, ob sich in privaten Netzwerken überhaupt in nennenswertem Maß Informationen finden lassen, die einen sinnvollen Beitrag zu einer validen Personalauswahl leisten können (s. u.).

Zu erwarten ist, dass Informationen aus berufsbezogenen Netzwerken hier weitaus besser abschneiden sollten (Roulin & Levashina, 2018), da sie offenkundig berufsbezogen und damit potenziell auch leistungsbezogen sind.

- *Umgang mit fehlenden Informationen:* Im Gegensatz zur klassischen Bewerbung gibt es keine Ratgeberliteratur, die empfiehlt, welche Informationen in sozialen Netzwerken geteilt werden müssen. Zudem gibt es Bewerberinnen und Bewerber, die nicht in sozialen Netzwerken zu finden sind. Nicht bei allen Bewerberinnen und Bewerbern liegen somit dieselben Daten vor, wodurch die Bewerbenden untereinander weniger vergleichbar sind und daher Auswahlentscheidungen auf unterschiedlichen Daten basieren (Brown & Vaughn, 2011). Roth et al. (2013) verdeutlichen in diesem Zusammenhang ein weiteres Problem: Arbeitgeber werden mit bestimmten Erwartungen nach Informationen aus Netzwerken suchen und ein Fehlen dieser Informationen wahrscheinlich zum Nachteil der Betroffenen auslegen.
- *Umgang mit großen Datenmengen:* Die Qualität der Personalauswahl steigt leider nicht automatisch mit der Menge der Daten, die über einzelne Bewerber/-innen zur Verfügung stehen, an (Kanning & Klinge, 2005). Entscheidend ist nicht die Menge, sondern deren Aussagekraft sowie die Art der Integration. Dabei ist es wichtig, valide Informationen von nicht validen zu trennen bzw. die Einzelinformationen entsprechend ihrer Validität zu gewichten (Kausel et al., 2016). Da beim Cybervetting Informationen ohne entsprechendes Hintergrundwissen zu einer Entscheidung integriert werden, ist damit zu rechnen, dass die Menge der Informationen keinen Beitrag zur Qualität der Auswahlentscheidung liefert bzw. die Validität sogar sinkt (Roth et al., 2016).
- *Gezielte Selbstdarstellung*: Die Hoffnung, dass sich in sozialen Netzwerken vor allem unverfälschte Daten über einen Menschen finden lassen (Berkelaar, 2014; Caers & Castelyns, 2011; Zhang et al., 2020), dürfte sich kaum bewahrheiten. Menschen neigen grundsätzlich zu einer positiven Selbstdarstellung, weil sie damit ihren eigenen Selbstwert stärken wollen oder sich Vorteile im sozialen Miteinander versprechen (Kanning, 2000). Zudem ist damit zu rechnen, dass Bewerber/-innen sich immer mehr darüber im Klaren sind, dass Arbeitgeber das Internet nach individuellen Daten durchsuchen, und sie daher ihre Selbstdarstellung entsprechend anpassen. Eine Studien von Roulin (2014) zeigt eine Reduzierung ungünstiger Postings von potenziellen Bewerbern/-innen im Internet, wenn diese sich der Auswahlrelevanz derartiger Informationen bewusst werden.
- *Urteilsfehler*: Wenn Menschen aus dem Bauch heraus andere Menschen beurteilen, so führt dies in systematischer Weise zu verzerrten Beurteilungen (Kanning, 2021). Dies gilt insbesondere für visuelle Informationen, die in aller Regel mit einer starken Fehl- und Überinterpretation einhergehen (Breil et al., 2021). Es gehört zum Wesen insbesondere von privaten sozialen Netzwerken, dass sie in Form von Fotografien viele visuelle Informationen über Bewerber/-innen preisgeben. Caers und Castellyns (2011) zeigen, dass Personalverantwortliche aus Facebook-Fotos Schlussfolgerungen im Hinblick auf die Extraversion, das Selbstbild sowie die Seriosität von Bewerbern/-innen ziehen. Bohnert und Ross (2010) belegen einen positiven Einfluss von Fotos, die Bewerber/-innen als Zuschauer bei einem Football-Event zeigen, im Vergleich zu einem Bild, auf dem Bewerber/-innen Bier trinken. Bedenken wir, dass beides sich insbesondere beim Besuch einer Sportveranstaltung nicht ausschließt und das jeweilige Foto nur eine sehr selek-

tive Momentaufnahme darstellt, so wird das Problem der Deutung von Fotos besonders deutlich. Je mehr die Probanden/-innen an die Aussagekraft von Fotos glauben, desto extremer fallen ihre Beurteilungen im Hinblick auf Bewerber/-innen mit verschiedenen Fotos aus (Bohnert & Ross, 2010). Eine Studie von Nugroho und Trinugroho (2018) legt nahe, dass für erfolgreiche Bewerber/-innen die Inhalte ihrer Bewerbung in etwa dieselbe Bedeutung haben wie die Fotos auf ihrer Facebook-Seite. Mönke et al. (in Druck) zeigen in einer experimentellen Studie, dass Internetinformationen über die politische Orientierung von Bewerberinnen und Bewerbern einen Ähnlichkeitseffekt auslösen. Personen, die ähnliche politische Werte vertreten wie die Entscheidungsträgerinnen und Entscheidungsträger, werden demnach positiver bewertet und in der Folge wahrscheinlich eher zum Einstellungsinterview eingeladen. Dies gilt auch dann, wenn die politische Orientierung keine Bedeutung für die berufliche Leistung hat.
- *Überbewertung negativer Informationen:* Offensichtlich ist es so, dass insbesondere negative Informationen aus dem Netz zur Bewertung herangezogen werden (Hartwell & Campion, 2020). Hierin spiegelt sich der vielfach belegte *Negativity Bias* (Roth et al., 2016). Der Negativity Bias führt zu einer negativ verzerrten Beurteilung und begünstigt damit einen Fehler der zweiten Art.
- *Erwartungseffekt*: Werden Daten aus sozialen Netzwerken zur Vorbereitung eines Einstellungsinterviews herangezogen (Caers & Castelyns, 2011), so bilden die Interviewer/-innen eher positive oder negative Erwartungen hinsichtlich der Eignung der Bewerber/-innen aus. Führen sie anschließend ein gering strukturiertes Interview, so neigen sie dazu, ihre Erwartungen zu bestätigen (Roth et al., 2016). Je weniger aussagekräftig die Sichtung von Internetdaten ausfällt, desto größer ist das Problem des Erwartungseffekts, denn umso mehr entfernt sich die Bewertung im Einstellungsinterview von einer angemessenen Einschätzung der Eignung der Bewerber/-innen für die vakante Stelle.
- *Mangelnde Akzeptanz von Bewerbenden:* Die Sichtung von Internetdaten findet unter Bewerbern/-innen keine hohe Akzeptanz (Kanning et al., 2019; Roulin & Levashina, 2018; Woods et al., 2020). Dabei spielt es keine Rolle, ob ein Mensch oder ein Computeralgorithmus eine Sichtung der Internetdaten vornimmt (Kanning et al., 2019). Negative Reaktionen von Bewerberinnen und Bewerbern sind insbesondere in Bezug auf private Netzwerke zu erwarten (Nikolaou, 2014). Arbeitgeber konterkarieren durch Cybervetting somit ein Stück weit ihre Anstrengungen im Bereich des Personalmarketings.

All diese Probleme sollten die *Validität des Cybervetting* negativ beeinflussen. Schauen wir uns im Folgenden einmal Studien an, die sich explizit mit der Validität des Cybervetting beschäftigen (siehe auch Mönke & Schäpers, 2022).

Eine der ersten Studien in diesem Feld ist die von Kluemper und Rosen (2009). Sie wird häufig zitiert, wenn es darum geht, die Aussagekraft des Cybervetting zu belegen. Jeweils 63 Beurteiler/-innen werden gebeten, die Internetseiten einer Person aus einer Gruppe von insgesamt sechs potenziellen Bewerbern/-innen im Hinblick auf die Ausprägung grundlegender Persönlichkeitsmerkmale (Big 5), die Intelligenz sowie die akademische Leistungsfähigkeit zu schätzen. Darüber hinaus werden dieselben Merkmale durch Fragebögen und einen Leistungstest direkt bei den sechs Personen erfasst.

In einem ersten Schritt untersuchen die Autoren die Übereinstimmung der Beurteiler/-innen, die als Indikator der Messgenauigkeit gilt. Im Ergebnis zeigt sich eine sehr hohe Übereinstimmung in Bezug auf jedes eingeschätzte Merkmal. Dies verwundert allerdings nicht, wenn mehr als 60 Personen ein Profil bewerten. In der Realität der Auswahlpraxis wären es wahrscheinlich eher eine Person oder bestenfalls zwei, die eine Einschätzung der Bewerber/-innen vornehmen müssen. Die Autoren rechnen daher auch aus, wie viele unabhängige Beurteilungen vorzunehmen sind, um einen mittleren Koeffizienten (0,5) zu erzielen. Die Anzahl schwankt zwischen zwei und sechs Personen. Zwei Personen sind vonnöten bei der Einschätzung der Gewissenhaftigkeit sowie der akademischen Leistung. Selbst wenn wir unrealistischerweise davon ausgehen, dass in der Praxis grundsätzlich zwei Personen unabhängig voneinander die Informationen aus sozialen Netzwerken sichten und bewerten, würden sie dabei immer noch einen extrem großen Messfehler von mindesten 75 % produzieren. Bei der Einschätzung der Extraversion wären sogar sechs Beurteiler/-innen notwendig, um dieses extrem niedrige Niveau der Messgenauigkeit zu erreichen.

In einem zweiten Schritt wird untersucht, inwieweit die Beurteiler/-innen im Hinblick auf jedes Merkmal die Person mit der höchsten Merkmalsausprägung im Vergleich zu der Person mit der niedrigsten Merkmalsausprägung signifikant unterschiedlich einschätzen. Dies gelingt auf jeder Dimension. Auch hier ist allerdings zu bedenken, dass die Einschätzung auf den gemittelten Werten von jeweils 63 (!) Beurteilern/-innen basiert. Mit der Realität des Cybervetting hat dies rein gar nichts zu tun. Die Studie überschätzt die in der Praxis zu erwartende Aussagekraft des Cybervetting wahrscheinlich um ein Vielfaches. Dies dürfte nicht zuletzt auch daran liegen, dass zur Einschätzung der Big 5 durch die Rater/-innen ein Fragebogen mit 25 Items eingesetzt wurde. In der Praxis wäre hingegen mit einer diffusen Einschätzung zu rechnen.

In einer zweiten Publikation untersuchen Kluemper et al. (2012) in zwei Studien die kriterienbezogene Validität des Cybervetting.

Studie 1 arbeitet mit 274 Facebook-Seiten von Studierenden, die von drei für diese Aufgabe geschulten Personen gesichtet werden. Die Beurteiler/-innen schätzen die Big 5 ein. Die so entstandene Fremdbeurteilung wird zum einem mit einer Selbsteinschätzung der 274 Studierenden verglichen, zum anderen wird der Zusammenhang zu einer Einschätzung der beruflichen Leistung derjenigen, die nebenbei berufstätig sind, berechnet. Für alle fünf Persönlichkeitsmerkmale zeigt sich eine signifikante Korrelation. Sie liegt zwischen 9 % und 19 % (gemeinsame Varianz). Zusammenhänge zur beruflichen Leistung zeigen sich nur in Bezug auf die Einschätzung der emotionalen Stabilität (7 % gemeinsame Varianz) sowie der Verträglichkeit (10 %). Bezogen auf diese beiden Dimensionen kann die Fremdeinschätzung die berufliche Leistung signifikant besser erklären als die Selbsteinschätzung. Dabei ist zu berücksichtigen, dass die Leistungseinschätzung auf Vorgesetztenbeurteilungen beruht.

Studie 2 stellt eine weitgehende Replikation der ersten Studie dar. Diesmal werden die Facebook-Seiten von 244 Studierenden von drei Beurteilern/-innen gesichtet. Als Kriterien dienen diesmal neben der Selbsteinschätzung der Big 5, die Intelligenz sowie die akademische Leistung. Die Zusammenhänge zwischen Selbst- und Fremdeinschätzung der Big 5 fallen geringer aus als in der ersten Studie (3 % bis 8 % Varianzaufklärung). Die Intelligenz korreliert erwartungsgemäß weder mit der Selbst- noch mit der Fremdeinschätzung der Big 5. Bei der akademischen Leistung finden sich Zusammenhänge zwischen 0 % (Extraversion) und 8 % Varianzaufklärung.

Beide Studien von Kluemper et al. (2012) liefern somit Hinweise auf eine geringfügige Validität des Cybervetting, sofern die Einschätzung der Facebook-Daten durch drei geschulte Beurteiler/-innen erfolgt, die zudem eine Einschätzung der Big 5 über einen Fragebogen mit 50 Items vornehmen. Beides dürfte weit entfernt sein von der alltäglichen Praxis des Cybervetting. Unterstützt werden die Ergebnisse dieser beiden Studien durch eine Metaanalyse von Azucar et al. (2018), die Zusammenhänge zwischen Netzwerkdaten und den Big 5 in einer Größenordnung zwischen 8 % und 16 % finden konnten. Settanni et al. (2018) finden einen durchschnittlichen Zusammenhang zwischen Internetdaten in Persönlichkeit in einer Größenordnung von fast 12 % – eine Aussage, die für die Praxis ohne jede Bedeutung ist, weil ein durchschnittlicher Persönlichkeitswert keine inhaltlich sinnvolle Auswahlentscheidung ermöglicht. Bezogen auf die Intelligenz beträgt der Zusammenhang 8 %. Schulnoten, die in Auswahlverfahren ohnehin erfasst werden, liefern eine wesentlich bessere Einschätzung der Intelligenz (29–36 %; Roth et al., 2015).

Van Iddekinge et al. (2016) arbeiten ebenfalls mit Facebook-Daten. 86 Personaler/-innen sichten die Facebook-Seiten von 142 Personen, die voll im Berufsleben stehen und parallel dazu studieren. Ihre Aufgabe besteht darin, verschiedene Eigenschaften aus den Facebook-Seiten heraus einzuschätzen: Potenzial, Gewissenhaftigkeit, kognitive Leistungsfähigkeit und Sozialkompetenz. Anschließend wird untersucht, inwieweit diese Einschätzungen mit verschiedenen Leistungsdaten aus dem beruflichen Kontext korrelieren: berufliche Leistung (Intra- und Extrarollenleistung im Vorgesetztenurteil), Wechselbereitschaft bezogen auf den derzeitigen Arbeitgeber (Selbsteinschätzung der potenziellen Bewerber/-innen) und tatsächliche Arbeitgeberwechsel (Selbsteinschätzung). Die Leistungsdaten wurden ein Jahr später erfasst, sodass mithilfe der Studie die prognostische Validität des Cybervetting berechnet werden kann. Im Ergebnis zeigen sich keinerlei Zusammenhänge zwischen den eingeschätzten Eigenschaften auf der Grundlage der Facebook-Daten und den verschiedenen Indikatoren beruflicher Leistung.

Im Vergleich zu den Studien von Kluemper et al. (Kluemper & Rosen, 2009; Kluemper et al., 2012) ist die Studie von Van Iddekinge et al. (2016) deutlich näher an der Praxis des Cybervetting. Die Einschätzung der Kompetenzen erfolgt durch Personen, die beruflich mit der Auswahl von Bewerberinnen und Bewerbern zu tun haben. Sie wurden für diese Aufgabe nicht eigens geschult. Die Einschätzung der Eigenschaften erfolgt recht global mit wenigen Items.

Roulin und Levashina (2018) arbeiten nicht mit Facebook-Daten – also Daten aus einem privaten Netzwerk –, sondern untersuchen die Aussagekraft von Daten aus einem berufsbezogenen Netzwerk (LinkedIn). Sie gehen davon aus, dass sich in berufsbezogenen Netzwerken mehr Informationen finden lassen, die einen Hinweis auf die berufliche Eignung eines Menschen geben können.

In Studie 1 überprüfen sie die Reliabilität, Stabilität und Validität der Einschätzungen diverser Eigenschaften sowie der Intelligenz auf der Basis von LinkedIn-Daten. Bewertet werden die Daten von 133 Studierenden, die entweder auf der Suche nach einem Praktikum oder einen Job sind. Die Einschätzung erfolgt durch neun geschulte Personen, wobei jedes LinkedIn-Profil von zwei Personen gesichtet wird. Zum Zwecke der Stabilitätsmessung der Einschätzungen (Retest-Reliabilität) erfolgt eine zweite Einschätzung ein Jahr nach der ersten. Neben einem Vergleich zwischen dem Selbstbild der Bewerber/-innen bzw. ihrer getesteten Intelligenz auf der einen Seite und einer Einschätzung dieser Merkmale auf der anderen ermöglicht die Studie eine Überprüfung der prognostischen Validität. Hierzu werden Informationen des beruflichen Erfolgs herangezogen, die sich zwei Jahre nach der ersten Messung auf den LinkedIn-Profilen der Bewerber/-innen finden lassen. Im Ergebnis zeigt sich zunächst eine absurd niedrige Reliabilität, und zwar sowohl in Bezug auf die Interrater-Übereinstimmung zu jedem der beiden ersten Messzeitpunkte als auch bezogen auf die Retest-Reliabilität (Stabilität). In sämtlichen Fällen liegt die Messfehlervarianz bei mehr als 50 %. Nur vereinzelt lässt sich ein signifikanter Zusammenhang zwischen den Testungen der Bewerber/-innen und den Einschätzungen derselben Eigenschaften durch die Rater belegen, 7 von 28 Korrelationen sind signifikant. Die Varianzaufklärung ist dabei jeweils gering (minimal 4 % bei der Einschätzung der Kommunikationsfähigkeit und maximal 14 % bezogen auf die Einschätzung der Intelligenz). Dabei zeigen sich nur in 2 von 14 Fällen zu beiden Messzeitpunkten bei denselben Eigenschaften signifikante Korrelationen. Die prognostische Validität kann in einer Größenordnung von 46 % Varianzaufklärung belegt werden, wobei als Basis für diese Berechnung die globale Einstellungsempfehlung der Rater zu den Messzeitpunkten 1 und 2 dient.

Studie 2 geht der Frage nach, ob eine globale Einschätzung der Stelleneignung zu einer messgenaueren Einschätzung der Bewerber/-innen führt als eine Einschätzung zahlreicher spezifischer Eigenschaften. Diesmal werden 118 LinkedIn-Profile aus Studie 1 durch 24 Personen eingeschätzt. Jede Person schätzt 10 Profile global und 10 weitere Profile differenziert ein. Erneut zeigt sich eine extrem niedrige Reliabilität, wobei die Werte für die Einschätzungen spezifischer Eigenschaften erwartungsgemäß höher ausfallen als für die globale Einschätzung.

Zhang et al. (2020) gehen in einer Studie einer sehr ähnlichen Frage nach. Sie untersuchen, ob eine strukturierte Vorgehensweise bei der Einschätzung von Daten aus sozialen Netzwerken zu valideren Ergebnissen führt. Hierzu nutzen sie die Facebook-Daten von 81 Menschen, die auf Jobsuche sind. Diese Daten werden von 60 Personen, die beruflich mit der Personalauswahl beschäftigt sind, gesichtet und bewertet. Die Hälfte von ihnen muss dabei eine unstrukturierte und die andere Hälfte eine strukturierte Sichtung vornehmen. Die unstrukturierte Einschätzung arbeitet mit einer einzigen Globalskala zur Einstufung der Qualität der potenziellen Bewerber/-innen. Zudem nimmt in dieser Bedingung immer nur eine Person die Bewertungen der Facebook-Daten vor. In der strukturierten Bedingung durchlaufen die Auswahlverantwortlichen zuvor eine kurze Schulung und setzen anschließend mehrere verhaltensverankerte Skalen zur Bewertung ein. Jedes Facebook-Profil wird zudem von mehreren Personen getrennt voneinander analysiert. Im Ergebnis zeigen sich in beiden Gruppen extrem niedrige Beurteilerübereinstimmungen. Zudem fällt es den Personen in der Bedingung des strukturierten Vorgehens schwer, die einzelnen Skalen voneinander zu differenzieren. Belege für eine valide Einschätzung berufsrelevanter Kriterien (Leistungseinschätzung, Turnover) können in beiden Untersuchungsbedingungen nicht gefunden werden.

Roulin und Stornach (2022) untersuchen die Validität von LinkedIn-Daten, indem sie verschiedene Methoden zur Analyse der Informationen, die sich in LinkedIn-Profilen finden lassen, mit der Selbsteinschätzung beziehungsweise den Testergebnissen der Zielpersonen vergleichen. Untersucht wird neben den Big 5 die Ehrlichkeit, die kognitive Leistungsfähigkeit sowie die Bereitschaft, im Beruf Leistung über das unmittelbar geforderte Maß hinaus zu zeigen (Organisational Citizenship Behaviors; OCB). Sofern die Profile von Personalern gedeutet wurden, zeigten sich in drei von neun Fällen geringfügige statistische Zusammenhänge. Der größte Zusammenhang ergab sich in Bezug auf die Einschätzung der Emotionalität (14 %), gefolgt von der kognitiven Leistungsfähigkeit (7 %). Auf Platz drei folgt die Einschätzung der Ehrlichkeit (3 %). Erfolgte die Einschätzung nicht durch Personaler, sondern durch Studierende der Psychologie, finden sich bei denselben drei Variablen signifikante Zusammenhänge. Diese fallen jedoch meist geringer aus (jeweils 3 %). Ein dritter Versuch, mithilfe einer Software zur Analyse der Sprache (vgl. ▶ Kap. 9) die Persönlichkeitsmerkmale zu deuten, scheitert. In keinem einzigen Fall zeigt sich ein signifikanter Zusammenhang.

Schroeder et al. (2020) heben hervor, dass Korrelationen zwischen dem Selbstbild von Bewerber/-innen und der Einschätzung ihrer Eigenschaften durch Cybervetting keine angemessene Überprüfung darstellen. Zwei Datenreihen können durchaus hoch korreliert sein und dennoch bewegen sich die Einschätzungen der Eigenschaften auf unterschiedlichem Niveau. Für die Auswahlentscheidung ist allerdings die absolute Höhe einer Merkmalsausprägung relevant. Korreliert beispielsweise die Einschätzung der Gewissenhaftigkeit zu 0,70 mit dem Selbstbild der Bewerber/-innen, so ist dennoch mit vielen Fehlentscheidungen zu rechnen, wenn die Personaler/-innen die Gewissenhaftigkeit systematisch über- oder unterschätzen.

Schroeder et al. (2020) arbeiten mit Daten aus Facebook, über die neben den Big 5 noch zwei weitere Eigenschaften eingeschätzt werden: die Kommunikationskompetenz sowie die Professionalität des Auftretens. Drei Facebook-Profile realer Bewerber/-innen werden von 122 Führungskräften bewertet. Jeweils 61 von ihnen nehmen eine unstrukturierte oder strukturierte Bewertung der Bewerber/-innen vor. In der Bedingung eines strukturierten Vorgehens werden drei Grade der Strukturierung unterschieden:

1. Die Führungskräfte erhalten Definitionen zu den Eigenschaften, die für die Stelle relevant sind, nehmen aber nur eine Gesamteinschätzung der Eignung vor.
2. Zusätzlich zu Punkt 1 bewerten sie jede Eigenschaft getrennt voneinander.
3. Zusätzlich zu Punkt 2 wird verdeutlicht, welche Informationen aus einem Facebook-Profil einen Bezug zu welchen Eigenschaften aufweisen könnten.

Dieselben Dimensionen, die die Führungskräfte einschätzen, werden auch über Testverfahren direkt von den Bewerber/-innen erfasst.

Im Ergebnis zeigt sich kein positiver Einfluss der zunehmenden Strukturierung des Vorgehens. Nahezu sämtliche Einschätzungen durch die Führungskräfte (20 von 24) weichen signifikant von den Testergebnissen ab. Dies könnte einerseits auf sehr grundlegende Beurteilerfehler hindeuten, andererseits spiegelt sich hierin möglicherweise aber auch die Tatsache, dass in Facebook-Daten kaum valide Informationen über stabile Eigenschaften von Menschen zu finden sind.

Letzteres unterstreicht auch die Studie von Vander Molen et al. (2018). Auf der Grundlage von Facebook-Profilen werden mehrere Eigenschaften von 145 Personen bewertet. Einzuschätzen ist die Ausprägung von fünf Eigenschaften: Narzissmus, Psychopathie, Machiavellismus, Extraversion und Offenheit. Dieselben Eigenschaften werden über Testverfahren direkt bei den 145 Personen gemessen. Nur in zwei Fällen zeigen sich signifikante Zusammenhänge zwischen Selbstbild und einer Einschätzung der Facebook-Daten. In beiden Fällen ist der Zusammenhang sehr gering: Narzissmus (5 %), Extraversion (7 %).

Faliagka et al. (2014) analysieren Daten von 100 Bewerber/-innen auf LinkedIn, Internet-Blogs und aus einem Online-Bewerbungsfragebogen mithilfe *künstlicher Intelligenz*. Dabei geht es um die Einschätzung von vier Kriterien:

- Bildung = Anzahl der Studienjahre,
- Berufserfahrung = Monate, in denen die Bewerber/-innen einer einschlägigen beruflichen Tätigkeit nachgegangen sind,
- Loyalität = durchschnittliche Anzahl von Jahren, die die Bewerber/-innen bei vorherigen Arbeitgebern beschäftigt waren,
- Extraversion = linguistische Sprachanalyse von Blog-Einträgen der Bewerber/-innen. Die KI simuliert dabei die Einschätzung der Extraversion durch eine/n Recruiter/-in, der/die als Expert/-in angesehen wird. Inwieweit diese/r Expert/-in aus dem Bauch heraus die tatsächliche Extraversion der Bewerber/-innen einschätzen kann, wird nicht hinterfragt (vgl. ▶ Kap. 9).

Auf der Grundlage dieser vier Kriterien wird eine Rangordnung der Bewerber/-innen berechnet, die anschließend mit einer Randordnung verglichen wird, die von Menschen vorgenommen wurde. Welche Informationen diesen Menschen vorlagen, ist unklar. Die Korrelationen beider Rangordnungen bewegen sich in einem hohen Bereich (37 % bis 74 % Varianzaufklärung). Unklar bleibt allerdings, wie stark die Übereinstimmung auf biografische Fakten vs. Persönlichkeitseinschätzung zurückzuführen ist. Dass ein Computer ähnlich wie ein Mensch die Anzahl der Studienjahre oder die Dauer der Berufserfahrung einschätzen kann, ist eine banale Erkenntnis. Auch wird nicht klar, zu welchem Anteil Daten aus LinkedIn im Vergleich zum Online-Bewerbungsfragebogen in die Analyse eingeflossen sind. Hier stellt sich die Frage, ob Daten aus sozialen Netzwerken (und Blogs) überhaupt benötigt werden, um eine solche Übereinstimmung zu erzielen. Es wäre ein Leichtes die drei oben genannten biografischen Kriterien über einen Online-Bewerbungsbogen direkt zu erheben. Wäre dann überhaupt noch KI vonnöten oder könnte nicht ein einfach zu programmierender Algorithmus dieselbe Leistung erbringen? Über all dem steht zuletzt die Frage, wie valide die Auswahlentscheidung überhaupt ist. Im schlimmsten Fall simuliert die KI-gestützte Rangordnung nur eine sehr wenig valide Auswahlpraxis erfahrener Leute, die ohne Kenntnis wissenschaftlicher Befunde auf der Grundlage von Tradition, Plausibilitätsbetrachtungen und Bauchgefühl agieren.

Fazit

Die digitale Vorauswahl ist schon heute eine vor allem in großen Unternehmen gelebte Praxis. Die Digitalisierung der Vorauswahl kann für beide Seiten – für Arbeitgeber wie für Arbeitnehmer/-innen – von Vorteil sein, wenn sie auf validen Kriterien aufbaut. Die Forschung liefert hierzu zahlreiche Heuristiken.

Ein Vorteil der digitalen Vorauswahl könnte darin bestehen, dass alle Bewerberinnen und Bewerber nach exakt denselben validen Kriterien ausgewählt werden und dadurch Fehler etwa aufgrund der Tagesform von Entscheidungsträger/-innen oder klassische Urteilsfehler eliminiert werden. In diesem Zusammenhang kommt Online-Bewerbungsformularen eine zentrale Bedeutung zu. Studien zur Nutzungspraxis von Online-Bewerbungsformularen in deutschen Unternehmen zeigen allerdings, dass allzu viele Unternehmen die Digitalisierung nur dazu nutzen, die Daten von Bewerberinnen und Bewerbern in digitalisierter Form zu erfassen. Anschließend erfolgt eine Auswahl, die im hohen Maß anfällig für Urteilsfehler ist. Es ist nicht zu erwarten, dass eine solche Praxis zu einer nennenswerten Steigerung der Validität im Vergleich zur althergebrachten Sichtung von Bewerbungsunterlagen führt. Hier wird sprichwörtlich nur alter Wein in neue Schläuche umgefüllt. Insbesondere ist bedauerlich, dass im Zuge der Online-Vorauswahl offenbar nur sehr selten Leistungstests zum Einsatz kommen, die zu einer besonders validen Vorauswahl führen könnten, sofern es sich um wissenschaftlich fundierte Testverfahren handelt. Hier bleibt die Praxis deutlich hinter den Möglichkeiten zurück.

Weitaus kritischer ist die Praxis des Cybervetting zu bewerten. Für einen Großteil der Arbeitgeber scheint es inzwischen selbstverständlich zu sein, zusätzliche Informationen über Bewerberinnen und Bewerber aus sozialen Netzwerken zu ziehen. Die Idee hinter einer solchen Praxis ist alltagspsychologisch plausibel: Je mehr Informationen ein Arbeitgeber über eine Bewerberin oder einen Bewerber erhält, desto besser sollte er in der Lage sein, deren Eignung für eine vakante Stelle einzuschätzen. Leider ist diese plausible Überlegung falsch. Mehr Daten über einen Bewerber bzw. eine Bewerberin können im Zweifelsfall sogar zu einer Minderung der Validität führen. Studien, die sich bislang mit der Validität des Cybervetting beschäftigen, können nicht überzeugend belegen, dass Daten aus sozialen Netzwerken zu einem nennenswerten Validitätsgewinn führen werden. Es scheint durchaus so zu sein, dass sich auch in sozialen Netzwerken Hinweise auf die Ausprägung von Persönlichkeitsmerkmalen finden lassen, diese Zusammenhänge sind jedoch äußerst gering. So mancher professioneller Persönlichkeitsfragebogen würde wahrscheinlich deutlich mehr Validitätsgewinn bringen. Zudem ist Cybervetting mit zahlreichen weiteren Problemen verbunden: Cybervetting findet (bislang) unter Bewerberinnen und Bewerbern keine hohe Akzeptanz. Im Gegenteil, insbesondere wenn Daten aus privaten, sozialen Netzwerken verwendet werden, schwächt dies die Arbeitgeberattraktivität. Arbeitgeber schaden somit ihren eigenen Bemühungen auf dem Feld des Personalmarketings. Darüber hinaus stellen sich ethische und rechtliche Fragen. Manche der Daten, die sich in privaten Netzwerken finden lassen, können – beabsichtigt oder nicht – zu einer systematischen Diskriminierung bestimmter Personengruppen führen. Daten aus privaten Netzwerken dringen mitunter weit in die Intimsphäre der Bewerberinnen und Bewerber vor. Das größte Problem besteht aber sicherlich darin, dass Daten aus dem Internet nach dem Prinzip „Menschenkenner" interpretiert werden und damit aller Wahrscheinlichkeit nach nicht zu einer Steigerung, sondern nicht selten wohl eher zu einer Minderung der Gesamtvalidität des Auswahlverfahrens führen. Dass der Einsatz künstlicher Intelligenz in diesem Zusammenhang Abhilfe schaffen könnte, wird inzwischen vielfach versprochen. Belege für einen Realitätsbezug dieser Versprechungen liegen bislang jedoch nicht vor. Zum gegenwärtigen Zeitpunkt ist daher von Cybervetting abzuraten – zumindest, wenn es darum geht, die Eignung von Bewerber/-innen in Sinne einer Messung von Eigenschaften zu erfassen. Hilfreich könnte Cybervetting hingegen sein, wenn es nur dazu dient, das Image von Bewerber/-innen zu hinterfragen, die in einem Beruf tätig sind, in dem das Image eine große Bedeutung hat. Zudem gibt es auch Berufe, in denen eine bestimmte politische oder weltanschauliche Werthaltung zu Recht hinterfragt wird. Man denke hier etwa an Polizisten/-innen, die sich privat in einem politisch radikalen Milieu herumtreiben. Hier könnte Cybervetting eine sinnvolle Ergänzung zum bisherigen Methodenspektrum liefern. Studien hierzu gibt es bislang jedoch noch nicht.

Literatur

Azucar, D., Marengo, D., & Settanni, M. (2018). Predicting the Big 5 personality traits from digital footprints on social media: A meta-analysis. *Personality and Individual Differences, 124*(April), 150–159. https://doi.org/10.1016/j.paid.2017.12.018

Bartam, D. (2000). Internet recruitment and selection: Kissing frogs to find princes. *International Journal of Selection and Assessment, 8*(4), 261–274. https://doi.org/10.1111/1468-2389.00155

Bauer, T. N., Truxillo, D. M., Jones, M. P., & Brady, G. (2020). Privacy and cybersecurity challenges, opportunities, and recommendations: Personnel selection in an era of online application systems and big data. In S. E. Woo, L. Tay, & R. W. Proctor (Hrsg.), *Big data in psychological research* (S. 393–409). American Psychological Association. https://doi.org/10.1037/0000193-018

Berkelaar, B. L. (2014). Cybervetting, online information, and personnel selection: New transparency expectations and the emergence of a digital social contract. *Management Communication Quarterly, 28*(4), 479–506. https://doi.org/10.1177/0893318914541966

Berkelaar, B. L., & Buzzanell, P. M. (2014). Cybervetting, person-environment fit, and personnel selection: Employers' surveillance and sensemaking of job applicants' online information. *Journal of Applied Communication Research, 42*(4), 456–476. https://doi.org/10.1080/00909882.2014.954595

Berkelaar, B. L., & Buzzanell, P. M. (2015). Online employment screening and digital career capital. *Management Communication Quarterly, 29(1)*, 113–184. https://doi.org/10.1177/0893318914554657

Bohnert, D., & Ross, W. H. (2010). The influence of social networking web sites on the evaluation of job candidates. *Cyberpsychology, Behavior, and Social Networking, 13*(3), 341–347. https://doi.org/10.1089/cyber.2009.0193

Brandão, C., Silva, R., & dos Santos, J. V. (2019). Online recruitment in Portugal: Theories and candidate profiles. *Journal of Business Research, 94*, 273–279. https://doi.org/10.1016/j.jbusres.2018.04.011

Breil, S. M., Osterholz, S., Nestler, S., & Back, M. D. (2021). Contributions of nonverbal cues to the accurate judgment of personality traits. In T. D. Letzring & J. S. Spain (Hrsg.), *The Oxford handbook of accurate personality judgment* (S. 195–218). Oxford University Press.

Brown, V. R., & Vaughn, E. D. (2011). The writing on the (Facebook) wall: The use of social networking sites in hiring decisions. *Journal of Business and Psychology, 26*(2), 219–225. https://doi.org/10.1007/s10869-011-9221-x

Caers, R., & Castelyns, V. (2011). LinkedIn and Facebook in Belgium: The influences and biases of social network sites in recruitment and selection procedures. *Social Science Computer Review, 29*(4), 437–448. https://doi.org/10.1177/0894439310386567

Chapman, D. S., & Webster, J. (2003). The use of technologies in the recruiting, screening, and selection process for job candidates. *International Journal of Selection and Assessment, 11(2-3)*, 113–120. https://doi.org/10.1111/1468-2389.00234

Cook, R., Jones-Chick, R., O'Rourke, K., & Roulin, N. (2020). Job seekers' attitudes toward cybervetting: Scale development, validation, and platform comparison. *International Journal of Selection and Assessment, 28*(4), 383–398. https://doi.org/10.1111/ijsa.12300

Davison, H. K., Maraist, C. C., Hamilton, R. H., & Bing, M. N. (2012). To screen or not to screen? Using the internet for selection decisions. *Employee Responsibilities and Rights Journal, 24*(1), 1–21. https://doi.org/10.1007/s10672-011-9178-y

Desrumaux, P., DeBosscher, S. D., & Léoni, V. (2009). Effects of facial attractiveness, gender, and competence of applicants on job recruitment. *Swiss Journal of Psychology, 68*(1), 33–42. https://doi.org/10.1024/1421-0185.68.1.33

Faliagka, E., Iliadis, L., Karydis, I., et al. (2014). On-line consistent ranking on e-recruitment: Seeking the truth behind a well-formed CV. *Artificial Intelligence Review, 42*(3), 515–528. https://doi.org/10.1007/s10462-013-9414-y

Frank, F., & Kanning, U. P. (2014). Lücken im Lebenslauf – Ein valides Kriterium der Personalauswahl? *Zeitschrift für Arbeits- und Organisationspsychologie, 58*, 1–8.

Frank, F., Wach, D., & Kanning, U. P. (2017). Zusammenhang zwischen Lücken im Lebenslauf und Berufserfolg: Ein Mythos der Personalauswahlpraxis. *Zeitschrift für Arbeits- und Organisationspsychologie, 61*, 69–80.

Gahlmann, S., & Kanning, U. P. (2017). Sichtung von Bewerbungsunterlagen – Sind sportliche Aktivitäten ein Indikator beruflicher Leistungsmotivation? *Journal of Business and Media Psychology, 8*, 10–19.

García-Izquierdo, A., Aguinis, H., & Ramos-Villagrasa, P. J. (2010). Science-practice Gap in E-Recruitment. *International Journal of Selection and Assessment, 18*(4). https://doi.org/10.1111/j.1468-2389.2010.00525.x

García-Izquierdo, A. L., Ramos-Villagrasa, P. J., & Castano, A. M. (2015). e-Recruitment, gender discrimination, and organizational results of listed companies on the Spanish Stock Exchange. *Journal of Work and Organizational Psychology, 31*(3), 155–164. https://doi.org/10.1016/j.rpto.2015.06.003

Giel, K. E., Zipfel, S., Alizadeh, M., Schäfferle, N., Zahn, C., Wessel, D., Hesse, F. W., Thiel, S., & Thiel, A. (2012). Stigmatization of obese individuals by human resource professionals: An experimental study. *BMC Public Health*, 1–9.

Hartwell, C., & Campion, M. A. (2020). Getting social in selection: How social networking website content is perceived and used in hiring. *International Journal of Selection and Assessment, 28*(1), 1–16. https://doi.org/10.1111/ijsa.12273

Hesse, J., & Schrader, H. C. (2019). *Das große Hesse/Schrader Bewerbungshandbuch: Alles, was Sie für ein erfolgreiches Berufsleben wissen müssen*. Stark.

Jansen, L. J., Diercks, J., & Kupka, K. (2023). *Gamification in Employer Branding, Personalmarketing und Personalauswahl*. SpringerGabler.

Kanning, U. P. (2000). *Selbstwertmanagement: Die Psychologie des selbstwertdienlichen Verhaltens*. Hogrefe.

Kanning, U. P. (2004). *Standards der Personaldiagnostik*. Hogrefe.

Kanning, U. P. (2015a). *Personalauswahl zwischen Anspruch und Wirklichkeit – Eine wirtschaftspsychologische Analyse*. Springer.

Kanning, U. P. (2015b). E-Recruitment – Chancen und Realität der Bewerbervorauswahl per Internet. *Personalführung, 5*, 61–65.

Kanning, U. P. (2016). Über die Sichtung von Bewerbungsunterlagen in der Praxis der Personalauswahl. *Zeitschrift für Arbeits- und Organisationspsychologie, 60*, 18–32.

Kanning, U. P. (2017). Strategisches Verhalten in der Personalauswahl – Wie Bewerber versuchen, ein gutes Ergebnis zu erzielen. *Zeitschrift für Arbeits- und Organisationspsychologie, 61*, 3–17.

Kanning, U. P. (2018). *Standards der Personaldiagnostik* (2. überarbeitetet und erweiterte. Aufl.). Hogrefe.

Kanning, U. P. (2021). Wenn Erfahrung nicht vor Torheit schützt – Urteilsfehler in der Personalauswahl. *Skeptiker, 2*, 64–71.

Kanning, U. P., & Colpan, C. (2016). Alter Wein in neuen Schläuchen: Einsatz von Online-Bewerbungsformularen in deutschen Unternehmen. *Human Ressources Manager, 6*, 76–77.

Kanning, U. P., & Fricke, P. (2013). Führungserfahrung – Wie nützlich ist sie wirklich? *Personalführung, 1*, 48–53.

Kanning, U. P., & Füssel, K. F. (2020). Unter Satzbausteinen verborgen – Wie Arbeitszeugnisse erstellt und gesichtet werden. *Personalmagazin, 11*, 70–73.

Kanning, U. P., & Kappelhoff, J. (2012). Sichtung von Bewerbungsunterlagen – Sind sportliche Aktivitäten ein Indikator für die soziale Kompetenz der Bewerber? *Wirtschaftspsychologie, 14*, 72–81.

Kanning, U. P., & Klinge, K. (2005). Wenn zu viel Wissen in der Personalauswahl zum Problem wird – Wie Vorinformationen über Bewerber die Bewertung im Assessment Center verzerren können. *Personalführung, 3*, 64–67.

Kanning, U. P., & Wördekemper, D. (2019). Fotos bei Bewerbungen: Auch viel Erfahrung schützt nicht vor Urteilsfehlern. *Wirtschaftspsychologie aktuell, 3*, 13–16.

Kanning, U. P., & Wörmann, J. (2018). Ist es sinnvoll, Freizeitaktivitäten in der Personalauswahl zu berücksichtigen? *Report Psychologie, 2*, 58–66.

Kanning, U. P., Budde, L., & Hülskötter, M. (2018). Wie valide ist die regelkonforme Gestaltung von Bewerbungsunterlagen? *PERSONALquaterly, 4*, 38–45.

Kanning, U. P., Kraul, L.-F., & Litz, R. Z. (2019). Einstellungen zu digitalen Methoden der Personalauswahl. *Journal of Business and Media Psychology, 10*, 57–61.

Kausel, E. E., Culbertson, S. S., & Madrid, H. P. (2016). Overconfidence in personnel selection: When and why unstructured interview information can hurt hiring decisions? *Organizational and Human Decision Processes, 137*, 27–44. https://doi.org/10.1016/j.obhdp.2016.07.005

Kluemper, D. H., & Rosen, P. A. (2009). Future employment selection methods: Evaluating social networking web sites. *Journal of Managerial Psychology, 24*(6), 567–580. https://doi.org/10.1108/02683940910974134

Kluemper, D. H., Rosen, P. A., & Mossholder, K. W. (2012). Social networking websites, personality ratings, and the organizational context: More than meets the eye? *Journal of Applied Social Psychology, 42*(5), 1143–1172. https://doi.org/10.1111/j.1559-1816.2011.00881.x

Lippens, L., Vermeiren, L., & Baert, L. (2023). The state of hiring discrimination: A meta-analysis of (almost) all recent correspondence experiments. *European Economic Review, 151*. https://doi.org/10.1016/j.euroecorev.2022.104315

Machwirth, U., Schuler, H., & Moser, K. (1996). Entscheidungsprozesse bei der Analyse von Bewerbungsunterlagen. *Diagnostica, 42*, 220–241.

Mönke, F. W., & Schäpers, P. (2022). Too early to call: What we do (not) know about the validity of cybervetting. *Industrial and Organizational Psychology, 15*(3), 334–341. https://doi.org/10.1017/iop.2022.51

Mönke, F. W., Lievens F, Hess, U. & Schäpers, P. (in Druck). Politics speak louder than skills: Political similarity effects in hireability judgments in multi-party contexts and the role of political interest. *Journal of Applied Psychology*.

Nikolaou, I. (2014). Social networking web sites in job search and employee recruitment. *International Journal of Selection and Assessment, 22*(2), 179–189. https://doi.org/10.1111/ijsa.12067

Nugroho, F. E., & Trinugroho, I. (2018). Facebook content and job recruitment: An experimental study. *Management Scientific Journal, 8*(2), 420–428. https://doi.org/10.22441/mix.2018.v8i2.014

Quinones, M. A., Ford, J. K., & Teachout, M. S. (1995). The relationship between work experience and job performance: A conceptual and meta-analytic review. *Personnel Psychology, 48*(4), 887–910. https://doi.org/10.1111/j.1744-6570.1995.tb01785.x

Roth, B., Becker, N., Romeyke, S., Schäfer, S., Dominick, F., & Spinath, F. M. (2015). Intelligence and school grades: A meta-analysis. *Intelligence, 53*, 118–137.

Roth, P. L., BeVier, C. A., Switzer, F. S., & Schippmann, J. S. (1996). Metaanalyzing the relationship between grades and job performance. *Journal of Applied Psychology, 81*(5), 548–556. https://doi.org/10.1037/0021-9010.81.5.548

Roth, P. L., Bobko, P., Van Iddekinge, C. H., & Thatcher, J. B. (2016). Social media in employee-selection-related decisions: A research agenda for uncharted territory. *Journal of Management, 42*, 269–298. https://doi.org/10.1177/0149206313503018

Roulin, N. (2014). The influence of employers' use of social networking websites in selection, online self-promotion, and personality on the likelihood of faux pas postings. *International Journal of Selection and Assessment, 22*(1), 80–87. https://doi.org/10.1111/ijsa.12058

Roulin, N., & Bangerter, A. (2013). Social networking websites in personnel selection. *Journal of Personnel Psychology, 12*, 143–151. https://doi.org/10.1027/1866-5888/a000094

Roulin, N., & Levashina, J. (2018). LinkedIn as a new selection method: Psychometric properties and assessment approach. *Personnel Psychology, 72*(2), 187–211. https://doi.org/10.1111/peps.12296

Roulin, N., & Stornach, R. (2022). LinkedIn-based assessments of applicant personality, cognitive ability, and likelihood of organizational citizenship behaviors: Comparing self-, other-, and language-based automated ratings. *International Journal of Selection and Assessment, 30*(4), 503–525. https://doi.org/10.1111/ijsa.12396

Rust, U., & Parages, V. (2002). E-Recruitment in nationaler und internationaler Perspektive. *Personal, 5*(2002), 24–27.

Sachverständigenrat deutscher Stiftungen (Hrsg.). (2014). *Diskriminierung am Ausbildungsmarkt: Ausmaß, Ursachen und Handlungsperspektiven*. Ohne Verlag.

Schroeder, A. N., Odd, K. R., & Whitaker, J. H. (2020). Agree to disagree: Examining the psychometrics of cybervetting. *Journal of Managerial Psychology, 35*(5), 435–450. https://doi.org/10.1108/JMP-09-2018-0420

Schuler, H. (2014). *Psychologische Personalauswahl* (4. Aufl.). Hogrefe.

Schuler, H., Funke, U., & Baron-Boldt, J. (1990). Predictive validity of school grades – A meta-analysis. *Applied Psychology: An International Journal Review, 39*(1), 89–103. https://doi.org/10.1111/j.1464-0597.1990.tb01039.x

Sczesny, S., & Stahlberg, D. (2002). Geschlechtsstereotype Wahrnehmung von Führungskräften. *Wirtschaftspsychologie, 9*, 35–40.

Sende, C. (2016). Arbeitszeugnisse aus eignungsdiagnostischer Perspektive. Dissertation Friedrich-Alexander-Universität Erlangen-Nürnberg.

Settanni, M., Azucar, D., & Marengo, D. (2018). Predicting individual characteristics from digital traces on social media: A meta-analysis. *Cyberpsychology, Behavior, and Social Networking, 21*(4), 217–228. https://doi.org/10.1089/cyber.2017.0384

Smith, M. C., Smith, J. M., & George, D. I. (1988). Improving practitioner access through a software design for the weighted application form. *Journal of Occupational Psychology, 61*, 257–264. https://doi.org/10.1111/j.2044-8325.1988.tb00289.x

Trapmann, S., Hell, B., Weigand, S., & Schuler, H. (2007). Die Validität von Schulnoten zur Vorhersage des Studienerfolgs – eine Metaanalyse. *Zeitschrift für Pädagogische Psychologie, 21*, 11–27.

Udechukwu, I., & Manyak, T. (2009). Job applicants' perceptions of resumes versus employment application forms in the recruitment process in a public organization. *Public Personnel Management, 38*(4), 79–96. https://doi.org/10.1177/009102600903800405

Van der Molen, R. J., Kaplan, S., Choi, E., & Montoya, D. (2018). Judgments of the Dark Triad based on Facebook profiles. *Journal of Research in Personality, 73*, 150–163. https://doi.org/10.1016/j.jrp.2017.11.010

Van Iddekinge, C. H., Lanivich, S. E., Roth, P. L., & Junco, E. (2016). Social media for selection? Validity and adverse impact potential of a Facebook-based assessment. *Journal of Management, 42*(7), 1811–1835. https://doi.org/10.1177/0149206313515524

Van Iddekinge, C. H., Arnold, J. D., Frieder, R. E., & Roth, P. L. (2019). A meta-analysis of the criterion-related validity of prehire work experience. *Personnel Psychology, 72*(4), 571–598. https://doi.org/10.1111/peps.12335

Varelmann, L., & Kanning, U. P. (2018). Personalauswahl: Praktiker überschätzen Validität von Auswahlverfahren. *Wirtschaftspsychologie aktuell, 1*, 43–47.

Watkins, L. M., & Johnston, L. (2000). Screening job applicants: The Impact of physical attractivity and applicants quality. *International Journal of Selection and Assessment, 8*, 76–84. https://doi.org/10.1111/1468-2389.00135

Weuster, A. (2008). *Personalauswahl* (2. Aufl.). Gabler.

Weuster, A., & Scheer, B. (2015). *Arbeitszeugnisse in Textbausteinen: Rationelle Erstellung, Analyse, Rechtsfragen* (12. Aufl.).

Wilcox, A., Damarin, A., & McDonald, S. (2022). Is cybervetting valuable? *Industrial and Organizational Psychology, 15*(3), 10.31219/osf.io/f52a7.

Woods, S. A., Ahmed, S., Nikolaou, I., Costa, A. C., & Anderson, N. R. (2020). Personnel selection in the digital age: A review of validity and applicant reactions, and future research challenges. *European Journal of Work and Organizational Psychology, 29*(1), 64–77. https://doi.org/10.1080/1359432X.2019.1681401

Woźniak, J. (2015). The use of gamification at different levels of E-Recruitment. *Management Dynamics in the Knowledge Economy Journal, 3*(29), 257–278.

Zhang, L., Van Iddekinge, C. H., Arnold, J. D., Roth, P. L., Lievens, F., Lanivich, S. E., & Jordan, S. L. (2020). What's on job seekers' social media sites? A content analysis and effects of structure on recruiter judgments and predictive validity. *Journal of Applied Psychology, 105*(12), 1530–1546. https://doi.org/10.1037/apl0000490

Bewerbungsvideos

Klaus G. Melchers und Franziska J. Kerle

Inhaltsverzeichnis

U. P. Kanning, M. L. Ohlms (Hrsg.), *Digitale Personalauswahl und Eignungsdiagnostik*,
https://doi.org/10.1007/978-3-662-68211-1_4

4.1 Einleitung

Bewerbungsvideos sind kurze Videos, in denen Bewerbende sich vorstellen und die sie in Ergänzung zu schriftlichen Bewerbungsunterlagen – oder ggf. auch anstelle solcher schriftlichen Unterlagen – im Rahmen ihrer Bewerbung einreichen. Im Gegensatz zu vielen anderen Verfahren, die in diesem Buch behandelt werden, gibt es Bewerbungsvideos bereits relativ lange. Bei den ältesten Berichten über Bewerbungsvideos aus den 1980er-Jahren wurden diese Videos noch per Videokassetten eingeschickt. Trotz dieser langen Geschichte von Bewerbungsvideos und ihrer zunehmenden Verbreitung sind sie jedoch nach wie vor eher ein Nischenverfahren, und es gibt bisher kaum Forschung zu ihnen. Allerdings hat unserem Eindruck nach in den letzten Jahren die Anzahl an Recruiting-Software-Lösungen und Online-Plattformen zugenommen, über die Bewerbende Bewerbungsvideos bei Unternehmen einreichen können. Vor diesem Hintergrund ist das Ziel dieses Kapitels, einen Überblick über die empirische Befundlage zu Bewerbungsvideos zu geben, mögliche Chancen, aber auch Probleme zu beschreiben sowie offene Fragen zu ihrem Einsatz zu benennen und Empfehlungen für ihre Verwendung in der Praxis zu geben.

4.2 Was sind Bewerbungsvideos?

Bewerbungsvideos (in der englischsprachigen Literatur Video Résumés, Video Applications oder Video CVs genannt) sind kurze Videos, mit denen sich Bewerbende bei einem potenziellen Arbeitgeber vorstellen. Im Vergleich zu herkömmlichen Bewerbungsunterlagen, wie dem Lebenslauf, bieten sie Bewerbenden die Möglichkeit, sich sowohl per Bild als auch per Ton zu präsentieren, Kompetenzen wie kommunikative und technologische Fähigkeiten darzustellen und einen ersten Eindruck von ihrer Persönlichkeit zu geben.

Wie Hiemstra und Derous (2015) ausführen, haben Bewerbungsvideos ihre Anfänge in den Bereichen Musik und Tanz. Darstellende Künstler/-innen präsentieren dabei per Videoaufnahme eine Arbeitsprobe, auf deren Basis dann eine Entscheidung getroffen werden soll, ob sie für ein tatsächliches Vorspielen bzw. Vortanzen eingeladen werden (Hamilton, 1998; Warshawski, 1987). Ein bekanntes Beispiel jüngeren Datums ist hier die Auswahl von Musiker/-innen für das YouTube-Sinfonieorchester, für das sich Kandidat/-innen aus der ganzen Welt bewerben konnten. Sie mussten entsprechende Videos über YouTube hochladen, auf denen sie vorgegebene Musikstücke spielten (vgl. ▶ https://www.youtube.com/@symphony).

Im Gegensatz zu den Videos von Arbeitsproben von Tänzer/-innen oder Musiker/-innen sind die meisten anderen Bewerbungsvideos deutlich kürzer und dauern nur einige wenige Minuten – oftmals nur ein bis zwei (Kerle & Melchers, 2023; Nguyen & Gatica-Perez, 2016). Darüber hinaus unterscheiden sich Bewerbungsvideos auch in vielen anderen Aspekten von traditionellen Bewerbungen, variieren aber auch untereinander zum Teil sehr deutlich (Hiemstra & Derous, 2015): Dies fängt schon damit an, dass ein Bewerbungsvideo in manchen Unternehmen als Teil des Auswahlprozesses verpflichtend ist, während es in anderen optional ist und somit als Bereitschaft der Bewerbenden betrachtet werden kann, sich zusätzlichen Aufwand zu machen. Darüber hinaus unterscheiden sich Bewerbungsvideos im Hinblick darauf, ob Bewerbende auf vorgefertigte Fragen antworten sollen oder sie frei entscheiden können, welche Inhalte sie im Video vorstellen und auf welche Art sie dies tun. Entsprechend kann es vorkommen, dass Bewerbende sich lediglich zu Hause per Video aufnehmen (z. B. mittels der Webcam ihres Computers). Allerdings gibt es auch Bewerbungsvideos, in denen Bewerbende mehrere Videosequenzen kombinieren, in denen sie in verschiedenen Kontexten oder bei unterschiedlichen Aktivitäten zu sehen sind und die mit Ton unterlegt werden. Außerdem kommt es auch vor, dass Bewerbende ihre Videos mit Animationen oder anderen Multimedia-Inhalten anreichern. Und schließlich kann neben dem Grad der Standardisierung des Videos auch die Standardisierung der Auswertung variieren.

So wie bei schriftlichen Bewerbungen (vgl. z. B. Kanning, 2016) werden Bewerbungsvideos in erster Linie im Rahmen der Vorauswahl verwendet, d. h., um zu entscheiden, welche Bewerbenden zum weiteren Auswahlverfahren eingeladen werden sollen. Darüber hinaus stellen Bewerbungsvideos ebenso wie schriftliche Bewerbungen ein asynchrones Verfahren dar, bei dem Bewerbende und die auswählenden Personen nicht direkt miteinander interagieren, sondern zeitversetzt, was bedeutet, dass die auswählenden Personen die Bewerbung zu einem späteren Zeitpunkt betrachten und bewerten. Im Gegensatz zu schriftlichen Bewerbungsunterlagen sind Bewerbende jedoch bei einem Bewerbungsvideo sowohl mit Bild als auch mit Ton zu sehen. Häufig wird argumentiert, dass Bewerbungsvideos es Bewerbenden dadurch ermöglichen, einen umfassenderen Eindruck ihrer Persönlichkeit und ihrer kommunikativen Fertigkeiten zu geben (Hiemstra & Derous, 2015; Nguyen & Gatica-Perez, 2016). Damit haben Bewerbungsvideos auch eine gewisse Verwandtschaft mit Video-Interviews, vor allem wenn diese asynchron durchgeführt werden, d. h. als Videoaufzeichnungen von Antworten zu vorgegebenen Fragen (Lukacik et al., 2022; vgl. auch Basch & Melchers, 2023, oder das ► Kap. 7 von Basch in diesem Buch).

So wie bei asynchronen Video-Interviews gibt es auch im Hinblick auf Bewerbungsvideos mittlerweile spezialisierte Anbieter, über deren Internetseite Bewerbende ihr Bewerbungsvideo auf eine ausgeschriebene Stelle hochladen können. Im Gegensatz zu asynchronen Video-Interviews gibt es jedoch auch Anbieter, die sich an Bewerbende richten und diesen ermöglichen, ein Bewerbungsvideo zu hosten. In diesem Fall müssen Bewerbende einem möglichen Arbeitgeber einen Link zu ihrem Bewerbungsvideo zukommen lassen. Und schließlich gibt es eine ganze Reihe von Bewerbenden, die Bewerbungsvideos auch auf Portalen wie YouTube oder Vimeo öffentlich zugänglich machen. Diese Links zu ihren Videos teilen sie dann ebenfalls im Rahmen einer Bewerbung mit dem potenziellen künftigen Arbeitgeber.

Auf YouTube – aber auch auf vielen anderen Seiten im Internet – finden sich eine Reihe von Informationen zur optimalen Gestaltung von Bewerbungsvideos. Trotz dieser Fülle an Informationen werden Bewerbungsvideos jedoch nach wie vor selten verwendet. So ergab eine Studie der Zeitschrift *Personalwirtschaft* aus dem Jahr 2018, dass sich deutsche Unternehmen zögerlich bezüglich der Verwendung von Bewerbungsvideos als Ersatz für die herkömmlichen Bewerbungsunterlagen zeigen (Jäger & Meurer, 2018). In dieser Studie stimmte nur rund ein Drittel der befragten Unternehmen (mehr oder weniger stark) der Aussage zu, dass Bewerbungsvideos ein adäquater Ersatz für eine klassische Bewerbungsmappe sind. Allerdings zitieren Daniel und Kemp (2012) mehrere Umfragen aus den Vereinigten Staaten, gemäß denen eine große Anzahl an befragten Recruiter/-innen zumindest bereit wäre, eine Vorstellung von Bewerber/-innen per Video im Auswahlprozess zu berücksichtigen.

4.3 Wie sind Bewerbungsvideos ausgestaltet?

Wie oben erwähnt, sind Bewerbungsvideos meist relativ kurz. In manchen Veröffentlichungen wird von 1-minütigen Videos gesprochen (z. B. Daniel & Kemp, 2012), an anderen Stellen ist von 1–2 Minuten die Rede (Hiemstra & Derous, 2015). In Studien, die tatsächliche Bewerbungsvideos untersuchten, fanden sich allerdings gelegentlich deutlich längere Videos. Jedoch sind solche längeren Videos mit einer Länge von mehr als 3 Minuten vergleichsweise selten, und viele Bewerbungsvideos dauern tatsächlich nur 1–2 Minuten (Kerle & Melchers, 2023; Nguyen & Gatica-Perez, 2016).

In einer von uns durchgeführten Studie, in der wir deutschsprachige Bewerbungsvideos untersuchten, die über YouTube und Vimeo zugänglich waren, fanden wir neben der Länge eine Reihe weiterer Aspekte, bzgl. denen sich die verschiedenen Videos zum Teil sehr deutlich voneinander unterschieden (Kerle & Melchers, 2023): Neben Unterschieden bzgl. der Qualität der technischen Umsetzung variierten Videos auch im Hinblick auf das Format der Videoaufzeichnung, Aspekte wie dem Videostil oder den gewählten Hintergründen. So wie bei schriftlichen Bewerbungsunterlagen gab es zudem Unterschiede im Ausmaß, in dem Bewerbende Informationen zu Freizeitaktivitäten oder Hobbys gaben.

Im Hinblick auf das Videoformat zeigte sich in unserer Studie, dass die Aufnahmen beim größten Teil der Bewerbungsvideos (85 %) im Querformat gemacht wurden, jedoch gab es auch einige Videos, die im Hochformat aufgenommen waren. Bezüglich dem Videostil gab es Videos, in denen Bewerbende ähnlich einem asynchronen Video-Interview durchgehend vor der Computerkamera saßen und etwas zu sich erzählten. Zudem gab es sehr ähnlich gestaltete Videos, in denen sich Bewerbende ausschließlich vor der Kamera vorstellten und nicht den Ort wechselten, dieser Ort aber auch ein neutraler Hintergrund oder ein Ort im Freien sein konnte. Darüber hinaus gab es Bewerbungsvideos, in denen zusätzlich der Hintergrund wechselte, Bewerbende aber weiterhin direkt in die Kamera sprachen. Als Nächstes fanden wir Videos, in denen zusätzliche Informationen wie Fotos und Videosequenzen gezeigt wurden, und diese zusätzlichen Inhalte z. T. mit Musik oder per Voice-Over unterlegt waren (d. h., dass die Tonaufnahme einer Stimme über eine Videosequenz gelegt wurde). Und schließlich fand sich eine Reihe von Bewerbungsvideos, die mehr einem Film glichen, in denen Bewerbende sich in verschiedenen Kontexten zeigten und sogar ausschließlich per Voice-Over Informationen zu sich gaben. Insbesondere bei den letzten Arten von Bewerbungsvideos variierte der Hintergrund, vor dem Bewerbende zu sehen waren, sehr häufig. Das heißt, Bewerbende nahmen sich in diesen Videos z. B. in unterschiedlichen Arbeitssituationen, aber auch bei Freizeitbeschäftigungen oder anderen Aktivitäten auf. Wie häufig die unterschiedlichen Bewerbenden die unterschiedlichen Videostile verwendeten oder sich vor unterschiedlichen Hintergründen filmten, ist in ◘ Abb. 4.1 zu sehen.

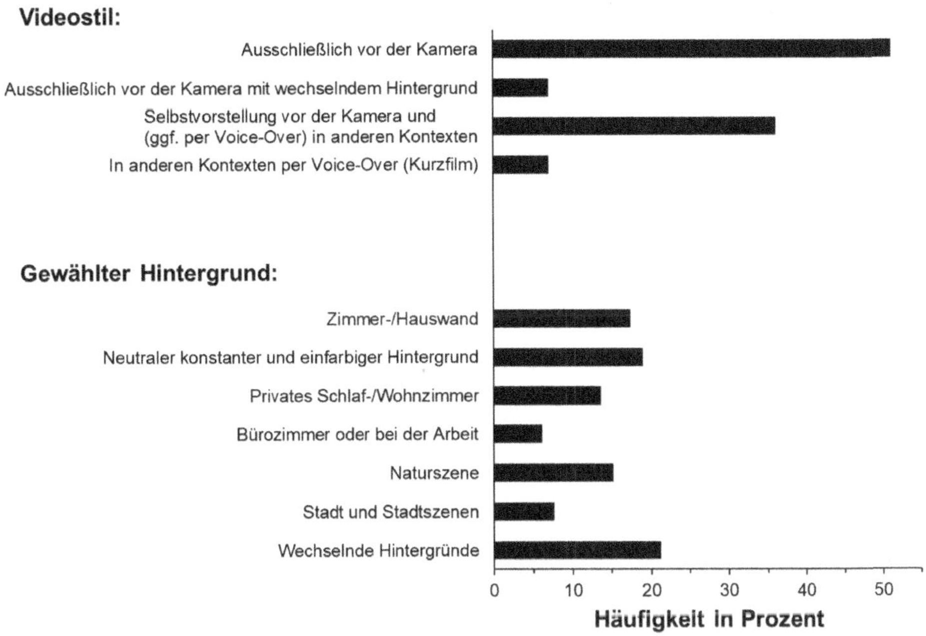

Abb. 4.1 Häufigkeiten der verwendeten Videostile und der gewählten Hintergründe bei den deutschsprachigen Bewerbungsvideos aus der Studie von Kerle und Melchers (2023)

4.4 Nutzung und Wahrnehmung von Bewerbungsvideos

4.4.1 Wer nutzt Bewerbungsvideos?

Im Rahmen einer Studie sammelten Nguyen und Gatica-Perez (2016) knapp 1000 englischsprachige Bewerbungsvideos, die sie auf YouTube fanden, und kodierten eine Reihe von Merkmalen der verschiedenen Bewerber/-innen. Sie fanden, dass Bewerbungsvideos vor allem von Jüngeren genutzt werden – die Mehrheit aller Bewerbenden war jünger als 25 Jahre und nur sehr wenige waren über 35. Dies deckt sich mit unseren eigenen Ergebnissen für deutschsprachige Bewerbungsvideos (Kerle & Melchers, 2023). Bei Nguyen und Gatica-Perez zeigte sich zudem, dass etwa zwei Drittel der Bewerbungsvideos von Männern stammten und nur etwa ein Drittel von Frauen, wohingegen die Geschlechterverteilung in unserer eigenen Studie annähernd gleich war. Die Geschlechtsunterschiede bei Nguyen und Gatica-Perez könnten allerdings damit zu tun haben, dass knapp 40 % der Bewerbungsvideos in ihrer Studie für Stellen aus dem Bereich Wissenschaft/Technik/Informatik waren (weitere Bereiche mit vergleichsweise vielen Bewerbungen waren Management sowie das Hotel- und Gastgewerbe; für diese Bereiche war das Geschlechterverhältnis deutlich ausgeglichener). Darüber hinaus war der Großteil der Bewerbungen für Praktikums- oder Einstiegsstellen, wohingegen der Anteil von Bewerbungen für Stellen mit längerer Berufserfahrung sehr viel geringer war.

4.4.2 Wie finden Bewerber/-innen Bewerbungsvideos?

Klassische schriftliche Bewerbungsunterlagen sind ein Auswahlverfahren, das im Vergleich mit anderen Verfahren bei Bewerbenden vergleichsweise gut akzeptiert ist. Diese gute Akzeptanz zeigt sich auch über verschiedene Länder hinweg (Anderson et al., 2010). Im Vergleich dazu erscheint die Akzeptanz von Bewerbungsvideos oftmals etwas niedriger (Hiemstra & Derous, 2015): In einer Studie mit US-amerikanischen Studierenden beispielsweise war nur rund ein Viertel der Befragten interessiert an einem kostenlosen Angebot zur Erstellung von Bewerbungsvideos. Auch die generellen Nutzungsintentionen waren nur moderat (Gissel et al., 2013). Und auch in einer Studie mit indischen MBA-Studierenden gab es im Durchschnitt zumindest eine leichte Präferenz für Papierbewerbungen im Vergleich zu Bewerbungsvideos (Goel & Awasthy, 2020). In dieser Studie analysierten Goel und Awasthy zudem Einschätzungen der Studienteilnehmer/-innen qualitativ. Dabei fanden sich sowohl eine Reihe von Aspekten, die an Bewerbungsvideos positiv erscheinen (z. B. eine größere Flexibilität der Darstellung sowie eine größere Reichhaltigkeit der dargestellten Information), als auch Aspekte, die nachteilig erscheinen (z. B. der mit Bewerbungsvideos verbundene Aufwand, Sorgen, dass Recruiter/-innen vermehrt auf irrelevante Dinge wie die Attraktivität achten, oder auch Sorgen bezüglich mangelnden Datenschutzes in Bezug auf eingereichte Bewerbungsvideos).

Die internationalen Befunde decken sich weitestgehend mit Ergebnissen einer Studie von Bruns und Kanning (2020). Sie untersuchten in einer deutschsprachigen Stichprobe, wie potenzielle Bewerber/-innen den Einsatz eines Bewerbungsvideos als Alternative zur klassischen Bewerbung bewerten. Dabei fand sich, dass sich die Anforderung eines Bewerbungsvideos positiv auf das Image eines Unternehmens auswirkte, da es moderner wahrgenommen wurde. Allerdings schnitt das Video im Vergleich signifikant schlechter bezüglich Transparenz und Aufwand ab. Potenziellen Bewerber/-innen war unklar, nach welchen Kriterien das Video beurteilt wird, und sie empfanden den Aufwand eines Videodrehs weniger angemessen. Vor diesem Hintergrund überrascht es nicht, dass die Anforderung eines Bewerbungsvideos im Vergleich zu einer klassischen schriftlichen Bewerbung mit einer geringeren Bewerbungsbereitschaft einherging.

Hiemstra und Derous (2015) wiesen zudem darauf hin, dass die Wahrnehmung von Bewerbungsvideos und ihre Akzeptanz von Merkmalen der jeweiligen Bewerbenden abhängt. So fanden Tong et al. (2020) zum Beispiel in einer Studie mit malaysischen Studierenden, dass die Akzeptanz zur Anfertigung eines Bewerbungsvideos bei Personen höher war, die auch eine höhere Selbstwirksamkeit und mehr problemorientiertes Coping bezüglich der Erstellung dieser Videos berichteten. In einer in den Niederlanden durchgeführten Studie mit Arbeitslosen, die im Rahmen eines Bewerbungstrainings Bewerbungsvideos erstellten, zeigte sich zudem, dass Bewerbungsvideos im Vergleich zu traditionellen Papierbewerbungen von niederländischen Trainingsteilnehmenden negativer beurteilt wurden bezüglich verschiedener Fairnessaspekte (Hiemstra, Derous, et al., 2012a). Im Vergleich dazu beurteilten Angehörige ethnischer Minoritäten beide Verfahren relativ vergleichbar, und insbesondere Personen, die nicht so gut Niederländisch sprechen konnten, fanden Bewerbungsvideos fairer im Vergleich zu schriftlichen Bewerbungen. Diese Präferenz bei schlechteren Niederländisch-Kenntnissen wurde so interpretiert, dass insbesondere Personen mit schlechteren Chancen auf eine Anstellung den Eindruck haben, schlechtere Sprachkenntnisse durch ein Bewerbungsvideo kompensieren zu können, indem sie dort andere Qualifikationen besser zeigen können als in einer schriftlichen Bewerbung.[1]

Neben dieser sehr spezifischen Stichprobe von Hiemstra et al. (2012a) berichten Hiemstra und Derous (2015) von einer weiteren von ihnen durchgeführten, unpublizierten Studie zur Akzeptanz von Bewerbungsvideos unter Bewerbenden für ein Traineeprogramm (Hiemstra et al., 2012b). Gemäß Hiemstra und Derous zeigten sich bei diesen Bewerbenden sehr deutlich positivere Fairnesseinschätzungen von traditionellen Papierbewerbungen im Vergleich zu Bewerbungsvideos. Dies deckt sich jedoch nicht mit unserer Interpretation der Studie, da das „Bewerbungsvideo“, das Bewerbende in dieser Studie einreichen mussten, de facto aus einem sehr kurzen asynchronen Video-Interview bestand, das lediglich drei eher generische Interviewfragen enthielt (vgl. auch Kap. 4 in Hiemstra, 2013, wo die Studie detailliert beschrieben ist). Dies bedeutet, dass es für typische Bewerbende bisher keinen wirklichen Vergleich der wahrgenommenen Fairness von Bewerbungsvideos im Vergleich zu schriftlichen Bewerbungsunterlagen gibt.

4.4.3 Wie finden Recruiter/-innen Bewerbungsvideos?

Die überschaubare Befundlage zur Wahrnehmung von Bewerbungsvideos aufseiten von Recruiter/-innen zeigt ein eher gemischtes Bild. Einerseits berichten Kemp et al. (2013), dass Recruiter/-innen, die im Vorfeld Beispiele von 1-minütigen Bewerbungsvideos gesehen hatten, solche Bewerbungsvideos positiver beurteilten als Recruiter/-innen, die noch keine Bewerbungsvideos gesehen hatten. Diese Recruiter/-innen beurteilten die Brauchbarkeit von Bewerbungsvideos auch insgesamt relativ positiv – und im Vergleich zu schriftlichen Bewerbungen geringfügig positiver. Gemäß Kemp et al. empfinden Recruiter/-innen Bewerbungsvideos insbesondere hilfreich, um kommunikative Fertigkeiten von Bewerbenden einschätzen zu können. Zudem empfinden sie Bewerbungsvideos als hilfreiches Instrument, um Zeit bei der Bewerbendenauswahl einsparen zu können, da sie potenziell ungeeignete Bewerbende dann nicht mehr für ein persönliches Gespräch einladen würden. Andererseits berichten Daniel und Kemp (2012) auch über Vorbehalte aufseiten von Recruiter/-innen angesichts des zeitlichen Aufwands zur Sichtung von Bewerbungsvideos – vor allem, wenn diese Videos länger als nur 60 Sekunden sind.

Diese Skepsis gegenüber Bewerbungsvideos lässt sich auch aus der bereits oben erwähnten Studie der Zeitschrift *Personalwirtschaft* ablesen, gemäß der nur rund ein Drittel der Befragten der Aussage zustimmten, dass Bewerbungsvideos ein adäquater Ersatz für eine klassische Bewerbungsmappe sind, während die übrigen Befragten hier – zum Teil sogar sehr deutlich – widersprachen (Jäger & Meurer, 2018). Zu Gründen für diese skeptische Einschätzung lässt sich zwar auf Basis dieser Studie

1 Ob diese Einschätzung korrekt ist, kann allerdings angezweifelt werden angesichts von Befunden aus dem Interviewbereich, dass Personen mit ausländischem Akzent bei ansonsten gleichen Qualifikationen schlechter bewertet werden als Personen, die ohne Akzent sprechen (z. B. Roessel et al., 2019).

nichts sagen, allerdings fand eine bisher unpublizierte Studie von Hiemstra et al., 2013 (ausführlich beschrieben in Kap. 5 in Hiemstra, 2013), dass Recruiter/-innen Bewerbungsvideos generell als weniger fair und vor allem als weniger prädiktiv valide einschätzten als Papierbewerbungen. Allerdings gab es keine Unterschiede bezüglich der Einschätzung der Möglichkeit für Bewerbende, ihre Qualifikationen zu zeigen, und der Augenscheinvalidität. Insbesondere die niedriger eingeschätzte prädiktive Validität dürfte unseres Erachtens die tatsächliche Verwendung von Bewerbungsvideos beschränken.

4.4.4 Rechtliche Aspekte bei Bewerbungsvideos

So wie bei vielen anderen digitalen Auswahlverfahren auch stellt der Datenschutz bei Bewerbungsvideos ein wichtiges Thema dar. Das heißt, so wie bei Auswahlverfahren generell müssen die personenbezogenen Daten von Bewerbenden besonders geschützt werden (vgl. z. B. Byers & Wenzel, 2023, oder Kuhn, 2023). Durch die elektronische Verfügbarkeit von Bewerbungsvideos können diese jedoch vergleichsweise leicht mit anderen Personen geteilt werden, die kein berechtigtes Interesse an ihrer Nutzung haben. Und sowohl bei Hiemstra und Derous (2015) als auch bei Daniel und Kemp (2012) wird auf einen problematischen frühen Fall Bezug genommen, bei dem das Bewerbungsvideo eines Bewerbers, der sich für eine Position bei einem Unternehmen an der Wall Street beworben hatte, unerlaubt weitergegeben und auf YouTube hochgeladen wurde (wo es noch immer zu finden ist). Dieses Video ging viral, weil viele Betrachter/-innen es unterhaltsam und als Bewerbung missglückt und peinlich fanden und sich zum Teil in weiteren Videos sogar über den entsprechenden Bewerber lustig machten.

Vor diesem Hintergrund ist es nicht überraschend, dass Bedenken in Bezug auf Datenschutz sowohl von Bewerbenden (Goel & Awasthy, 2020) als auch von Recruiter/-innen (Daniel & Kemp, 2012) immer wieder als besondere Herausforderungen bzw. Hindernisse bezüglich der Verwendung von Bewerbungsvideos genannt werden. Aus diesem Grund ist es für uns auch unverständlich, dass sich eine große Anzahl von Bewerbungsvideos öffentlich zugänglich auf Plattformen wie YouTube oder Vimeo findet – oftmals auch von mehreren Bewerbenden für die gleiche Stelle, was dafür spricht, dass die entsprechenden Unternehmen entweder diese Plattformen aktiv als Bewerbungsweg nutzen oder zumindest Bewerbende zur Nutzung dieser Plattformen ermutigen. Stattdessen ist es wie bei Video-Interviews eigentlich nötig, dass Plattformen, über die Bewerbungsvideos an Unternehmen geschickt werden bzw. über die Bewerbende ihre Videos teilen können, besonders geschützt sind, sodass tatsächlich nur Personen mit einem berechtigten Interesse auf sie Zugriff haben.

4.5 Beurteilung von Bewerbenden in Bewerbungsvideos

Aus der Forschung zu technologiemediierten Interviews ist bekannt, dass das Durchführungsmedium bei Interviews einen Unterschied bei der Beurteilung von Bewerbenden macht (Blacksmith et al., 2016; vgl. auch Basch & Melchers, 2023, oder das ► Kap. 7 von Basch in diesem Buch). Ähnlich stellt sich bei Bewerbungsvideos die Frage, ob Bewerbende auf Basis dieser Videos besser oder schlechter bewertet werden im Vergleich zu einer schriftlichen Bewerbung. Zu dieser Frage gibt es bisher allerdings nur eine einzige Studie mit ersten Hinweisen (Waung et al., 2014). Zwar gibt es noch einige weitere Studien, die eigentlich auch einen Vergleich der Bewertung auf Basis von schriftlichen Unterlagen vs. Bewerbungsvideos zulassen würden, allerdings berichten diese Studien die dafür relevanten mittleren Bewertungen der Bewerbenden leider nicht (Apers & Derous, 2017; Hiemstra et al., 2013).

Im Rahmen der Studie von Waung et al. (2014) erstellten amerikanische MBA-Studierende sowohl schriftliche Bewerbungsunterlagen als auch Bewerbungsvideos. Anschließend beurteilten Versuchspersonen die Persönlichkeit sowie soziale Fertigkeiten und kognitive Fähigkeiten der MBA-Studierenden und gaben zudem Ratings ab, inwiefern sie diese Studierenden z. B. zu einem Vorstellungsgespräch einladen würden oder ob sie sie im Falle einer Einstellung für erfolgreich halten würden. Waung et al. fanden, dass tatsächlich mehrere Einschätzungen auf Basis der Bewerbungsvideos schlechter ausfielen als auf Basis der schriftlichen Unterlagen: Beurteilungen der Extraversion sowie der sozialen Fertigkeiten und der kognitiven Fähigkeiten auf Basis der Videos waren signifikant niedriger und lediglich die Verträglichkeit wurde auf Basis der Videos positiver eingeschätzt als auf Basis der schriftlichen Unterlagen.

Aus den Ergebnissen von Waung et al. (2014) lässt sich jedoch nicht ableiten, dass Bewerbende bei Bewerbungsvideos generell niedrigere Chancen haben als bei einer schriftlichen Bewerbung. Stattdessen ist davon auszugehen, dass die Qualität der technischen Umsetzung sowie der Videostil und ggf. weitere Faktoren hier eine Rolle spielen dürften (siehe Abschn. 4.5.2). Und Waung et al. berichten zwar, dass die technische Qualität der erstellten Bewerbungsvideos im Durchschnitt gut war, allerdings verwendeten sie nur Videos, in denen sich die Personen ausschließlich vor der Kamera vorstellten und nicht den Ort wechselten und auch keine weiteren Bilder oder Filmsequenzen einblendeten. Zudem verwendeten Waung et al. Unterlagen von lediglich acht spezifischen Studierenden, was ebenfalls die Generalisierbarkeit ihrer Ergebnisse einschränkt.

4.5.1 Einflüsse von Geschlecht, Alter und ethnischem Hintergrund

Bei Waung et al. (2015) finden sich Hinweise auf verschiedene Quellen, die Skepsis bzgl. der Verwendung von Bewerbungsvideos äußern auch vor dem Hintergrund, dass diese anfällig für unterschiedliche verzerrende Einflussfaktoren sind. Darüber hinaus sprechen unter anderem Roth et al. (2016) von einer digitalen Kluft, die zwischen Angehörigen von Gruppen mit regelmäßigem und gutem Zugang zum Internet besteht und Angehörigen von Gruppen, die weniger guten Zugang haben. Diese Kluft kann dazu beitragen, dass Bewerbende aus Gruppen mit gutem Internetzugang bei technologiebasierten Auswahlverfahren Vorteile haben im Vergleich zu Gruppen mit schlechterem Internetzugang. Insbesondere gibt es hier die Befürchtung, dass Frauen, Ältere und Angehörige von ethnischen Minderheiten in entsprechenden Auswahlverfahren schlechter abschneiden, also Mitglieder von Gruppen mit geringerer technischer Affinität bzw. einem schwächeren wirtschaftlichen Hintergrund.

Im Gegensatz zu diesen Befürchtungen gibt es aus experimentellen Studien bisher zumindest keine Befunde, die dafür sprechen, dass Frauen (Waung et al., 2015) oder Personen mit Migrationshintergrund (Hiemstra et al., 2013, ausführlich beschrieben in Kap. 5 in Hiemstra, 2013) auf Basis von Bewerbungsvideos bei vergleichbaren Qualifikationen schlechter beurteilt werden als Männer oder Personen ohne Migrationshintergrund (zum Einfluss des Alters ist uns keine entsprechende Studie bekannt). Nachteilige Beurteilungen fanden sich nur in sehr spezifischen Situationen: Bei Waung et al. (2015) insbesondere für Bewerbende, deren Impression-Management-Verhalten nicht im Einklang mit den üblichen Geschlechtsstereotypen war (hier hatten Bewerberinnen Nachteile, die Self-Promotion – d. h. die Betonung eigener Stärken und Erfolge – mit hoher Frequenz oder großer Intensität nutzten). Und bei Hiemstra et al. (2013) spielten die Vorurteile der Beurteilenden gegenüber Ausländer/-innen eine Rolle, sodass Bewerbende mit Migrationshintergrund vor allem von Beurteilenden schlechter bewertet wurden, die größere Vorurteile hatten.

Im Gegensatz zu den beschriebenen experimentellen Studien fanden wir in unserer eigenen Studie zu Bewerbungsvideos von echten Bewerbenden jedoch eine leicht niedriger eingeschätzte Wahrscheinlichkeit einer Intervieweinladung für Frauen als für Männer (Kerle & Melchers, 2023 – einen Zusammenhang mit dem Alter fanden wir in unserer Studie nicht). Allerdings liegen uns keine Daten über das tatsächliche Qualifikations- bzw. Fähigkeitsniveau der jeweiligen Bewerbenden vor. Im Gegensatz dazu fand sich in einer französischen Studie mit Stellensuchenden sogar, dass die Unterschiede zwischen Männern vs. Frauen und zwischen Migranten/-innen vs. Nicht-Migranten/-innen bzgl. der Zeit bis zur Aufnahme einer bezahlten Tätigkeit kleiner wurden in einer Gruppe, die Bewerbungsvideos nutzte im Vergleich zu einer Gruppe ohne Bewerbungsvideos (Galindo et al., 2015).

Zusammengenommen sprechen die verschiedenen Befunde bisher also nicht dafür, dass es zwischen Männern und Frauen, zwischen Personen mit unterschiedlichem ethnischen Hintergrund oder zwischen Jüngeren und Älteren große Unterschiede gibt, die auf eine Benachteiligung bzw. eine digitale Kluft hinweisen. Allerdings ist auch hier noch weitere Forschung nötig, um die Generalisierbarkeit der bisherigen Einzelbefunde zu untersuchen – und es wäre durchaus nicht überraschend, dass sich Unterschiede, die sich in anderen Auswahlverfahren zeigen (vgl. z. B. Sackett et al., 2022), auch bei Bewerbungsvideos finden lassen würden.

4.5.2 Weitere verzerrende Einflussfaktoren

Für asynchrone Video-Interviews und Vorstellungsinterviews per Videokonferenz gibt es eine Reihe von Vermutungen bzw. zum Teil auch erste Befunde zu verzerrenden Einflussfaktoren: Im Rahmen eines Experiments fanden Fiechter et al. (2018) zum Beispiel, dass sich Beeinträchtigungen der Video- und Tonqualität bei Videokonferenz-Interviews nachteilig auf die Beurteilung von Bewerbenden auswirkten, und mehrere experimentelle Studien fanden, dass sich der Hintergrund bei Videokonferenz-Interviews (Powell et al., 2023) bzw. asynchronen Video-Interviews (Roulin et al., 2023) auf die Beurteilung von Bewerbenden auswirkt. Im Einklang damit fanden wir in unserer eigenen Studie ebenfalls, dass der jeweilige Videostil, die Wahl des Hintergrunds und sogar das gewählte Format (hochkant oder quer) Einfluss auf die Beurteilung von echten Bewerbungsvideos hatten (Kerle & Melchers, 2023).

Neben diesen Aspekten der Videos untersuchten Derous et al. (2018) in einer experimentellen Studie Effekte verzerrender visueller Einflussfaktoren aufseiten der Bewerbenden, die bei einem Bewerbungsvideo vergleichsweise auffällig sein können. Konkret fanden sie, dass visuelle Stigmata die Chancen auf eine Einladung zu einem Vorstellungsgespräch verschlechterten, wobei vor allem sichtbare Tattoos hier deutlich negativere Effekte hatten als sogenannte Feuermale (dunkelrote bis rötlichviolette Flecken bzw. Hautveränderungen, so wie sie der frühere sowjetische Staatschef Michail Gorbatschow hatte). Allerdings halten wir es für unwahrscheinlich, dass die Effekte derartiger Stigmata bei Bewerbungsvideos stärker ausfallen als in anderen Auswahlverfahren, in denen Beurteilende sie gut sehen können, wie z. B. in Vorstellungsgesprächen. Darüber hinaus würden wir auch davon ausgehen, dass die generelle Attraktivität von Bewerbenden bei Bewerbungsvideos vergleichbare Effekte wie in anderen Auswahlverfahren hat (vgl. Hosoda et al., 2003), auch wenn uns bisher keine Studie bekannt ist, die diese Annahme überprüft hat.

4.6 Wie valide sind Beurteilungen auf Basis von Bewerbungsvideos?

Wie gut Beurteilungen von Bewerbenden auf Basis von Bewerbungsvideos die spätere Arbeitsleistung vorhersagen – also die Frage nach der Kriteriumsvalidität von Bewerbungsvideos –, ist aus Sicht der Personalauswahl die relevanteste Frage. Allerdings gibt es hierzu bisher noch keine publizierten Studien. Ebenso fehlen Studien, die untersuchen, ob diese Beurteilungen zumindest die Leistung in nachfolgenden Schritten eines mehrstufigen Auswahlprozesses vorhersagen können.

In Bezug auf Erwartungen, die man zur Kriteriumsvalidität von Bewerbungsvideos haben kann, kann man sehr unterschiedliche Sichtweisen vertreten. Ihsan und Furnham (2018) zum Beispiel sehen großes Potenzial von Bewerbungsvideos in Bezug auf mögliche Verbesserungen von Auswahlprozessen, da sie akkuratere Einschätzungen der Persönlichkeit ermöglichen könnten als auf Basis der schriftlichen Bewerbungsunterlagen. Dieser Optimismus steht allerdings im Widerspruch zu Befunden einer Studie von Apers und Derous (2017), in der die Beurteilung der verschiedenen Big-Five-Dimensionen auf Basis von Bewerbungsvideos zu vergleichbar inakkuraten Einschätzungen führte wie auf Basis von schriftlichen Bewerbungsunterlagen oder auf Basis einer Audiobewerbung, bei der es zwar eine Tonaufzeichnung, aber kein Video gab.

Ähnlich wie die ernüchternden Ergebnisse von Apers und Derous (2017) machen auch Ergebnisse aus der Forschung zu schriftlichen Bewerbungsunterlagen bzw. zur Beurteilung auf Basis von Social-Media-Profilen eher skeptisch bzgl. der möglichen Kriteriumsvalidität von Bewerbungsvideos. Schriftliche Bewerbungsunterlagen enthalten zwar valide Informationen wie Zeugnis- und Ausbildungsnoten, aber auch eine Reihe von Inhalten, die zu Verzerrungen beitragen können (vgl. Schuler, 2014, für einen Überblick über die entsprechende Befundlage). Und die Forschung zur Nutzung von Social-Media-Profilen (siehe auch das ► Kap. 2 von Kanning in diesem Buch) spricht ebenfalls dafür, dass Beurteilungen auf Basis solcher Profile oftmals nur eine relativ schlechte Reliabilität und Validität haben (Kluemper et al., 2012; Van Iddekinge et al., 2016). Darüber hinaus sprechen die oben berichteten Ergebnisse zum Einfluss des Videostils, des Hintergrunds und des Aufnahmeformats auf die Bewertung von Bewerbenden auf Basis ihrer Bewerbungsvideos dafür, dass eine Reihe von Faktoren diese Bewertungen beeinflusst, die nichts mit der fachlichen Eignung der jeweiligen Bewerbenden zu tun haben. Dies weckt weitere Zweifel an der Kriteriumsvalidität der entsprechenden Beurteilungen. Und schließlich finden sich bereits bei Gissel et al. (2013) Hinweise, dass es zahlreiche Anbieter gibt, die Bewerbende bei der Erstellung von Bewerbungsvideos unterstützen. Das heißt, dass zu den normalen Selbstdarstellungsstrategien, die Bewerbende auch in schriftlichen Unterlagen häufig nutzen (Waung et al., 2017), bei Bewerbungsvideos zusätzlich noch dazu kommt, dass eine professionelle technische Umsetzung unter Umständen gar nicht ihre eigene Leistung ist, diese Umsetzung aber die Beurteilung des Videos deutlich beeinflusst.

Einschränkend zu unserer eher kritischen Einschätzung der Kriteriumsvalidität von Bewerbungsvideos im Allgemeinen erscheint es uns allerdings denkbar, dass diese Videos eine brauchbare Validität haben können, wenn sie *Arbeitsproben* für die jeweilige Tätigkeit darstellen. Das heißt in Situationen, in denen entweder wie bei Tänzer/-innen oder Musiker/-innen eine Aufnahme der ausgeführten Tätigkeit im Video zu sehen ist, oder aber im Media-Bereich, wo die Erstellung des Videos je nach Tätigkeit selbst eine Arbeitsprobe sein kann. Angesichts der belegten Kriteriumsvalidität von Arbeitsproben (Roth et al., 2005) würden wir in diesem Fall davon ausgehen, dass auch Bewerbungsvideos eine brauchbare Grundlage für die Personalauswahl darstellen können.

Fazit

Wir stehen der Nutzung von Bewerbungsvideos als Auswahlverfahren insgesamt eher zurückhaltend gegenüber. Die Gründe für unsere Wahrnehmung sind dabei vielfältig. Sie haben sowohl mit der verbreiteten Skepsis von Bewerbenden zu tun als auch mit den Befunden, dass eine Reihe von nicht-tätigkeitsrelevanten Aspekten die Beurteilung von Bewerbungsvideos sehr deutlich beeinflusst, sowie mit den fehlenden Nachweisen für ihre Validität. Allerdings gibt es einzelne Situationen, in denen die Nutzung von Bewerbungsvideos sinnvoll sein kann, und eine Reihe von Maßnahmen, die ergriffen werden können, um ihre Brauchbarkeit im Rahmen der Personalauswahl zu verbessern.

Wie bereits im letzten Abschnitt erläutert, empfiehlt sich unseres Erachtens der Einsatz von Bewerbungsvideos vor allem dann, wenn sie tatsächlich Arbeitsproben für die jeweilige Tätigkeit beinhalten bzw. darstellen. Sowohl im Fall von Bewerbungsvideos als Arbeitsproben als auch in allen anderen Fällen, in denen man derartige Videos tatsächlich als Auswahlverfahren nutzen möchte, sollten darüber hinaus Maßnahmen ergriffen werden, um die Brauchbarkeit dieser Videos zu verbessern. Diese Maßnahmen ergeben sich dabei vor allem aus allgemeinen Qualitätsstandards der Personalauswahl (vgl. z. B. Kersting, 2014, oder Melchers, 2017). Diese Maßnahmen betreffen einerseits die Vorgabe von Instruktionen für Bewerbende als auch die Verwendung einheitlicher Kriterien für die Beurteilung der Videos. Das heißt, es geht jeweils um eine größere Standardisierung – und aus anderen Auswahlverfahren ist bekannt und belegt, dass eine höhere Standardisierung mit einer höheren Reliabilität und Validität der Verfahren einhergeht (z. B. Huffcutt & Arthur, 1994; Huffcutt et al., 2013; Kuncel et al., 2013).

Die Vorgabe einheitlicher Instruktionen umfasst sowohl den Inhalt (d. h., welche Informationen sollen Bewerbende in ihren Bewerbungsvideos geben) als auch die Form (hier würde sich z. B. vorgeben lassen, ob das Video im Querformat sein soll oder nicht, aber auch welcher Videostil gewünscht ist oder welcher Hintergrund gewählt werden soll). Dies würde helfen, verzerrende Einflüsse durch Aspekte zu reduzieren, die nicht tätigkeitsrelevant sind. Und natürlich sollte auch vorgegeben werden, ob überhaupt ein Bewerbungsvideo gefordert ist – und wenn, dann sollte es von allen Bewerbenden gefordert werden. Darüber hinaus sollte bei allen anderen Einsatzzwecken von Bewerbungsvideos die Beurteilung der Bewerbenden auf Basis dieser Bewerbungsvideos möglichst standardisiert werden und sich an tätigkeitsrelevanten Anforderungen orientieren – eine Maßnahme, von der bekannt ist, dass sie sowohl bei der Nutzung von Informationen aus sozialen Netzwerken (Roulin & Levashina, 2019) als auch bei Interviews (z. B. Taylor & Small, 2002) und anderen Auswahlverfahren zu einer Erhöhung der Reliabilität und Kriteriumsvalidität beiträgt. Unsere Befürchtung ist allerdings, dass derartige Standardisierungsmaßnamen bisher eher die Ausnahme sind.

Literatur

Anderson, N., Salgado, J. F., & Hülsheger, U. R. (2010). Applicant reactions in selection: Comprehensive meta-analysis into reaction generalization versus situational specificity. *International Journal of Selection and Assessment, 18*(3), 291–304. https://doi.org/10.1111/j.1468-2389.2010.00512.x

Apers, C., & Derous, E. (2017). Are they accurate? Recruiters' personality judgments in paper versus video resumes. *Computers in Human Behavior, 73*, 9–19. https://doi.org/10.1016/j.chb.2017.02.063

Basch, J. M., & Melchers, K. G. (2023). Interviews per Telefon, Videokonferenz oder Videoaufzeichnung – inwiefern macht dies einen Unterschied? In S. Schulte & M. Hiltmann (Hrsg.), *Eignungsdiagnostische Interviews: Standards der professionellen Interviewführung* (S. 279–298). Springer Gabler. https://doi.org/10.1007/978-3-658-38720-4_12

Blacksmith, N., Willford, J. C., & Behrend, T. S. (2016). Technology in the employment interview: A meta-analysis and future research agenda. *Personnel Assessment and Decisions, 2*(1), 12–20. https://doi.org/10.25035/pad.2016.002

Bruns, M., & Kanning, U. P. (2020). Bewerbung, Klappe die erste. *Personalwirtschaft, 5*, 52–53.

Byers, P., & Wenzel, K. (2023). What you see, is (not always) what you get. *Personalmagazin, 3*, 64–68.

Daniel, L. W., & Kemp, K. J. (2012). One-minute video resumes as an applicant screening tool: Addressing the legal concerns of the human resource professional. *Journal of Human Resources Education, 6*(2/3), 1–12. https://journals.troy.edu/index.php/JHRE/article/view/87

Derous, E., Buijsrogge, A., & Hiemstra, A. M. F. (2018). Een beeld zegt meer dan 1000 woorden? Een experimentele studie naar effecten van visuele stigma's op video-cv-beoordelingen [Does an image say more than 1000 words? An experimental study on the effects of visual stigmas on video resume reviews]. *Gedrag & Organisatie, 31*(3), 189–216. https://doi.org/10.5117/2018.031.003.002

Fiechter, J. L., Fealing, C., Gerrard, R., & Kornell, N. (2018). Audiovisual quality impacts assessments of job candidates in video interviews: Evidence for an AV quality bias. *Cognitive Research: Principles and Implications, 3*(1), Article 47. https://doi.org/10.1186/s41235-018-0139-y

Galindo, G., Tixier, J., & Campoy, E. (2015). Le CV vidéo : Le nouveau visage de la lutte contre les discriminations à l'embauche en France? [The video CV: The new face of the fight against hiring discrimination in France?]. *Revue de Gestion des Ressources Humaines, 95*(1), 44–57. https://doi.org/10.3917/grhu.095.0044

Gissel, A. L., Thompson, L. F., & Pond, S. B., III. (2013). A theory-driven investigation of prospective applicants' intentions to submit video résumés. *Journal of Applied Social Psychology, 43*(12), 2449–2461. https://doi.org/10.1111/jasp.12191

Goel, A., & Awasthy, R. (2020). Are video resumes preferred by job applicants? Information technology in recruitment. In S. K. Sharma, Y. K. Dwivedi, B. Metri, & N. P. Rana (Eds.), *Re-imagining diffusion and adoption of information technology and systems: A continuing conversation* (Vol. *618*, pp. 138–149). Springer. https://doi.org/10.1007/978-3-030-64861-9_13

Hamilton, L. (1998). Your first move - how to prepare a winning audition package (the dance résumé, photos and video). *Dance Magazine, 72*(2), 140.

Hiemstra, A. M. F. (2013). *Fairness in paper and video resume screening* [Doctoral dissertation, Erasmus University Rotterdam, the Netherlands]. https://repub.eur.nl/pub/50432/

Hiemstra, A. M. F., & Derous, E. (2015). Video résumés portrayed: Findings and challenges. In I. Nikolaou & J. K. Oostrom (Ed.), *Employee recruitment, selection, and assessment: Contemporary issues for theory and practice* (pp. 44–60). Psychology Press.

Hiemstra, A. M. F., Derous, E., Serlie, A. W., & Born, M. P. (2012a). Fairness perceptions of video resumes among ethnically diverse applicants. *International Journal of Selection and Assessment, 20*(4), 423–433. https://doi.org/10.1111/ijsa.12005

Hiemstra, A. M. F., Derous, E., Serlie, A. W., & Born, M. P. (2013). *Discriminatory effects in video resume screening: Examining recruiter fairness perceptions and judgmental biases* [Unpublished manuscript]. Erasmus University Rotterdam, the Netherlands.

Hiemstra, A. M. F., Oostrom, J. K., Derous, E., Serlie, A. W., & Born, M. P. (2012b, July). *Video and paper résumés: Exploring applicants' preferences based on personality and cognitive ability* [Paper presentation]. 8th conference of the International Test Commission (ITC), Amsterdam, the Netherlands.

Hosoda, M., Stone-Romero, E. F., & Coats, G. (2003). The effects of physical attractiveness on job-related outcomes: A meta-analysis of experimental studies. *Personnel Psychology, 56*(2), 431–462. https://doi.org/10.1111/j.1744-6570.2003.tb00157.x

Huffcutt, A. I., & Arthur, W. (1994). Hunter and Hunter (1984) revisited: Interview validity for entry-level jobs. *Journal of Applied Psychology, 79*(2), 184–190. https://doi.org/10.1037/0021-9010.79.2.184

Huffcutt, A. I., Culbertson, S. S., & Weyhrauch, W. S. (2013). Employment interview reliability: New meta-analytic estimates by structure and format. *International Journal of Selection and Assessment, 21*(3), 264–276. https://doi.org/10.1111/ijsa.12036

Ihsan, Z., & Furnham, A. (2018). The new technologies in personality assessment: A review. *Consulting Psychology Journal: Practice and Research, 70*(2), 147–166. https://doi.org/10.1037/cpb0000106

Jäger, W., & Meurer, S. (2018). *Recruiting-Strategien 2018: Erfolgreiche Instrumente zur Bewerbersuche*. Personalwirtschaft.

Kanning, U. P. (2016). Über die Sichtung von Bewerbungsunterlagen in der Praxis der Personalauswahl. *Zeitschrift für Arbeits- und Organisationspsychologie, 60*(1), 18–32. https://doi.org/10.1026/0932-4089/a000193

Kemp, K. J., Bobbitt, L. M., Beauchamp, M. B., & Peyton, E. A. (2013). Using one-minute video résumés as a screening tool for sales applicants. *Journal of Marketing Development & Competitiveness, 7*(1), 84–92.

Kerle, F., & Melchers, K. G. (2023). Was ein Video aussagt. *personalmagazin, 6*, 62–64.

Kersting, M. (2014). Qualitätsstandards der Personalauswahl. In H. Schuler & U. P. Kanning (Hrsg.), *Lehrbuch der Personalpsychologie* (3. Aufl., S. 325–356). Hogrefe.

Kluemper, D. H., Rosen, P. A., & Mossholder, K. W. (2012). Social networking websites, personality ratings, and the organizational context: More than meets the eye? *Journal of Applied Social Psychology, 42*(5), 1143–1172. https://doi.org/10.1111/j.1559-1816.2011.00881.x

Kuhn, S. (2023). Datenschutzrecht im Interview. In S. Schulte & M. Hiltmann (Hrsg.), *Eignungsdiagnostische Interviews: Standards der professionellen Interviewführung* (S. 515–535). Springer Gabler. https://doi.org/10.1007/978-3-658-38720-4_22

Kuncel, N. R., Klieger, D. M., Connelly, B. S., & Ones, D. S. (2013). Mechanical versus clinical data combination in selection and admissions decisions: A meta-analysis. *Journal of Applied Psychology, 98*(6), 1060–1072. https://doi.org/10.1037/a0034156

Lukacik, E.-R., Bourdage, J. S., & Roulin, N. (2022). Into the void: A conceptual model and research agenda for the design and use of asynchronous video interviews. *Human Resource Management Review, 32*(1), Article 100789. https://doi.org/10.1016/j.hrmr.2020.100789

Melchers, K. G. (2017). Qualität in der Personalauswahl. In D. E. Krause (Hrsg.), *Personalauswahl: Die wichtigsten diagnostischen Verfahren für das Human Resources Management* (S. 57–70). Springer. https://doi.org/10.1007/978-3-658-14567-5_3

Nguyen, L. S., & Gatica-Perez, D. (2016). Hirability in the wild: Analysis of online conversational video resumes. *IEEE Transactions on Multimedia, 18*(7), 1422–1437. https://doi.org/10.1109/TMM.2016.2557058

Powell, D. M., Kavanagh, M. V., Wiseman, B. E., & Hodogins, A. (2023). Effects of background cues on videoconference ratings. *Personnel Assessment and Decisions, 9*(1), 37–50. https://doi.org/10.25035/pad.2023.01.003

Roessel, J., Schoel, C., Zimmermann, R., & Stahlberg, D. (2019). Shedding new light on the evaluation of accented speakers: Basic mechanisms behind nonnative listeners' evaluations of nonnative accented job candidates. *Journal of Language and Social Psychology, 38*(1), 3–32. https://doi.org/10.1177/0261927x17747904

Roth, P. L., Bobko, P., & McFarland, L. A. (2005). A meta-analysis of work sample test validity: Updating and integrating some classic literature. *Personnel Psychology, 58*(4), 1009–1037. https://doi.org/10.1111/j.1744-6570.2005.00714.x

Roth, P. L., Bobko, P., Van Iddekinge, C. H., & Thatcher, J. B. (2016). Social media in employee-selection-related decisions: A research agenda for uncharted territory. *Journal of Management, 42*(1), 269–298. https://doi.org/10.1177/0149206313503018

Roulin, N., & Levashina, J. (2019). LinkedIn as a new selection method: Psychometric properties and assessment approach. *Personnel Psychology, 72*(2), 187–211. https://doi.org/10.1111/peps.12296

Roulin, N., Lukacik, E.-R., Bourdage, J. S., Clow, L., Bakour, H., & Diaz, P. (2023). Bias in the background? The role of background information in asynchronous video interviews. *Journal of Organizational Behavior, 44*(3), 458–475. https://doi.org/10.1002/job.2680

Sackett, P. R., Zhang, C., Berry, C. M., & Lievens, F. (2022). Revisiting meta-analytic estimates of validity in personnel selection: Addressing systematic overcorrection for restriction of range. *Journal of Applied Psychology, 107*(11), 2040–2068. https://doi.org/10.1037/apl0000994

Schuler, H. (2014). Biografieorientierte Verfahren der Personalauswahl. In H. Schuler & U. P. Kanning (Hrsg.), *Lehrbuch der Personalpsychologie* (3. Aufl., S. 257–299). Hogrefe.

Taylor, P. J., & Small, B. (2002). Asking applicants what they would do versus what they did do: A meta-analytic comparison of situational and past behaviour employment interview questions. *Journal of Occupational and Organizational Psychology, 75*(3), 277–294. https://doi.org/10.1348/096317902320369712

Tong, D. Y. K., Tong, X. F., Balakrishnan, K., & Luo, S. (2020). Job seekers' acceptance towards producing video resumes for company's recruitment. *International Journal of Management Studies, 27*(2), 97–132. https://doi.org/10.32890/ijms.27.2.2020.9751

Van Iddekinge, C. H., Lanivich, S. E., Roth, P. L., & Junco, E. (2016). Social media for selection? Validity and adverse impact potential of a Facebook-based assessment. *Journal of Management, 42*(7), 1811–1835. https://doi.org/10.1177/0149206313515524

Warshawski, E. (1987). Video résumés, sharpening the competitive edge for dancers, choreographers and dance-companies. *Dance Magazine, 61*(3), 40–41.

Waung, M., Hymes, R., Beatty, J. E., & McAuslan, P. (2015). Self-promotion statements in video resumes: Frequency, intensity, and gender effects on job applicant evaluation. *International Journal of Selection and Assessment, 23*(4), 345–360. https://doi.org/10.1111/ijsa.12119

Waung, M., Hymes, R. W., & Beatty, J. E. (2014). The effects of video and paper resumes on assessments of personality, applied social skills, mental capability, and resume outcomes. *Basic and Applied Social Psychology, 36*(3), 238–251. https://doi.org/10.1080/01973533.2014.894477

Waung, M., McAuslan, P., DiMambro, J. M., & Mięgoć, N. (2017). Impression management use in resumes and cover letters. *Journal of Business and Psychology, 32*(6), 727–746. https://doi.org/10.1007/s10869-016-9470-9

Technologiegestützte Testdiagnostik

Marie L. Ohlms

Inhaltsverzeichnis

U. P. Kanning, M. L. Ohlms (Hrsg.), *Digitale Personalauswahl und Eignungsdiagnostik*,
https://doi.org/10.1007/978-3-662-68211-1_5

5.1 Grundlagen: Analoge Testdiagnostik

In diesem Kapitel soll es nun zunächst um die Grundlagen der psychologischen Testdiagnostik gehen, die von Unternehmen im Bewerbungsprozess oft im Anschluss an die Analyse der Bewerbungsunterlagen (vgl. ▶ Kap. 3) zum Einsatz kommt. Dabei werden wir die verschiedenen Klassen von Testverfahren kennenlernen, die im Rahmen der Personalauswahl eingesetzt werden können.

Nach dem trimodalen Ansatz der Eignungsdiagnostik, der diagnostische Methoden im Allgemeinen in biografie-, konstrukt- und simulationsorientierte Verfahren unterteilt, lassen sich Testverfahren dem Konstruktansatz zuordnen (Schuler et al., 2014). Konstruktorientierte Verfahren zielen darauf ab, stabile Merkmale bzw. Konstrukte (wie z. B. Persönlichkeitseigenschaften oder kognitive Fähigkeiten) von Bewerbenden zu erfassen. Im Rahmen der psychologischen Eignungsdiagnostik werden dazu typischerweise Testverfahren genutzt. Dabei unterteilen wir Testverfahren grundsätzlich in zwei Rubriken, denen wiederum weitere Subformen untergeordnet werden können: Leistungstests und Fragebogeninstrumente (Schuler et al., 2014).

Werfen wir zunächst einen Blick auf die *klassischen (papier-basierten) Leistungstests*, die die Messung von Kenntnissen, Fähigkeiten, Fertigkeiten und Wissen der Bewerbenden ermöglichen. Sie zielen darauf ab, maximales Verhalten zu messen, also die beste Leistung, die jemand unter optimalen Voraussetzungen und voller Motivation erbringen kann (Schuler et al., 2014). Traditionelle Leistungstests, wie sie bereits seit Beginn des 20. Jahrhunderts im Rahmen der Eignungsdiagnostik zum Einsatz kommen, konfrontieren Bewerbende mit abstrakten, voneinander unabhängigen Aufgaben, die entweder richtig oder falsch bzw. suboptimal gelöst werden können. Entsprechend gibt es für jede Testaufgabe eine vorgegebene optimale Antwort. Die Gesamtleistung einer Person ergibt sich in der Regel aus der Anzahl der richtig gelösten Antworten (Kanning, 2018). Das Paradebeispiel der kognitiven Fähigkeitstests ist der Intelligenztest. In ◘ Abb. 5.1 sind beispielshaft zwei mögliche Testaufgaben eines allgemeinen Intelligenztests abgebildet (Beispiel a und b). Betrachten wir zunächst Beispiel a), das darauf abzielt, die nummerische Intelligenz einer Person zu erfassen. Zur Lösung dieser Aufgabe muss die Logik, die hinter dieser Zahlenreihe steckt, erkannt werden, um die Zahl, die anstelle das Fragezeichens stehen müsste, einsetzen zu können (Liepmann et al., 2007). Im Falle unseres Beispiels werden abwechselnd fünf Punkte addiert und drei subtrahiert, sodass die Lösung für diese Aufgabe 18 wäre. Auch Beispiel b) stellt eine potenzielle Aufgabe eines allgemeinen Intelligenztests dar, wobei dieser Aufgabentyp dazu dient, die figural-räumliche Intelligenz zu messen. Wenn wir uns die Aufgabe b) einmal genauer anschauen, sehen wir, dass von oben links beginnend von Figur zu Figur jeweils eine Ecke hinzukommt. Das Dreieck wird zum Viereck, welches sich wiederum in ein Fünfeck verwandelt. Zudem sind die Figuren auf der einen Diagonalen mit einer schwarzen Füllung versehen, wohingegen auf der anderen die Symbole weiß gefärbt sind. Dieser Logik folgend, müsste sich das schwarze Fünfeck in ein weißes Sechseck verwandeln, sodass entsprechend Option d) die richtige Lösung wäre. Die Aufgabentypen a) und b) in ◘ Abb. 5.1 lassen sich so oder in ähnlicher Ausführung in verschiedenen wissenschaftlichen Testverfahren wiederfinden, wie zum Beispiel im Intelligenz-Struktur-Test 2000-R (Liepmann et al., 2007) oder im Berliner Intelligenz Struktur-Test (Jäger et al., 1997). Neben den allgemeinen Intelligenztests gibt es aber auch eine Reihe wei-

a) Ergänzen Sie die logisch nächstfolgende Zahl in der Reihe.

4 9 6 11 8 13 10 15 13 ?

b) Wählen Sie die Form aus, die anstelle der Fragezeichens stehen müsste.

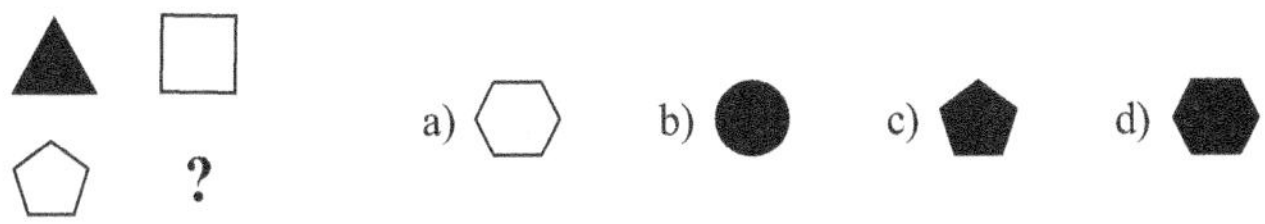

c) Wie oft ist in der Reihe das keine *i* zu sehen?

1 i i I I i i j 1 j i i j 1 i I i i 1 j i ! j 1 ! 1 i j i j i j i j ! I j j i j i

d) Prüfen Sie, ob die Adressen übereinstimmen und markieren Sie die Fehler.

Maximilian Müller Lilienweg 263 31535 Neustadt am Rübenberge	Maximilian Müller Lillienweg 263 31535 Neustadt am Rubenberge
Phillip Schneider Siedlung 12f 27305 Bruchhausen-Vilsen	Philip Schneider Siedlung 12f 27305 Bruchausen-Vilsen
…	…

Abb. 5.1 Beispielitems zur Messung (**a**) numerischer Intelligenz, (**b**) figural-räumlicher Intelligenz, (**c**) Konzentrationsfähigkeit, (**d**) spezifischer beruflicher Leistung

terer kognitiv orientierter Testverfahren, derer sich zu Personalauswahlzwecken bedient werden kann. Dazu gehören die Konzentrationstests (auch Speed-Test genannt; siehe Abb. 5.1c). Im Gegensatz zu den meisten anderen Leistungstests konfrontieren diese Verfahren Bewerbende mit sehr einfach zu lösenden Aufgaben, die allerdings unter hohem Zeitdruck und höchster Genauigkeit bearbeitet werden müssen. Die Herausforderung bei Konzentrationstests liegt also insbesondere darin, in der vergebenen Zeit möglichst viele Aufgaben fehlerfrei zu beantworten (Kanning, 2018). Beispiel c) in Abb. 5.1 veranschaulicht, wie solch ein Konzentrationstest konkret aussehen könnte. Wir sehen, dass die eigentliche Aufgabe, die Anzahl der Is zu zählen prinzipiell von jedermann gelöst werden kann. Allerdings ist die korrekte Umsetzung dieser Aufgabe für eine Vielzahl solcher Reihen mit Is und unter Zeitdruck weniger einfach zu lösen, als dies auf den ersten Blick scheint. Ein Beispiel eines etablierten Konzentrationstests wäre der d2-R Test (Brickenkamp et al., 2010).

Eine weitere Subkategorie der Leistungstests umfasst die Wissenstests, die darauf abzielen, spezifische berufliche Fähigkeiten und Fertigkeiten Bewerbender zu erfassen. In Abhängigkeit der zu besetzenden Stelle können diese entsprechend sehr unterschiedlichen Inhalts sein. Beispiel d) in Abb. 5.1 wäre ein Item, dass sich unter anderem zur Auswahl von Bewerbenden für klassische Bürotätigkeiten eignen würde (vgl. auch Revidierender Allgemeiner Büroarbeitstest, Lienert & Schuler,

1994). Beispiele etablierter wissenschaftlicher Testverfahren wären der Allgemeine Büroarbeitstest (Lienert & Schuler, 1994) sowie der AZUBI-BK/AZUBI-TH (Görlich & Schuler, 2007, 2010).

Zu den konstruktorientierten Verfahren zählen neben den Leistungstests auch die persönlichkeitsorientierten Verfahren bzw. Fragebogeninstrumente. Im Gegensatz zu kognitiv orientierten Verfahren zielen Fragebogeninstrumente darauf ab, alltägliche Verhaltensweisen, Präferenzen, Werte und Einstellungen von Bewerbenden zu erfassen. Grundlegende Verhaltensdispositionen, wie zum Beispiel die Persönlichkeit oder Leistungsmotivation, werden in Fragebögen zumeist mittels Selbsteinschätzungen der Bewerbenden erhoben. Dabei werden Bewerbende mit verschiedenen Aussagen zur eigenen Person konfrontiert und müssen üblicherweise auf einer mehrstufigen Skala angeben, wie sehr sie der jeweiligen Aussage zustimmen (◘ Abb. 5.2a; Kanning, 2018).

Neben den am weitesten verbreiteten Zustimmungsskalen existieren aber auch weitere Antwortformate wie Forced-Choice-Skalierungen und bipolare Adjektive (Schuler & Kanning, 2014). Erstere konfrontieren Bewerbende je Item mit mehreren unabhängigen Verhaltensbeschreibungen bzw. Einstellungen, wobei diejenige Antwort ausgewählt werden soll, die am meisten auf die eigene Person zutrifft (◘ Abb. 5.2b; Kanning, 2018). Bei bipolaren Adjektiven wiederum werden auf den Skalenenden jeweils Gegensatzpaare abgebildet und Bewerbende sollen einschätzen, wo auf dem Kontinuum sie sich selbst einordnen würden (◘ Abb. 5.2c; Goldberg, 1993). Zwar werden im Rahmen der Personalauswahl typische Verhaltensweisen und

a) **Zustimmungsskala** (z.B. NEO-FFI, Borkenau & Ostendorf, 2008)

Ich bin gerne im Zentrum des Geschehens.

Stimme gar nicht zu	Stimme eher nicht zu	teils, teils	stimme eher zu	stimme voll zu
☐	☐	☐	☐	☐

b) **Forced Choice** (z.B. OPQ 32, Bartram et al., 2006)

Ich bin jemand, der/die…

☐ … anderen bei Problemen hilft.

☐ … neue Ansätze entwickelt.

☐ … viel Energie hat.

☐ … gerne etwas mit anderen unternimmmt

c) **Bipolare Adjektive** (z.B. Goldberg, 1993)

Introversion - Extracersion

unaktiv ☐ ☐ ☐ ☐ ☐ aktiv

◘ **Abb. 5.2** Beispiele für verschiedene Antwortformate: (**a**) Zustimmungsskala, (**b**) Forced-Choice, (**c**) Bipolare Adjektive

Einstellungen der Bewerbenden üblicherweise per Selbstbericht erhoben, jedoch können diese grundsätzlich auch mittels einer Fremdeinschätzung durch nahestehende Personen wie Vorgesetzte oder Kolleg/-innen erfasst werden (Kanning, 2018). Die Fremdeinschätzung ist dennoch eher verbreitet im Bereich der Personalentwicklung und Leistungsbeurteilung (z. B. 360 Grad Feedback; siehe ▶ Kap. 10).

Wir sehen also, dass der zentrale Unterschied der Fragbogenmaße im Vergleich zu den Leistungstests insbesondere darin liegt, dass es bei diesen keine objektiv richtigen und falschen Antworten gibt, sondern es vielmehr darum geht, eine möglichst genaue Selbst- bzw. Fremdeinschätzung der Bewerbenden zu erhalten (Kanning, 2018; Schuler et al., 2014).

Grundsätzlich kann sich an einer großen Bandbreite verschiedener Fragebogeninstrumente zu unterschiedlichen Themengebieten bedient werden, wie Inventare zur Erfassung der allgemeinen bzw. berufsbezogenen Persönlichkeit, Arbeitsmotive, sozialen Kompetenz, Interessen oder zum Führungsverhalten (Kanning, 2018). In der Praxis am verbreiteten sind dabei eindeutig die Persönlichkeitsinventare (Kanning, 2016b), wobei sich eine Vielzahl verschiedener persönlichkeitsorientierter Verfahren von unterschiedlichsten Testanbietern auf dem Markt finden lässt (siehe etwa Testzentrale.de), unter ihnen sowohl sinnvolle als auch weniger sinnvolle Verfahren.

Das wohl bekannteste und etablierteste Persönlichkeitskonzept ist das der Big-5-Persönlichkeitsfaktoren. Dieser Ansatz klassifiziert die Persönlichkeit eines Menschen anhand der fünf Dimensionen Neurotizismus, Extraversion, Offenheit für neue Erfahrungen, Verträglichkeit und Gewissenhaftigkeit (Staufenbiel, 2012). Eine Erweiterung des Fünf-Faktoren-Modells der Persönlichkeit, das in den letzten Jahren immer mehr an Aufmerksamkeit gewinnt, ist das HEXACO-Modell (Ashton & Lee, 2007). Dieses Modell erweitert die fünf Persönlichkeitsfacetten um eine sechste Dimension: Ehrlichkeit–Bescheidenheit. HEXACO ist dabei ein Akronym für die sechs Persönlichkeitsfaktoren in englischer Sprache: **H**onesty-humility, **E**motionality, E**x**traversion, **A**greeableness, **C**onscientiousness, and **O**penness. ◘ Abb. 5.3 gibt einen Überblick über die Definition des Sechs Faktoren Modells nach Ashton und Lee (2007).

Neben den dimensionalen Verfahren, die die Persönlichkeit einer Person anhand mehrerer eindeutig voneinander abgrenzbarer Facetten messen (z. B. HEXACO-Modell), haben typologische Verfahren eine lange Geschichte in der Praxis der

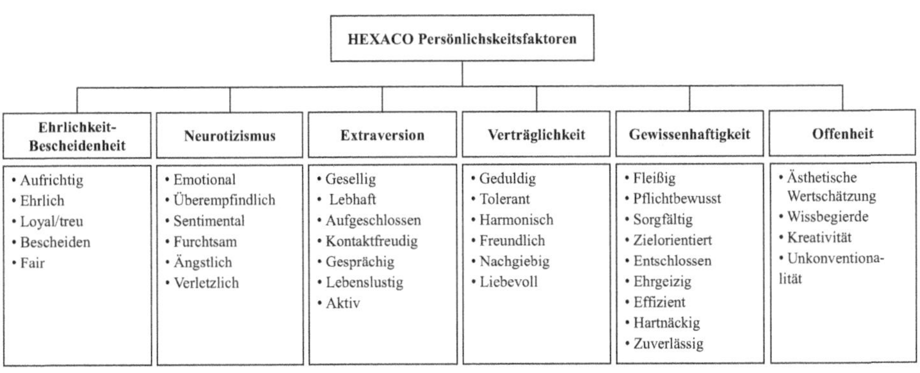

◘ **Abb. 5.3** Überblick über die HEXACO-Persönlichkeitsfaktoren (angelehnt an Ashton & Lee, 2007)

Personalauswahl. In der psychologischen Forschung hingegen ist seit Jahrzehnten bekannt, dass diese Verfahren kaum geeignet sind, um die Persönlichkeit einer Person umfassend abzubilden (Kanning, 2015). Typologische Verfahren ordnen Menschen auf Basis ihrer Selbstauskünfte einer bestimmten Gruppe zu. Dabei arbeiten viele dieser Verfahren mit vier verschiedenen Gruppen, einige Erweiterungen erlauben die Unterteilung in 16 Gruppen. Problematisch dabei ist, dass diese geringe Anzahl verschiedener Gruppen, denen eine Person potenziell zugeordnet werden kann, die Komplexität der Persönlichkeit eines Menschen nicht sinnvoll abbilden kann. Schließlich lässt sich die Vielfalt der rund 7,5 Mrd. Menschen auf der Erde wohl kaum sinnvoll durch vier Kategorien von Menschen abbilden. Selbst wenn ein Typentest Mischformen von Gruppen zulässt, sodass es vielleicht 16 Gruppen gibt, wird dies ebenfalls nicht ausreichen, um die Diversität verschiedener Persönlichkeiten auf diesem Planeten zu repräsentieren (Kanning, 2015, 2018). Vergleicht man die typologischen Verfahren mit den dimensionalen Persönlichkeitsinventaren, ist bereits auf den ersten Blick ersichtlich, dass Modelle wie das HEXACO-Modell die Persönlichkeit deutlich differenzierter erfassen. Beispielsweise könnten anhand eines Inventars, das die HEXACO-Facetten abbildet und mit einer Prozentrangskala[1] arbeitet, bereits 10 Mrd. verschiedene Persönlichkeitsprofile bestimmt werden (100 × 100 × 100 × 100 × 100 = 10 Mrd.). Dimensionale Verfahren ermöglichen also eine deutlich nuancierte Darstellung der Persönlichkeit eines Menschen, als dies typologische Verfahren tun. In der Praxis deutscher Unternehmen erfreuen sich typologische Persönlichkeitsinventare dennoch großer Beliebtheit (Hossiep, et al., 2015). Dies mag insbesondere daran liegen, dass eine Reihe etablierter Anbieter typologischer Testverfahren mit grandiosen Versprechen über die famose Qualität dieser Instrumente werben. Empirisch haltbar sind diese dennoch kaum.

5

Neben den Persönlichkeitsinventaren stellen Integritätsfragebögen eine weitere Subkategorie der Fragebogeninstrumente dar. Diese Maße erfassen, anders als dimensionale Verfahren, lediglich eine einzige Eigenschaft, nämlich die Integrität (Kanning, 2018). Dabei zielen Integritätsfragebögen darauf ab, zu erfassen, inwiefern ein/-e Mitarbeiter/-in sich moralisch einwandfrei, im Sinne der Interessen des Arbeitgebers verhält. Durch den Einsatz von Integritätsfragebögen sollen entsprechend Verhaltensweisen wie Diebstahl am Arbeitsplatz, fälschliches Eintragen abgeleisteter Arbeitsstunden oder ähnliche, dem Arbeitgeber schadende Handlungen aufgedeckt werden (Kanning, 2018; Marcus, 2000).

Weiterhin bieten verschiedene Fragebögen zur Erfassung der sozialen Kompetenzen (z. B. Inventar sozialer Kompetenzen; Kanning, 2009), Führung (z. B. Hamburger Führungsmotivationsinventar; Felfe et al., 2012), Interessen (z. B. das Werkzeug zur Berufswahl und Laufbahnplanung; Joerin Fux & Stoll, 2006) sowie Motivation (z. B. Leistungsmotivationsinventar; Schuler & Prochaska, 2001) eine Möglichkeit, typische Verhaltensweisen von Bewerbenden im Rahmen des Bewerbungsprozesses

1 Die Prozentrangskala gibt an, wie viel Prozent der Personen aus der Normierungsstichprobe den gleichen oder einen niedrigeren Wert als die gefragte Person erzielt haben. Dabei können sich die Werte im Bereich zwischen 0 bis 100 bewegen. Weist eine Person beispielsweise einen Prozentrang von 70 auf, bedeutet dies, dass 70 % der Normierungsstichprobe den gleichen oder einen niedrigeren Wert als diese Person erreicht haben (für einen ausführlichen Überblick siehe Kanning, 2018, S. 232 ff.).

zu erfassen. Da klassische Intelligenztests und Persönlichkeitsinventare im Rahmen der Personalauswahl und -diagnostik die bedeutendsten Vertreter der Testverfahren darstellen, werden wir uns in den nachfolgenden Abschnitten insbesondere auf diese Verfahren konzentrieren.

5.2 Begriffserklärung technologiegestützte Testverfahren

Nachdem wir nun die grundlegende Differenzierung traditioneller Testverfahren kennengelernt haben, widmen wir uns dem eigentlichen Kern des vorliegenden Kapitels, den technologiegestützten Testverfahren. Schauen wir dazu zunächst an, welche Arten digitaler Testverfahren existieren und was sie von ihren traditionellen Pendants unterscheidet. Unter technologiegestützten Assessments werden im Allgemeinen jegliche Testverfahren zusammengefasst, die in irgendeiner Weise technische Medien nutzen (Tippins, 2011). Dabei gibt es vielfältige Möglichkeiten, technische Medien im Rahmen der Testdiagnostik zu nutzen (Klinck, 2013; Tippins, 2015). Beispielsweise kann lediglich die Auswertung traditioneller analoger Testverfahren mithilfe von Computerprogrammen erfolgen (Kanning, 2018). Eine andere Option wäre, dass Bewerbende das Testverfahren selbst am Computer, Tablet oder Smartphone bearbeiten. Im Folgenden soll die zuletzt genannte Variante fokussiert werden, die Durchführung des eigentlichen Testverfahrens mittels eines technischen Mediums. ◻ Abb. 5.4 gibt einen Überblick über die Abgrenzung technologiegestützter Testverfahren von ihren analogen Alternativen sowie die verschiedenen Formen technologiegestützter Assessments. Bei Paper-Pencil-Fragebögen und Leistungstests müssen die Antworten stets händisch auf einem Antwortbogen angekreuzt bzw. eingetragen werden. Somit bietet sich bei analogen Testverfahren in aller Regel nur eine beaufsichtigte Durchführung vor Ort im Unternehmen an. Schließlich erscheint es wenig praktikabel, Bewerbenden haufenweise Testunterlagen postalisch für eine Remote-Bearbeitung zuzuschicken.

Bei den technologiegestützten Testverfahren lässt sich zunächst zwischen computer- und mobile-basierten Inventaren unterscheiden. Erstere werden von Bewerbenden am Computer bearbeitet, wobei die Antworten mittels Mausklick beziehungsweise Tastatureingabe eingegeben werden. Die eigentlichen Testaufgaben bleiben üblicherweise inhaltlich vollkommen unverändert zu denen in analogen Verfahren (Tippins, 2015). So unterscheiden sich ein traditioneller Test und sein computergestütztes Pendant lediglich hinsichtlich des Mediums (d. h. Durchführung per Stift und Papier vs. Computer). In der Praxis lässt sich beobachten, dass viele Testanbieter mittlerweile dazu übergegangen sind, ihre analogen Testverfahren ebenfalls in einer technologiegestützten Variante anzubieten (z. B. Hogrefe). Die unmittelbare Entwicklung eines neuen computergestützten Testverfahrens ist natürlich ebenfalls möglich. Im Gegensatz zu analogen Testverfahren ermöglichen computergestützte Verfahren sowohl eine beaufsichtigte Durchführung in Präsenz als auch eine unbeaufsichtigte online durchgeführte Testung (hier ist oft auch von Online-Assessment oder E-Assessment die Rede, z. B. Kanning, 2018). Bei Letzterem erhalten Bewerbende üblicherweise per E-Mail die Einwahldaten für das Testverfahren, welches sie innerhalb eines vorgegebenen Zeitfensters an einem Ort ihrer Wahl bearbeiten können.

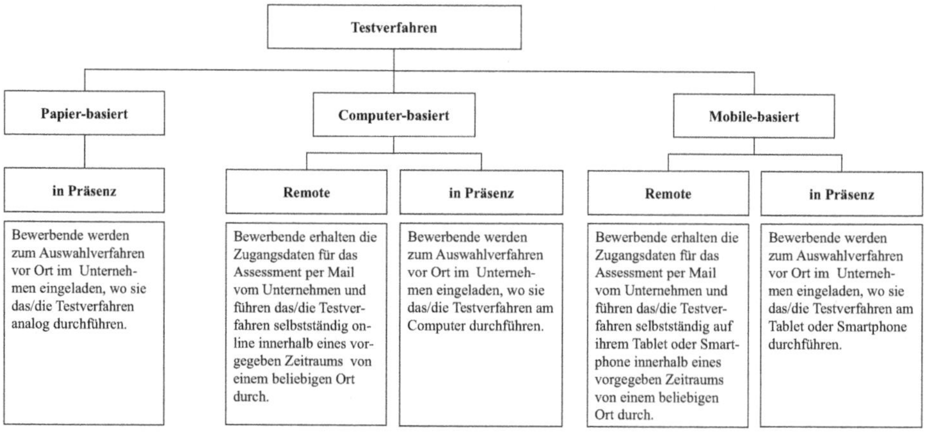

Abb. 5.4 Klassifikation analoger und technologiegestützter Testverfahren

Die Nutzung mobiler Endgeräte zur Testadministration umfasst eine weitere Klasse der technologiegestützten Testverfahren. Dabei gibt es verschiedene Möglichkeiten, wie eine Testdiagnostik per Smartphone oder Tablet gestaltet werden kann. Zum einen gibt es die Variante, dass das digitale Testverfahren von Bewerbenden, ganz ähnlich wie bei einer computer-basierten Testung, über einen Link im Browser (z. B. Google Chrome, Safari) aufgerufen werden kann. Zum anderen besteht die Option, dass eine speziell programmierte App, die Nutzer/-innen zunächst aus dem App-Store herunterladen müssen, genutzt wird. Wie auch computer-basierte Assessments bieten mobile-basierte Testverfahren prinzipiell die Möglichkeit einer Remote-Durchführung sowie einer Präsenzdurchführung.

5.3 Praxis der Testdiagnostik

Die Anfänge der traditionellen psychologischen Testdiagnostik in Kontext der Personalauswahl reichen weit zurück bis in den Beginn des 20. Jahrhunderts. Dabei kamen analoge Intelligenztests erstmalig bei der Auswahl des amerikanischen Militärs während des Ersten Weltkrieges zum Einsatz (Kevles, 1968). Da sich die psychologische Testdiagnostik derweil als eine valide Methode für die Auswahl von Fachkräften erwies, schwappte sie nach und nach in den amerikanischen und später in den europäischen Wirtschaftssektor über (Kanning, 2012). Weitverbreitet in deutschen Unternehmen ist der Einsatz von Leistungstests und Fragebogeninventaren im Rahmen der Personalauswahl jedoch bis heute nicht (Armoneit et al., 2020; Benit & Soellner, 2013; Weinert et al., 2014), wie Abb. 5.5 entnommen werden kann. Dabei zeigt eine aktuelle Trendstudie von Armoneit et al. (2020), die 140 deutsche Unternehmen zu ihrer Nutzungshäufigkeit verschiedener Auswahlinstrumente befragte, dass nur rund 24 % der befragten Organisationen analoge Leistungstests bzw. 19 % traditionelle Persönlichkeitsfragebögen zu Auswahlzwecken nutzen. Im Vergleich zu früheren Befragungen im Jahr 1993 (Schuler et al., 1993) und 2007 (Schuler et al., 2007) lässt sich eine kontinuierliche Abnahme der papier-basierten Testverfahren verzeichnen. Dahingegen erfreuen sich computer-basierte Assessments immer größerer Beliebtheit in der Praxis deutscher Or-

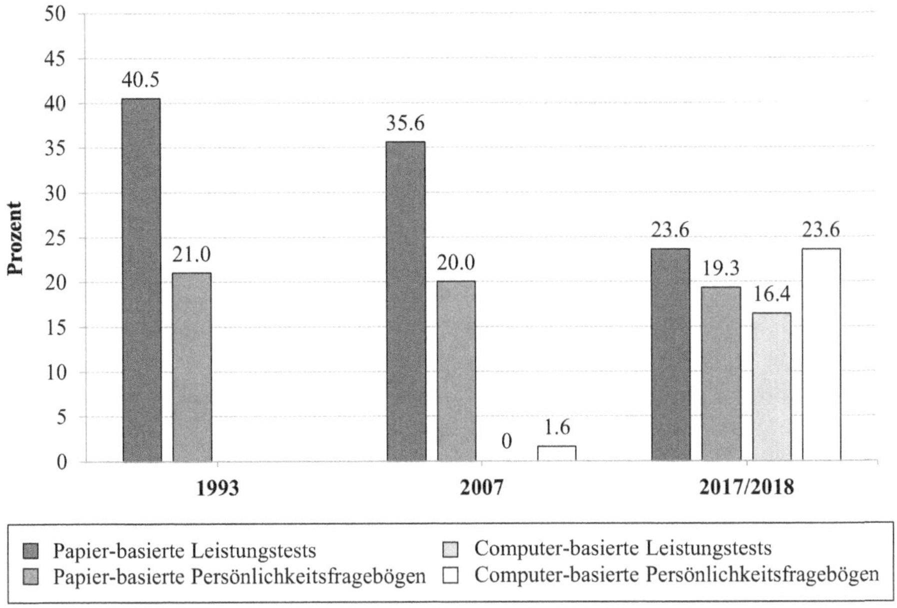

Abb. 5.5 Nutzungshäufigkeit von Testverfahren und Persönlichkeitsfragebögen in deutschen Unternehmen über die Zeit (nach Armoneit et al., 2020)

ganisationen. So waren es im Jahr 2017/2018 bereits ca. 16 % bzw. 24 % der befragten Unternehmen, die technologiegestützte Leistungstests bzw. Persönlichkeitsfragebögen einsetzten. Zudem ist aufgrund der zunehmenden Digitalisierung (Ryan & Derous, 2019) stark davon auszugehen, dass sich die Bewegung weg von analogen Testverfahren hin zu digitalen Varianten in den nächsten Jahren weiterhin fortsetzen wird.

Das Smartphone ist heutzutage das bevorzugteste Endgerät zum Surfen im Internet, wobei mittlerweile 84 % der Internetnutzer/-innen in Deutschland das Handy zum Browsen nutzen (Postbank, 2022). Diesem Trend folgend erscheinen auch immer mehr Testverfahren auf dem Markt, die sich für eine Durchführung per Smartphone eignen (z. B. Aon). Über genaue Zahlen hinsichtlich der Nutzungshäufigkeit von mobilen Endgeräten im Rahmen der psychologischen Testdiagnostik ist jedoch, zumindest im deutschsprachigen Raum, bislang wenig bekannt. Eine Umfrage aus dem amerikanischen Raum zeigt zumindest, dass sich innerhalb von fünf Jahren der Anteil der Bewerbenden, die auf mobile Endgeräte für die Testdurchführung zurückgreifen, von 8 % im Jahr 2012 (davon 6 % Smartphone und 2 % Tablet) auf 23 % im Jahr 2017 (davon 17 % Smartphone und 5 % Tablet) nahezu verdreifacht hat (Lawrence & Kinney, 2017). Vor dem Hintergrund der steigenden Anzahl der Smartphone-Nutzer/-innen insgesamt (VuMA, 2021) ist dennoch anzunehmen, dass mobilen Endgeräten auch in Deutschland im Bereich der Testdiagnostik ein immer größerer Stellenwert zukommen wird.

Weiterhin unterscheiden sich die Nutzungshäufigkeiten der verschiedenen Testverfahren in Abhängigkeit von der Zielgruppe. Wie Abb. 5.6 entnommen werden kann, kommen sowohl analoge als auch computer-basierte Persönlichkeitsfragebögen überwiegend bei der Auswahl von Führungskräften zum Einsatz. Dahingegen

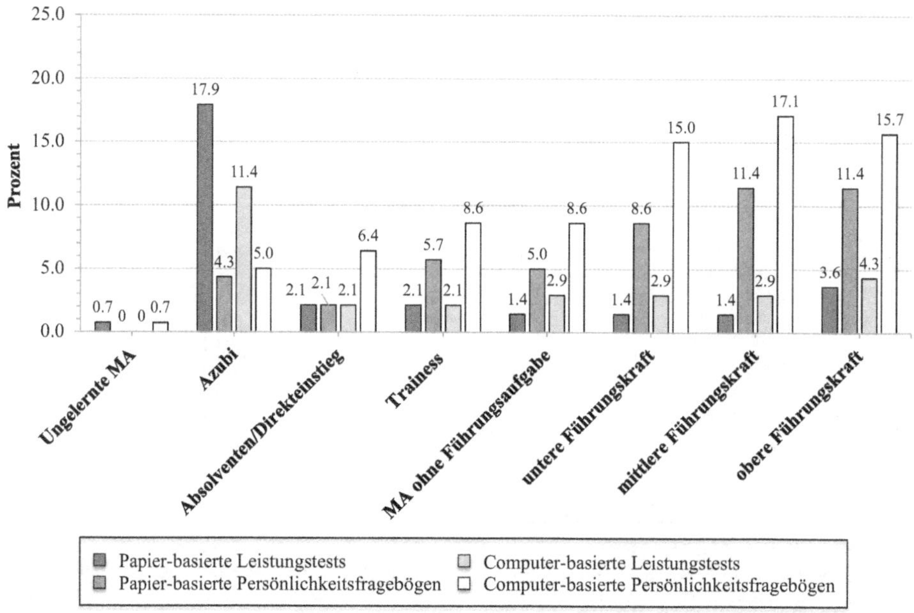

Abb. 5.6 Nutzungshäufigkeit von Testverfahren nach Zielgruppen (nach Armoneit et al., 2020)

werden leistungsorientierte Verfahren in deutschen Unternehmen fast ausschließlich für die Auswahl von Auszubildenden genutzt (Armoneit et al., 2020).

Hinsichtlich der Fragestellung, welche Bewerbendengruppen eher mobile Endgeräte für die Testdurchführung nutzen, wenn die Wahl zwischen einer Durchführung per Computer, Smartphone oder Tablet besteht, liegen bislang nur Befunde aus der amerikanischen Forschung vor (Arthur et al., 2014; Illingworth et al., 2015; McClure Johnson & Boyce, 2015; Rossini, 2016). Diese weisen darauf hin, dass zumindest die folgenden Gruppen von Bewerbenden eher dazu tendieren, mobile Endgeräte zur Durchführung eines Online-Assessments zu nutzen:

- Personen mit Migrationshintergrund,
- Frauen,
- jüngere Bewerbende.

5.4 Validität von Testverfahren

Gehen wir nun der Frage nach, inwiefern sich konstruktorientierte Methoden eignen, um die berufliche Leistung Bewerbender zu prognostizieren. Um dies zu beurteilen, wird in empirischen Studien üblicherweise der Zusammenhang (d. h. die Korrelation) zwischen der Leistung im Testverfahren und der aktuellen Arbeitsleistung (in diesem Fall sprechen wir von Kriteriumsvalidität) bzw. der zukünftigen Arbeitsleistung (hier würden wir von prognostischer Validität sprechen) betrachtet. Im Folgenden werden wir zunächst die Kriteriumsvalidität leistungsorientierter Verfahren fokussieren, ehe wir einen Blick auf die Fragebogeninventare werfen.

Eine Vielzahl an Studien legt nahe, dass sich traditionelle Leistungstests im besonderen Maße zur Vorhersage der beruflichen Leistung eines Menschen eignen. Dies gilt sowohl für spezifische berufliche Fähigkeitstests als auch für allgemeine Intelligenztests (Sackett et al., 2022). Dabei hat sich jedoch gerade der Intelligenztest als hervorragender Prädiktor verschiedenster Erfolgs- und Leistungskriterien herausgestellt (z. B. Hülsheger et al., 2007; Sackett et al., 2022; Schmidt & Hunter, 1998) und das über verschiedenste berufliche Tätigkeiten hinweg (Salgado et al., 2003). ◘ Tab. 5.1 gibt einen Überblick über metaanalytische Zusammenhänge traditioneller Intelligenztests mit verschiedenen akademischen und beruflichen Erfolgskriterien. Wir sehen, dass die Leistung im Intelligenztest eine gute Vorhersage für ein breites Spektrum an Erfolgskriterien erlaubt. Hinsichtlich der Korrelation des klassischen Intelligenztests mit der Arbeitsleistung wurde in den letzten 25 Jahren in der Regel auf die Metaanalyse von Schmidt und Hunter aus dem Jahr 1998 verwiesen. Den Ergebnissen von Schmidt und Hunter (1998) folgend, kann Intelligenztests eine sehr gute kriterienbezogene Validität von $\rho = 0{,}51$ zugeschrieben werden, sodass ihnen eine besondere Relevanz als Prädiktor der Arbeitsleistung zukommt. Eine systematische Neubewertung der Kriteriumsvalidität von Intelligenztests sowie anderen diagnostischen Verfahren legten Sackett et al. (2022) vor. In ihrer Arbeit kritisieren sie, dass in vorherigen Metaanalysen zum Teil zu großzügige Korrekturen für direkte und indirekte Varianzeinschränkung von Prädiktor-Kriterium-Zusammenhängen vorgenommen wurden, was zu einer zu positiven Bewertung der Validität verschiedener Auswahlverfahren in der Vergangenheit geführt hat. Auf Basis ihrer eher konservativen Berechnungen kommen sie zum Ergebnis, dass Intelligenztests zwar nicht eine so hohe Validität wie in vorherigen Studien zugesprochen werden kann, sie aber nach wie vor mit einer Validität von $\rho = 0{,}31$ ein gute Prognose der beruflichen Leistung erlauben.

Zudem eignen sich Intelligenztests nicht nur für die Vorhersage der klassischen Arbeitsleistung, sondern auch für die Prognose des Ausbildungs- und des universitären Erfolgs oder des Einkommens (Hülsheger et al., 2007; Kuncel & Hezlett, 2007; Strenze, 2007). Doch damit nicht genug, betrachtet man komplexere Jobs, wel-

◘ **Tab. 5.1** Korrelationen der allgemeinen Intelligenz mit verschiedenen Leistungskriterien

Kriterium	**Validität (ρ)**
Arbeitsleistung (Schmidt & Hunter, 1998)	0,51
Arbeitsleistung (Sackett et al., 2022)	0,31
Ausbildungserfolg (Hülsheger et al., 2007)	0,47
Studiennoten (Kuncel & Hezlett, 2007)	0,41
Führungseffektivität (Judge et al., 2004)	0,33
Beschäftigungsniveau (Strenze, 2007)	0,43
Einkommen (Strenze, 2007)	0,20
Trainingsleistung (Hunter & Hunter, 1984)	0,56

che kognitiv anspruchsvoller sind, fällt der Zusammenhang zwischen Intelligenz und Arbeitsleistung sogar noch stärker aus (Hunter & Hunter, 1984; Salgado et al., 2003). Einzig zur Vorhersage von aufgabenunabhängiger Leistung wie das kontraproduktive Arbeitsverhalten (d. h. Verhaltensweisen, die entgegen den Interessen der Organisationen sind) sowie das Organizational Citizenship Behavior (d. h. freiwilliges Verhalten, das über das laut Jobbeschreibung erwartete Leistungsmaß hinausgeht und nicht explizit durch die Organisation belohnt wird) scheinen Leistungstests im Vergleich zu anderen Auswahlinstrumenten weniger gut geeignet zu sein (Gonzalez-Mulé et al., 2014).

Nun mag man sich die Frage stellen, warum die Intelligenz, die auf den ersten Blick keinen direkten Bezug zu der eigentlichen beruflichen Tätigkeit aufweist, eine doch so valide Prognose der beruflichen Leistung einer Person erlaubt. Dies mag sich insbesondere dadurch erklären lassen, dass es intelligenteren Menschen leichter fällt, neue Dinge zu erlernen, sich Wissen anzueignen und komplexe Problemstellungen zu lösen. Somit lernen intelligentere Personen schneller und effektiver, was ihnen auch bei der Aneignung berufsrelevanter Kompetenzen und von Fachwissen von Vorteil ist. Da tätigkeitsbezogene Kompetenzen und berufliches Wissen unmittelbare Voraussetzung für das Erbringen beruflicher Leistung sind, leistet die Intelligenz hierbei keinen unbedeutenden Beitrag (Hunter, 1986). Entsprechend sind die kognitiven Fähigkeiten gerade in der Anfangsphase einer beruflichen Tätigkeit, in der in kurzer Zeit eine Reihe von Aufgaben erlernt werden muss, von besonderer Relevanz, während mit zunehmender Häufigkeit der Ausführung von ein und derselben Tätigkeit die Bedeutung der Intelligenz in der Vorhersage der Arbeitsleitung abnimmt (Murphy, 1989).

Neben der Validität stellen auch die anderen Gütekriterien, die Reliabilität und die Objektivität, in der Regel kein Problem bei Leistungstests dar (Kanning, 2018).

Wie sieht es nun um die Validität persönlichkeitsorientierter Verfahren aus? Noch bis zu Beginn der 1990er-Jahre war die allgemeine Auffassung der Forschung, dass Persönlichkeitsfragebögen im Rahmen der Personalauswahl kaum einen Mehrwert liefern können (z. B. Guion & Gottier, 1965; Reilly & Chao, 1982; Schmitt et al., 1984). Dies lag insbesondere daran, dass lange kein einheitliches Modell zur Klassifikation der Persönlichkeit eines Menschen vorlag und entsprechend kein Konsens darüber bestand, wie viele und welche Faktoren die Persönlichkeit einer Person sinnvoll beschreiben können (z. B. Goldberg, 1993). Mit der Einführung der Big-5-Persönlichkeitsfaktoren und darauffolgenden Studien sowie Metaanalysen zur Prognosegüte der beruflichen Leistung von Bewerbenden auf Basis dieses Modells (z. B. Barrick & Mount, 1991; Tett et al., 1991) änderte sich die Sichtweise schrittweise. ◘ Tab. 5.2 gibt einen Überblick über die metaanalytischen Validitäten der Big-5-Persönlichkeitsfaktoren. Wie bereits zuvor erwähnt, liefert die Studie von Sackett et al. (2022) eine recht konservative Angabe der Prognosegüte diagnostischer Verfahren, weshalb hier die Validitätskoeffizienten tendenziell etwas geringer als in der älteren Metaanalyse von Barrick et al. (2001) ausfallen. In beiden Metaanalysen zeigt sich jedoch einheitlich, dass die Gewissenhaftigkeit von den Big-5-Persönlichkeitsfaktoren die beste Vorhersage der Arbeitsleistung erlaubt.

Weiterhin zeigt sich, dass die einzelnen Persönlichkeitsfaktoren des Fünf-Faktoren-Modells für bestimmte berufliche Tätigkeiten und Leistungskriterien von Relevanz sind (Barrick et al. (2001). Allem voran ist die Gewissenhaftigkeit für verschiedenste berufliche Tätigkeiten und Kriterien ein verlässlicher Prädiktor. Die

■ Tab. 5.2 Korrelation der Big-5-Persönlichkeitsfaktoren mit der Arbeitsleistung

Dimension	Barrick et al. (2001)	Sackett et al. (2022)	Sackett et al. (2022) Kontextualisiert
Gewissenhaftigkeit	0,24	0,19	0,25
Emotionale Stabilität	0,15	0,09	0,23
Extraversion	0,15	0,10	0,21
Verträglichkeit	0,11	0,10	0,19
Offenheit	0,07	0,05	0,12

Extraversion hingegen scheint insbesondere ein valides Kriterium für den Erfolg von Manager/-innen zu sein. Die emotionale Stabilität und die Verträglichkeit sind von besonderer Relevanz für eine gute Zusammenarbeit im Team (Barrick et al., 2001).

In Anbetracht der im Vergleich zu den Leistungstests deutlich niedrigeren Zusammenhänge persönlichkeitsorientierter Verfahren mit der Arbeitsleistung (Sackett et al., 2022) mag die Frage aufkommen, ob der Einsatz von Persönlichkeitsinventaren überhaupt lohnend ist. Um diese Frage zu beantworten und eine Aussage darüber treffen zu können, welche Bedeutung der Persönlichkeit im Vergleich zur Intelligenz in der Vorhersage beruflicher Leistungskriterien zukommt, berechneten Gonzalez-Mulé et al. (2014) in ihrer Studie eine Relative Weight Analysis (Johnson, 2000). Mithilfe dieser statistischen Methode kann die relative Bedeutsamkeit einzelner korrelierter Prädiktoren (hier Intelligenz und Big 5) in einer Regressionsanalyse geschätzt werden. Gonzalez-Mulé et al. (2014) fanden, dass die Intelligenz einen relativen Anteil von 89 % in der tätigkeitsbezogenen Arbeitsleistung erklärt, während nur ein Anteil von 11 % auf die Big 5 zurückgeht (siehe ■ Abb. 5.7). Betrachtet man also ausschließlich, welcher Stellenwert der Intelligenz und den Big Five in der Vorhersage der tätigkeitsbezogenen Arbeitsleistung zukommt, mag man wahrscheinlich zu dem Schluss kommen, dass die Persönlichkeit keinen großen Mehrwert in der Prognose des beruflichen Erfolgs einer Person liefern kann (Gonzalez-Mulé et al., 2014). Die Antwort auf die Frage mag jedoch anders ausfallen, wenn man weitere Kriterien neben der reinen tätigkeitsbezogenen Arbeitsleistung betrachtet. Während die Intelligenz kaum Aufschluss über das kontraproduktive Arbeitsverhalten einer Person liefert, erlaubt die Persönlichkeit eine gute Vorhersage dieses Kriteriums (■ Abb. 5.7). Da im Arbeitsalltag nicht allein die aufgabenbezogene Leistung einer Person von Bedeutung für den beruflichen Erfolg einer Person ist, haben Persönlichkeitsinventare im Rahmen der Personalauswahl sehr wohl ihre Daseinsberechtigung. Sie erlauben dabei im Vergleich zu leistungsorientierten Verfahren insbesondere eine gute Prognose des kontraproduktiven Arbeitsverhaltens und des Organizational Citizenship Behavior (Gonzalez-Mulé et al., 2014). Weiterhin kommt neben den Big-5-Faktoren der sechsten Dimension des HEXACO-Persönlichkeitsmodells – Ehrlichkeit-Bescheidenheit – eine besondere Bedeutung in der Vorhersage des kontraproduktiven Arbeitsverhaltens zu (Pletzer et al., 2019, 2020). So kann die Ehrlichkeit-Bescheidenheit über die Intelligenz, die Big 5 sowie die Integrität hinaus Varianz im kontraproduktiven Arbeitsverhalten erklären (Lee et al., 2019).

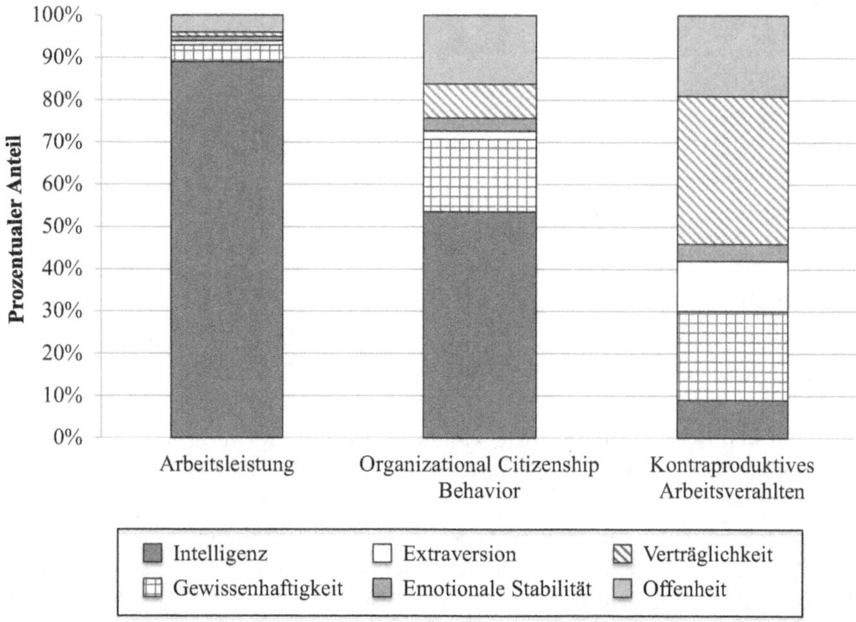

Abb. 5.7 Relativer Anteil der Intelligenz und Big Five in der Vorhersage der verschiedenen Leistungskriterien (Gonzalez-Mulé et al., 2014)

In der aktuellen Metaanalyse von Sackett und Kolleg/-innen (2022) wurde die Vorhersagegüte persönlichkeitsorientierter Verfahren separat für allgemeine und kontextualisierte Persönlichkeitsinventare betrachtet (Tab. 5.2). Kontextualisierte Persönlichkeitsfragebögen beziehen sich explizit auf die berufliche Persönlichkeit, sind also spezifischer als allgemeine Persönlichkeitsinventare formuliert. Wie auch schon in früheren Untersuchungen (z. B. Schmit et al., 1995) zeigt sich dabei, dass die Kontextualisierung von Persönlichkeitsitems ihre Validität verbessern kann. Veranschaulichen wird dies einmal anhand eines Beispiels. Ein klassisches Item aus einem allgemeinen Persönlichkeitsfragebogen zur Messung der Gewissenhaftigkeit lautet beispielsweise: „Ich halte meine Sachen ordentlich und sauber" (NEO-FFI, Borkenau & Ostendorf, 2008). Problematisch ist bei solch allgemeinen Beschreibungen, dass unklar ist, in welchem Kontext Bewerbende diese Aussage beantworten. Wird die Aussage auf die Bearbeitung beruflicher Tätigkeiten oder eher auf private Aufgaben, wie das Wäsche waschen oder den Hausputz, bezogen? Schließlich kann es gut sein, dass eine Person stets mit höchster Gewissenhaftigkeit ihren beruflichen Verpflichtungen nachgeht, aber sich in ihrer/seiner privaten Küche gut und gerne mal die Teller stapeln. Je nachdem, in welchem Kontext das Item also interpretiert wird, würde diese Person der Aussage mehr oder weniger zustimmen. Mithilfe der Kontextualisierung eines Fragebogens, beispielsweise durch die Ergänzung der Aussagen um ein „bei der Arbeit", können die einzelnen Items entsprechend eindeutig in einen beruflichen Kontext gerückt werden. Dies trägt wiederum zu einer besseren Prognosegüte persönlichkeitsorientierter Verfahren bei (Sackett et al., 2022; Schmit et al., 1995), sodass sich beim Einsatz von Persönlichkeitsinventaren im Personalauswahlkontext eine Kontextualisierung der Items empfiehlt. Ein wissenschaftliches Fragebogeninventar zur Erfassung der berufsbezogenen Persönlichkeit ist das Bochumer Inventar berufsbezogener Persönlichkeitsbeschreibung (Hossiep & Paschen, 2003).

Neben den Persönlichkeitsinventaren erlauben insbesondere Integritätsfragebögen eine gute Vorhersage der beruflichen Leistung einer Person. Dabei lassen sich Korrelationen zwischen Integritätsfragebögen und der Arbeitsleistung im Bereich von $\rho = 0{,}2–0{,}3$ erwarten (Sackett et al., 2022; Van Iddekinge et al., 2012). Wie auch persönlichkeitsorientierte Verfahren erlauben Integritätsfragbögen eine gute Vorhersage des kontraproduktiven Arbeitsverhaltens (Van Iddekinge et al., 2012) sowie Absentismus (Ones et al., 2003).

Weiterhin eignet sich auch der Einsatz von Fragebögen zur Erfassung spezifischer Merkmale wie Motive, Motivation und Interessen, wobei sich die Anwendung von Fragebögen zur Erhebung der Interessen insbesondere im Bereich der Berufsorientierung und -beratung eignet (Kanning, 2018). Aufseiten der Motive und Motivation kommt vor allem der Leistungsmotivation ein wichtiger Stellenwert zu. Schließlich nützt es nichts, wenn eine Person über herausragende kognitive Fähigkeiten und berufsrelevante Kompetenzen verfügt, sie aber nicht motiviert ist Leistung zu erbringen oder gar schlimmer sich entgegen den Interessen des Arbeitgebers verhält (Kanning, 2018). Aber auch die Erfassung der Arbeitsmotive eines/einer Bewerbenden bzw. Mitarbeitenden kann für Unternehmen von Interesse sein, um eine Auskunft darüber zu erhalten, was eine Person motiviert Leistung zu erbringen bzw. welche Anforderungen sie an ihren Arbeitsplatz stellt (z. B. Materielles, Führung, Work-Life-Balance). So können Organisationen entsprechend prüfen, inwiefern eine Passung zwischen den Arbeitsmotiven eines/einer Bewerbenden und den Anforderungen des Arbeitsplatzes besteht (Kanning, 2018). Das Inventar zur Erfassung der Arbeitsmotive (Kanning, 2016a) eignet sich beispielsweise für die differenzierte Erhebung von Arbeitsmotiven.

5.5 Vergleichbarkeit der Leistung in analogen und technologiegestützten Verfahren

Wie sieht es nun um die Prognosegüte moderner, technologiegestützter Testverfahren aus? Lassen sich die Ergebnisse traditioneller Testverfahren einfach auf computer- und mobile-basierte Instrumente übertragen oder müssen hierbei bestimmte Aspekte beachten werden?

Schauen wir hierzu zunächst auf die computer-basierten Testverfahren. Hierzu müssen wir zunächst die Unterscheidung von Power- und Speed-Tests verstehen. Wie bereits in ► Abschn. 5.1 beschrieben, geht es bei Speed-Tests primär um eine schnelle und präzise Bearbeitung relativ simpler und homogener Aufgaben (z. B. Konzentrationstest). Dahingegen werden zu den Power-Tests diejenigen Testverfahren gezählt, bei denen es in erster Linie um den Gehalt der Leistung und nicht um die Geschwindigkeit geht (Kanning, 2018). Reine Power-Tests würden also ohne ein Zeitlimit auskommen. Die einzelnen Aufgaben von Power-Tests sind entsprechend von hoher Schwierigkeit und Heterogenität. Die meisten Intelligenztests stellen eine Mischung aus Speed- und Power-Tests dar, sodass man bei diesen auch von Power-Tests mit Zeitbegrenzung sprechen kann (Mead & Drasgow, 1993). So weit so gut, schauen wir nun auf die metaanalytischen Befunde zur Vergleichbarkeit der Test-Scores von papier- und computer-basierten Speed-Tests und Power-Tests mit Zeitbegrenzung. Dabei zeigt sich zum einen, dass die Leistung in computer-basierten Power-Tests mit Zeitbegrenzung (z. B. Intelligenztest) nahezu vollkommen äquivalent zu der in analogen Power-Tests ist ($\rho = 0{,}97$; Mead & Drasgow, 1993). Die Test-Scores in Power-Tests lassen sich also nahezu bedenkenlos mit ihren papier-basierten Varianten vergleichen. Hingegen scheint die Leistung in Speed-Tests vom Durchführungsmedium beeinflusst zu sein. So weisen die Test-Scores in analogen und computer-basierten Verfahren lediglich eine mäßige Übereinstimmung von $\rho = 0{,}72$ auf (Mead & Drasgow, 1993). Entsprechend kann der Test-Score einer Kandidatin in einem analogen Speed-Test nicht mit dem Test-Score eines Kandidaten, der denselben Test am Computer bearbeitet hat, gleichgesetzt werden. Zudem kann die Validität eines analogen Speed-Tests nicht einfach auf sein digitales Pendant übertragen werden. Mead und Drasgow (1993) argumentieren, dass sich der Unterschied in der Leistung in analogen und computer-basierten Speed-Tests insbesondere auf die motorischen Fertigkeiten zurückführen lässt. Schließlich macht es einen Unterschied, ob mit dem Bleistift auf einem Blatt Papier eine Reihe von Zahlen in aufsteigender Reihenfolge miteinander verbunden werden muss oder am Computer dieselben Zahlen schnellstmöglich nacheinander mit der Maus angeklickt werden müssen.

Eine Reihe an Studien untersuchte, inwiefern sich die Test-Scores papier- und computer-basierter nicht-kognitiver Testverfahren voneinander unterscheiden. Während einige Studien Äquivalenz zwischen den Test-Scores beider Durchführungsmedien nachwiesen (z. B. Chuah et al., 2006; Salgado & Moscoso, 2003), kamen andere zur gegenteiligen Schlussfolgerung (z. B. Meade et al., 2007). Folglich kann eine Übereinstimmung zwischen analogen und computer-basierten Verfahren nicht pauschal angenommen werden, weshalb zu einer Überprüfung der Messäquivalenz zwischen traditionellen und digitalen Verfahren im Einzelfall geraten wird (Tippins, 2015).

Weiterhin ist es von Relevanz zu betrachten, inwiefern sich die Test-Scores einer mobile-basierten Durchführung von denen einer computer-basierten Durchführung unterscheiden. Hier zeigt sich zunächst, dass Bewerbende, die einen Leistungstest per mobilen Endgerät durchführen, deutlich schlechter abschneiden als Personen, die selbiges Testverfahren am Computer absolvieren (Arthur et al., 2014). Die Ursachen dafür können vielseitiger Natur sein. Zum einen stellt die mobile-basierte Durchführung aufgrund des kleineren Bildschirms eine höhere Herausforderung an das Arbeitsgedächtnis dar. Denn auf einem kleinen Handybildschirm können meist nicht alle essenziellen Informationen, die zur Bearbeitung einer Testaufgabe benötigt werden, gleichzeitig abgebildet werden, sodass Bewerbende scrollen müssen und die notwendigen Informationen zur Testbearbeitung im Arbeitsgedächtnis behalten müssen (Arthur et al., 2018; Sanchez & Goolsbee, 2010). Zudem ist aufgrund des kleineren Bildschirms die Informationsdichte auf einem mobilen Endgerät höher als auf dem Computer, was wiederum eine höhere Herausforderung an die Wahrnehmungsgeschwindigkeit und das Sehvermögen stellt. Das meint ganz einfach, dass auf dem Handybildschirm sehr viel aufmerksamer geschaut werden muss, um alle essenziellen Informationen wahrzunehmen, während selbige Informationen auf einem großen Computerbildschirm leicht ersichtlich sind (Arthur et al., 2018). Weiterhin stellt die Bearbeitung mittels Touch-Funktion und einer kleinen virtuellen Tastatur, wie es bei einem mobilen Endgerät der Fall ist, höhere Anforderungen an die psychomotorischen Fähigkeiten als die Bearbeitung per Maus und physischer Tastatur (Arthur et al., 2018). Die insgesamt deutlich höhere kognitive Herausforderung bei einer Testdurchführung per mobilen Endgerät im Vergleich zu einer computer-basierten Durchführung gestaltet die Testbearbeitung entsprechend schwieriger. Gerade bei einer gewissen Geschwindigkeitskomponente des Testverfahrens kann sich dies folglich nachteilig auf das Abschneiden in diesem auswirken. Darüber hinaus kann die Ursache der niedrigeren Test-Scores bei einer Durchführung per mobilen Endgerät verglichen zu seinem computer-basierten Pendant auch daher rühren, dass sich in Abhängigkeit vom Medium der jeweilige Durchführungsort unterscheidet. Schließlich eröffnet die unbeaufsichtigte Testdurchführung per mobilen Endgerät vollkommene Flexibilität bei der Wahl des Ortes und dem Zeitpunkt der Bearbeitung. Ob Bewerbende den Test in Ruhe, in einer störungsfreien Umgebung, in einem Café oder unter Hektik in der Bahn bearbeiten, ist ihnen vollkommen selbst überlassen. Dahingegen scheint es denkbar, dass eine computer-basierte Testdurchführung tendenziell in einer eher störungsfreien Umgebung wie dem heimischen Arbeitsplatz erfolgt. Somit liegt es nahe, dass eine mobile-basierte Testdurchführung eher unter suboptimalen Testbedingungen erfolgt als eine Testbearbeitung am Computer, sodass Bewerbende nicht ihre vollständige Konzentrationsleistung abrufen können und folglich schlechter abschneiden (Arthur et al., 2014, 2018). Letztlich könnten die schlechteren Test-Scores in mobile-basierten Testungen auch auf die Personen zurückgeführt werden, die diese bevorzugt nutzen (d. h. Personen mit Migrationshintergrund, Frauen und jüngere Bewerbende; Arthus et al., 2014).

Weiterhin zeigt sich, das Bewerbende für die Bearbeitung von persönlichkeitsorientierten Verfahren per Smartphone durchschnittlich länger brauchen als für die Bearbeitung per Computer (Arthur et al., 2014). Dies mag ebenfalls auf die kleinere Bildschirmgröße zurückzuführen sein, die ein häufigeres Scrollen erfordert, was entsprechend mehr Zeit in Anspruch nimmt. Da es bei Fragebogeninventaren in der Regel keine zeitliche Begrenzung gibt, sollte dies in der Praxis kein Problem darstellen. Zudem ist die Reliabilität von Persönlichkeitsinventaren, die per Computer und mobilen Endgeräten durchgeführt werden, nahezu identisch (Arthur et al., 2014). Ebenso zeigen sich lediglich vernachlässigbare Mittelwertsunterschiede in der Ausprägung der einzelnen Persönlichkeitsfaktoren in Abhängigkeit des genutzten technologiegestützten Mediums (Arthur et al., 2014, 2018).

Vor dem Hintergrund dieser Ergebnisse ist Bewerbenden, die vor der Wahl stehen, ob sie ein Online-Testverfahren am Computer, Tablet oder Handy bearbeiten sollen, wärmstens ans Herz zu legen eine Bearbeitung am Computer mit einem ausreichend großen Bildschirm und in einer störungsfreien Umgebung, in der sie sich gut konzentrieren können, zu wählen.

5.6 Perspektive der Bewerbenden

Wie stehen nun Bewerbende Testverfahren gegenüber? Lassen Sie uns dazu zunächst auf die Akzeptanz traditioneller Leistungstests und Fragebögen schauen, ehe wir die technologiegestützten Testverfahren betrachten.

Metaanalytische Befunde zu den Bewerbendenreaktionen gegenüber traditionellen Leistungstests weisen auf eine mittlere Akzeptanz dieser Verfahren unter Bewerbenden hin (Anderson et al., 2010; Hausknecht et al., 2004). Beispielsweise liegen klassische kognitive Testverfahren in der Metaanalyse von Anderson et al. (2010) auf einer siebenstufigen Akzeptanzskala bei 4,59 Punkten und folglich im mittleren Akzeptanzbereich. Verglichen zu anderen Personalauswahlmethoden wie dem Einstellungsinterview oder den Bewerbungsunterlagen finden sie hingegen weniger Zuspruch (Anderson et al., 2010; Hausknecht et al., 2004). Dabei sind jedoch keineswegs alle Intelligenztests gleichermaßen gut akzeptiert. So sind beispielsweise klassische Matrizentests, die darauf abzielen, die räumlich-figurale Intelligenz zu erfassen, weniger akzeptiert als breitere, zeitaufwändigere allgemeine Intelligenztests wie der Wilde-Intelligenz-Test 2 (Kersting et al., 2008) oder der Intelligenz-Struktur-Test 2000-R (Liepmann et al., 2007; Kersting, 2008).

Fragebogeninventare liegen ebenfalls im mittleren Akzeptanzbereich, wobei diese geringfügig schlechter als Intelligenztests bewertet werden (Anderson et al., 2010; Hausknecht et al., 2004). Innerhalb der Fragebögen gibt es vernachlässigbare Unterschiede in der Akzeptanz verschiedener Kompetenzen, die mithilfe von Fragebögen erhoben werden können, wobei persönlichkeitsorientierte Verfahren am beliebtesten und Interessentests am unbeliebtesten unter Bewerbenden sind (Kanning, 2016b).

Studien, die die Reaktionen von Bewerbenden gegenüber papier- und computer-basierten Testverfahren verglichen, fanden in der Regel keine bedeutenden Akzeptanzunterschiede (Tippins, 2015). Allerdings werden computer-basierte Testverfahren im Vergleich zu ihren analogen Gegenstücken als moderner und innovativer wahrgenommen (z. B. Ohlms et al., 2022). Für Unternehmen, die auf eine technologiegestützte Testdiagnostik zurückgreifen, birgt das wiederum das Potenzial, dass bei Bewerbenden der Eindruck entsteht, sie haben es im Allgemeinen mit einem innovativen Unternehmen zu tun, was sich positiv auf das Unternehmensimage auswirken könnte (Kanning, 2018).

Vergleicht man, inwiefern sich die Reaktionen von Bewerbenden gegenüber verschiedenen technologiegestützten Testverfahren unterscheiden, zeigt sich, dass mit einer abnehmenden Bildschirmgröße des Mediums die Reaktionen negativer ausfallen (Chang et al., 2016; Fursman & Tuzinski, 2015; Gutierrez & Meyer, 2013). Die tendenziell negativeren Reaktionen gegenüber Smartphone-Applikationen mögen auch darin ruhen, dass diese mit einer höheren kognitiven Herausforderung einhergehen (siehe ▶ Abschn. 5.4). Schließlich sind Auswahlverfahren mit einem höheren Schwierigkeitsgrad im Allgemeinen schlechter akzeptiert (Arthur et al., 2018; Hong, 1999).

Weiterhin zeigt sich, dass viele Bewerbende, die zunächst die Bearbeitung per Smartphone beginnen, im Verlauf der Testung zu einem nicht-mobilen Endgerät wechseln (Arthur et al., 2014; Dages & Jones, 2015). Beispielsweise berichteten Dages and Jones (2015), dass 89 % der Bewerbenden, die die Bearbeitung eines Testverfahrens mit 156 Items zunächst per Smartphone begannen, im Verlauf der Testung zum Computer wechselten.

Möchten sich Unternehmen nicht mit einer mittleren Akzeptanz von Testverfahren zufriedengeben, gibt es eine Reihe an Möglichkeiten, die Akzeptanz im Allgemeinen zu erhöhen. Einer der Gründe, warum Leistungstests und Fragebögen weniger positiv als beispielsweise Einstellungsinterviews bewertet werden, scheint darauf zu beruhen, dass es ihnen an Augenscheinvalidität mangelt. Dies meint, dass Bewerbende in den doch recht abstrakten Testaufgaben auf den ersten Blick keinen direkten Bezug zur beruflichen Tätigkeit erkennen können. Werden Bewerbende hingegen bei einem Einstellungsinterview gefragt, wie sie mit einer bestimmten Problemstellung im Arbeitsalltag umgehen würden, ist für sie ein unmittelbarer Bezug zur Arbeitstätigkeit erkennbar. Was Unternehmen nun aber tun können, um die wahrgenommene Augenscheinvalidität von Testverfahren zu erhöhen, ist, Bewerbenden den Nutzen (z. B. ihre prognostische Validität) und den Grund für den Einsatz dieser Auswahlverfahren zu erklären (Melchers & Körner, 2019; Truxillo et al., 2009). Eine weitere Möglichkeit zur Steigerung der Akzeptanz von Testverfahren wäre, diese in einen tätigkeitsnahen Kontext einzubetten. So könnte beispielsweise zu Leistungstests gegriffen werden, deren Aufgaben in einem gewissen Bezug zur eigentlichen beruflichen Tätigkeit stehen, wie der Allgemeine Büroarbeitstest (◘ Abb. 5.1d; Lienert & Schuler, 1994) oder der AZUBI-BK/AZUBI-TH (Görlich & Schuler, 2007, 2010). Bei Fragebogenmaßen kann die Kontextualisierung der einzelnen Aussagen, also beispielsweise das Hinzufügen von einem „bei der Arbeit", zum eigentlichen Item helfen die Akzeptanz unter Bewerbenden zu steigern (Holtrop et al., 2014; Holtz et al., 2005). Das Bochumer Inventar berufsbezogener Persönlichkeit (BIP; Hossiep & Paschen, 2003) arbeitet beispielsweise mit solchen explizit arbeitsbezogenen Items.

5.7 Unbeaufsichtigte Testdurchführung über das Internet

Wie wir in ► Abschn. 5.2 bereits gesehen haben, bieten technologiegestützte Testverfahren die Möglichkeit einer unbeaufsichtigten Testdurchführung über das Internet (auch Online-Assessment oder E-Assessment genannt; ◘ Abb. 5.4).

Solch ein Online-Assessment eignet sich insbesondere zur Vorauswahl von Bewerbenden. Beispielsweise bietet es sich für Unternehmen an, nach der Sichtung der Bewerbungsunterlagen die geeignetsten Kandidaten/-innen zu einem E-Assessment einzuladen und so einen weiteren Selektionsschritt im Bewerbungsprozess einzubauen, bevor die dann noch übrig gebliebenen Kandidaten/-innen zum persönlichen Vorstellungsgespräch eingeladen werden. Der Vorteil einer vorgeschalteten Testung über das Internet ist dabei unter anderem, dass dies Kosten für die Organisation sparen kann. Lassen Sie uns dies an einem Beispiel verdeutlichen. Stellen wir uns einmal vor, in einer idealen Welt, abseits des Fachkräftemangels, gehen bei unserem Unternehmen 60 Bewerbungen auf eine ausgeschriebene Stelle ein. Nach der Sichtung der Bewerbungsunterlagen können wir den Pool an potenziell geeigneten Kandidaten/-innen auf immerhin 30 Personen reduzieren. Nun können wir aus Effizienz- und Kostengründen keineswegs 30 Personen zu einem persönlichen Einstellungsinterview bzw. einem Assessment-Center einladen. Genau hier bietet das Online-Assessment eine effektive und effiziente Möglichkeit für eine weitere Selektion der Bewerbenden. Nach der Online-Testung sind es dann vielleicht nur noch acht bis zehn potenziell geeignete Personen, die anschließend zu einem persönlichen Vorstellungsgespräch eingeladen werden können. Doch neben den Effizienz- und Kostengründen gibt es weitere Vorteile, die für den Einsatz von Online-Assessments sprechen (Tippins, 2009):

- Wegfall der Kosten für das Personal, das die Testung durchführt,
- keine Kosten für Anschaffung der analogen Testunterlagen,
- hoher Grad an Standardisierung der Testauswertung und -interpretation,
- Wegfall der Reisekosten für Bewerbende,
- Reduktion des Zeitaufwands für Bewerbende, da es keiner Anreise zum Unternehmen mehr bedarf,

- zeitliche und räumliche Flexibilität für Bewerbende bei der Testdurchführung,
- zeitnahe Testung der Bewerbenden möglich, da es keiner Terminfindung bedarf,
- Erweiterung des potenziellen Pools an Bewerbenden um Personen, die sich bei einem Auswahlverfahren in Präsenz gar nicht erst bewerben würden,
- ggf. Imagegewinn für das Unternehmen aufgrund des Einsatzes eines modernen Auswahlverfahrens.

Doch neben den vielfältigen Vorteilen, die ein Online-Assessment für das Unternehmen und auch für die Bewerbenden mit sich bringen kann, werden einer unbeaufsichtigten Testdurchführung ebenfalls einige Zweifel entgegengebracht. So besteht die Befürchtung, dass Bewerbende bei einer unbeaufsichtigten Testung schummeln könnten, um sich einen unfairen Vorteil zu verschaffen (Tippins et al., 2006). Schließlich kann bei einer Online-Testung nicht kontrolliert werden, ob Bewerbende tatsächlich eigenständig ohne Hilfestellung das Assessment bearbeiten oder sich vielleicht doch Unterstützung durch einen Freund hinzuholen. Das dies problematisch wäre, steht außer Frage. Doch ist die Befürchtung tatsächlich berechtigt? Schummeln Bewerbende bei einer unbeaufsichtigten Testdurchführung über das Internet, um sich bessere Chancen auf ein Stellenangebot zu sichern, und was kann gegebenenfalls unternommen werden, um dies zu verhindern?

Um dieser Frage nachzugehen, wird in empirischen Studien üblicherweise der Test-Score der unbeaufsichtigten Testung per Internet mit dem Test-Score einer zweiten beaufsichtigten Testung verglichen. Sollte eine Personen beim unbeaufsichtigten Assessment geschummelt haben, wäre zu erwarten, dass sie bei der nachfolgenden beaufsichtigten Testung, bei der es ihr bzw. ihm nun nicht mehr möglich ist zu täuschen, schlechter abschneidet. Würde eine Kandidatin bzw. ein Kandidat bei der wiederholten Bearbeitung des Testverfahrens hingegen besser abschneiden als beim ersten Durchgang, wäre dies ein zu erwartender Übungseffekt aufgrund der wiederholten Durchführung. Ein weiterer häufig genutzter möglicher Untersuchungsansatz ist, die Test-Scores von Bewerbenden in einer unbeaufsichtigten Testung mit den Test-Scores von Arbeitnehmenden oder freiwilligen Versuchspersonen, die selbigen unbeaufsichtigten Test durchführen, zu vergleichen. Bei diesem Ansatz würden deutlich höhere Testwerte der Bewerbenden verglichen zu Arbeitnehmenden und Versuchspersonen, die in der Regel keine Motivation zum Täuschen haben, auf das Schummeln der Jobsuchenden hinweisen.

Die Studien, die die Schummel-Anfälligkeit unbeaufsichtigter Leistungstests betrachteten, deuten darauf hin, dass die tatsächliche Quote an Personen, die täuschen, relativ gering ist (Tippins, 2015). Vielmehr deuten die Befunde überwiegend auf übliche Retest-Effekte (d. h. Übungseffekte) einer wiederholten Testbearbeitung hin. Das heißt, es zeigt sich folgendes Bild: Die allermeisten Personen sind bei der zweiten Testung besser als bei der vorherigen, während nur wenige Menschen bei der wiederholten beaufsichtigten Durchführung deutlich schlechter verglichen zur unbeaufsichtigten Bearbeitung abschneiden (z. B. Lievens & Burke, 2011; Nye et al., 2008). In der Studie von Lievens und Burke (2011) waren es nur 0,3 % bis 2,2 % der Bewerbenden, die auffällige Ergebnisse aufwiesen. Zu den Bewerbendengruppen, die am häufigsten schummelten, gehörten Absolvent/-innen (2 %), die üblicherweise einem hohen Druck ausgesetzt sind, ein Jobangebot zu erhalten, sowie Bewerbende für operative Tätigkeiten (z. B. Sachbearbeiter/-in; 2,2 %). Nye et al. (2008) fanden ebenfalls keinen Unterschied zwischen den Test-Scores der beaufsichtigten und unbeaufsichtigten Testdurchführung und dies über neun verschiedene europäische Länder hinweg. Auf individueller Ebene waren es deutlich weniger als 1 % der Bewerbenden, die auffällige Testwerte aufwiesen (Nye et al., 2008). Weiterhin fanden Arthur et al. (2010) in ihrer Studie, dass lediglich 7,8 % der Bewerbenden bei einem Speed-Test schummelten.

Bei persönlichkeitsorientierten Testverfahren zeigt sich, dass das Ausmaß an sozial erwünschtem Antwortverhalten und Schummeln bei einer unbeaufsichtigten Testdurchführung vergleichbar ist mit dem bei einer beaufsichtigten Testung (Arthur et al., 2010). Bewerbende neigen bei dem Ausfüllen eines Online-Persönlichkeitsfragebogens also nicht stärker dazu, sich sozial erwünscht darzustellen, als sie es ohnehin auch bei einer Testung vor Ort im Unternehmen tun würden. Das Schummeln, Faking bzw. sozial erwünschte Antwortverhalten ist entsprechend ein generelles Problem von Fragebogeninventaren und keines, was erst bei einer Testung über das Internet aufkommt. Dies liegt daran, dass bei Testverfahren, die Persönlichkeit, Einstelllungen, Motive oder Interessen erfassen, Bewerbende ganz einfach ihre Kreuzchen zu ihren Gunsten ein bisschen weiter links oder rechts auf der Antwortskala setzen können, sofern sie eine Idee davon haben, welche Anforderungen der Arbeitgeber stellt. Bei Leistungstests, die maximales Verhalten der Kandidatinnen und Kandidaten erfassen, ist die Verfälschbarkeit der Antworten in der Regel kein Problem, zumal es kaum möglich ist, sich intelligenter darzustellen, als man eigentlich ist (Kanning, 2018). Nach einer Metaanalyse von Birkeland et al. (2006), die die Test-Scores von Bewerbenden mit denen von Stelleninhaber/-innen hinsichtlich der Big 5 verglichen, verfälschen Bewerbende ihre Angaben um bis zu 0,45 Standardabweichungen. Dabei sind aber nicht alle Persönlichkeitsdimensionen gleichermaßen betroffen (◘ Abb. 5.8). Bei der Gewissenhaftigkeit ($d = 0{,}45$) und der emotionalen Stabilität ($d = 0{,}45$) wird tendenziell am meisten geflunkert. Zudem passen Bewerbende ihre Antworten in Abhängigkeit der Stelle, auf die sie sich bewerben, an. Beispielsweise geben sich Kandidat/-innen bei der Bewerbung für eine Vertriebstätigkeit als extravertierter und weniger verträglich aus (Birkeland et al. (2006).

Wir sehen also, dass das Schummeln bei einer unbeaufsichtigten Testdurchführung kein allzu großes Problem darstellt (Tippins, 2015). Dennoch gibt es einige Möglichkeiten für Unternehmen, um die Wahrscheinlichkeit für Täuschungsversuche der Kandidat/-innen zu reduzieren bzw. diese zu entlarven. Einerseits besteht die Option, die Testung per Internet zu beaufsichtigen, beispielsweise dadurch, dass Bewerbende sich bei der Bearbeitung filmen müssen. Eine weitere Maßnahme wäre, Warnhinweise zu Beginn der Testung zu integrieren, die Bewerbende darauf hinweisen, dass überprüft werden kann, ob jemand bei der Bearbeitung schummelt. Dies ist allerdings mit einer Lüge verbunden, da dies in der Realität wahrscheinlich kaum überprüft werden kann. Zudem könnte im Anschluss an die unbeaufsichtigte Testung eine Testwiederholung unter Aufsicht stattfinden, um zu prüfen, inwiefern Bewerbende geschummelt haben. Ein anderer Ansatz wäre, jeweils unterschiedliche Items zur Messung derselben Eigenschaft aus einem großen Pool an Items auszuwählen. Dies kann dabei helfen zu verhindern, dass Bewerbende die Testaufgaben im Bekanntenkreis weitergeben, nachdem sie einmal an der Testung teilgenommen haben, und die Aufgaben so Teilnehmenden bereits im Vorfeld zur Verfügung stehen. Eine weitere Option wäre, ausschließlich Testverfahren mit einer strikten Zeitbegrenzung (d. h. Speed-Tests) zu nutzen, um das Risiko zu minimieren, dass Bewerbende die richtige Antwort auf eine Frage googeln bzw. nachschlagen (z. B. per ChatGPT), bevor sie ihre Antwort einloggen (Tippins, 2015).

5

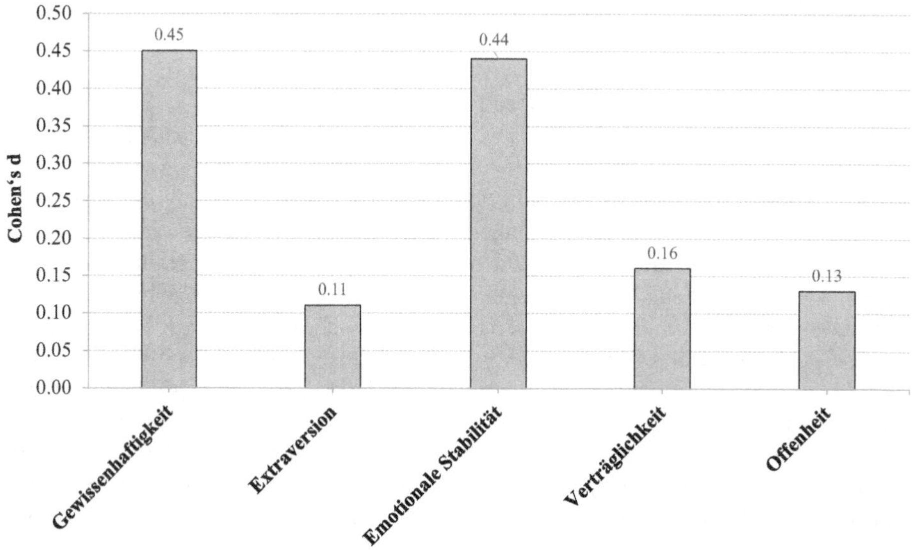

Abb. 5.8 Sozial erwünschtes Antwortverhalten von Bewerbenden in Persönlichkeitsfrageböen (Birkeland et al., 2006)

Weiterhin besteht bei der Konzeption des Fragebogens die Möglichkeit, auf Items bzw. Antwortformate zurückzugreifen, die das Schummeln bzw. sozial erwünschte Antworten erschweren. So können beispielsweise anstelle der in der Praxis am häufigsten verwendeten Zustimmungsskalen (Abb. 5.2a) Forced-Choice-Skalen (Abb. 5.2b) genutzt werden. Anders als bei einer Zustimmungsskala muss bei diesem Antwortformat nicht angegeben werden, wie sehr einer bestimmten Aussage zugestimmt wird. Stattdessen muss aus einer Reihe verschiedener, unabhängiger Verhaltensbeschreibungen diejenige ausgewählt werden, die die eigene Person am besten beschreibt (siehe auch ► Abschn. 5.1). Die Verhaltensalternativen wurden dabei so ausgewählt, dass sie in gleicher Weise sozial erwünscht sind. Für Bewerbende ist es bei einer Forced-Choice-Skalierung folglich nicht zu erahnen, welche der Antwortalternativen die wünschenswerteste Antwort ist, sodass das Anpassen ihres Antwortverhaltens zugunsten einer positiven Selbstdarstellung nicht gelingt. Empirisch ist die Reduzierung des sozial erwünschten Antwortverhaltens durch die Verwendung von Forced-Choice-Skalen gut belegt (Bernardin & Beatty, 1984; Christiansen et al., 2005).

Zudem können Kontrollskalen zur Erfassung der Tendenz des sozial erwünschten Antwortverhaltens zum Einsatz kommen. Diese Kontrollskalen können sowohl als separates Messinstrument eingesetzt werden (z. B. Inventar zur Messung der Glaubwürdigkeit in der Personalauswahl; Kanning, 2011) oder in persönlichkeitsorientierte Verfahren integriert werden (z. B. Freiburger Persönlichkeitsinventar; Fahrenberg et al., 2010). Wird mithilfe von Lügenitems sozial erwünschtes Antwortverhalten Bewerbender aufgedeckt, gibt es wiederum verschiedene Ansätze mit diesem umzugehen (Hough, 1998). Eine Option wäre, auf Basis der Werte auf den Lügenitems die anderen Skalenwerte anzupassen, indem die sozial erwünschte Antworttendenz aus den anderen Angaben „herauspartialisiert wird" (Hough,

1998; Rosse et al., 1998). Diese Methode hat sich empirisch nicht bewährt. Eine andere Herangehensweise ist, Personen mit auffällig hohen Skalenwerten bei den Lügenitems auszuschließen bzw. ihre Fragebogendaten gar nicht erst auszuwerten sowie zu interpretieren. Die Idee hierbei ist, dass bei auffälligen Werten der Lügenitems davon ausgegangen werden muss, dass Bewerbende ebenfalls bei ihren Persönlichkeitsauskünften flunkern (Kanning, 2011).

Letztlich kann beim Erfassen von typischen Verhaltensweisen (z. B. Persönlichkeit, soziale Kompetenz) auf Auswahlinstrumente zurückgegriffen werden, die weniger anfällig für sozial erwünschtes Antwortverhalten und Schummeln sind. Dies ist insbesondere bei Verfahren der Fall, bei denen die gemessenen Merkmale tatsächlich gezeigt werden müssen, wie beispielsweise bei einer Arbeitsprobe oder in einem Assessment-Center. Dahingegen sind Instrumente, die die Fertigkeiten und Fähigkeiten mittels einer Selbsteinschätzung der Bewerbenden erfassen, wie dies Persönlichkeitsfragebögen in aller Regel tun, weitaus schummelanfälliger. So ist es für Bewerbende relativ einfach, im Fragebogen ihr Kreuzchen etwas weiter links oder rechts auf der Antwortskala zu setzen, um möglichst sozial kompetent zu erscheinen. Dahingegen erscheint es deutlich schwieriger, im Rahmen einer Rollenspielübung Beobachter/-innen etwas vorzuspielen, um möglichst sozial kompetent wahrgenommen zu werden (Kanning, 2018). Empirisch zeigt sich zudem, dass Interviews signifikant weniger schummelanfällig sind als persönlichkeitsorientierte Fragebögen, wenn in beiden Instrumenten die gleichen Fähigkeiten gemessen werden (Van Iddekinge et al. (2005).

Fazit

Zum Abschluss dieses Kapitels sollen nun die Chancen und Risiken technologiegestützter Testverfahren im Kontext der Personalauswahl und Eignungsdiagnostik zusammengefasst und darauf aufbauend Empfehlungen für die Praxis abgeleitet werden.

Auf der Seite der *Vorteile* stehen insbesondere die hohen Kosteneinsparungen sowie Effizienzsteigerungen, die mittels technologiegestützter Testverfahren erzielt werden können, sind diese erst einmal entwickelt. So ermöglicht die Digitalisierung traditioneller Auswahltests zum einen eine vollständige automatisierte Auswertung und Interpretation, sodass es keine Menschen mehr benötigt, die mühselig die Antworten auf den Antwortbögen der Bewerbenden summieren. Zudem können die Kosten für den Druck papier-basierter Testunterlagen gespart werden. Weiterhin können bei einer Testdurchführung über das Internet Reisekosten für Bewerbende eingespart werden, die vorher zu einer Testung vor Ort hätten anreisen müssen. Außerdem braucht es bei einer unbeaufsichtigten Testadministration kein ausgebildetes Personal (z. B. Psychologe/-in) mehr, das die Testung durchführt, was das Potenzial einer weiteren Kosteneinsparung birgt (Tippins, 2015).

Die vollständig automatisierte Auswertung und Interpretation sowie die Abwesenheit einer Testleiterin bzw. eines Testleiters, der/die die Testung durchführt, ermöglichen einen sehr hohen Grad der Standardisierung der gesamten Testadministration. So schleichen sich bei der computer-basierten Auswertung keine Flüchtigkeitsfehler ein, wie es bei einer händischen Auswertung leicht passieren kann. Nicht zuletzt auch aus Aspekten der Chancengleichheit stellt die automatisierte Testadministration einen Vorteil dar, da mögliche Störfaktoren wie das Verhalten der Testleitung keinen Einfluss mehr nehmen können.

Ein weiterer Vorteil technologiegestützter Testverfahren ist, dass sie die Erhebung sehr viel umfangreicherer Informationen erlauben. Im Vergleich zu einer analogen Testung liegt nicht nur die Information darüber vor, ob ein Item richtig oder falsch gelöst wurde, sondern beispielsweise auch darüber, wie lange für die Bearbeitung eines einzelnen Items benötigt wurde (Kanning, 2018).

Für Bewerbende bietet eine Durchführung der Testdiagnostik über das Internet vor allem den Vorteil der räumlichen und zeitlichen Flexibilität. So können sich Jobsuchende innerhalb eines vorgegebenen Zeitfensters beliebig aussuchen, zu welchem Zeitpunkt und von welchem Ort sie das/die Testverfahren bearbeiten. Aufgrund dessen, dass es keiner Terminfindung für die Durchführung der Testung mehr bedarf, kann der gesamte Bewerbungsprozess beschleunigt werden.

Nicht zuletzt kann der Einsatz technologiegestützter Auswahltests Unternehmen zu einem Imagegewinn verhelfen (◘ Tab. 5.3). Denn der Einsatz computer- oder mobile-basierter Testverfahren im Rahmen des Bewerbungsverfahrens kann von Kandidatinnen und Kandidaten als Signal für eine innovative Unternehmenskultur wahrgenommen werden, sodass sie ebenfalls das Unternehmen im Allgemeinen als modern und up to date bewerten (Spence, 1973). Gerade bei jüngeren Personen, die mit Computertechnologien aufgewachsen sind, könnte dies zu einem Imagegewinn führen, da diese eine innovative Unternehmenskultur im besonderen Maße schätzen und erwarten (Barhate & Dirani, 2021).

Auf der Seite der *Risiken* muss zunächst betont werden, dass die Test-Scores analoger Testverfahren nicht immer mit denen ihrer digitalen Pendants verglichen werden können (Tippins, 2015). Dies liegt daran, dass die Durchführungsbedingungen sich erheblich von denen eines traditionellen papier-basierten Verfahrens unterscheiden. So ist es motorisch ein Unterschied, ob ich meine Kreuzchen mit dem Stift auf einem Blatt Papier markiere, die Antwort per Mausklick einlogge oder gar mittels Touch auf dem Smartphone. Das Medium hat also zwangsläufig einen Einfluss auf die Reaktionszeit. Folglich ist die Vergleichbarkeit der Test-Scores zwischen analogen und digitalen Testverfahren, insbesondere bei Leistungstests, die eine gewisse Geschwindigkeitskomponente bzw. Zeitbeschränkung aufweisen (z. B. Konzentrationstests), nicht gegeben (Mead & Drasgow, 1993). Entsprechend bedarf es bei der Digitalisierung eines papier-basierten Testverfahrens in jedem Fall einer empirischen Überprüfung, inwiefern sich die Validierungs- und die Normierungsstudien auf die computer- bzw. mobile-basierte Varianten übertragen lassen.

Zwar eröffnet eine mobile-basierte Testung den Zugang zu einem größeren Bewerbungspool (Tippins, 2015), jedoch geht damit auch eine potenzielle Benachteiligung bestimmter Personengruppen einher. So zeigt sich, dass es eher Personen mit Migrationshintergrund, jüngere Bewerbende sowie Frauen sind, die eine mobile-basierte Testdurchführung der computer-basierten vorziehen (Arthur et al., 2014; Illingworth et al., 2015; McClure Johnson & Boyce, 2015; Rossini, 2016). Gleichzeitig schneiden Personen bei einer mobile-basierten Testung tendenziell schlechter ab als bei der Durchführung des gleichen Tests am Computer (Arthur et al., 2014). Dies mag sich potenziell dadurch erklären lassen, dass sich die Bearbeitung an einem kleinen Handybildschirm schwieriger gestaltetet als an einem großen hochauflösenden Desktop (Arthur et al., 2018). Zudem ist es bei einer smartphone-basierten Durchführung wahrscheinlicher, dass Bewerbende die Testung unter suboptimalen Testbedingungen durchführen (z. B. bei Lautstärke in der Bahn oder im Café) und dadurch schlechter abschneiden, als würden sie den Test ohne Einfluss von Störfaktoren zu Hause am

Computer bearbeiten (Arthur et al., 2018). Wenn nun bestimmte Personengruppen eher dazu tendieren, einen Auswahltest per Smartphone zu bearbeiten, würden diese Personen vielleicht nur deshalb schlechter in der Testung abschneiden, weil sie es durch die Bearbeitung am mobilen Endgerät von vornherein schwieriger hatten als Bewerbende, die denselben Test am Computer bearbeitet haben. Dies würde zweifelslos aus Fairnessaspekten ein Problem darstellen.

Letztlich kann die Entwicklung eines digitalen Testverfahrens bzw. der Erwerb der benötigten Software zunächst einmal mit hohen Kosten verbunden sein (Tippins, 2015). Soll eine computer-basierte Testung im Rahmen einer Gruppentestung vor Ort im Unternehmen durchgeführt werden, muss ebenfalls die Bereitstellung einer genügenden Anzahl an Rechnern bedacht werden (Kanning, 2018). Die vorerst hohen Kosten könnten sich aber mit der Zeit durch Kosteneinsparung bei der Testadministration ausgleichen.

Beim Einsatz von Testverfahren im Rahmen der Personalauswahl sollte sich stets an den folgenden Standards orientiert werden. Diese Standards gelten sowohl für technologiegestützte als auch für traditionelle Leistungstests und Fragebogen (siehe auch Kanning, 2018, S. 515, 527).

Standards für den Einsatz von Testverfahren

- Die Konzeption und Entwicklung eines jeden Testverfahrens erfolgt stets auf Basis einer Anforderungsanalyse.
- Es werden nur Verfahren genutzt, die über eine genügende Objektivität, Reliabilität und Validität verfügen.
- Es kommen nur Verfahren von Anbietern zum Einsatz, die die wesentlichen Informationen zu den Entwicklungsschritten und zur diagnostischen Güte eines Testverfahrens (Validierungs- und Normierungsstudien) offenlegen.
- Es werden nur Normierungsstichproben genutzt, die zur jeweiligen Zielgruppe passen und deren Erhebung nicht länger als acht Jahre zurückliegt.
- Sofern erforderlich, werden eigene unternehmensinterne Validierungs- und Normierungsstichproben durchgeführt.
- Beim Einkauf von Testverfahren Dritter wird überprüft, ob diese tatsächlich die für die vakante Stelle relevanten Merkmale erfassen. Hierzu werden die Items inhaltlich gesichtet.
- Die Entwicklung eines neuen Instruments erfolgt durch Fachexpertinnen und -experten (z. B. Psychologen/-innen) sowie unter Berücksichtigung der wissenschaftlichen Standards der Testentwicklung.
- Die Testadministration (Durchführung, Auswertung, Interpretation) geschieht standardisiert, d. h. für jeden Bewerbenden unter den gleichen Bedingungen.
- Die Testadministration erfolgt durch geschultes und qualifiziertes Personal.
- Der Einsatz der Verfahren wird evaluiert, z. B. hinsichtlich Subgruppenunterschiede in der Leistung.
- Die Entwicklung berufsspezifischer Leistungstests erfolgt unter Einbezug des Wissens von Berufsexpertinnen und -experten.
- Bei der Digitalisierung eines papier-basierten Testverfahrens erfolgt eine Überprüfung der Validierungs- und Normierungsstudien für die technologiegestützte Variante.
- Vor der Einführung eines computer- oder mobile-basierten Testverfahrens wird dessen Handhabbarkeit in Testläufen mit Laien überprüft.

Tab. 5.3 Chancen und Risiken technologiegestützter Testverfahren

Chancen	Risiken
– Reduktion von Kosten für Administration – Effizienzsteigerung (ökonomische Anwendung) – Hohe Standardisierung der Testadministration – Erhebung umfangreicherer Informationen (z. B. Bearbeitungsdauer pro Item) – Räumliche und zeitliche Flexibilität für Bewerbende – Beschleunigung des Bewerbungsprozesses – Ggf. Imagegewinn für das Unternehmen	– Fehlende Vergleichbarkeit der Test-Scores zwischen papier-, computer- und mobile-basierten Testverfahren – Ggf. Benachteiligung bestimmter Bewerbendengruppen bei mobile-basierten Testungen – Ggf. Kosten für die Digitalisierung analoger Testverfahren

5

Literatur

Armoneit, C., Schuler, H., & Hell, B. (2020). Nutzung, Validität, Praktikabilität und Akzeptanz psychologischer Personalauswahlverfahren in Deutschland 1985, 1993, 2007, 2020. *Zeitschrift für Arbeits- und Organisationspsychologie, 64*(2), 67–82. https://doi.org/10.1026/0932-4089/a000311

Anderson, N., Salgado, J. F., & Hülsheger, U. R. (2010). Applicant reactions in selection: Comprehensive meta-analysis into reaction generalization versus situational specificity. *International Journal of Selection and Assessment, 18*(3), 291–304. https://doi.org/10.1111/j.1468-2389.2010.00512.x

Arthur, W., Jr., Glaze, R. M., Villado, A. J., & Taylor, J. E. (2010). The magnitude and extent of cheating and response distortion effects on unproctored Internet- based tests of cognitive ability and personality. *International Journal of Selection and Assessment, 18*(1), 1–16. https://doi.org/10.1111/j.1468-2389.2010.00476.x

Arthur, W., Jr., Doverspike, D., Muñoz, G. J., Taylor, J. E., & Carr, A. E. (2014). The use of mobile devices in high- stakes remotely delivered assessments and testing. *International Journal of Selection and Assessment, 22*(2), 113–123. https://doi.org/10.1111/ijsa.12062

Arthur, W., Jr., Keiser, N. L., & Doverspike, D. (2018). An information-processing-based conceptual framework of the effects of unproctored internet-based testing devices on scores on employment-related assessments and tests. *Human Performance, 31*(1), 1–32. https://doi.org/10.1080/08959285.2017.1403441

Ashton, M. C., & Lee, K. (2007). Empirical, theoretical, and practical advantages of the HEXACO model of personality structure. *Personality and Social Psychology Review, 11*(2), 150–166. https://doi.org/10.1177/1088868306294907

Barhate, B., & Dirani, K. M. (2021). Career aspirations of generation Z: A systematic literature review. *European Journal of Training and Development, 46*(1/2), 139–157. https://doi.org/10.1108/EJTD-07-2020-0124

Barrick, M. R., & Mount, M. K. (1991). The Big Five personality dimensions and job performance: A meta-analysis. *Personnel Psychology, 44*(1), 1–26. https://doi.org/10.1111/j.1744-6570.1991.tb00688.x

Barrick, M. R., Mount, M. K., & Judge, T. A. (2001). Personality and performance at the beginning of the new millennium: What do we know and where do we go next? *International Journal of Selection and Assessment, 9*(1–2), 9–30. https://doi.org/10.1111/1468-2389.00160

Bartram, D., Brown, A., Fleck, S., Inceoglu, I., & Ward, K. (2006). *OPQ32. Technical Manual* (Version 2.0). Thames Ditton, SHL Group.

Benit, N., & Soellner, R. (2013). Scientist-practitioner gap in Deutschland: Eine empirische Studie am Beispiel psychologischer Testverfahren. *Zeitschrift für Arbeits- und Organisationspsychologie, 57*(3), 145–153. https://doi.org/10.1026/0932-4089/a000111

Bernardin, H. J., & Beatty, R. W. (1984). *Performance appraisal: Assessing human behaviour at work*. Kent.

Birkeland, S. A., Manson, T. M., Kisamore, J. L., Brannick, M. T., & Smith, M. A. (2006). A meta-analytic investigation of job applicant faking on personality measures. *International Journal of Selection and Assessment, 14*(4), 317–335. https://doi.org/10.1111/j.1468-2389.2006.00354.x

Borkenau, P., & Ostendorf, F. (2008). *NEO-FFI: NEO-Fünf-Faktoren-Inventar nach Costa und McCrae, Manual*. Hogrefe.

Brickenkamp, R., Schmidt-Atzert, L., & Liepmann, D. (2010). *Test d2 – Revision (d2-R). Aufmerksamkeits und Konzentrationstest*. Hogrefe.

Chang, L., Lawrence, A. D., O'Connell, M. S., & Kinney, T. B. (2016). Mobile vs. PC delivered simulations: Screen size matters. In T. D. McGlochin (Chair), *Mobile equivalence: Expanding research across assessment methods, levels, and devices*. Symposium presented at the 31st Annual Conference of the Society for Industrial and Organizational Psychology, April, Anaheim.

Christiansen, N. D., Burns, G. N., & Montgomery, G. E. (2005). Reconsidering forced-choice item formats for applicant personality assessment. *Human Performance, 18*(3), 267–307. https://doi.org/10.1207/s15327043hup1803_4

Chuah, S. C., Drasgow, F., & Roberts, B. W. (2006). Personality assessment: Does the medium matter? No. *Journal of Research in Personality, 40*(4), 359–376. https://doi.org/10.1016/j.jrp.2005.01.006

Dages, K. D., & Jones, J. W. (2015). Mobile device administration: Does length or level of assessment matter?. In N. Morelli (Chair), *Mobile devices in talent assessment: The next chapter.* Symposium presented at the 30th Annual Conference of the Society for Industrial and Organizational Psychology, April, Philadelphia.

Fahrenberg, J., Hampel, R., & Selg, H. (2010). *Freiburger Persönlichkeitsinventar (FPI-R)* (8., erw. Aufl.). Hogrefe.

Felfe, J., Elprana, G., Gatzka, M., & Stiehl, S. (2012). *Hamburger Führungsmotivationsinventar (FÜMO)*. Hogrefe.

Fursman, P., & Tuzinski, K. (2015). *Reactions to mobile testing from the perspective of job applicants.* Paper presented at the 30th Annual Conference of the Society for Industrial and Organizational Psychology, April, Philadelphia.

Goldberg, L. R. (1993). The structure of phenotypic personality traits. *American Psychologist, 48*(1), 26–34. https://doi.org/10.1037/0003-066X.48.1.26

Gonzalez-Mulé, E., Mount, M. K., & Oh, I.-S. (2014). A meta-analysis of the relationship between general mental ability and nontask performance. *Journal of Applied Psychology, 99*(6), 1222–1243. https://doi.org/10.1037/a0037547

Görlich, Y., & Schuler, H. (2007). *Arbeitsprobe zur berufsbezogenen Intelligenz. Technische und handwerkliche Tätigkeiten (AZUBI-TH)*. Hogrefe.

Görlich, Y., & Schuler, H. (2010). *Arbeitsprobe zur berufsbezogenen Intelligenz. Büro und kaufmännische Tätigkeiten (AZUBI-BK)* (2. Aufl.). Hogrefe.

Guion, R. M., & Gottier, R. F. (1965). Validity of personality measures in personnel selection. *Personnel Psychology, 18*(2), 135–164. https://doi.org/10.1111/j.1744-6570.1965.tb00273.x

Gutierrez, S. L., & Meyer, J. M. (2013). Assessments on the go: Applicant reactions to mobile testing. In N. A. Morelli (Chair), *Mobile devices in talent assessment: Where are we now?*. Symposium presented at the 28th Annual Conference of the Society for Industrial and Organizational Psychology, April, Houston.

Hausknecht, J. P., Day, D. V., & Thomas, S. C. (2004). Applicant reactions to selection procedures: An updated model and meta-analysis. *Personnel Psychology, 57*(3), 639–683. https://doi.org/10.1111/j.1744-6570.2004.00003.x

Holtrop, D., Born, M. P., & de Vries, R. E. (2014). Predicting performance with contextualized inventories. No frame-of-reference effect? *International Journal of Selection and Assessment, 22*(2), 219–223. https://doi.org/10.1111/ijsa.12071

Holtz, B. C., Ployhart, R. E., & Dominguez, A. (2005). Testing the rules of justice: The effects of frame-of-reference and pre-test validity information on personality test responses and test perceptions. *International Journal of Selection and Assessment, 13*(1), 75–86. https://doi.org/10.1111/j.0965-075X.2005.00301.x

Hong, E. (1999). Test anxiety, perceived test difficulty, and test performance: Temporal patterns of their effects. *Learning and Individual Differences, 11*(4), 431–447. https://doi.org/10.1016/S1041-6080(99)80012-0

Hossiep, R., & Paschen, M. (2003). *Bochumer Inventar zur berufsbezogenen Persönlichkeitsbeschreibung (BIP)* (2., vollst. überarb. Aufl.). Hogrefe.

Hossiep, R., Schecke, J., & Weiß, S. (2015). Zum Einsatz von persönlichkeitsorientierten Fragebogen – Eine Erhebung unter den 580 größten deutschen Unternehmen. *Psychologische Rundschau, 66*, 127–129. https://doi.org/10.1026/0033-3042/a000235

Hough, L. M. (1998). Effects of intentional distortion in personality measurement and evalua-tion of suggested palliatives. *Human Performance, 11*(2–3), 209–244. https://doi.org/10.1080/08959285.1998.9668032

Hülsheger, U. R., Maier, G. W., & Stumpp, T. (2007). Validity of general mental ability for the prediction of job performance and training success in Germany: A meta-analysis. *International Journal of Selection and Assessment, 15*(1), 3–18. https://doi.org/10.1111/j.1468-2389.2007.00363.x

Hunter, J. E. (1986). Cognitive ability, cognitive aptitude, job knowledge, and job performance. *Journal of Vocational Behavior, 29*(3), 340–362. https://doi.org/10.1016/0001-8791(86)90013-8

Hunter, J. E., & Hunter, R. E. (1984). Validity and utility of alternative predictors of job performance. *Psychological Bulletin, 96*(1), 72–98. https://doi.org/10.1037/0033-2909.96.1.72

Illingworth, A. J., Morelli, N. A., Scott, J. C., & Boyd, S. L. (2015). Internet-based, unproctored assessments on mobile and non-mobile devices: Usage, measurement equivalence, and outcomes. *Journal of Business and Psychology, 30*, 325–343. https://doi.org/10.1007/s10869-014-9363-8

Jäger, A. O., Süß, H. M., & Beauducel, A. (1997). *Berliner Intelligenzstruktur-Test*. Hogrefe.

Joerin Fux, S., & Stoll, F. (2006). *EXPLOJOB – Das Werkzeug zur Beschreibung von Berufsanforderungen und tätigkeiten. Deutschsprachige Adaptation und Weiterentwicklung des Position Classification Inventory (PCI) nach Gary D. Gottfredson und John L. Holland*. Huber.

Johnson, J. W. (2000). A heuristic method for estimating the relative weight of predictor variables in multiple regression. *Multivariate Behavioral Research, 35*(1), 1–19. https://doi.org/10.1207/S15327906MBR3501_1

Judge, T. A., Colbert, A. E., & Ilies, R. (2004). A meta-analysis of the relationship between intelligence and leadership. *Journal of Applied Psychology, 89*(3), 542–552.

Kanning, U. P. (2009). *Inventar sozialer Kompetenzen (ISK)*. Hogrefe.

Kanning, U. P. (2011). *Inventar zur Messung der Glaubwürdigkeit in der Personalauswahl*. Hogrefe.

Kanning, U. P. (2012). Grundlagen der Organisationspsychologie. In U. P. Kanning & T. Staufenbiel (Hrsg.), *Organisationspsychologie* (S. 13–30). Hogrefe.

Kanning, U. P. (2015). *Personalauswahl zwischen Anspruch und Wirklichkeit – Eine wirtschaftspsychologische Analyse*. Springer. https://doi.org/10.1007/978-3-662-45553-1

Kanning, U. P. (2016a). *Inventar zur Erfassung von Arbeitsmotiven (IEA)*. Hogrefe.

Kanning, U. P. (2016b). Wie Bewerberinnen und Bewerber die Praxis der Personalauswahl erleben und bewerten. *Report Psychologie, 2*, 56–66.

Kanning, U. P. (2018). *Standards der Personaldiagnostik*. Hogrefe.

Kersting, M. (2008). Zur Akzeptanz von Intelligenz- und Leistungstests. *Report Psychologie, 33*, 420–433.

Kersting, M., Althoff, K., & Jäger, A. O. (2008). *WIT-2. Der Wilde-Intelligenztest*. Hogerefe.

Kevles, D. J. (1968). Testing the army's intelligence: Psychologists and the military in World War I. *The Journal of American History, 55*(3), 565–581. https://doi.org/10.2307/1891014

Klinck, D. (2013). Computerisierte Methoden. In W. Sarges (Hrsg.), *ManagementDiagnostik* (4., vollst. überarb. u. erw. Aufl., S. 649–655). Hogrefe.

Kuncel, N. R., & Hezlett, S. A. (2007). Standardized tests predict graduate students' success. *Science, 315*(5815), 1080–1081. https://doi.org/10.1126/science.1136618

Lawrence, A. D., & Kinney, T. B. (2017). *Mobile devices and selection* (SIOP White paper series). Bowling Green: Society of Industrial and Organizational Psychology. https://doi.org/10.13140/RG.2.2.17470.38727

Lee, Y., Berry, C. M., & Gonzalez-Mule, E. (2019). The importance of being humble: A meta-analysis and incremental validity analysis of the relationship between honesty-humility and job performance. *Journal of Applied Psychology, 104*(12), 1535–1546. https://doi.org/10.1037/apl0000421

Lienert, G. A., & Schuler, H. (1994). *Allgemeiner Büroarbeitstest (ABAT-R)*. Hogrefe.

Liepmann, D., Beauducel, A., Brocke, B., & Amthauer, R. (2007). *I-S-T 2000 R: Intelligenz- Struktur-Test 2000 R* (2. Aufl.). Hogrefe.

Lievens, F., & Burke, E. (2011). Dealing with the threats inherent in unproctored Internet testing of cognitive ability: Results from a large-scale operational test program. *Journal of Occupational and Organizational Psychology, 84*(4), 817–824. https://doi.org/10.1348/096317910X522672

Marcus, B. (2000). *Kontraproduktives Verhalten im Betrieb*. Verlag für Angewandte Psychologie.

McClure Johnson, T. K., & Boyce, A. S. (2015). Selection testing: An updated look at trends in mobile device usage. In N. Morelli (Chair), *Mobile devices in talent assessment: The next chapter*. Symposium presented at the 30th Annual Conference of the Society for Industrial and Organizational Psychology, April, Philadelphia.
Mead, A. D., & Drasgow, F. (1993). Equivalence of computerized and paper-and-pencil cognitive ability tests: A meta-analysis. *Psychological Bulletin, 114*(3), 449–458. https://doi.org/10.1037/0033-2909.114.3.449
Meade, A. W., Michels, L. C., & Lautenschlager, G. J. (2007). Are Internet and paper-and-pencil personality tests truly comparable? An experimental design measurement invariance study. *Organizational Research Methods, 10*(2), 322–345. https://doi.org/10.1177/1094428106289393
Melchers, K. G., & Körner, B. (2019). Is it possible to improve test takers' perceptions of ability tests by providing an explanation? *Journal of Personnel Psychology, 18*(1), 1–9. https://doi.org/10.1027/1866-5888/a000212
Murphy, K. R. (1989). Is the relationship between cognitive ability and job performance stable over time? *Human Performance, 2*(3), 183–200. https://doi.org/10.1207/s15327043hup0203_3
Nye, C. D., Do, B.-R., Drasgow, F., & Fine, S. (2008). Two-step testing in employee selection: Is score inflation a problem? *International Journal of Selection and Assessment, 16*(2), 112–120. https://doi.org/10.1111/j.1468-2389.2008.00416.x
Ohlms, M. L., Melchers, K. G., & Kanning, U. P. (2022). *Playful personnel selection: The use of traditional vs. game-related personnel selection methods and their perception from the recruiters' and applicants' perspectives.* [Manuskript eingereicht zur Publikation]. Institut für Psychologie und Pädagogik, Universität Ulm.
Ones, D. S., Viswesvaran, C., & Schmidt, F. L. (2003). Personality and absenteeism: A meta-analysis of integrity tests. *European Journal of Personality, 17*(*1*), 19–38. https://doi.org/10.1002/per.487
Pletzer, J. L., Bentvelzen, M., Oostrom, J. K., & de Vries, R. E. (2019). A meta-analysis of the relations between personality and workplace deviance: Big Five versus HEXACO. *Journal of Vocational Behavior, 112*, 369–383. https://doi.org/10.1016/j.jvb.2019.04.004
Pletzer, J. L., Oostrom, J. K., Bentvelzen, M., & de Vries, R. E. (2020). Comparing domain- and facet-level relations of the HEXACO personality model with workplace deviance. A meta-analysis. *Personality and Individual Differences, 152*, ArtID 109539, 1–11. https://doi.org/10.1016/j.paid.2019.109539
Postbank (14. April, 2022). *Anteil der Nutzer des Internets nach Endgeräten in Deutschland im Jahr 2022* [Graph]. Statista. Abgerufen am 12.12.2023 von https://de.statista.com/statistik/daten/studie/1303678/umfrage/internetnutzung-in-deutschland-nach-endgeraeten/
Reilly, R. R., & Chao, G. T. (1982). Validity and fairness of some alternative employee selection procedures[1]. *Personnel Psychology, 35*(1), 1–62. https://doi.org/10.1111/j.1744-6570.1982.tb02184.x
Rosse, J. G., Stecher, M. D., Miller, J. L., & Levin, R. A. (1998). The impact of response distortion on preemployment personality testing and hiring decisions. *Journal of Applied Psychology, 83*(4), 634–644. https://doi.org/10.1037/0021-9010.83.4.634
Rossini, J. (2016). Mobile device testing: A five-year look across job level. In T. D. McGlochlin (Chair), *Mobile equivalence: Expanding research across assessment methods, levels, and devices*. Symposium presented at the 31st Annual Conference of the Society for Industrial and Organizational Psychology, Anaheim.
Ryan, A. M., & Derous, E. (2019). The unrealized potential of technology in selection assessment. *Journal of Work and Organizational Psychology, 35*(2), 85–92. https://doi.org/10.5093/jwop2019a10
Sackett, P. R., Zhang, C., Berry, C. M., & Lievens, F. (2022). Revisiting meta-analytic estimates of validity in personnel selection: Addressing systematic overcorrection for restriction of range. *Journal of Applied Psychology, 107*(11), 2040–2068. https://doi.org/10.1037/apl0000994
Salgado, J. F., & Moscoso, S. (2003). Internet-based personality testing: Equivalence of measures and assesses' perceptions and reactions. *International Journal of Selection and Assessment, 11*(2–3), 194–205. https://doi.org/10.1111/1468-2389.00243
Salgado, J. F., Anderson, N., Moscoso, S., Bertua, C., de Fruyt, F., & Rolland, J. P. (2003). A meta-analytic study of general mental ability validity for different occupations in the European community. *Journal of Applied Psychology, 88*(6), 1068–1081. https://doi.org/10.1037/0021-9010.88.6.1068
Sanchez, C. A., & Goolsbee, J. Z. (2010). Character size and reading to remember from small displays. *Computers & Education, 55*(3), 1056–1062. https://doi.org/10.1016/j.compedu.2010.05.001

Schmidt, F. L., & Hunter, J. E. (1998). The validity and utility of selection methods in personnel psychology: Practical and theoretical implications of 85 years of research findings. *Psychological Bulletin, 124*(2), 262–274. https://doi.org/10.1037/0033-2909.124.2.262

Schmit, M. J., Ryan, A. M., Stierwalt, S. L., & Powell, A. B. (1995). Frame-of-reference effects on personality scale scores and criterion-related validity. *Journal of Applied Psychology, 80*(5), 607–620. https://doi.org/10.1037/0021-9010.80.5.607

Schmitt, N., Gooding, R. Z., Noe, R. A., & Kirsch, M. (1984). Metaanalyses of validity studies published between 1964 and 1982 and the investigation of study characteristics. *Personnel Psychology, 37*(3), 407–422. https://doi.org/10.1111/j.1744-6570.1984.tb00519.x

Schuler, H., & Kanning, U. P. (Hrsg.). (2014). *Lehrbuch der Personalpsychologie*. Hogrefe.

Schuler, H., & Prochaska, M. (2001). *Leistungsmotivationsinventar (LMI). Dimensionen berufsbezogener Leistungsorientierung*. Hogrefe.

Schuler, H., Frier, D., & Kauffmann, M. (1993). *Personalauswahl im europäischen Vergleich*. Verlag für Angewandte Psychologie.

Schuler, H., Hell, B., Trapmann, S., Schaar, H., & Boramir, I. (2007). Die Nutzung psychologischer Verfahren der externen Personalauswahl in deutschen Unternehmen. Ein Vergleich über 20 Jahre. *Zeitschrift für Personalpsychologie, 6*(2), 60–70. https://doi.org/10.1026/1617-6391.6.2.60

Schuler, H., Höft, S., & Hell, B. (2014). Eigenschaftsorientierte Verfahren der Personalauswahl. In H. Schuler & U. P. Kanning (Hrsg.), *Lehrbuch der Personalpsychologie* (3. Aufl., S. 149–215). Hogrefe.

Spence, M. (1973). Job market signaling. *Quarterly Journal of Economics, 87*, 355–374.

Staufenbiel, T. (2012). Einstellungen, Emotionen und Persönlichkeit. In U. P. Kanning & T. Staufenbiel (Hrsg.), *Organisationspsychologie* (S. 213–240). Hogrefe.

Strenze, T. (2007). Intelligence and socioeconomic success: A meta-analytic review of longitudinal research. *Intelligence, 35*(5), 401–426. https://doi.org/10.1016/j.intell.2006.09.004

Tett, R. P., Jackson, D. N., & Rothstein, M. (1991). Personality measures as predictors of job performance: A meta-analytic review. *Personnel Psychology, 44*(4), 703–742. https://doi.org/10.1111/j.1744-6570.1991.tb00696.x

Tippins, N. (2009). Internet alternatives to traditional proctored testing: Where are we now? *Industrial and Organizational Psychology, 2*(1), 2–10. https://doi.org/10.1111/j.1754-9434.2008.01097.x

Tippins, N. T. (2011). Overview of technology-enhanced assessments. In N. T. Tippins, S. Adler, & A. I. Krautt (Hrsg.), *Technology-enhanced assessment of talent* (S. 1–18). Jossey-Bass. https://doi.org/10.1002/9781118256022.ch1

Tippins, N. T. (2015). Technology and assessment in selection. *Annual Review of Organisational Psychology and Organisational Behaviour, 2*(1), 551–582. https://doi.org/10.1146/annurev-orgpsych-031413-091317

Tippins, N. T., Beaty, J., Drasgow, F., Gibson, W. M., Pearlman, K., Segall, D. O., & Shepherd, W. (2006). Unproctored internet testing in employment settings. *Personnel Psychology, 59*(1), 189–225. https://doi.org/10.1111/j.1744-6570.2006.00909.x

Truxillo, D. M., Bodner, T. E., Bertolino, M., Bauer, T. N., & Yonce, C. A. (2009). Effects of explanations on applicant reactions: A meta-analytic review. *International Journal of Selection and Assessment, 17*(4), 346–361. https://doi.org/10.1111/j.1468-2389.2009.00478.x

Van Iddekinge, C. H., Raymark, P. H., & Roth, P. L. (2005). Assessing personality with a structured employment interview: Construct-related validity and susceptibility to response inflation. *Journal of Applied Psychology, 90*(3), 536–552. https://doi.org/10.1037/0021-9010.90.3.536

Van Iddekinge, C. H., Roth, P. L., Raymark, P. H., & Odle-Dusseau, H. N. (2012). The criterion-related validity of integrity tests: An updated meta-analysis. *Journal of Applied Psychology, 97*(3), 499–530. https://doi.org/10.1037/a0021196

VuMA. (17. November, 2021). *Anzahl der Smartphone-Nutzer* in Deutschland in den Jahren 2009 bis 2021 (in Millionen)* [Graph]. Statista Zugriff am 04.02.2023 von https://de.statista.com/statistik/daten/studie/198959/umfrage/anzahl-der-smartphonenutzer-in-deutschland-seit-2010/

Weinert, S., van Laak, C., & Müller-Vorbrüggen, M. (2014). Identifikation von High Potentials: Testverfahren fristen ein Schattendasein. *Wirtschaftspsychologie aktuell, 21*(3), 12–14.

Gamifizierung und Game-based Assessment

Marie L. Ohlms

Inhaltsverzeichnis

U. P. Kanning, M. L. Ohlms (Hrsg.), *Digitale Personalauswahl und Eignungsdiagnostik*,
https://doi.org/10.1007/978-3-662-68211-1_6

6.1 Begriffserklärung Gamifizierung und Game-based Assessment

Im Unterhaltungsbereich sind (Computer-)Spiele seit Jahrzehnten eine der beliebtesten Freizeitaktivitäten und die Anzahl der Personen, die regelmäßig Computerspiele zur eigenen Unterhaltung spielen, steigt stetig an (Boyle et al., 2012; NewZoo, 2022). Dabei wurden im Jahr 2021 rund 9,8 Mrd. Euro Umsatz im deutschen Gaming-Markt erwirtschaftet (Verband der deutschen Games-Branche, 2022) und die Videospielindustrie stellt derweilen weltweit die weitaus profitabelste Unterhaltungsbranche dar (Bocksch, 2020). Doch spielerische Ansätze haben auch längst Eintritt in Bereiche fern des eigentlichen Unterhaltungssektors gefunden. So schwappt der Trend, zuvor vollkommen spielfremde Kontexte um spielerische Elemente anzureichern – die sogenannte Gamifizierung –, in den letzten Jahren auf immer mehr Bereiche über (Fetzer et al., 2017). Zu verdanken ist dies wohl auch dem großen Erfolg der Gaming-Branche und dem immer weiter ansteigenden Anteil der Personen, die regelmäßig Video- oder Computerspiele spielen. Entsprechend finden (Computer-)Spiele jüngst auch in Bereichen wie dem Gesundheitswesen oder dem Bildungssektor sowie im Marketing und Personalwesen Anwendung. Wenn man einmal innehält und darüber nachdenkt, wo einem im Alltag überall spielerische Elemente in eigentlich ganz spielfremden Situationen begegnen, mag einem wohl das ein oder andere Beispiel in dem Sinn kommen – sei es das Treuepunkte-Sammeln im Supermarkt oder das virtuelle Abzeichen, dass man auf seiner Smartwatch ergattern kann. Selbst im Gesundheitswesen ist der Einsatz von Gamifizierung längst keine Seltenheit mehr. So versucht beispielsweise die Techniker Krankenkasse (▶ www.tk.de) im Rahmen ihres Bonusprogramms Bewegungsmuffel mit spielerischen Anreizen zum gesundheitsbewussten Lebensstil zu motivieren. Dabei können Versicherte durch die aktive Mitgliedschaft im Sportverein oder den Vorsorgebesuch beim Zahnarzt Punkte sammeln und so spielerisch finanzielle Bonuszahlungen erhalten. Auch im Bildungswesen werden *Serious Games*, also Spiele, die den Lernprozess unterstützen und Lernende zum Wissenserwerb motivieren sollen, schon seit geraumer Zeit genutzt (Fetzer et al., 2017). Im Kontext der Personaldiagnostik und -auswahl hingegen ist der Gebrauch von spielerischen Elementen und (Computer-)Spielen deutlich neuerer Natur und entsprechend in der Praxis bislang wenig verbreitet sowie empirisch erforscht (Ohlms et al., 2023; Woods et al., 2020).

Im Rahmen der Personaldiagnostik wird beim Einsatz von spielerischen Elementen im Allgemeinen zwischen zwei Ansätzen unterschieden: der Gamifizierung und dem Game-based Assessment. Diese beiden Methoden sollen im Folgenden begrifflich voneinander abgegrenzt und definiert werden.

Gamifizierung, Gamification oder auch Gamified Assessment beschreibt die Einführung von Spielelementen in bestehende Diagnostikinstrumente, in denen bislang nicht gespielt wurde (Deterding et al., 2011). Die Integration von Fortschrittsbalken, Soundeffekten oder Rahmengeschichten in traditionelle Personalauswahlinstrumente sowie verstärkende Elemente, die darauf abzielen, die Aufmerksamkeit der Bewerbenden aufrechtzuerhalten, wären Beispiele für mögliche Gamifizierungsansätze im Kontext der Personaldiagnostik (Fetzer et al., 2017; Landers et al., 2018). Ein weiteres mögliches Gamifizierungselement ist der Einsatz von Avataren, die die Bewerbenden zum Beispiel im Rahmen eines Online-Assessments (vgl. ► Kap. 5) spielerisch von Aufgabe zu Aufgabe leiten. Wir sehen also, dass der Einsatz von Gamifizierung auch in Auswahlverfahren möglich ist, die an sich keine Spiele sind (Deterding et al., 2011).

Game-based Assessment, Serious Game oder auch einfach das (Computer-)Spiel, geht über die bloße Integration von spielerischen Elementen in traditionelle diagnostische Methoden hinaus.

So werden bei einem Game-based Assessment (Computer-)Spiele genutzt, um Kenntnisse, Fertigkeiten, Fähigkeiten oder sonstige Merkmale von Bewerbenden zu erfassen. Somit kann diese spielbasierte Methode als alleinstehender diagnostischer Ansatz verstanden werden, der eigenständig verwendet wird, um interessierende Eigenschaften von Bewerbenden zu erfassen (Bhatia & Ryan, 2018; Chamorro-Premuzic et al., 2016; Fetzer et al., 2017). Bei der Konzeption solcher Game-based Assessments werden umfassende Spielelemente genutzt. Ein Beispiel für solch ein Game-based Assessment wäre, dass Bewerbende im Rahmen einer realitätsnahen Computersimulation ein Unternehmen leiten müssen, wobei sie mit komplexen, sich dynamisch verändernden Problemsituationen konfrontiert werden und den Auftrag haben, das Unternehmen zum Erfolg zu führen. Anhand der Leistung und/oder des Verhaltens in solch einem game-basierten Assessment sollen zum Beispiel Persönlichkeitseigenschaften oder kognitive Fähigkeiten von Bewerbenden erfasst werden. Dabei müssen im Rahmen eines Game-based Assessment prinzipiell keine tätigkeitsbezogenen Situationen simuliert werden. Vielmehr kann die Rahmenhandlung eines Game-based Assessment völlig fiktiver Natur sein (z. B. ein Land von einem Fluch befreien; Ohlms et al., 2022a) und auch das Lösen von Puzzleaufgaben wie Tetris wäre innerhalb eines game-basierten Verfahrens potenziell denkbar.

Die definitorische Abgrenzung dieser beiden spielerischen Methoden mag auf den ersten Blick eindeutig erscheinen. Wirft man jedoch einen Blick in die Praxis, wird schnell ersichtlich, dass die stringente Unterteilung zwischen einem gamifizierten Instrument und einem Game-based Assessment nicht immer so einfach ist. Das mag an dem Fakt liegen, dass mit einer ansteigenden Anzahl der Spielelemente in einem Instrument Gamifizierung und Game-based Assessment fließend ineinander übergehen (Landers et al., 2018). Ab wann genau man also von einem Game-based Assessment spricht und wann lediglich von einer Gamifizierung, ist im konkreten Anwendungsfall nicht immer ganz so einfach zu definieren. Gleichermaßen ist die definitorische Abgrenzung zwischen einem gamifizierten und analogen bzw. computer-basierten Auswahlinstrument bei Weitem nicht einheitlich und erscheint in Anbetracht der Vielzahl von Spielelementen mit unterschiedlichsten Gamifizierungsgraden komplexer als zunächst erwartet. So ließe sich beispielsweise darüber diskutieren, ob man bei der alleinigen Integration eines Fortschrittsbalkens, der Bewerbende in visualisierter Form über ihren prozentualen Fortschritt innerhalb eines Verfahrens informiert, schon von einem gamifizierten Verfahren sprechen sollte. Schließlich werden Fortschrittsbalken heutzutage bereits in den meisten Online-Testungen eingesetzt.

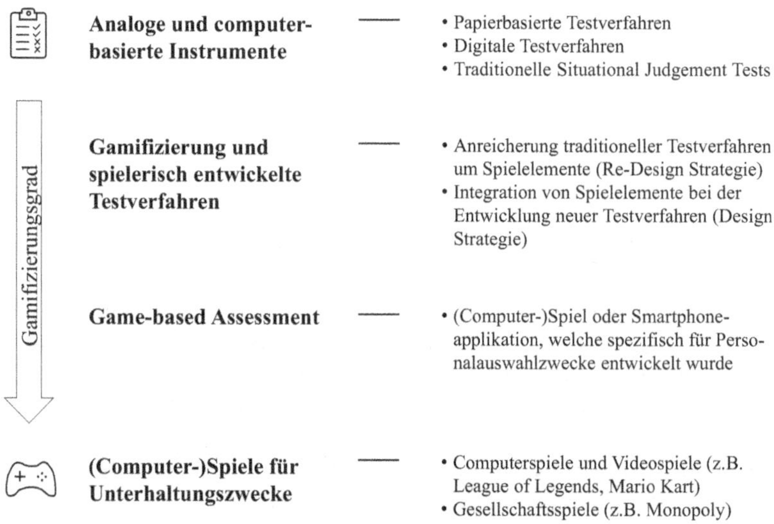

Abb. 6.1 Kontinuierliche Klassifikation spielerischer Personalauswahlmethoden. (Angelehnt an Landers & Sanchez, 2022; Ramos-Villagrasa et al., 2022)

Vor diesem Hintergrund erscheint eine begriffliche Einordnung dieser spielerischen Auswahlinstrumente anhand eines Kontinuums deutlich schlüssiger als die starre Klassifikation dieser Verfahren in voneinander unabhängige Instrumente (siehe auch Ramos-Villagrasa et al., 2022). Abb. 6.1 gibt einen Überblick über eine kontinuierliche Klassifikation spielerischer Verfahren, die auf der einen Seite die traditionellen Auswahlinstrumente (z. B. analoger oder computer-basierter Auswahltest) und auf der anderen Seite (Computer-)Spiele, die allein Unterhaltungszwecken dienen, verankert (angelehnt an Ramos-Villagrasa et al., 2022). Wie bereits beschrieben, wird unter Gamifizierung die Anreicherung traditioneller Testverfahren um Spielelemente verstanden. Es handelt sich entsprechend um eine Redesign-Strategie: Bereits etablierte Instrumente werden mithilfe von spielerischen Elementen „aufgefrischt", der eigentliche Kern des diagnostischen Instruments bleibt von diesem Vorgehen unberührt. Darüber hinaus kann von spielerischen Komponenten auch direkt bei der Konzeption eines neuen Auswahlinstruments Gebrauch gemacht werden. Beispielsweise wäre denkbar, dass bereits in der Entwicklung eines online durchgeführten Intelligenztests Spielelemente implementiert werden. In diesem Fall würde man von einem spielerisch entwickelten Testverfahren („gamefully designed assessment") sprechen (vgl. Landers & Sanchez, 2022). Bei diesen beiden Gamifizierungsformen – der nachträglichen Gamifizierung sowie der Neuentwicklung von Testverfahren mit spielerischen Elementen – spricht man von (Re)Design-Strategien, da die Gamifizierung lediglich auf eine andere Methode angewendet wird. Es handelt sich bei diesen beiden Ansätzen also nicht um eine jeweils eigenständige Methode. Game-based Assessment hingegen ist immer eine eigenständige Methode, die direkt der Messung relevanter Eigenschaften von Bewerbenden dient (vgl. Landers & Sanchez, 2022).

Soweit zur begrifflichen Einordnung gamifizierter Testverfahren und Game-based Assessments in aller Kürze. Schauen wir uns nun an, welche Ziele mit dem Einsatz dieser innovativen Auswahlinstrumente angestrebt werden.

6.2 Ziele von Gamifizierung und Game-based Assessments

Kommerzielle Anbieter von gamifizierten und Game-based Assessments werben auf ihren Internetseiten mit vielfältigen Versprechen über die Vorteile dieser innovativen Ansätze und auch in der Literatur wird eine Reihe von Vorzügen spielbasierter Instrumente im Vergleich zu ihren traditionellen Gegenstücken genannt (Bhatia & Ryan, 2018; Fetzer et al., 2017). Im Folgenden soll ein Überblick über die angestrebten Ziele spielerischer Methoden im Kontext der Personalauswahl gegeben werden – unabhängig von der Frage, ob diese postulierten Vorteile tatsächlich empirisch haltbar sind.

Eines der primären Ziele von spielbasierten Verfahren ist, die *Reaktion von Bewerbenden* im Vergleich zu klassischeren Methoden, wie papier-basierten Leistungstests, positiv zu beeinflussen (Bhatia & Ryan, 2018). So sollen gamifizierte Instrumente, durch ihre spielerische Gestaltung ein unterhaltsames und fesselndes Bewerbungserlebnis ermöglichen und folglich die Candidate Experience auf ein neues Level bringen (Fetzer et al., 2017). Gerade vor dem Hintergrund des fortschreitenden Fachkräftemangels, der in vielen Branchen den Arbeitsmarkt längst hin zu einem „Bewerbermarkt" entwickelt hat (Institut der deutschen Wirtschaft, 2022), scheinen die Reaktionen der sich Bewerbenden für Organisationen von immer größerer Relevanz zu werden. Konnten sich Unternehmen Ende des 20. Jahrhunderts kaum vor Bewerbenden retten, steigt seither die Anzahl der unbesetzten Arbeitsstellen – mit Ausnahme der Anfangszeit in der Corona-Krise – in nahezu allen Branchen stetig an (Bundesagentur für Arbeit, 2022). Entsprechend ringen viele Organisationen darum, junge Talente zur Mitarbeit im eigenen Unternehmen zu gewinnen sowie dauerhaft zu binden (Graf, 2014). Gerade in technischen Berufen können sich Bewerbende oftmals aussuchen, welches der ihnen vorliegenden Stellenangebote sie annehmen. Folglich rückt die Perspektive der Bewerbenden, neben Aspekten wie der Validität und der Ökonomie von Auswahlverfahren, immer mehr in den Fokus der Aufmerksamkeit (Truxillo & Bauer, 2011). Schließlich zeigt die Forschung, dass die Akzeptanz eines Auswahlverfahrens maßgeblich beeinflusst, wie attraktiv Bewerbende ein Unternehmen allgemein wahrnehmen, was sie Freunden über den Bewerbungsprozess berichten und ob sie schlussendlich ein Stellenangebot annehmen (Hausknecht et al., 2004). Vor diesem Hintergrund sollen also nun gamifizierte Verfahren sowie Game-based Assessments einen Ansatzpunkt für Unternehmen bieten, um im Kampf um die Talente – oder heutzutage eher im Kampf um Arbeitnehmerinnen und Arbeitnehmer – bestehen zu können (Graf, 2014).

Aber warum nun genau sollen diese spielerischen Methoden von Bewerbenden besser akzeptiert sein als der altbewährte analoge Leistungstest? In der Literatur wird eine Reihe von theoretischen Erklärungsansätzen genannt. Einerseits wird angeführt, dass die interaktive Natur, die diese spielerischen Methoden mit sich bringen können, den Nutzerinnen und Nutzern ein gewisses Maß an Autonomie bei der Durchführung gewährt (Bhatia & Ryan, 2018). Beispielsweise besteht die Möglichkeit, sich innerhalb eines Game-based Assessments mittels entsprechender Steuerungsfunktionen des jeweiligen Spiels frei in einem virtuellen Spielraum zu bewegen oder die Reihenfolge der Aufgabenbearbeitung selbst zu bestimmen. Dies ist hingegen bei klassischen Personalauswahlinstrumenten wie Leistungstests oder Persönlichkeitsfragebögen kaum realisierbar. Der höhere Grad an Selbstbestimmung und Flexibilität beim Absolvieren eines Game-based Assessment verglichen zu einem traditionellen Test könnte bei Bewerbenden dazu führen, dass sie den Eindruck bekommen, besser zeigen zu können, was in ihnen steckt (Bhatia & Ryan, 2018; Landers et al., 2022). Die Wahrnehmung darüber, inwieweit man selbst im Rahmen eines Auswahlverfahrens die Möglichkeit hat zu zeigen, was man kann, hat sich wiederum empirisch als wichtiger Aspekt für die empfundene Fairness des Auswahlprozesses erwiesen (Gilliland, 1993; Hausknecht et al., 2004). Darüber hinaus hängt die wahrgenommene Gelegenheit, Leistung zu zeigen, mit der organisationalen Attraktivität sowie der Intention, die Organisation weiterzuempfehlen und ein Stellenangebot tatsächlich anzunehmen, zusammen (Hausknecht et al., 2004). Entsprechend bietet die höhere Flexibilität, die spielerische Methoden mit sich bringen können, das Potenzial, sowohl die Einstellungen gegenüber dem Auswahlprozess als auch dem Unternehmen positiv zu beeinflussen.

Als weiteren Grund, warum die Einbettung von Spielelementen in diagnostische Verfahren das Potenzial bieten soll, die Reaktionen von Bewerbenden positiv zu beeinflussen, wird in der Literatur angeführt, dass spielbasierte Instrumente zum Flow-Erleben führen sollen (Csikszentmihalyi, 1990; Fetzer et al., 2017). Flow wird dabei allgemein als Zustand beschrieben, in dem man durch die völlige Konzentration auf eine bestimmte Aktivität alles andere um sich herum ausblendet, sodass jegliches Zeitgefühl verloren geht und andere Gedanken für den Moment in den Hintergrund treten (Csikszentmihalyi, 1990). Eine Vielzahl empirischer Studien zeigte, dass Videospiele, die zu Unterhaltungszwecken gespielt werden, ein Flow-Erleben hervorrufen können (z. B. Chiang et al., 2011; Weibel et al., 2008). Zudem stellte sich das Flow-Erleben als einer der Gründe heraus, warum Menschen überhaupt Videospiele spielen (Hamari & Keronen, 2017). Dies mag nun erstmal wenig überraschend erscheinen. Man denke nur an den ein oder anderen Bekannten oder vielleicht auch an die eigenen Kinder, die gut und gerne mal den halben Tag mit dem Spielen ihres liebsten Videospiels verbringen, ohne dabei zu bemerken, wie viel Zeit eigentlich verstrichen ist. Aber auch Computerspiele, die im Bildungsbereich zum Wissenserwerb eingesetzt werden, scheinen bei Lernenden potenziell zu einem Flow-Zustand zu führen (Bachen et al., 2016; Hamari et al., 2016). Damit es überhaupt zum Flow-Erleben kommt, müssen Videospiele nach Csikszentmihalyi (1990) herausfordernde sowie anspruchsvolle Aufgaben enthalten, die von Spielerinnen und Spielern nur durch ein hohes Maß an Konzentration gelöst werden können. Die Aufgaben innerhalb eines Spiels sollten also weder zu schwer noch zu einfach sein (Hamari et al., 2016). Da gamifizierte Verfahren und Game-based Assessments im Personalauswahlkontext typischerweise eine gewisse Challenge mit sich bringen und es eines hohen Maßes an Anstrengung aufseiten der Bewerbenden bedarf, um diese erfolgreich zu absolvieren, sollten auch Computerspiele zu Personalauswahlzwecken prinzipiell zum Flow-Erleben führen. Dies wiederum sollte in positiveren Bewerberreaktionen münden (Bhatia & Ryan, 2018; Fetzer et al., 2017).

Der höhere Spaßfaktor, welchen spielerische Methoden im Vergleich zu ihren traditionellen Pendants mit sich bringen – zumindest, wenn man Befürworter/-innen dieser Verfahren glaubt –, könnte als weiteren Vorteil eine *Reduktion der subjektiv wahrgenommenen Testlänge* mit sich bringen (Bhatia & Ryan, 2018). Das Rational, welches dieser Annahme zugrunde liegt, ist, dass Bewerbende die Bearbeitung solcher gamifizierten und Game-based Assessments unterhaltsam und spaßig finden, weshalb sie diese im Vergleich zu analogen Testverfahren weniger lästig und langwierig wahrnehmen. Eine subjektiv kürzer wahrgenommene Testdauer eröffnet wiederum die Möglichkeit, die tatsächliche Testlänge spielerischer Methoden zu erhöhen, ohne negative Reaktionen der Bewerbenden befürchten zu müssen (Bhatia & Ryan, 2018). Im Hinblick auf die psychometrischen Gütekriterien wäre dies von großem Interesse. Schließlich steht die Personaldiagnostik stets vor dem Dilemma, dass zwar mit einer zunehmenden Testdauer bzw. Anzahl der Messpunkte die Reliabilität und somit auch die Validität der Auswahlentscheidung ansteigen (vgl. ▶ Kap. 1), jedoch Bewerbende von übermäßig langen Testungen abgeschreckt werden könnten oder es zu Ermüdungseffekten bei der Bearbeitung kommt (Kanning, 2018).

Weiterhin sind die Hoffnungen groß, dass der Einsatz dieser spielerischen Methoden Unternehmen zu einer verbesserten *Bewerbendenansprache* verhelfen und somit als Personalmarketingmaßnahme (siehe ▶ Kap. 2) fungieren können. Somit hoffen Befürworter/-innen spielbasierter Methoden, dass Kandidatinnen und Kandidaten den Einsatz solcher innovativen digitalen Methoden im Rahmen des Bewerbungsprozesses als Signal für eine positive Unternehmenskultur wahrnehmen und daher das Unternehmen als innovativ und modern bewerten (Georgiou & Lievens, 2022; Spence, 1973). Vor diesem Hintergrund könnte der Einsatz von Gamifizierung und Game-based Assessment insbesondere junge Talente zu einer Bewerbung motivieren, da gerade die nun neu auf den Arbeitsmarkt strömende, jüngere Generation eine innovative Unternehmenskultur erwarten und schätzen soll (Barhate & Dirani, 2021).

Ein weiterer möglicher Vorteil von Game-based Assessments gegenüber traditionelleren Auswahlinstrumenten liegt darin, dass diese Methode als *Stealth Assessment* genutzt werden kann. Damit ist gemeint, dass die eigentliche Diagnostik der Kenntnisse, Fertigkeiten, Fähigkeiten und weiteren Eigenschaften der Bewerbenden durch die direkte Einbettung in die virtuelle Spielumgebung verschleiert wird (Shute & Ventura, 2013). Entsprechend könnten Bewerbende während des Absolvierens eines Game-based Assessment, wenn sie mit ihrer gesamten Aufmerksamkeit in das Computerspiel vertieft sind, womöglich weniger bewusst wahrnehmen, dass sie sich in einer Testsituation befinden (Fetzer et al., 2017). Die Verschleierung der eigentlichen Testung birgt somit das Potenzial, aufseiten der Kandidatinnen und Kandidaten die *Testangst zu reduzieren* (Bhatia & Ryan, 2018). Vom Vorteil ist dies zum einen vor dem Hintergrund der Perspektive der Bewerbenden, da die Testangst mit der Akzeptanz eines Auswahlinstruments negativ zusammenhängt. Dabei ist metaanalytisch gut belegt, dass die Testangst mit einer geringeren Testmotivation sowie negativeren Einstellung gegenüber dem Auswahltests im Allgemeinen einhergeht, welche wiederum mit der Intention, ein Unternehmen an andere Personen weiterzuempfehlen sowie ein Stellenangebot anzunehmen, zusammenhängen (Hausknecht et al., 2004).

Zum anderen kann eine *Reduktion der Testangst* bei Bewerbenden eine genauere Messung der Fähigkeiten und Fertigkeiten ermöglichen, wenn Bewerbende nicht allein aufgrund der Sorge um ihr Abschneiden in ihrer Leistung gehemmt werden und somit ihr volles Potenzial abrufen können (Arvey et al., 1990; Bhatia & Ryan, 2018). Die reduzierte Testangst könnte folglich positiv zur Vorhersagekraft eines spielbasierten Auswahlinstruments im Vergleich zu seinem traditionellen Pendant beitragen (Hausknecht et al., 2004; McCarthy & Goffin, 2005) – natürlich nur unter der Voraussetzung, dass das eingesetzte Game-based Assessment entlang psychometrischer Gütekriterien entwickelt wurde (Kanning, 2018). Vielversprechende Ergebnisse zeigen Studien aus dem Schul- und Ausbildungsbereich, die darauf hindeuten, dass spielbasierte Prüfungen die Testangst bei Schüler/-innen und Studierenden im Vergleich zu traditionellen Examen reduzieren und diese zudem besser akzeptiert sind (Mavridis & Tsiatsos, 2017; Smits & Charlier, 2011).

Sofern Bewerbende bei der Bearbeitung eines Game-based Assessment durch das völlige Eintauchen in die virtuelle Umgebung vergessen, dass sie sich in einer Testsituation befinden, liegt hierin ein weiteres Potenzial dieser Methode. Neben einer Reduktion der Testangst kann es auch zu einer Reduktion des *sozial erwünschten Antwortverhaltens und Impression Management* durch Bewerbende führen (Woods et al., 2020). Impression Management beschreibt das bewusste oder unbewusste Bestreben von Menschen, sich in einem positiven Licht zu präsentieren, um die Eindrücke, die sie anderen gegenüber vermitteln, zu ihren Gunsten zu beeinflussen (Schlenker, 1980). Relevant scheint dieser Aspekt insbesondere für Testverfahren zu sein, die typische Verhaltensweisen der Bewerbenden erfassen, wie Fragebögen zur Persönlichkeit, zu Einstelllungen oder Motiven. Schließlich können Bewerbende hier ganz einfach ihre Kreuzchen zu ihren Gunsten ein bisschen weiter links oder rechts auf der Antwortskala setzen, sofern sie eine Idee davon haben, welche Anforderungen der Arbeitgeber stellt. Bei Leistungstests, die maximales Verhalten der Kandidatinnen und Kandidaten erfassen, ist die Verfälschbarkeit der Antworten in der Regel kein Problem, zumal es kaum möglich ist, sich intelligenter darzustellen, als man eigentlich ist (Kanning, 2018).

Um nun zu verstehen, welche Mechanismen es sind, die zu einem reduzierten Ausmaß an selbstdarstellendem Verhalten von Bewerbenden beim Einsatz von Game-based Assessments führen sollen, muss man zunächst die Frage beantworten, welche Faktoren das Ausmaß und den Erfolg von Impression-Management-Taktiken beeinflussen. Theoretische Modelle zum selbstdarstellenden Verhalten beruhen auf der Annahme, dass drei Kriterien den Grad und Erfolg des Impression Management bestimmen: Bewerbende sind motiviert zu täuschen, haben die notwendigen Fähigkeiten und die Situation eröffnet die Möglichkeit zu schummeln (Levashina & Campion, 2006; Roulin et al., 2016; Tett & Simonet, 2011). Im Kontext von Game-based Assessments soll nun sowohl die Motivation als auch die Möglichkeit, selbstdarstellendes Verhalten zu zeigen, eingeschränkt sein. Kommt es zum Flow Erleben bei Bewerbenden, sodass diese völlig in die virtuelle Welt eintauchen, könnte entsprechend die Motivation, Impression Management zu zeigen, im Vergleich zu klassischen Verfahren geringer ausfallen. Zudem kann durch die Einbettung der eigentlichen Diagnostik der Kompetenzen in eine virtuelle Welt für Bewerbende weniger offensichtlich sein, welche Fähigkeiten genau mittels eines Game-based Assessment erfasst werden sollen und was folglich die gewünschten Verhaltensweisen sind. Somit könnte die Möglichkeit, sich erfolgreich in einem positiven Licht darzustellen, für Bewerbende in spielbasierten Verfahren eingeschränkt sein, wenn unklar ist, welche Verhaltensweisen überhaupt gezeigt werden sollen (Woods et al., 2020). Die willentliche Verfälschung der Antworten der Bewerbenden ist aber nicht die einzige Problematik traditioneller Fragebögen. Haben Menschen eine stark positiv oder negativ verzerrte Selbstwahrnehmung, kommt es zu einer unbeabsichtigten Verzerrung ihres Selbstberichts (Kanning, 2018). Insbesondere Game-based Assessments, die auf Grundlage der gezeigten Verhaltensweisen innerhalb eines Spiels auf die Persönlichkeit, Einstellungen und/oder Motive von Menschen schließen, bieten hier das Potenzial, diese Eigenschaften direkt zu erfassen, ohne dass es durch ein falsches Selbstbild zu einer Verzerrung ihrer Antworten kommt.

Ein weiteres Potenzial von Game-based Assessments könnte darin liegen, dass diese zum Teil weitaus komplexer als traditionelle Auswahltests sein können (Bhatia & Ryan, 2018). Schließlich müssen Kandidat/-innen neben der bloßen Beantwortung der Testaufgaben sich gleichzeitig in einer virtuellen Welt zurechtfinden und auf die sich dynamisch ändernde Umgebung reagieren. Demnach fordern Game-based Assessments potenziell zusätzliche kriterienrelevante Fähigkeiten (Höft & Funk, 2006). Eine flexible Anpassung an sich dynamisch verändernde, vernetzte und komplexe Prozesse ist eine wichtige Kompetenz bei der Bewältigung vieler alltäglicher Arbeitsaufgaben. Entsprechend besteht die Hoffnung, dass Game-based Assessments womöglich in vielen Berufen eine höhere Realitätsnähe zum Kriteriumsmaß der Arbeitsleistung aufweisen. Somit könnten GBAs potenziell eine *validere Prognose der Arbeitsleistung als traditionelle Verfahren* erlauben (Armstrong et al., 2016; Nikolaou et al., 2019).

Vor diesem Hintergrund ist die steigende Aufmerksamkeit für spielbasierte diagnostische Methoden in der Praxis wenig verwunderlich. Schließlich ist die Hoffnung groß, mittels spielbasierter Personalauswahlmethoden valide Entscheidungen zu treffen und sich zugleich als attraktiver Arbeitgeber auf dem Markt der Bewerbenden zu positionieren (Woods et al., 2020). Inwieweit diese Annahmen durch empirische Befunde bekräftigt werden können, wird im weiteren Verlauf des Kapitels dargelegt.

6.3 Design von gamifizierten und Game-based Assessments

Die Reihe an möglichen *Spielelementen*, die sowohl in gamifizierten als auch in Game-based Assessments zum Einsatz kommen können, ist nahezu unerschöpflich. Einige dieser Spielelemente haben wir bereits zuvor bei der Begriffserklärung kennengelernt. Bei der Klassifikation der Spielelemente stellt sich nun zunächst einmal die Frage, welche Komponenten innerhalb eines Spiels überhaupt als Spielelemente identifiziert werden sollten. Deterding et al. (2011) schlagen vor, unter Spielelementen diejenigen Komponenten zusammenzufassen, die wirklich charakteristisch für kommerzielle Spiele zu Unterhaltungszwecken sind und in den meisten Spielen vorkommen, wie beispielsweise das Sammeln von Punkten oder das Aufsteigen von Level zu Level.

Werfen wir einen Blick auf die gebräuchlichsten Spielelemente (◘ Tab. 6.1), die in Personalauswahlinstrumenten zum Einsatz kommen, wird schnell klar, dass man sich bei der Gestaltung spielerischer Instrumente einer Vielzahl von Gaming-Elementen bedienen kann (z. B. Deterding et al., 2011; Fetzer et al., 2017; Werbach & Hunter, 2012). Zu den Spielelementen, die für Unternehmen wohl am kostengünstigsten umzusetzen sind und gleichzeitig ein eher geringes Ausmaß an Gamifizierung besitzen, gehören Fortschrittsbalken, das Sammeln von Punkten sowie Abzeichen (z. B. Werbach & Hunter, 2012). Wie wir bereits gelernt haben, würden wir bei der alleinigen Integration eines Fortschrittsbalkens in einen digitalen Auswahltest eher weniger von einem klassischen gamifizierten Verfahren sprechen, zumal diese heutzutage schon in den meisten Online-Tests implementiert sind.

Weiterhin können Avatare im Rahmen spielerischer Auswahlinstrumente zum Einsatz kommen. Dabei besteht bei der Entwicklung eines Testverfahrens zum einen die Möglichkeit, einen Avatar zu implementieren, der Bewerbende durch das Aus-

Tab. 6.1 Überblick über die gebräuchlichsten Spielelemente im Rahmen gamifizierter und Game-based Assessments

Spielelement	Beschreibung	Beispiel
Fortschrittsbalken	Visualisierung des (prozentualen) Fortschritts im spielbasierten Verfahren	Bewerbende können kontinuierlich einsehen, wie viel Prozent des Assessments sie bereits absolviert haben
Punkte	Virtuelle Belohnungen, die durch das Erfüllen bestimmter Aufgaben bzw. das Erreichen eines vorgegebenen Ziels gesammelt werden können	Für das (richtige) Lösen einer Testaufgabe erhalten Bewerbende einen Punkt
Abzeichen	Virtuelle Auszeichnung für das Erbringen einer vorgegebenen Leistung	Virtuelle Auszeichnung für das Erreichen eines bestimmten Schrittziels auf der Smartwatch
Level	Definition des Schwierigkeitsniveaus einer Aufgabe	Der Schwierigkeitsgrad der Aufgaben steigt mit der Anzahl der richtig gelösten Aufgaben, was den Bewerbenden durch das Aufsteigen in eine höhere Stufe (Level) mitgeteilt wird
Feedback	Direkte Rückmeldung über die Leistung im Assessment	Wird eine Aufgabe richtig gelöst, erscheint ein grüner Hacken, während bei einem Fehler ein rotes Kreuz erscheint
Avatar	Virtuelle Spielfigur innerhalb eines Assessments oder virtuelle Darstellung des Charakters eines Bewerbenden	Bewerbende wählen eine Spielfigur, mit der sie die Aufgaben innerhalb des Assessments absolvieren
Soundeffekt	Auditive Anreicherung des Assessments	Nachdem alle Aufgaben gelöst wurden, ertönt eine Melodie
Animation	Grafische Anreicherung des Assessments	Darstellung der Aufgabe mittels eines Videos
Rahmengeschichte	Einbettung des Assessments in eine Geschichte	Bewerbende werden instruiert, dass sie ein Land von einem Fluch befreien müssen, indem sie verschiedene Aufgaben lösen
Bestenliste	Rückmeldung darüber, wie gut im Vergleich zu anderen Bewerbenden abgeschnitten wurde	Nach Abschluss eines Assessments können Bewerbende einsehen, welchen Platz sie unter allen Bewerbenden belegt haben

wahlverfahren leitet, ihnen die Aufgaben erklärt und etwaige Fragen beantwortet. Zum anderen ist es möglich, dass Teilnehmende zu Beginn eines Auswahltests selbst einen Avatar auswählen, mit dem sie das Assessment absolvieren.

Ein weiteres häufig verwendetes Spielelement ist die Rahmengeschichte. Diese bindet die zu bewältigenden Aufgaben in einen mehr oder weniger sinnvollen Kontext ein. Ein Beispiel für ein gamifiziertes Verfahren mit Rahmengeschichte ist der gamifizierte Situational Judgement Test (SJT) Owiwi (▶ https://owiwi.co.uk). Bei diesem Test werden Teilnehmende instruiert, dass sie auf der „Insel der Abenteuer" verschiedene Aufgaben lösen müssen. Die eigentlichen Items stellen verschiedene Abenteuerszenarien dar, denen man auf der Insel begegnet. Anhand der Antworten auf die einzelnen Problemszenarien sollen die Resilienz, Anpassungsfähigkeit, Flexibilität und Entscheidungsfindung von Bewerbenden erhoben werden. Über eine ganz andere Rahmenhandlung verfügt der gamifizierte Online-Test der Allianz, der zur Auswahl von Auszubildenen sowie Studierenden eingesetzt wird und von der Firma Cyquest (▶ https://www.cyquest.net) entwickelt wurde. Bei diesem Test werden Bewerbende gebeten, zukünftige Kolleg/-innen bei anfallenden Aufgaben am Arbeitsplatz zu unterstützen. Zwischen den Subtests, die insbesondere kognitive Fähigkeiten der Kandidat/-innen messen sollen, folgt jeweils eine kleine Rahmenhandlung (z. B. gibt eine Auszubildende den Bewerbenden Informationen zum Unternehmen oder zum Ausbildungsalltag), die der eigentlichen Testung einen Kontext verleiht (Ohlms et al., 2023b).

Je mehr verschiedene Spielelemente in einem gamifizierten Verfahren kombiniert werden, desto aufwändiger gestaltet sich dessen Entwicklung. So gehören die Integration einer Rahmengeschichte oder eines Avatars zu den Spielelementen, die einen höheren Aufwand bei der Konzeption mit sich bringen, während die Implementation von Fortschrittsbalken mit geringen Kosten verbunden ist. Welche und wie viele Spielelemente in einem gamifizierten Verfahren umgesetzt werden sollten, lässt sich pauschal nicht beantworten. Wie so oft ist es eine individuelle Abwägung, abhängig von der Zielgruppe und den Anforderungen einer vakanten Stelle.

Neben zahlreichen Spielelementen bieten auch verschiedene *Spielgenre* einen erheblichen Freiraum bei der Ausgestaltung der Verfahren. Ein Genre stellt eine Möglichkeit dar, Spiele anhand ihrer Struktur, Herausforderung und Interaktivität zu kategorisieren (Fetzer et al., 2017). In den letzten Jahrzehnten wurde eine Vielzahl unterschiedlicher Klassifikationen von Spielgenres vorgeschlagen, die überwiegend der Kategorisierung von Spielen für Unterhaltungszwecke dienten (z. B. Breiner, 2019; Myers, 1990). Ein Überblick über die im Personalauswahlkontext relevantesten Spielgenre kann ◘ Tab. 6.2 entnommen werden (vgl. Fetzer et al., 2017; Lucas & Sherry, 2004). Zum besseren Verständnis ist für die einzelnen Genres sowohl ein Beispiel eines klassischen kommerziellen Videospiels zu Unterhaltungszwecken als auch eines gamifizierten bzw. Game-based Assessments, das im Personalauswahlkontext eingesetzt wird, aufgeführt.

Die Entscheidung darüber, welches Genre bei der Entwicklung eines Game-based Assessment oder gamifizierten Tests gewählt werden sollte, hängt insbesondere von den Fertigkeiten, Fähigkeiten und/oder anderen Eigenschaften ab, die mithilfe eines spielerischen Verfahrens erhoben werden sollen (Fetzer et al., 2017). Problemlösefähigkeiten lassen sich beispielsweise gut mithilfe von Strategiespielen erheben, die oftmals komplexe Problemlöseszenarien beinhalten und eine Herausforderung an die Teilnehmenden stellen, die innerhalb einer vorgegebenen Zeit absolviert werden muss. Soziale Kompetenzen und Persönlichkeitseigenschaften lassen sich hingegen eher mittels Rollenspiel-, Simulations- oder Abenteuerspielen erheben. Die Messung spezifischer Eigenschaften, wie technische Fertigkeiten, eignet sich mittels eines Minispiels umzusetzen. Zudem wären aber auch Mischformen einzelner Genre denkbar, zumal die strikte Klassifikation eines spielerischen Assessments nicht immer eindeutig zu realisieren ist. Beispielsweise ließe sich das beliebte Unterhaltungsspiel Tetris sowohl den Genres Puzzle als auch Minispiel zuordnen (Fetzer et al., 2017).

Tab. 6.2 Game-Genre von gamifizierten und Game-based Assessments. (In Anlehnung an Fetzer et al. 2017)

Spielelement	Beschreibung	Spiel zu Unterhaltungszwecken.	Gamifiziertes/Game-based Assessment
Action	Spiele, die eine schnelle und möglichst akkurate Reaktion der/des Spielenden auf eine Aufgabe/einen Stimulus erfordern	Mario Kart, Call of Duty, Super Mario	America's Army Provding Ground
Abenteuer	Spiele, bei denen Spielende auf ein (virtuelles) Abenteuer gehen, mit Problemen in dieser Abenteuerwelt konfrontiert werden und mit Avataren interagieren	Portal, Monkey Island, Sherlock Homes	Owiwi: Islands of Adventure
Rollenspiel	Spiele, bei denen Spielende die Handlungen einer oder mehrerer Charaktere steuern und Aufgaben für diese erledigen	Pokémon, World of Warcraft	LTP: Building Docks
Simulation	Spiele, die ein Szenario in einer (semi)realistischen virtuellen Umgebung simulieren	Sims, Nintendogs	Allianz Campus, ReQiu
Strategie	Spiele, die strategische Planungs- und Problemlösefähigkeiten erfordern	Civilization, Command & Conquer, Schach	McKinsey: Solve Game
Puzzle	Spiele mit kniffligen, puzzleartigen Aufgaben, die durch logisches Denken gelöst werden können	Tetris, Pac-Man, Candy Crush	Aon: Motion Challenge
Minispiel	Spiele von kurzer Dauer, die meist simpel in ihrer Aufgabenstellung sind und meist innerhalb von 10 Minuten gelöst werden können	Tic-Tac-Toe, Mario Party, Doodle Jump	Criteria Corp: Cognify; Aivy: Hochstapler

Wie auch bei den Spielelementen ist die Frage nach der Wahl des Genres eine Einzelfallentscheidung. Neben den interessierenden Fertigkeiten, Fähigkeiten, Kompetenzen und anderen Eigenschaften der Bewerbenden, die für eine vakante Stelle relevant sind, spielt sicherlich auch die Zielgruppe (z. B. Auszubildende oder Topmanagement) eine Rolle. Unternehmen sollten vor der Entwicklung eines spielerischen Testverfahrens zunächst definieren, wie der/die durchschnittliche/r Bewerber/in aussieht, um ein möglichst ansprechendes Verfahren für die entsprechende Zielgruppe zu konzipieren. Dabei ist sicherlich nicht uninteressant zu beachten, inwieweit sich Frauen und Männer in ihren Vorlieben für Videospiele unterscheiden. Zwar ist das Geschlechterverhältnis unter den Personen, die regelmäßig Computer- und Videospiele konsumieren, in Deutschland ausgeglichen (54 % Frauen vs. 54 % Männer; Bitkom, 2022), jedoch unterscheiden sich Männer und Frauen in den Spielgenres, die sie typischerweise spielen. Während Frauen eher Action- und Puzzlespiele wie Tetris oder Candy Crush spielen, bevorzugen Männer tendenziell Shooter- und Racing-Spiele wie Call of Duty oder Need for Speed (ESA, 2019). Inwieweit sich die Vorlieben für Spiele, die als Freizeitaktivität konsumiert werden, auch auf gamifizierte Verfahren und Game-based Assessments im Personalauswahlkontext übertragen lassen, ist bislang empirisch nicht belegt. Es ist dennoch ratsam, die Präferenzen der Zielgruppe zu kennen, um ein auf die Bedürfnisse und Vorlieben der relevanten Gruppe der Bewerbenden zugeschnittenes spielerisches Testverfahren zu entwickeln.

6.4 Praxis des gamifizierten und Game-based Assessment

Im Gegensatz zu ihren traditionellen Pendants, den papierbasierten Testverfahren, gehören gamifizierte Testverfahren und Game-based Assessments zu den innovativsten Personalauswahlinstrumenten, sodass sie erst seit dem letzten Jahrzehnt Eintritt in den Personalauswahlprozess von Organisationen gefunden haben (Woods et al., 2020). Doch insbesondere in den letzten Jahren erfreuen sich diese Methoden immer größerer Aufmerksamkeit in der Praxis. Wenig verwunderlich ist dies vor dem Hintergrund der zahlreichen Vorteile, die diese Methoden mit sich bringen sollen (siehe ► Abschn. 6.2). Schließlich ist die Hoffnung groß, mittels gamifizierter und spielbasierter Personalauswahlmethoden valide Entscheidungen zu treffen und sich zugleich als attraktiver Arbeitgeber auf dem Markt der Bewerbenden zu positionieren (Woods et al., 2020). Doch wie sieht die Verbreitung dieser Methoden aus? Wie viele Unternehmen integrieren aktuell tatsächlich spielerische Verfahren in ihren Bewerbungsprozess?

Eine aktuelle Studie von Ohlms et al. (2023) befragte 158 Personalverantwortliche verschiedener Organisationen sowie 144 potenzielle Bewerbende, inwiefern ihnen Gamifizierung und Game-based Assessments im Personalauswahlkontext bekannt sind. Zudem wurde gefragt, ob sie diese Verfahren zur Auswahl von Personal einsetzen bzw. im Fall der Bewerbenden, ob sie im Rahmen eines Bewerbungsprozesses selbst schon einmal solche spielerischen Testverfahren durchlaufen haben. Während nahezu alle der Befragten Recruiter/-innen angaben, analoge (97 %) und digitale Testverfahren (94 %) zu kennen, sind gerade mal gut der Hälfte gamifizierte Testverfahren (56 %) und sogar nur rund einem Drittel Game-based Assessments (35 %) ein Begriff (◘ Abb. 6.2). Bei der Frage, ob die Personalverantwortlichen diese spielerischen Methoden zur Personalauswahl einsetzen, gaben lediglich 15 % der Befragten an, dass gamifizierte Verfahren bei ihnen im Unternehmen zumindest gelegentlich zur Auswahl von Bewerbenden eingesetzt werden. Ein ähnliches Bild zeigt sich auf der Seite der potenziellen Bewerbenden. Während die große Mehrheit mit analogen und digitalen Testverfahren vertraut ist, gaben nur 27 % bzw. 25 % der Befragten an gamifizierte bzw. Game-based Assessments zu kennen. Bereits einen solchen spielerischen Auswahltest absolviert haben nur rund 7 % der potenziellen Bewerbenden, ein Game-based Assessment sogar nur 4 %. Weitverbreitet scheinen die spielerischen Methoden, zumindest auf dem deutschen Markt, also noch nicht zu sein. Verglichen mit älteren Befragungen ist jedoch ein zunehmender Einsatz dieser Verfahren zu verzeichnen (Weitzel et al., 2016).

Schaut man sich im Internet einmal um, welche Organisationen auf ihren Unternehmenswebseiten bereits damit werben, gamifizierte bzw. Game-based Assessments einzusetzen, sind es vor allem die großen Beratungen und Konzerne wie McKinsey, PwC, Unilever oder Shell. Dies mag vor allen an den hohen Entwicklungskosten die-

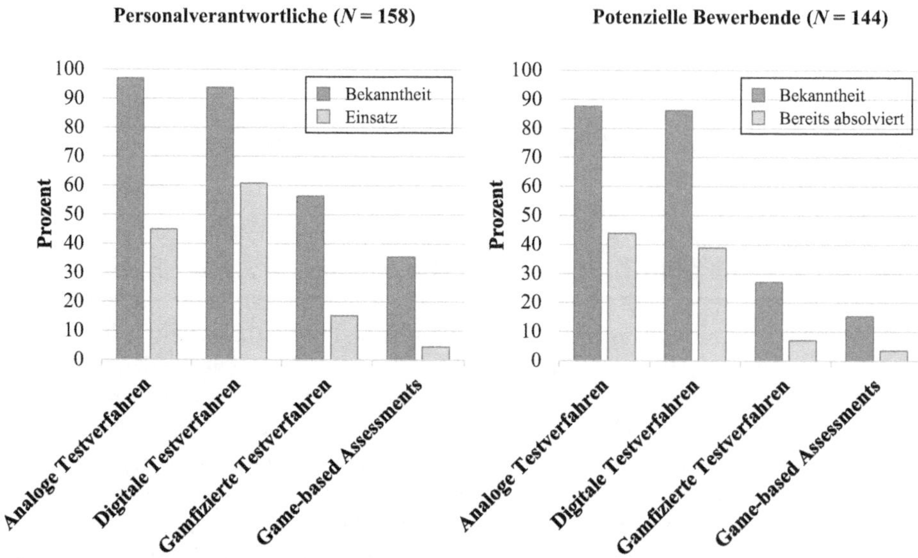

Abb. 6.2 Bekanntheit und Verbreitung von Gamifizierung und Game-based Assessments im deutschsprachigen Raum. (Ohlms et al., 2023)

ser Verfahren liegen, die eine Neuentwicklung jener Instrumente nur für große Unternehmen mit einer Vielzahl von Bewerbenden lohnenswert macht. Fragt man Personalverantwortliche nach den Gründen, die ihrer Auffassung nach für den Einsatz spielerischer Auswahltests sprechen, werden insbesondere die erwarteten positiven Auswirkungen auf das Unternehmensimage, die Bewerbendenreaktionen sowie die Ansprache von Bewerbenden genannt (Ohlms et al., 2023).

6.5 Diagnostische Güte spielerischer Methoden

Bei der Frage nach der diagnostischen Güte spielerischer Verfahren orientieren wir uns zunächst an den klassischen Gütekriterien der Diagnostik (vgl. ► Abschn. 1.4) und betrachten diese im Vergleich zu ihren traditionellen Pendants.

Ähnlich wie papier- und computer-basierte Testverfahren (vgl. ► Kap. 5) besitzen gamifizierte und Game-based Assessments eine hohe *Objektivität*, da die Durchführung, Auswertung und Interpretation vollständig standardisiert erfolgen. Im Vergleich zu analogen Verfahren, bei denen die Auswertung in der Regel mithilfe einer Schablone erfolgt und sich folglich bei Unachtsamkeit der/des Versuchsleiters/-in der ein oder andere Fehler einschleichen kann, erfolgt die Auswertung bei spielerischen Verfahren computergestützt (Kanning, 2018). Der Computer kennt keine Ermüdungseffekte und Ablenkung, sodass bei einer fehlerfreien Programmierung eine vollständige Auswertungs- und Interpretationsobjektivität sichergestellt werden kann.

Bei klassischen Leistungstest und Persönlichkeitsfragebögen stellt die Messgenauigkeit in aller Regel kein Problem dar, wobei empfehlenswerte analoge und computer-basierte Testverfahren über spezifische Angaben zur *Reliabilität* verfügen. Wie wir bereits in ► Abschn. 6.1 gelernt haben, bleibt die eigentliche Testung der

Fertigkeiten, Fähigkeiten, Kompetenzen und/oder weiteren Eigenschaften der Bewerbenden bei gamifizierten und spielerisch entwickelten Testverfahren unverändert. Zwar werden die einzelnen Aufgaben durch eine Rahmengeschichte, lustige Animationen oder Soundeffekte aufgehübscht, die Items an sich bleiben jedoch beim Alten. Folglich sollte auch die Reliabilität ähnlich wie bei den traditionellen Pendants ausfallen. Empirische Studien hierzu fehlen jedoch bislang, um eine aussagekräftige Schlussfolgerung ziehen zu können.

Anders sieht es hingegen bei Game-based Assessments aus. Bei diesen ist es oftmals schwierig, die Reliabilität (d. h. die interne Konsistenz) analog zu klassischen Verfahren zu bestimmen, da anstelle der einzelnen Items oftmals die gezeigten Verhaltensweisen innerhalb eines Spiels oder auch die Gesamtleistung am Ende des Assessments erhoben wird (z. B. wird bewertet, ob ein/-e Bewerbende/-r am Ende einer Simulation ein Unternehmen zum Erfolg geführt hat). Als problematisch kann sich hierbei eine fehlende Unabhängigkeit der einzelnen Aufgaben erweisen. Stellen wir uns einmal vor, im Rahmen eines Game-based Assessment bestünde die Aufgabe der Bewerbenden darin, ein fiktives Unternehmen zu leiten, wobei man mit verschiedenen Herausforderungen konfrontiert wird, die teilweise im Widerspruch zueinander stehen (z. B. Gewinn maximieren und möglichst nachhaltig handeln). In Abhängigkeit von einer getroffenen Entscheidung kann die Simulation einen anderen Verlauf nehmen. Bewerbende, die also schon zu Beginn eine ungünstige Entscheidung treffen, haben es im Verlauf des Game-based Assessment deutlich schwieriger, eine gute Leistung zu zeigen, als Personen, die zu Beginn alles richtig machen. Diese Abhängigkeit der Aufgaben untereinander ist bei spielbasierten Verfahren aber keineswegs ein notwendiges Kriterium. Man denke beispielsweise an Game-based Assessments, die dem Minispielgenre zu zuordnen sind, bei denen die kurzen Spiele in der Regel nicht in einem Zusammenhang miteinander stehen.

Einige wenige Studien untersuchten die Reliabilität unterschiedlicher Game-based Assessments, wobei diese, zumindest für traditionelle Reliabilitätsmaße (d. h. interne Konsistenz), größtenteils nur geringere Werte bei den betrachteten Verfahren fanden (z. B. Harman & Purl, 2022; Ohlms et al., 2022a;). Sanchez et al. (2022) diskutieren, ob die interne Konsistenz, die den durchschnittlichen Zusammenhang der einzelnen Items, die ein und dasselbe Konstrukt (z. B. Intelligenz) messen, darstellt und üblicherweise zur Bestimmung der Messgenauigkeit von Testverfahren genutzt wird (Döring & Bortz, 2016), überhaupt eine sinnvolle Anwendung im Kontext von Game-based Assessments finden kann. Denn die Bestimmung der internen Konsistenz erfordert notwendigerweise, dass die Messung in irgendeiner Weise wiederholt wird, wie z. B. durch mehrere Fragen, die darauf abzielen, dasselbe Konstrukt zu messen. Bei traditionellen Testverfahren ist dies einfach umzusetzen und gelebte Praxis. Bei einem Game-based Assessment hingegen ist die Schätzung der Reliabilität aufgrund der dynamischen Eigenschaften und der erheblichen Freiräume im Verlauf eines Spiels in Abhängigkeit der getroffenen Entscheidungen und gezeigten Verhaltensweisen eine Herausforderung. Folglich stellt sich die Frage, inwieweit die interne Konsistenz im Kontext von spielbasierten Verfahren ein sinnvolles Maß für deren Messgenauigkeit sein kann (Ramos-Villagrasa et al., 2022; Sanchez et al., 2022). Eine Alternative wäre die Schätzung der Testwiederholungsreliabilität – der Zusammenhang der Testwerte derselben Person bei zeitversetzter wiederholter Durchführung desselben Tests (Landers et al., 2022). Eine erste Studie von Sanchez und Kollegen (2022) zeigte zumindest erste Hinweise darauf, dass die Testwiederholungsreliabilität eine praktikable Alternative der Bestimmung der Reliabilität bei spielerischen Methoden darstellen kann. Jedoch bedarf es derweilen weiterer Forschung, um substanzielle Schlussfolgerungen treffen zu können.

Die *Validität* ist eine der Kernfragen, wenn es um die Entscheidung geht, ob spielerische Methoden im Auswahlprozess eines Unternehmens integriert werden sollen (vgl. ▶ Abschn. 1.4; Kanning, 2018). Betrachten wir zunächst die empirische Befundlage zur Konstruktvalidität spielerischer Testverfahren, bevor wir uns der Kriteriumsvalidität widmen.

Die *Konstruktvalidität* geht der Frage nach, inwieweit gamifizierte Auswahltests und Game-based Assessments tatsächlich das messen, was sie zu messen vorgeben – misst ein Game-based Assessment, das intendiert kognitive Fähigkeiten zu messen, auch wirklich kognitive Fähigkeiten, nicht aber andere Eigenschaften einer Person wie deren Persönlichkeit? Werfen wir zuerst einen Blick auf die Befundlage zur Konstruktvalidität kognitivorientierter spielerischer Methoden, bevor wir auf die persönlichkeitsorientierten Verfahren eingehen.

Die Studien, die sich mit der Konstruktvalidität kognitivorientierter Verfahren beschäftigten, zeigen bisweilen vielversprechende Ergebnisse (z. B. Landers et al., 2022; Ohlms et al., 2022a). In den vorliegenden Untersuchungen fanden sich für unterschiedlichste gamifizierte und game-basierte Verfahren größtenteils substanzielle Zusammenhänge zwischen den Testergebnissen dieser Verfahren und traditionellen kognitiven Leistungstests (d. h. Korrelationen über $r = 0{,}50$; z. B. Landers et al., 2022; Ohlms et al., 2022a).

Etwas ernüchternder sieht es bei der Befundlage zur Konstruktvalidität persönlichkeitsorientierter spielbasierter Verfahren unterschiedlichster Spielgenres und Designs aus. Entsprechende Studien zeigen zwar positive Zusammenhänge zwischen spielerischen persönlichkeitsorientierten Verfahren und ihrem traditionellen Pendant auf, diese fallen jedoch maximal moderat aus (d. h. Korrelation um $r = 0{,}30$–$0{,}40$; z. B. Barends et al., 2019, 2022; Georgiou et al., 2019; Harman & Purl, 2022). Wu et al. (2022) fanden in ihrer Studie sogar, dass ihr Game-based Assessment, das intendierte Gewissenhaftigkeit zu erfassen, eher dazu geeignet ist, kognitive Fähigkeiten von Personen zu erfassen. Eine Erklärung dafür könnte sein, dass das Spielen von Computerspielen immer auch ein gewisses Maß an kognitiven Fähigkeiten erfordert. Gerade Personen, die weniger erfahren im Umgang mit dem Computer sind, müssen sich zu Beginn eines spielerischen Assessments erst einmal mit den Steuerungsfunktionen vertraut machen, um sich in der virtuellen Welt zurechtzufinden. So kann gerade bei komplexeren spielbasierten Verfahren die Leistung zu einem gewissen Grad von den kognitiven Fähigkeiten einer Person beeinflusst werden.

Die *Kriteriumsvalidität* ist im Kontext der Personalauswahl und Eignungsdiagnostik der wohl relevanteste Aspekt zur Beurteilung der diagnostischen Güte eines Auswahlverfahrens. Sie gibt an, inwieweit die Leistung einer Person in einem Auswahlverfahren mit ihrer Arbeitsleistung zusammenhängt (Kanning, 2018). Das heißt, je höher die Kriteriumsvalidität eines Auswahlverfahrens, desto stärker hängt die Leistung einer/eines Bewerbenden im Auswahlverfahren mit der Arbeitsperformanz zusammen. Im Vergleich zur Konstruktvalidität ist die empirische Befundlage zur Kriteriumsvalidität gamifizierter und Game-based Assessments deutlich dünner. Zudem betrachtete bislang kaum eine Studie die Kriteriumsvalidität anhand der Vorgesetztenbeurteilungen der Arbeitsleistung berufstätiger Proband/-innen. Stattdessen nutzten die meisten Studien studentische Stichproben und wählten als

Kriteriumsmaß die Schul- oder Studiennoten sowie die selbstberichtete Arbeitsleistung (z. B. Nikolaou et al., 2019; Landers & Collmus, 2022). Widmen wir uns zunächst den kognitivorientierten spielbasierten Verfahren, bevor wir die persönlichkeitsorientierten Instrumente betrachten.

Wie bereits erwähnt, wurde in nahezu allen veröffentlichten Studien die Kriteriumsvalidität anhand studentischer Stichproben betrachtet. In diesen Untersuchungen dienten zumeist die Schul- und Studiennoten als Erfolgskriterium der akademischen Performanz sowie die selbstberichtete Arbeitsleistung. Die Ergebnisse dieser Studien liefern erste Belege für die Kriteriumsvalidität gamifizierter und Game-based Assessments, zumal sich für verschiedene spielerische Testverfahren positive Korrelationen mit der Durchschnittsnote bzw. der selbstberichteten Arbeitsleistung um $r = 0{,}20$ (z. B. Hommel et al., 2022; Landers et al., 2022; Melchers & Basch; 2022) zeigen. Zumindest eine veröffentlichte Studie untersuchte den Zusammenhang zwischen der Leistung in dem kognitiv orientierten Game-based Assessment Cognify (▶ https://www.criteriacorp.com/assessments/cognitive-aptitude/cognify) und Vorgesetztenbeurteilungen (Landers et al., 2022). In einer Stichprobe von immerhin 49 Berufstätigen fanden Landers et al. (2022) eine Korrelation von $r = 0{,}29$ zwischen dem Testergebnis im Game-based Assessment und der Arbeitsleistung. Weitere Evidenz für den Zusammenhang der Leistung in kognitiv orientierten spielerischen Methoden und der Vorgesetztenbeurteilungen kann eine ältere Studie von Danner et al. (2011) liefern ($r = 0{,}17$). In ihrer Studie betrachteten sie die Kriteriumsvalidität einer computergestützten Simulation, in welcher die Teilnehmenden die Aufgabe hatten, den Gewinn eines fiktiven Unternehmens innerhalb eines Zeitraums von zwölf Monaten zu maximieren.

Wie auch schon bei den Befunden zur Konstruktvalidität kommen Studien, die die Kriteriumsvalidität persönlichkeitsorientierter spielbasierter Testverfahren betrachteten, zu deutlich weniger positiven Ergebnissen. Die hier vorliegenden veröffentlichten Studien fanden größtenteils nicht-signifikante und wenn überhaupt moderate Zusammenhänge zwischen den Testergebnissen und den Abschlussnoten bzw. der (selbstberichteten) Arbeitsleistung (z. B. Barends et al., 2022; Landers & Collmus, 2022; Nikolaou et al., 2019).

Die Annahme, dass spielbasierte Testverfahren über traditionelle Instrumente hinaus beruflichen Leistungserfolg prognostizieren können, d. h. inkrementelle Validität besitzen, kann zumindest anhand der vorliegenden Studienlage nicht bestätigt werden. Zumindest was den Aspekt der Validität angeht, ist anzunehmen, dass gamifizierte und Game-based Assessments eine Ergänzung des Repertoires möglicher Auswahlinstrumente darstellen können, nicht aber die Jahrzehnte lang bewährten Verfahren, wie den klassischen Intelligenztest, ablösen (z. B. Nikolaou et al., 2019; Landers & Collmus, 2022; Landers et al., 2022).

6.6 Reaktionen von Bewerbenden

Wie wir bereits gelernt haben, ist eines der primären Ziele, wenn nicht sogar das primäre Ziel, gamifizierter und Game-based Assessments, die Reaktionen von Bewerbenden im Vergleich zu ihren traditionellen Gegenstücken positiv zu beeinflussen. Die Hoffnungen sind entsprechend groß, dass durch die Einbettung spielerischer Elemente in von Bewerbenden als eher langwierig und wenig unterhaltsam empfundene klassische Testverfahren ein erhöhtes Engagement und Spaß in der Zielgruppe erreicht werden (Bhatia & Ryan, 2018; Landers et al., 2018). Doch wie ist es nun um den empirischen Forschungsstand hinsichtlich der Akzeptanz dieser innovativen Methoden bestellt? Finden Bewerbende die Verfahren wirklich so toll, wie es von kommerziellen Anbietern propagiert wird?

Zu den Reaktionen von Bewerbenden liegen im Bereich der spielerischen Testverfahren die mit Abstand meisten Befunde vor (Ramos-Villagrasa et al., 2022). Dabei fanden einige Studien, dass gamifizierte und Game-based Assessments im Vergleich zu traditionellen analogen oder computer-basierten Testverfahren mit einer höheren Akzeptanz bei Bewerbenden einhergehen (z. B. Gkorezis et al., 2021; Georgiou & Nikolaou, 2020; Harman & Brown, 2022; Landers et al., 2022). Jedoch liegt auch eine Reihe von Studien vor, die keine Unterschiede (z. B. Landers et al., 2020) oder sogar negativere Reaktionen (z. B. Georgiou, 2021; Ohlms et al., 2022a) gegenüber spielerischen Testverfahren verglichen zu ihren klassischen Varianten fanden. Die aktuelle Befundlage ist also bei Weitem nicht einheitlich. Diese doch recht durchwachsenen Ergebnisse mögen nun die Frage aufwerfen, wie sich diese unterschiedlichen Befunde erklären lassen.

Ein naheliegender Grund für die heterogenen Ergebnisse mag gewiss darin liegen, dass in den einzelnen Studien verschiedenste gamifizierte und Game-based Assessments genutzt wurden. Betrachtet man also die Befunde mehrerer Einzelstudien, vergleicht man gewissermaßen Äpfel mit Birnen. Schließlich gleicht kein spielerisches Verfahren dem anderen. Stellen Sie sich einmal vor, Sie hätten sich bei zwei Unternehmen beworben und wären nun bei beiden eingeladen, einen spielerischen Auswahltest zu absolvieren. Bei einem Auswahltest bekommen Sie die Aufgabe, ein fiktives Unternehmen für einen Zeitraum von 20 Monaten zu leiten, wobei Sie innerhalb des Assessments mit verschiedensten komplexen Herausforderungen konfrontiert werden und versuchen müssen das Unternehmen zum Erfolg zu führen. Im Bewerbungsprozess des anderen Unternehmens wiederum müssen Sie einen spielerischen Auswahltest absolvieren, der verschiedene Minispiele umfasst, wie beispielsweise ein Spiel, dass Sie sehr an Tetris erinnert. Wenn Sie nun einmal darüber nachdenken, wie Sie es finden würden, wenn Sie diese spielerischen Auswahltests im Rahmen eines Auswahlverfahrens absolvieren müssten, würden Sie wahrscheinlich zu unterschiedlichen Einschätzungen in Abhängigkeit des jeweiligen Assessments kommen, oder? Genau hierin liegt die Problematik, wenn man eine allgemeingültige Aussage über die Akzeptanz gamifizierter und Game-based Assessments im Personalauswahlkontext treffen möchte. Aufgrund der mannigfaltigen Erscheinungsformen dieser innovativen Methoden ist eine allgemeingültige Aussage über deren Akzeptanz schlichtweg nicht möglich.

Ein weiterer Erklärungsansatz für die gemischten Forschungsergebnisse hinsichtlich der Reaktionen von Bewerbenden gegenüber Gamifizierung und Game-based Assessments sind Subgruppenunterschiede in den Präferenzen für spielerische Verfahren (Ramos-Villagrasa et al., 2022). Dabei scheinen insbesondere Männer, jüngere Bewerbende, Personen mit hoher technologischer Selbstwirksamkeit sowie Videospielerfahrung im Allgemeinen positiver gegenüber spielbasierten Auswahlverfahren eingestellt zu sein als Frauen, ältere Bewerbende, Menschen mit geringer technologischer Selbstwirksamkeit und ohne Erfahrung mit Videospielen (Ellison et al., 2020; Ohlms & Melchers, 2023). Außerdem unterscheiden sich Frauen und Männer darin, welche Spielgenre sie bevorzugt zu Unterhaltungszwecken nutzen (vgl. ► Abschn. 6.3; ESA, 2019). Demnach ist es naheliegend, dass es auch im Kontext von gamifizierten und Game-based Assessments zu Geschlechterunterschieden in der Präferenz bestimmter Spielgenre kommt.

Weiterhin fallen die Reaktionen von Bewerbenden im Hinblick auf verschiedene Bewertungskriterien sehr unterschiedlich aus (Ramos-Villagrasa et al., 2022). Während die organisationale Attraktivität und die Modernität des Unternehmens bei spielbasierten Verfahren oftmals positiver als bei analogen und computer-basierten Testverfahren wahrgenommen werden (z. B. Gkorezis et al., 2021; Georgiou, & Nikolaou, 2020; Ohlms et al., 2023), wird der Tätigkeitsbezug spielerischer Methoden tendenziell weniger positiv beurteilt (z. B. Georgiou, 2021; Ohlms et al., 2022a). Letzteres mag sich auch darauf zurückführen lassen, dass die meisten gamifizierten und Game-based Assessments, die derzeit auf dem Markt sind, keinen oder nur einen geringen Tätigkeitsbezug zum tatsächlichen Arbeitsalltag aufweisen. Schließlich werden wohl die allerwenigsten Jobsuchenden bei ihrer beruflichen Tätigkeit damit konfrontiert sein, Puzzleaufgaben zu lösen oder Abenteuer auf einer Insel zu bestreiten. Eine Studie von Ohlms et al. (2023a) ging genau dieser Fragestellung nach, inwiefern das Level an Fiktion bzw. der Tätigkeitsbezug der gewählten Rahmengeschichte eines gamifizierten Verfahrens dessen Akzeptanz beeinflusst. In dieser Studie sahen potenzielle Bewerbende entweder einen Ausschnitt eines gamifizierten Leistungstests mit einer fiktiven Rahmengeschichte (d. h., das Headquarter des Unternehmens wurde von Aliens besetzt und man musste helfen es von diesen zu befreien), eines gamifizierten Leistungstests mit einer nicht-fiktiven Rahmengeschichte (d. h., man sollte potenziellen Kollegen/-innen bei den Arbeitsaufgaben helfen) oder einen traditionellen nicht-gamifizierten Leistungstest. Der eigentliche Leistungstest (Analyse von Diagrammen) war dabei bei allen drei Testverfahren identisch, sodass der einzige Unterschied zwischen den Tests in der gewählten Rahmengeschichte (fiktiv, nicht-fiktiv, keine Rahmenhandlung) lag. Die Ergebnisse weisen darauf hin, dass der Grad der Fiktion der Rahmengeschichte eines gamifizierten Verfahrens die Reaktionen von Bewerbenden signifikant beeinflusst. So zeigt sich, dass die beiden gamifizierten Testverfahren im Vergleich zum traditionellen nicht-gamifizierten Leistungstest mit einer höheren wahrgenommenen Modernität des Unternehmens sowie mit einem größeren Spaß bei der Bearbeitung des Tests einhergehen. Jedoch bewerteten Teilnehmende den gamifizierten Test mit der nicht-fiktiven Rahmengeschichte (d. h. potenzielle Kollegen/-innen unterstützen) signifikant positiver als den gamifizierten Test mir der fiktiven Rahmengeschichte (d. h. Aliens bekämpfen) hinsichtlich des Tätigkeitsbezugs, der allgemeinen Fairness des Auswahlverfahrens, und der organisationalen Attraktivität. Aus den Ergebnissen lässt sich entsprechend schlussfolgern, dass Unternehmen, die anstreben mittels des Einsatzes von gamifizierten Verfahren sich als innovativer Arbeitgeber auf dem Bewerbendenmarkt zu positionieren und traditionelle Testverfahren für Bewerbende unterhaltsamer zu gestalten, sowohl fiktive als auch nicht-fiktive Rahmenhandlungen wählen können. Zielen Organisationen hingegen darauf ab, auch die wahrgenommene Fairness ihres Auswahlverfahrens sowie die allgemeine organisationale Attraktivität zu verbessern und schlussendlich eine größere Anzahl an Bewerbenden dazu zu bewegen, ein Stellenangebot tatsächlich anzunehmen, sollte bei der spielerischen Aufbereitung eines traditionellen Assessments eher auf nicht-fiktive Rahmengeschichten, die einen gewissen Tätigkeitsbezug zur eigentlichen Stelle aufweisen, als auf eine vollkommen fiktive Gamifizierung, zurückgegriffen werden.

Zusammenfassend weisen die bisherigen Befunde darauf hin, dass Gamifizierung und Game-based Assessments die Bewerberreaktionen im Vergleich zu ihren traditionellen Pendants positiv beeinflussen können. Dies ist aber gewiss nicht bei jedem spielerischen Verfahren der Fall und scheint unter anderem auf die unterschiedlichen Erscheinungsformen, die spielbasierte Verfahren in Abhängigkeit von spezifischen Designelementen annehmen können, zurückzuführen zu sein (Fetzer et al. 2017; Ohlms et al., 2022a). Die Annahme, es reiche aus, ein paar Spielelemente in ein altmodisch wirkendes Testverfahren zu integrieren, um die Bewerbenden vollkommen zu begeistern, ist also bei Weitem nicht allgemeingültig. Für Unternehmen ist es folglich nicht ratsam, gamifizierte oder game-basierte Assessments allein deshalb im Auswahlprozess einzusetzen, weil kommerzielle Anbieter propagieren, dass diese Verfahren das Bewerbendenerlebnis um ein Vielfaches verbessen würden (Ohlms, 2023). Vielmehr sollte die Akzeptanz eines spielbasierten Auswahlinstruments vor dessen Einsatz in der Praxis anhand einer für die Bewerbendenpopulation passenden Stichprobe bestimmt werden. Nur so kann tatsächlich sichergestellt werden, dass ein spezifisches gamifiziertes bzw. Game-based Assessment tatsächlich in der Zielgruppe besser akzeptiert ist als traditionelle alternative Methoden (Ohlms, 2023).

6.7 Subgruppenunterschiede in der Leistung

Ein Aspekt, der häufig in der Literatur diskutiert wird, ist die Frage, inwiefern bestimmte Gruppen von Bewerbenden bei gamifizierten und Game-based Assessments benachteiligt werden könnten (Fetzer et al., 2017). Die Sorge besteht darin, dass insbesondere Personen, die häufig Video- und Computerspiele in ihrer Freizeit spielen, in spielerischen Auswahlverfahren einen unfairen Vorteil gegenüber Personen haben könnten, die weniger videospielaffin sind. Demnach sollten insbesondere Jüngere und Männer besser als Ältere und Frauen in spielbasierten Verfahren abschneiden (Fetzer et al., 2017). Ist dem tatsächlich so, wäre dies für Unternehmen nicht nur vor dem Hintergrund angestrebter Diversitätsziele und der Chancengleichheit aller Bewerbenden ungünstig, sondern auch aus rechtlichen Gesichtspunkten ein Problem. Doch ist dem wirklich so, diskriminieren spielerische Methoden potenziell bestimmte Gruppen von Bewerbenden?

Erste Studienergebnisse stehen im Einklang mit den Annahmen über potenzielle Subgruppenunterschiede. Diese deuten darauf hin, dass sowohl Frauen, ältere Bewerbende als auch Personen ohne bzw. mit wenig Videospielerfahrung in spielerischen Assessments schlechter abschneiden als Männer, jüngere Bewerbende und erfahrenere Videospieler/-innen (Georgiou et al., 2019; Hommel et al., 2022; Landers et al., 2022; Melchers & Basch, 2022; Ohlms et al., 2022a). Unklar ist bislang, inwieweit bestimmte Merkmale der gamifizierten und spielbasierten Verfahren (z. B. Spielgenre, Spielelemente) zu den Leistungsunterschieden führen und wie die Diskriminierung einzelner Kandidat/-innen verhindert werden kann. Empfehlenswert ist gewiss, die Steuerungsfunktionen eines spielbasierten Instruments möglichst leicht verständlich zu konzipieren, sodass auch ohne eine lange Übungsphase ein Jedermann die Regeln eines jenen Verfahrens leicht und schnell erlernen kann.

Da die etwaige Benachteiligung bestimmter Personengruppen insbesondere mit Blick auf das Allgemeine Gleichstellungsgesetz und mit dem Ziel, die Diversität in Managementpositionen zu erhöhen, ein gravierendes Problem darstellt, bedarf es zweifellos weiterer Forschung, um Aussagen darüber treffen zu können, wie sich Subgruppenunterschiede hinsichtlich der Leistung vermeiden lassen.

Fazit

Zum Abschluss dieses Kapitels sollen nun die Chancen, Herausforderungen und Risiken von Gamifizierung und Game-based Assessments im Kontext der Personalauswahl und Eignungsdiagnostik zusammengefasst sowie Empfehlungen für die Praxis abgeleitet werden.

Welche Chancen bringt nun der Einsatz von Gamifizierung und Game-based Assessments in der Personalauswahl und psychologischen Eignungsdiagnostik mit sich? Einen Überblick über die Vor- und Nachteile spielerischer Ansätze gibt ◘ Tab. 6.3.

Auf der Seite der *Vorteile* ist zunächst zu nennen, dass vor allem kognitiv orientierte spielerische Verfahren eine valide Alternative zu den traditionellen Testverfahren darstellen können (z. B. Landers et al., 2022). Auf Basis der derzeitigen Befundlage ist jedoch nicht anzunehmen, dass Gamifizierung und Game-based eine bessere Vorhersage der beruflichen Leistung von Bewerbenden erlauben als papier- und computerbasierte Verfahren (z. B. Landers et al., 2022). Zumindest die derzeit existierenden persönlichkeitsorientierten spielerischen Verfahren scheinen hingegen nur einen begrenzten Mehrwert im Rahmen der Personalauswahl zu stiften (z. B. Barends et al., 2022; Landers & Collmus, 2022).

Weiterhin bieten spielerische Verfahren die Möglichkeit, die Reaktionen von Bewerbenden im Vergleich zu analogen und computer-basierten Auswahltests positiv zu beeinflussen. So deuten einige Studien darauf hin, dass Unternehmen, die diese innovativen Methoden im Rahmen der Personalauswahl einsetzen, von Bewerbenden ein Stück weit moderner und attraktiver wahrgenommen werden (z. B. Gkorezis et al., 2021; Georgiou & Nikolaou, 2020; Ohlms et al., 2023). Zudem haben spielerische Testverfahren das Potenzial, Testangst zu reduzieren (z. B. Landers et al., 2022). Von Vorteil ist dies insbesondere vor dem Hintergrund, dass eine minimierte Testangst eine genauere Messung der Fähigkeiten und Fertigkeiten von Personen erlaubt, da testängstlichere Menschen nicht allein aufgrund der Sorge um ihr Abschneiden in einer Prüfung in ihrer Leistung gehemmt werden und somit ihr volles Potenzial nicht abrufen können (Arvey et al., 1990; Bhatia & Ryan, 2018). Jedoch soll an dieser Stelle nochmals betont werden, dass spielerische Verfahren gegenüber traditionellen Testverfahren oftmals nur zu einer geringfügigen Verbesserung der Reaktionen von Bewerbenden führen (z. B. Landers & Collmus, 2022; Weidner and Landers, 2020) und die Bewerbendenreaktionen von individuellen Designaspekten und den Präferenzen der Bewerbendenzielgruppe beeinflusst zu sein scheinen (Ohlms et al., 2023; Ohlms & Melchers, 2023). Die Hoffnungen, dass durch das bloße Integrieren einiger Spielelemente in den Auswahlprozess das Erlebnis um ein Vielfaches verbessert werden kann, kann zumindest durch den jetzigen Forschungsstand nicht bestätigt werden. Zudem beeinflusst lange nicht jedes gamifizierte und Game-based Assessment die Reaktionen von Bewerbenden positiv (z. B. Landers et al., 2020; Ohlms et al., 2022a). Das bedeutet nicht, dass Unternehmen gänzlich auf den Einsatz von gamifizierten Methoden in ihren Personalauswahlprozessen verzichten sollten. Es weist jedoch darauf hin, dass Gamifizierung als alleinige Maßnahme wahrscheinlich nicht ausreicht, um Bewerbende zur Mitarbeit im eigenen Unternehmen zu begeistern, wenn auf anderen Stufen des Bewerbungsprozesses Fehler unterlaufen. Organisationen sollten entsprechend über weitere Wege nachdenken, um das Erlebnis von Bewerbenden zu verbessern. Dabei sei zu bedenken, dass aufgrund der durchwachsenen Befundlage nicht zwangsläufig angenommen werden kann, dass jedes gamifizierte und Game-based Assessment zu positiveren Reaktionen von Bewerbenden führt. Vielmehr scheint es auf die individuelle Erscheinungsform eines spielerischen Auswahltests anzukommen. Die

Auswahl der Spielelemente bei der Konzeption eines spielerischen Verfahrens sollte entsprechend gut überlegt, orientiert an den Präferenzen der Zielgruppe, erfolgen.

Ein weiteres Potenzial gamifizierter und Game-based Assessments liegt darin, dass diese Ansätze, je nach ihrer individuellen Ausgestaltung, für die Erhebung ganz unterschiedlicher Konstrukte genutzt werden können. Denkbar wäre es zum Beispiel, einen klassischen analogen Persönlichkeitsfragebogen zunächst zu digitalisieren und dann mit verschiedenen Spielelementen anzureichern wie einer Melodie, die abgespielt wird, wenn alle Aufgaben bearbeitet wurden. Genauso gut könnte man diese Gamifizierung bei einem analogen Intelligenztest umsetzen, sodass eine Melodie nach erfolgreicher Bearbeitung aller Testitems oder auch bei der richtigen Beantwortung einer bestimmten Aufgabe ertönt. Darüber hinaus, wäre sogar auch die simultane Messung mehrerer interessierender Merkmalseigenschaften innerhalb eines gamifizierten bzw. spielbasierten Verfahrens prinzipiell realisierbar. Man nehme beispielsweise an, die Anforderungsanalyse für eine vakante Stelle ergibt, dass sowohl Problemlösefähigkeiten als auch ein hohes Maß an Extraversion für die Zielposition von Relevanz sind. Möglich wäre es nun im nächsten Schritt, ein Game-based Assessment so zu konzipieren, dass die darin enthaltenen Inhalte die Messung dieser beiden Merkmalseigenschaften erlauben (◘ Tab. 6.3). Die Einsatzmöglichkeiten von Gamifizierung und Game-based Assessments innerhalb des Bewerbungsprozesses sind also entsprechend vielfältig (Bhatia & Ryan, 2018).

Eine weitere Chance, die spielerische Methoden in sich bergen können, ist, die Verfälschbarkeit der Ergebnisse durch ein sozial erwünschtes Antwortverhalten der Bewerbenden zu reduzieren. Eine Studie von Landers und Collmuss (2022) deutet zumindest darauf hin, dass spielerische Verfahren weniger anfällig für verfälschtes Antwortverhalten von Bewerbenden sein könnten. Hier bedarf es jedoch weiterer Forschung, um eine abschließende Aussage treffen zu können (Ramos-Villagrasa et al., 2022).

Sind spielerische Methoden erst einmal entwickelt, ermöglichen sie eine ökonomische Anwendung sowohl für Bewerbende als auch für Personalverantwortliche. Die Zugangsdaten zu einem digitalen spielerischen Auswahlverfahren müssen vor der Testung lediglich an die Kandidat/-innen versendet werden, was mehr oder weniger automatisch über das System funktioniert. Bewerbende können dann in aller Regel das gamifizierte bzw. game-basierte Assessment innerhalb eines bestimmten Zeitraums bequem von zu Hause bearbeiten. Die anschließende Auswertung und Interpretation der Ergebnisse erfolgt im Allgemeinen durch den Computer, sodass der Arbeitsaufwand für Personalverantwortliche insbesondere im Vergleich zu analogen Testverfahren deutlich verringert wird.

Auf der Seite der *Risiken* fallen zunächst die hohen Kosten sowie der zeitliche Aufwand für die Entwicklung spielerischer Methoden ins Auge. Demnach wird sich die Neuentwicklung nur für große Organisationen lohnen, die jährlich eine Vielzahl offener Stellen besetzen (Bhatia & Ryan, 2018). Für Unternehmen, die lediglich einige wenige Vakanzen zu besetzen haben, würde sich maximal der Einkauf eines etablierten Verfahrens eignen. Allerdings stellt sich hierbei die Frage, inwiefern sich ein eingekauftes Instrument tatsächlich für die Zielgruppe eignet. Aufgrund der unterschiedlichsten Erscheinungsformen, die spielerische Verfahren in Abhängigkeit ihres Designs annehmen können, sollten bei der Auswahl eines solchen Verfahrens auch die Präferenzen der jeweiligen Zielgruppe an Bewerbenden beachtet werden. Während beispielsweise ein Game-based Assessment, bei dem die Rahmenhandlung darin besteht, ein Land von einem Fluch zu befreien, sich für die Azubiauswahl gut eignen könnte, kann es bei der Besetzung einer Topmanagementposition ganz anders aussehen. Kauft ein Unternehmen also einfach irgendein gut vermarktetes spielerisches Verfahren ein, ohne um dessen Akzeptanz in der

Zielgruppe zu wissen, birgt dies das Risiko, dass jenes Verfahren schlimmstenfalls auch mit einer geringeren Akzeptanz als sein traditionelleres analoges bzw. computer-basiertes Pendant einhergeht. Schließlich zeigt die empirische Befundlage, dass die Anreicherung von Spielelementen nicht zwangsläufig zu einer verbesserten Ansprache und Akzeptanz bei Bewerbenden führt (z. B. Georgiou, 2021; Ohlms et al., 2022a).

Weiterhin bergen spielerische Methoden die Gefahr, bestimmte Gruppen von Bewerbenden zu benachteiligen. Empirische Befunde deuten darauf hin, dass insbesondere Frauen, ältere Personen sowie Menschen mit keiner bzw. geringer Videospielerfahrung in gamifizierten und game-basierten Verfahren schlechter abschneiden als Männer, jüngere Menschen und Personen mit hoher Videospielerfahrung (z. B. Georgiou et al., 2019; Melchers & Basch, 2022; Ohlms et al., 2022a). Dies muss allerdings nicht zwangsläufig ein Problem darstellen. Ist die Videospielerfahrung beispielsweise nicht nur ein Indikator für das Abschneiden in einem spielbasierten Verfahren, sondern auch für die spätere Arbeitsleistung einer Person, wäre dieses Merkmal sehr wohl ein relevantes Auswahlkriterium. Beeinflusst die Videospielerfahrung jedoch lediglich die Leistung in einem Game-based Assessment, nicht aber den beruflichen Erfolg einer Person, würden dieses Verfahren diejenigen Bewerbenden benachteiligen, die über keine Vorerfahrung im Spielen von Videospielen verfügen. Weiterhin ist vor dem Hintergrund der Chancengleichheit sowie des Allgemeinen Gleichstellungsgesetzes die potenzielle Benachteiligung von älteren Kandidat/-innen und Frauen in spielerischen Verfahren unweigerlich ein Problem.

Trotz der zunehmenden Nutzung von Gamifizierung und Game-based Assessments in der Praxis, steckt die empirische Forschung zu diesen neuartigen Auswahlmethoden bislang noch in den Kinderschuhen (Bhatia & Ryan, 2018; Woods et al., 2019). Entsprechend gibt es bisweilen noch eine Vielzahl unbeantworteter Fragen: Wie verlässlich können spielerische Methoden den Berufserfolg vorhersagen? Wie müssen gamifizierte und Game-based Assessments designet sein, um positivere Bewerberreaktionen hervorzurufen? Wie lässt sich die potenzielle Benachteiligung bestimmter Gruppen vermeiden? – Um nur einige der offenen Fragen zu nennen. Entsprechend ist der Einsatz gamifizierter und Game-based Assessments für Unternehmen zum jetzigen Forschungsstand mit einer hohen Ungewissheit hinsichtlich des tatsächlichen Mehrwerts dieser Verfahren verbunden.

Organisationen, die mit dem Gedanken spielen, gamifizierte bzw. Game-based Assessments in ihrem Bewerbungsprozess zu integrieren, sollten die folgenden *Standards* zur Anwendung spielerischer Methoden in der Personaldiagnostik beachten.

Wie bei jedem anderen Auswahlinstrument auch sollten die Konzeption und Entwicklung eines spielerischen Auswahlverfahrens stets auf Basis einer Anforderungsanalyse erfolgen (Kanning, 2018). Es sollte also zunächst definiert werden, welche Fertigkeiten, Fähigkeiten, Kompetenzen und anderen Merkmale für eine vakante Stelle von Relevanz sind, bevor überlegt wird, welche dieser Eigenschaften potenziell mittels eines spielerischen Verfahrens gemessen werden können oder sollten (z. B. kognitive Fähigkeiten). Da die genutzten Spielelemente und das Genre eines gamifizierten bzw. Game-based Assessment einen Einfluss auf dessen Akzeptanz nehmen können, sollte sich die grafische Ausgestaltung (genutzte Spielelemente, Genre) eines spielerischen Verfahrens an den Präferenzen der Zielgruppe orientieren. In diesem Zusammenhang sollte auch auf einen gewissen Tätigkeitsbezug eines spielerischen Verfahrens geachtet werden. Von Instrumenten, denen es an jeglichem Tätigkeitsbezug fehlt, wie zum Beispiel einem Game-based Assessment, bei dem die Rahmenhandlung darin besteht, ein Land von einem Fluch zu befreien, sollte hingegen Abstand genommen werden. Naheliegend ist, dass sich Bewerbende, gerade bei der Besetzung höherer Managementpositionen, ein Stück weit „veräppelt" vorkommen, wenn sie in einem spielerischen Auswahltest mit solch einer realitätsfernen Rahmengeschichte konfrontiert werden. Entsprechend sollte auf Verfahren mit einer sinnvollen Storyline, wie der Herausforderung, ein fiktives Unternehmen zu führen, zurückgegriffen werden. Selbstverständlich ist, wie auch bei traditionellen Testverfahren, dass ausschließlich Instrumente zum Einsatz kommen, die den Anforderungen an ein diagnostisch wertvolles Auswahlinstrument (d. h. Objektivität, Reliabilität und Validität) gerecht werden. Damit einhergeht, dass nur Instrumente kommerzieller Anbieter genutzt werden, die die notwendigen Informationen über die psychometrische Güte der Verfahren offenlegen. Dazu gehören unter anderem qualitativ hochwertige Validierungs- und Normierungsstudien. Da der Einsatz gamifizierter und Game-based Assessments nicht zwangsläufig zu einer Verbesserung der Ansprache sowie der Reaktionen von Bewerbenden führt, sollte die Akzeptanz eines spezifischen Verfahrens stets für die jeweilige Zielgruppe vor dessen Nutzung in der Praxis bestimmt werden.

Letztlich sollten Unternehmen bei der Entscheidung darüber, ob ein spielerisches Verfahren im Auswahlprozess integriert werden soll, stets abwägen, ob die Vorteile dieser innovativen Instrumente die ihrer klassischen Pendants überwiegen. Hierbei sollten zwingend mehrere relevante Kriterien berücksichtigt werden. Beispielsweise ist aus wirtschaftlicher Perspektive zu betrachten, inwiefern die hohen Entwicklungskosten eines spielbasierten Verfahrens sich mittel- und langfristig rentieren. Zudem müssen natürlich auch Kriterien wie die Validität, Reaktionen von Bewerbenden und die potenzielle Diskriminierung einzelner Gruppen geprüft und in Relation zu traditionellen Testverfahren betrachtet werden. Schlussendlich sollte auf Basis einer umfassenden Kosten-Nutzen-Abwägung im Einzelfall darüber entschieden werden, ob der Einsatz eines spielerischen Verfahrens in einer bestimmten Auswahlsituation angemessen ist (Landers et al., 2022). Dazu gehört auch, dass der Einsatz spielerischer Verfahren evaluiert wird, um unter anderem gegensteuern zu können, sollte ein bestimmtes Instrument gewisse Personengruppen benachteiligen oder andere Komplikationen hervorrufen.

Insgesamt können Gamifizierung und Game-based Assessment also vielversprechende moderne Instrumente der Personalauswahl und Eignungsdiagnostik darstellen, vorausgesetzt ihre Entwicklung sowie ihr Einsatz erfolgen unter Berücksichtigung der genannten Standards. Zugleich bedarf es weiterer empirischer Forschung, um gesicherte Schlussfolgerungen über die diagnostische Güte dieser innovativen Personalauswahlmethoden ableiten zu können (Woods et al., 2020).

Tab. 6.3 Chancen- und Risiken gamifizierter und Game-based Assessments

Chancen	Risiken
– Ggf. valide Alternative für traditionelle (kognitive) Testverfahren – Ggf. positivere Reaktionen von Bewerbenden im Vergleich zu traditionellen Testverfahren – (Simultane) Messung unterschiedlicher Konstrukte – Reduzierte Verfälschbarkeit – Ökonomische Anwendung	– Hohe Entwicklungskosten – Hoher zeitlicher Aufwand bei der Entwicklung – Benachteiligung bestimmter Subgruppen – Ggf. negativere Reaktionen von Bewerbenden im Vergleich zu traditionellen Testverfahren – Viele offene Fragen, hinsichtlich ihrer diagnostischen Güte und Akzeptanz in der Zielgruppe

Standards für den Einsatz gamifizierter und Game-based Assessments

- Die Konzeption und Entwicklung gamifizierter und Game-based Assessments erfolgt auf Basis einer Anforderungsanalyse.
- Die grafische Ausgestaltung (genutzte Spielelemente, Genre) eines spielerischen Verfahrens sollte sich an den Präferenzen der Zielgruppe orientieren.
- Die Konzeption eines gamifizierten und Game-based Assessments sollte zumindest einen gewissen Tätigkeitsbezug aufweisen.
- Es werden nur Verfahren genutzt, die über eine genügende Objektivität, Reliabilität und Validität verfügen.
- Es kommen nur Verfahren von Anbietern zum Einsatz, die die wesentlichen Informationen zur diagnostischen Güte eines spielerischen Instruments (Validierungs- und Normierungsstudien) offenlegen.
- Die Akzeptanz eines spezifischen Verfahrens sollte stets für die jeweilige Zielgruppe bestimmt werden.
- Die Entscheidung darüber, ob ein spielerisches Verfahren genutzt wird, basiert auf einer Kosten-Nutzen-Analyse, d. h., es werden mehrere relevante Kriterien berücksichtigt wie die Gütekriterien, Akzeptanz und Kosten.
- Der Einsatz der Verfahren wird evaluiert, z. B. hinsichtlich Subgruppenunterschiede in der Leistung.

Literatur

Armstrong, M. B., Landers, R. N., & Collmus, A. B. (2016). Gamifying recruitment, selection, training, and performance management: Game-thinking in human resource management. In D. Z. Davis & H. Gangadharbatla (Hrsg.), *Emerging research and trends in gamification* (S. 140–165). IGI Global. https://doi.org/10.4018/978-1-4666-8651-9.ch007

Arvey, R. D., Strickland, W., Drauden, G., & Martin, C. (1990). Motivational components of test taking. *Personnel Psychology, 43*(4), 695–716. https://doi.org/10.1111/j.1744-6570.1990.tb00679.x

Bachen, C. M., Hernández-Ramos, P., Raphael, C., & Waldron, A. (2016). How do presence, flow, and character identification affect players' empathy and interest in learning from a serious computer game? *Computers in Human Behavior, 64*, 77–87. https://doi.org/10.1016/j.chb.2016.06.043

Barends, A. J., De Vries, R. E., & Van Vugt, M. (2019). Gamified personality assessment: Virtual behavior cues of honesty-humility. *Zeitschrift für Psychologie, 227*(3), 207–217. https://doi.org/10.1027/2151-2604/a000379

Barends, A. J., de Vries, R. E., & van Vugt, M. (2022). Construct and predictive validity of an assessment game to measure honesty–humility. *Assessment, 29*(4), 630–650. https://doi.org/10.1177/1073191120985612

Barhate, B., & Dirani, K. M. (2021). Career aspirations of generation Z: A systematic literature review. *European Journal of Training and Development, 46*(1/2), 139–157. https://doi.org/10.1108/EJTD-07-2020-0124

Bhatia, S., & Ryan, A. M. (2018). Hiring for the win: Game-based assessment in employee selection. In J. H. Dulebohn & D. L. Stone (Hrsg.), *The brave new world of eHRM 2.0* (S. 81–110). Information Age Publishing.

Bitkom. (2022, August 25). Anteil der Computer- und Videospieler in Deutschland im Jahr 2022 nach Geschlecht [Graph]. Statista. Zugriff am 18.12.2022 von https://de.statista.com/statistik/daten/studie/315920/umfrage/anteil-der-computerspieler-in-deutschland-nach-geschlecht/

Bocksch, R. (2020, Juli 29). *Videospiele sind die lukrativste Unterhaltungsbranche*. Zugriff am 13.12. 2022 von https://de.statista.com/infografik/22414/umsatz-ausgewaehlter-sektoren-der-unterhaltungsindustrie/

Boyle, E. A., Connolly, T. M., Hainey, T., & Boyle, J. M. (2012). Engagement in digital entertainment games: A systematic review. *Computers in Human Behavior, 28*(3), 771–780. https://doi.org/10.1016/j.chb.2011.11.020

Breiner, T. C. (2019). Game-Genres. In T. C. Breiner & L. D. Kolibus (Hrsg.), *Computerspiele: Grundlagen, Psychologie und Anwendungen* (S. 41–59). Springer.

Bundesagentur für Arbeit. (2022, November 30). Bestand an gemeldeten offenen Arbeitsstellen in Deutschland im Jahresdurchschnitt von 2011 bis 2022 [Graph]. *Statista*. Zugriff am 10.12. 2022 von https://de.statista.com/statistik/daten/studie/2903/umfrage/jahresdurchschnittswerte-des-bestands-an-offenen-arbeitsstellen/

Chambers, E., Foulon, M., Handfield-Jones, H., Hankin, S., & Michael, E., III. (1998). The war for talent. *The McKinsey Quarterly, 3*, 44–57.

Chamorro-Premuzic, T., Winsborough, D., Sherman, R., & Hogan, R. (2016). New talent signals: Shiny new objects or a brave new world? *Industrial and Organizational Psychology, 9*(3), 621–640. https://doi.org/10.1017/iop.2016.6

Chiang, Y.-T, Lin, S. S. J., Cheng, C.-Y., & Liu, E. Z.-F. (2011). Exploring online game players' flow experiences and positive affect. *Turkish Online Journal of Educational Technology, 10*(1), 106–114.

Csikszentmihalyi, M. (1990). *Flow: The psychology of optimal experience*. Harper & Row.

Danner, D., Hagemann, D., Holt, D. V., Hager, M., Schankin, A., Wüstenberg, S., & Funke, J. (2011). Measuring performance in dynamic decision making. *Journal of Individual Differences, 32*(4), 225–233. https://doi.org/10.1027/1614-0001/a000055

Deterding, S., Dixon, D., Khaled, R., & Nacke, L. (2011). *From game design elements to gamefulness: Defining „gamification"*. Proceedings of the 15th International Academic MindTrek Conference: Envisioning Future Media Environments (S. 9–15). Association for Computing Machinery. https://doi.org/10.1145/2181037.2181040

Döring, N., & Bortz, J. (2016). Datenerhebung. In N. Döring & J. Bortz (Hrsg.), *Forschungsmethoden und Evaluation in den Sozial- und Humanwissenschaften* (5. Aufl., S. 321–577). Springer. https://doi.org/10.1007/978-3-642-41089-5_10

Ellison, L. J., T., M. J., Tomczak, D., Siemsen, A., & Gonzalez, M. F. (2020). Game on! Exploring reactions to game-based selection assessments. *Journal of Managerial Psychology, 35*(4), 241–254. https://doi.org/10.1108/JMP-09-2018-0414

ESA. (2019, Mai 2). *2019 Essential facts about the computer and video game industry.* Zugriff am 10.12.2022 von https://www.theesa.com/wp-content/uploads/2019/05/ESA_Essential_facts_2019_final.pdf

Fetzer, M., McNamara, J., & Geimer, J. L. (2017). Gamification, serious games and personnel selection. In H. W. Goldstein, E. D. Pulakos, J. Passmore, & C. Semedo (Hrsg.), *The Wiley Blackwell handbook of the psychology of recruitment, selection and employee retention* (S. 293–309). Wiley. https://doi.org/10.1002/9781118972472

Georgiou, K. (2021). Can explanations improve applicant reactions towards gamified assessment methods? *International Journal of Selection and Assessment, 29*(2), 253–268. https://doi.org/10.1111/ijsa.12329

Georgiou, K., & Lievens, F. (2022). Gamifying an assessment method: What signals are organizations sending to applicants? *Journal of Managerial Psychology, 37*(6), 559–574. https://doi.org/10.1108/JMP-12-2020-0653

Georgiou, K., & Nikolaou, I. (2020). Are applicants in favor of traditional or gamified assessment methods? Exploring applicant reactions towards a gamified selection method. *Computers in Human Behavior, 109*, Article 106356. https://doi.org/10.1016/j.chb.2020.106356

Georgiou, K., Gouras, A., & Nikolaou, I. (2019). Gamification in employee selection: The development of a gamified assessment. *International Journal of Selection and Assessment, 27*(2), 91–103. https://doi.org/10.1111/ijsa.12240

Gilliland, S. W. (1993). The perceived fairness of selection systems: An organizational justice perspective. *Academy of Management Review, 18*(4), 694–734. https://doi.org/cgrb25

Gkorezis, P., Georgiou, K., Nikolaou, I., & Kyriazati, A. (2021). Gamified or traditional situational judgement test? A moderated mediation model of recommendation intentions via organizational attractiveness. *European Journal of Work and Organizational Psychology, 30*(2), 240–250. https://doi.org/10.1080/1359432X.2020.1746827

Graf, N. (2014). Einleitung Mitarbeiterbindung. In N. Graf (Hrsg.), *Innovationen im Personalmanagement* (S. 273–279). Springer Gabler.

Hamari, J., & Keronen, L. (2017). Why do people play games? A meta-analysis. *International Journal of Information Management, 37*(3), 125–141. https://doi.org/10.1016/j.ijinfomgt.2017.01.006

Hamari, J., Shernoff, D. J., Rowe, E., Coller, B., Asbell-Clarke, J., & Edwards, T. (2016). Challenging games help students learn: An empirical study on engagement, flow and immersion in game- based learning. *Computers in Human Behavior, 54*, 170–179. https://doi.org/10.1016/j.chb.2015.07.045

6

Harman, J. L., & Brown, K. D. (2022). Illustrating a narrative: A test of game elements in game-like personality assessment. *International Journal of Selection and Assessment, 30*(1), 157–166. https://doi.org/10.1111/ijsa.12374
Harman, J. L., & Purl, J. (2022). Advances in game-like personality assessment. *Trends in Psychology*, 1–15. https://doi.org/10.1007/s43076-022-00162-x
Hausknecht, J. P., Day, D. V., & Thomas, S. C. (2004). Applicant reactions to selection procedures: An updated model and meta-analysis. *Personnel Psychology, 57*(3), 639–683. https://doi.org/10.1111/j.1744-6570.2004.00003.x
Höft, S., & Funke, U. (2006). Simulationsorientierte Verfahren der Personalauswahl. In H. Schuler (Hrsg.), *Lehrbuch der Personalpsychologie* (Vol. 2, pp. 145–187). Hogrefe.
Hommel, B. E., Ruppel, R., & Zacher, H. (2022). Assessment of cognitive flexibility in personnel selection: Validity and acceptance of a gamified version of the Wisconsin Card Sorting Test. *International Journal of Selection and Assessment, 30*(1), 126–144. https://doi.org/10.1111/ijsa.12362
Institut der deutschen Wirtschaft. (2022, August 12). Fachkräftemangel: Größte Lücken in typischen Männer- und Frauenberufen [Pressemitteilung]. Zugriff am 11.12.2022 von https://www.iwkoeln.de/presse/pressemitteilungen/helen-hickmann-filiz-koneberg-groesste-luecken-in-typischen-maenner-und-frauenberufen.html
Kanning, U. P. (2018). *Standard der Personaldiagnostik*. Hogrefe.
Landers, R. N., & Collmus, A. B. (2022). Gamifying a personality measure by converting it into a story: Convergence, incremental prediction, faking, and reactions. *International Journal of Selection and Assessment, 30*(1), 145–156. https://doi.org/10.1111/ijsa.12373
Landers, R. N., & Sanchez, D. R. (2022). Game-based, gamified, and gamefully designed assessments for employee selection: Definitions, distinctions, design, and validation. *International Journal of Selection and Assessment, 30*(1), 1–13. https://doi.org/10.1111/ijsa.12376
Landers, R. N., Auer, E. M., & Abraham, J. D. (2020). Gamifying a situational judgment test with immersion and control game elements: Effects on applicant reactions and construct validity. *Journal of Managerial Psychology, 35*(4), 225–239. https://doi.org/10.1108/JMP-10-2018-0446
Landers, R. N., Auer, E. M., Collmus, A. B., & Armstrong, M. B. (2018). Gamification science, its history and future: Definitions and a research agenda. *Simulation & Gaming, 49*(3), 315–337. https://doi.org/10.1177/1046878118774385
Landers, R. N., Armstrong, M. B., Collmus, A. B., Mujcic, S., & Blaik, J. (2022). Theory-driven game-based assessment of general cognitive ability: Design theory, measurement, prediction of performance, and test fairness. *Journal of Applied Psychology, 107*(10), 1655–1677. https://doi.org/10.1037/apl0000954
Levashina, J., & Campion, M. A. (2006). A model of faking likelihood in the employment interview. *International Journal of Selection and Assessment, 14*(4), 299–316. https://doi.org/10.1111/j.1468-2389.2006.00353.x
Lucas, K., & Sherry, J. L. (2004). Sex differences in video game play: A communication-based explanation. *Communication Research, 31*(5), 499–523. https://doi.org/10.1177/0093650204267930
Mavridis, A., & Tsiatsos, T. (2017). Game-based assessment: Investigating the impact on test anxiety and exam performance. *Journal of Computer Assisted Learning, 33*(2), 137–150. https://doi.org/10.1111/jcal.12170
McCarthy, J. M., & Goffin, R. D. (2005). Selection test anxiety: Exploring tension and fear of failure across the sexes in simulated selection scenarios. *International Journal of Selection and Assessment, 13*(4), 282–295. https://doi.org/10.1111/j.1468-2389.2005.00325.x
Melchers, K. G., & Basch, J. M. (2022). Fair play? Sex-, age-, and job-related correlates of performance in a computer-based simulation game. *International Journal of Selection and Assessment, 30*(1), 48–61. https://doi.org/10.1111/ijsa.12337
Myers, D. (1990). Computer games genres. *Play & Culture, 3*(4), 286–301.
NewZoo. (2022, July). *Global games market report*. Zugriff am 14.12.2022 von https://newzoo.com/products/reports/global-games-market-report
Nikolaou, I., Georgiou, K., & Kotsasarlidou, V. (2019). Exploring the relationship of a gamified assessment with performance. *Spanish Journal of Psychology, 22*, Article e6. https://doi.org/10.1017/sjp.2019.5
Ohlms, M. (2023, September 14). *Spielerisch zum Traumjob: Game-based Assessment in der Personalauswahl*. Wirtschaftspsychologie Heute. Zugriff am 20.11.2023 von https://www.wirtschaftspsychologie-heute.de/spielerisch-zum-traumjob-game-based-assessment-in-der-personalauswahl/
Ohlms, M. L., & Melchers, K. G. (2023). Are games always fun and fair? A comparison of reactions to different game-based assessments [Manuskript in Vorbereitung]. Institut für Psychologie und Pädagogik, Universität Ulm.

Ohlms, M. L., Melchers, K. G., & Kanning, U. P. (2023). Can we playfully measure cognitive ability? Construct-related validity and applicant reactions. *International Journal of Selection and Assessment.* Advance online publication. https://doi.org/10.1111/ijsa.12450
Ohlms, M. L., Melchers, K. G., & Kanning, U. P. (2022). Playful personnel selection: The use of traditional vs. game-related personnel selection methods and their perception from the recruiters' and applicants' perspectives. [Manuskript eingereicht zur Publikation]. Institut für Psychologie und Pädagogik, Universität Ulm.
Ohlms, M. L., Melchers, K. G., & Lievens, F. (2023). It's just a game! Effects of the level of fiction of a storified test on applicant reactions [Manuskript eingereicht zur Publikation]. Institut für Psychologie und Pädagogik, Universität Ulm.
Ohlms, M. L., Voigtländer, E., Melchers, K. G., & Kanning, U. P. (2023). Is gamification a suitable means to improve applicant reactions and to convey information during an online test? *Journal of Personnel Psychology*. Advance online publication. https://doi.org/10.1027/1866-5888/a000343
Ramos-Villagrasa, P., Fernández-del-Río, E., & Castro, Á. (2022). Game-related assessments for personnel selection: A systematic review. *Frontiers in Psychology, 13*, Article 952002. https://doi.org/10.3389/fpsyg.2022.952002

6

Roulin, N., Krings, F., & Binggeli, S. (2016). A dynamic model of applicant faking. *Organizational Psychology Review, 6*(2), 145–170. https://doi.org/10.1177/2041386615580875
Sanchez, D. R., Weiner, E., & Van Zelderen, A. (2022). Virtual reality assessments (VRAs): Exploring the reliability and validity of evaluations in VR. *International Journal of Selection and Assessment, 30*(1), 103–125. https://doi.org/10.1111/ijsa.12369
Schlenker, B. R. (1980). *Impression management: the self-concept, social identity, and interpersonal relations*. Brooks/Cole.
Shute, V. J., & Ventura, M. I. (2013). *Stealth assessment: Measuring and supporting learning in video games*. The MIT Press. http://library.oapen.org/handle/20.500.12657/26058
Smits, J., & Charlier, N. (2011). *Game-based assessment and the effect on test anxiety: A case study*. European Conference on Games Based Learning: Academic Conferences International Limited, 562-XVIII.
Spence, M. (1973). Job market signaling. *Quarterly Journal of Economics, 87*, 355–374.
Tett, R. P., & Simonet, D. V. (2011). Faking in personality assessment: A "multisaturation" perspective on faking as performance. *Human Performance, 24*(4), 302–321. https://doi.org/10.1080/08959285.2011.597472
Truxillo, D. M., & Bauer, T. N. (2011). Applicant reactions to organizations and selection systems. In S. Zedeck (Hrsg.), *APA handbook of industrial and organizational psychology, Vol. 2. Selecting and developing members for the organization* (pp. 379–397). American Psychological Association. https://doi.org/10.1037/12170-012
Verband der deutschen Games-Branche. (2022, April 11). *Deutscher Games-Markt wächst 2021 um 17 Prozent*. Zugriff am 10.12.2022 von https://www.game.de/deutscher-games-markt-waechst-um-17-prozent/
Weibel, D., Wissmath, B., Habegger, S., Steiner, Y., & Groner, R. (2008). Playing online games against computer-vs. human-controlled opponents: Effects on presence, flow, and enjoyment. *Computers in Human Behavior, 24*(5), 2274–2291. https://doi.org/10.1016/j.chb.2007.11.002
Weidner, N. W., & Landers, R. N. (2020). Swipe right on personality: A mobile response latency measure. *Journal of Managerial Psychology, 35*(4), 209–223. https://doi.org/10.1108/JMP-07-2018-0330
Weitzel, T., Laumer, S., Maier, C., Oehlhorn, C., Wirth, J., Weinert, C., & Eckhardt, A. (2016). *Techniksprung in der Rekrutierung*. Abgerufen am 12.12.2023 von https://www.uni-bamberg.de/isdl/chris/recruiting-trends/recruitingtrends-2016/
Werbach, K., & Hunter, D. (2012). *For the Win: How game thinking can revolutionize your business*. Wharton Digital Press.
Woods, S. A., Ahmed, S., Nikolaou, J., Costa, A. C., & Anderson, N. R. (2020). Personnel selection in the digital age: A review of validity and applicant reactions, and future research challenges. *European Journal of Work and Organizational Psychology, 29*(1), 64–77. https://doi.org/10.1080/1359432X.2019.1681401
Wu, F. Y., Mulfinger, E., Alexander, L., III, Sinclair, A. L., McCloy, R. A., & Oswald, F. L. (2022). Individual differences at play: An investigation into measuring Big Five personality facets with game-based assessments. *International Journal of Selection and Assessment, 30*(1), 62–81. https://doi.org/10.1111/ijsa.12360

Technologie-mediierte Interviews

Johannes M. Basch

Inhaltsverzeichnis

Teile dieses Kapitels sind teilweise in abgewandelter Form übernommen aus: Basch, J. M. & Melchers, K. G. (2021). Technologie-mediierte Interviews: Lessons learned und offene Fragen. *Wirtschaftspsychologie. 23*(4), 6–17.

U. P. Kanning, M. L. Ohlms (Hrsg.), *Digitale Personalauswahl und Eignungsdiagnostik*,
https://doi.org/10.1007/978-3-662-68211-1_7

7.1 Interviews

Per Definition kann ein Vorstellungsgespräch als ein persönlicher, interaktiver Prozess verstanden werden, bei dem eine oder mehrere Personen Bewerbenden mündliche Fragen stellen und deren Antworten bewerten. Ziel von Vorstellungsgesprächen ist es, die Eignung dieser Personen für eine bestimmte Stelle festzustellen und schließlich auf der Grundlage dieser Bewertung eine Einstellungsentscheidung zu treffen (Levashina et al., 2014). Interviews sind das am weitesten verbreitete Instrument der Personalauswahl. Nahezu jedes Unternehmen setzt sie zu irgendeinem Zeitpunkt des Auswahlprozesses ein, oft sogar als einziges Instrument überhaupt (Armoneit et al., 2020; Huffcutt & Culbertson, 2011). Sie sind nicht nur einfach durchzuführen, sondern werden von den Bewerbenden im Vergleich zu anderen Auswahlinstrumenten (wie kognitiven Leistungstests oder der Analyse von Bewerbungsunterlagen) auch gut akzeptiert (Anderson et al., 2010; Schuler et al., 2007).

Strukturierte Interviews haben sich in Bezug auf Validität, Objektivität und Reliabilität (vgl. ▶ Kap. 1) als eine bessere Alternative zu ihren unstrukturierten Pendants erwiesen. Strukturierte Interviews zeichnen sich dadurch aus, dass sie die gleichen Fragen und einheitliche Bewertungsmaßstäbe für alle Bewerbenden verwenden, sodass die Bewerbenden weniger Freiraum bei der Beantwortung der Fragen haben und daher die Durchführung vergleichbarer Interviews mit verschiedenen Bewerbenden ermöglicht wird. Bei unstrukturierten Interviews hingegen existiert keine vorherige Auswahl an Fragen bzw. es werden nicht allen Bewerber/-innen die gleichen Fragen in der gleichen Reihenfolge gestellt. Die Leistung in strukturierten Auswahlgesprächen kann die spätere Arbeitsleistung sehr gut vorhersagen, weshalb strukturierte Interviews hinsichtlich ihrer Kriteriumsvalidität zu den Top 3 der Auswahlinstrumente gehören – zusammen mit Arbeitsproben und kognitiven Leistungstests (Huffcutt et al., 2014; Sackett et al., 2022).

Allerdings fehlt in der obigen Definition die Klärung, ob die Interaktion von Interviewenden und Interviewten am selben Ort, also „face to face“, stattfinden muss oder nicht. Eine weitere fehlende Information in dieser Definition ist, ob die Kommunikation synchron oder asynchron ist. Infolge des technologischen Fortschritts und einer sich rasch verändernden Arbeitswelt finden technologie-vermittelte Interviews, wie Telefon-, Videokonferenz- oder asynchrone Videointerviews, in der Praxis immer häufiger Anwendung (Griswold et al., 2022; Huffcutt & Culbertson, 2011).

7.2 Technologie-mediierte Interviews

Früher bekam man Bewerber/-innen fast ausschließlich persönlich zu Gesicht. In Zeiten der Digitalisierung der Personalauswahl (vgl. auch ▶ Kap. 1) erhält „zu Gesicht bekommen“ jedoch eine ganz neue Bedeutung und insbesondere in Zeiten der Corona-Pandemie während der flächendeckenden Kontaktbeschränkungen wäre die Begrifflichkeit „vor die Kamera bekommen“ oftmals die zutreffendere Formulierung gewesen. Sowohl die Digitalisierung als auch die Corona-Pandemie haben dazu geführt, dass technologie-mediierte Interviews (TMIs) mittels Telefon, Videokonferenz oder als zeitversetzte (auch asynchron genannte) Video-Interviews plötzlich nicht mehr nur Alternativen zum Face-to-Face-Interview waren, sondern alternativlose Hilfsmittel, um überhaupt Interviews durchführen zu können. Die gerade genannten

Interviewformen sind wohl die gängigsten, die im Rahmen dieses Kapitels vorgestellt werden sollen. Dabei kann man diese Interviewtypen nochmals unterteilen in Interviews, die eine synchrone Interaktion ermöglichen, und Interviews, bei denen die Gesprächspartner/-innen asynchron interagieren, also zu unterschiedlichen Zeitpunkten Fragen stellen bzw. beantworten.

Eine Form der synchronen Interaktion bieten *Telefoninterviews*, die bereits seit vielen Jahren vor allem zur Vorauswahl von Bewerbenden genutzt werden (Straus et al., 2001). Da die meisten Menschen mittlerweile einen Telefonanschluss haben oder ein Smartphone besitzen, bieten Telefon-Interviews wenig Hürden bei der Durchführung: Eine Terminvereinbarung reicht dazu aus, dass Unternehmen und Bewerbende einen ersten gegenseitigen Eindruck austauschen können und gegebenenfalls auch bereits erste diagnostische Fragen zur Vorauswahl gestellt werden können.

Eine andere Form technologie-mediierter, synchroner Interaktion bieten hingegen *VideokonferenzInterviews* (Sears et al., 2013). Von allen TMIs kommt diese Art der Interviewdurchführung den traditionellen, „face to face" geführten Vorstellungsgesprächen wohl am nächsten, da durch die fortschreitende Digitalisierung, Highspeed-Internet, hochauflösende Webcams etc. eine Gesprächssituation entsteht, die das persönliche Zusammentreffen fast ersetzen kann – mit dem einzigen Unterschied, dass sich die Gesprächspartner/-innen nicht im gleichen Raum befinden. In Zeiten von Kontaktbeschränkungen und Homeoffice-Pflicht während der Covid-19-Pandemie haben Videokonferenzinterviews in der Personalauswahl einen unvergleichbaren Aufschwung erlebt, da die meisten Unternehmen plötzlich auf die Durchführung von Interviews per Videokonferenz angewiesen waren.

Die letzte Form von TMIs, die im Zuge dieses Kapitels behandelt werden soll, sind *asynchrone Video-Interviews* (AVIs). Bei der Durchführung dieser Interviews loggen sich Bewerbende auf einer Internetplattform ein und beantworten zuvor festgelegte Fragen mithilfe von Webcam und Mikrofon selbst. Die Fragen selbst können dabei in Textform, in Form einer Audio- bzw. Videoaufnahme, einer im Unternehmen arbeitenden Person oder von einem Avatar präsentiert werden (Lukacik et al., 2022). Für jede Frage im Rahmen eines AVIs haben Bewerbende dann eine gewisse Vorbereitungs- (üblicherweise ca. 30 s pro Frage) und Antwortzeit (Dunlop et al., 2022). Wie bereits durch das Adjektiv „asynchron" angedeutet, treten Bewerbende und Unternehmen nicht zeitgleich miteinander in Kontakt, sodass einerseits Bewerbende das Interview absolvieren können, wann und wo sie wollen, und andererseits das Unternehmen das Interview zu einem späteren, ebenfalls flexiblen Zeitpunkt auswerten kann.

7.2.1 Vorteile und Nachteile technologie-mediierter Interviews

Wie in ▶ Kap. 1 bereits erwähnt wurde, liegt ein Hauptvorteil der Digitalisierung der Personalauswahl und dadurch auch von TMIs in ihrer Flexibilität und dadurch in der Einsparung von Zeit und Kosten (Morelli et al., 2017). Bewerbende müssen für Vorstellungsgespräche nicht extra zum Unternehmen reisen, was mit einer Einsparung von Reisekosten für Unternehmen und Bewerbende, aber auch mit einer Reduktion des ökologischen Fußabdrucks einhergeht (Behrend & Thompson, 2013). Zusätzlich ergibt sich dadurch eine einfachere und zeitnähere Terminplanung. Im Hinblick auf die o. g. Durchführung von AVIs entsteht zudem der Vorteil, dass Be-

■ Tab. 7.1 Vor- und Nachteile von technologiemediierten Interviews im Überblick

Vorteile	Nachteile
- Erhöhte Flexibilität - Zeit- und Kosteneinsparung - Keine Anreise notwendig - Verringerung des ökologischen Fußabdrucks - Leichtere Terminplanung	- Soziale Ungleichheiten beim technischen Equipment - Störung der Kommunikation durch Lag Times - Schlechtere Akzeptanz durch Bewerber/-innen - Schlechtere Leistungsbewertung der Bewerber/-innen
Für AVIs zusätzlich: - Vereinbarkeit mit persönlichen Präferenzen - Erhöhte Standardisierung und Strukturierung	

werbende die Durchführung des Interviews einerseits mit ihrem persönlichen Terminkalender, andererseits mit ihren persönlichen Präferenzen in Einklang bringen können. Dadurch, dass allen Bewerbenden bei AVIs die gleichen Fragen in der gleichen Reihenfolge gestellt werden, sind AVIs außerdem hoch standardisiert, was – wenn sinnvolle Fragen auf einer Anforderungsanalyse basierend gestellt werden – zur Reliabilität und Validität von Interviews beitragen kann (Huffcutt et al., 2014).

Neben den zahlreichen Vorteilen sind jedoch auch Nachteile von TMIs zu beachten (■ Tab. 7.1). Auch wenn die digitale Infrastruktur in vielen Gegenden mittlerweile gut ausgebaut ist, existieren nach wie vor soziale Ungleichheiten, sodass man immer noch nicht davon ausgehen kann, dass alle Personen gleichermaßen mit gutem technischen Equipment (Laptops, Webcams) und Highspeed-Internet ausgestattet sind. Zusätzlich kann die Übertragung über das Internet immer wieder zu Lag Times führen. In ihrer Studie haben McColl und Michelotti (2019) Videokonferenz-Interviews durchgeführt und in jedem dritten Interview trat mindestens ein technisches Problem im Kommunikationsfluss in Form von Lag Times, mangelnder Synchronizität von Bild und Ton etc. auf. Der Hauptnachteil von TMIs liegt aber vermutlich darin, dass Bewerbende in diesen Interviews metaanalytisch gesehen schlechter bewertet werden als in Face-to-Face-Interviews und diese auch weniger akzeptieren (Blacksmith et al., 2016; siehe ► Abschn. 7.3.).

7.2.2 Verbreitung technologie-mediierter Interviews

Auch durch den flächendeckenden Einsatz von Videokonferenz-Interviews während der Corona-Pandemie haben sich die Zahlen über die Verbreitung und den Gebrauch von TMIs in den letzten Jahren stark verändert. Nachdem über verschiedene Umfragen hinweg nahezu alle deutschen Unternehmen angeben, Face-to-Face-Interviews zu nutzen (Armoneit et al., 2020; Basch & Melchers, 2021), schwanken die Zahlen in diesen Umfragen für Telefon-Interviews zwischen 41 % (Armoneit et al., 2020) und 67 % (Basch & Melchers, 2021), für Videokonferenz-Interviews zwischen 12 % (Armoneit et al., 2020) und 46 % (Basch & Melchers, 2021) und für AVIs zwischen 0 % (Brenner et al., 2016) und 4 % (Basch et al., 2021a).

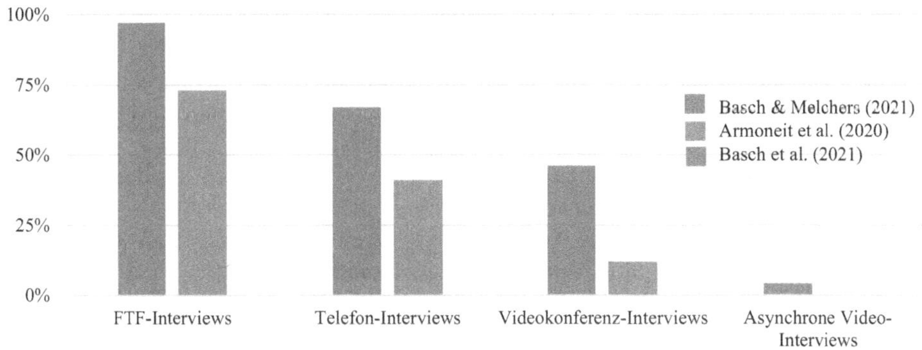

Abb. 7.1 Einsatzhäufigkeit verschiedener Arten von Interviews in Deutschland. (Nach Basch & Melchers (2021))

Allerdings stammen diese Zahlen alle aus Zeiten vor der Corona-Pandemie. Neuere Umfragen aus Pandemiezeiten wie die von e-fellows (2020) ergaben, dass 81 % der befragten Unternehmen während der Pandemie auf Videokonferenz-Interviews umgestiegen sind, während nur 3 % weiterhin Face-to-Face-Interviews nutzten. Weitere Zahlen von Modernhire zeigen, dass beispielsweise im April 2020 sechsmal so viele TMIs eingesetzt wurden wie im April 2019 (Gibson et al., 2021). Es ist zu erwarten, dass die Erfahrungen der Corona-Pandemie beim Einsatz von TMIs langfristige Veränderungen mit sich bringen, sodass Unternehmen diese wohl auch nun, nachdem die Pandemie vorbei ist, vermehrt einsetzen werden. Dementsprechend gaben in der Umfrage von e-fellows bereits 2020 auch 44 % der Befragten an, weiterhin auf Videokonferenzen für Vorstellungsgespräche zurückzugreifen, während nur 28 % wieder zum ursprünglichen Auswahlverfahren mit Face-to-Face-Interviews zurückkehren wollen (Abb. 7.1).

7.3 Unterschiede zwischen Face-to-Face- und technologie-mediierten Interviews

Aus dem Bereich der Kommunikationsforschung gibt es verschiedene Ansätze, die mögliche Erklärungen für Unterschiede zwischen verschiedenen Kommunikationsmedien aufzeigen. Eine wichtige Theorie ist in diesem Zusammenhang die *Media-Richness-Theorie* (Daft & Lengel, 1986), die besagt, dass Kommunikation umso widerspruchsfreier und verständlicher ist, je mehr Informationskanäle (verbal, non- und paraverbal) genutzt werden. Daher ist es notwendig, dass bei komplizierten oder missverständlichen Informationen möglichst klar kommuniziert wird, was durch ein „reiches" Medium erreicht werden kann. Als „reichstes" Medium gilt die Face-to-Face-Kommunikation, da hier sowohl verbale, nonverbale und paraverbale Informationen übertragen werden können. Dies bedeutet beispielsweise, dass Missverständnisse durch Körpersprache und Gestik vermieden werden können, da durch den Einsatz von Gestik und Mimik zusätzliche Informationsquellen hinzukommen, die Missverständnissen entgegenwirken. Wenn diese Erkenntnis auf Vorstellungsgespräche angewendet wird, sind Face-to-Face-Interviews dementsprechend das Medium der Wahl. Bei Telefoninterviews fehlen nonverbale Hinweise komplett, was die

Reichhaltigkeit einschränkt und zu Missverständnissen führen kann. Bei Videokonferenzinterviews sind die Informationskanäle zwar dieselben wie bei Face-to-Face-Interviews, aber der Bildbereich der Webcam kann eingeschränkt sein, sodass nonverbale Signale nicht vollständig ausgesendet und empfangen werden (Toldi, 2011). Außerdem können, wie bereits in ▶ Abschn. 7.2.1 erwähnt, Lag Times dazu führen, dass Informationen mit Verzögerung übertragen werden, was die Kommunikation zusätzlich erschwert (Wegge, 2006). Wie bei Videokonferenz-Interviews auch sind bei AVI- zwar alle Kanäle vorhanden, aber die Übertragung ist einseitig, da Bewerbende keine Fragen an Interviewende stellen oder keine zusätzlichen Informationen erhalten können.

Während man nach der Media-Richness-Theorie keine oder kaum Unterschiede zwischen Face-to-Face- und Videokonferenz-Interviews erwartet, würde man nach der *Social-Presence-Theorie* (Short et al., 1976) anders argumentieren. Demnach würde es zwischen Videokonferenz-Interviews und Face-to-Face-Interviews sehr wohl Unterschiede geben, und zwar in Bezug auf das Gefühl der körperlichen Anwesenheit des Gegenübers, was als wahrgenommene soziale Präsenz bezeichnet wird. Wenn Menschen das Gefühl haben, dass ihr Gegenüber präsent ist, entsteht ein Gefühl der Verbundenheit und das gegenseitige Verständnis wird verbessert.

Wenn wir diese Annahmen auf Interviews übertragen, wird schnell deutlich, dass nur Face-to-Face-Interviews „echte" soziale Präsenz bieten – alle anderen Interviewformen bieten nur eine Art von Telepräsenz und versuchen echte soziale Präsenz nur nachzuahmen (Biocca et al., 2003). Telefon-Interviews bieten durch den Wegfall visueller Informationen und den Umstand, nicht im gleichen Raum zu sein, eine sehr eingeschränkte soziale Präsenz. Das stärkste Gefühl an sozialer Präsenz in TMIs sollte noch in Videokonferenz-Interviews vermittelt werden, da die synchrone Übertragung mittels Webcam und Mikrofon die Face-to-Face-Interaktion am ehesten realitätsnah abbilden kann. Bei AVIs schließlich führt die nicht vorhandene direkte Interaktion zu mangelnder bzw. nicht vorhandener sozialer Präsenz. Schwartz et al. (2022) haben kürzlich außerdem herausgefunden, dass sich die Gehirnaktivität von sozial eng miteinander verbundenen Gesprächspartner/-innen (z. B. Mutter und Tochter) in Face-to-Face-Gesprächen miteinander synchronisiert, was gegenseitiges Verständnis erhöht und den sozialen Dialog verbessert. Diesen Effekt konnten die Forscher/-innen aber in Videokonferenzinteraktionen nicht finden.

Die Unterschiede zwischen verschiedenen Kommunikationsmedien, die teilweise auch schon in den beiden genannten Theorien aufgegriffen wurden, hat Potosky (2008) in einem Rahmenmodell mit Hinblick auf den Einsatz verschiedener Medien in der Personalauswahl zusammengefasst. Innerhalb des Modells werden vier verschiedene Medienattribute zusammengefasst: die soziale Bandbreite, das Ausmaß an Interaktivität, die Transparenz und die Überwachung. Die *soziale Bandbreite* kann als ein Äquivalent zur Reichhaltigkeit eines Mediums verstanden werden, sodass eine höhere soziale Bandbreite durch die Verwendung möglichst vieler verschiedener Informationskanäle (verbal, non- und paraverbal) erreicht werden kann. Unter *Interaktivität* wird im Modell verstanden, dass Gesprächspartner/-innen direkt miteinander interagieren können. Wieder übertragen auf Interviews kann hier gesagt werden, dass die Interaktivität in Videokonferenz-Interviews und Telefon-Interviews zwar gegeben ist, aber durch Störungen der Verbindung eingeschränkt sein kann. Bei AVIs wiederum ist durch die Asynchronität keinerlei

Interaktion möglich. Die *Transparenz* fasst zusammen, dass sich Gesprächspartner/-innen einer etwaigen Technologiemediation bewusst oder eben nicht bewusst sind. Wenn Webcam und Mikrofon für die Interaktion notwendig sind, leidet darunter die natürliche Gesprächssituation und die Transparenz ist gestört. In Videokonferenz-Interviews kann die Transparenz durch die Aktivierung der Selbstansicht zudem noch zusätzlich negativ beeinflusst werden. Da sich Bewerber/-innen in den meisten AVIs bei ihrer eigenen Aufnahme durchgehend auf dem Bildschirm sehen, ist die Transparenz in AVIs stark eingeschränkt. Schließlich spielt noch das Gefühl der *Überwachung* eine Rolle. Je mehr das Gefühl vorhanden ist, dass sich Dritte in ein Gespräch einhacken könnten oder an die sensiblen Daten eines Vorstellungsgesprächs kommen könnten, desto stärker ist das Gefühl der Überwachung. Da Face-to-Face-Interviews vor Ort und meist ohne Aufnahme stattfinden, ist hier das Gefühl der Überwachung am niedrigsten. Telefon-Interviews können zwar relativ sicher sein, sobald Telefonate jedoch über das Internet durchgeführt werden, sind sie potenziell anfällig für einen Datenverlust oder die Einmischung Dritter. Videokonferenz-Interviews hingegen werden immer über das Internet durchgeführt und können tendenziell ohne Probleme aufgenommen werden, was das Gefühl der Überwachung zusätzlich verstärken könnte. Bei AVIs werden alle aufgenommenen Interviewantworten schließlich über das Internet auf ein Portal hochgeladen, was einen potenziellen Verlust oder die Weitergabe der Daten in den Augen von Bewerbenden nochmals wahrscheinlicher machen könnte und das Gefühl der Überwachung zusätzlich verstärkt.

Zusammengefasst lässt ich also sagen, dass sich Unterschiede zwischen Face-to-Face- und technologie-mediierten Interaktionen nicht nur theoretisch finden lassen, sondern auch bei zugrunde liegenden Hirnfunktionen. Dementsprechend bieten Face-to-Face Interviews die effektivste Möglichkeit, miteinander zu kommunizieren, gefolgt von Videokonferenz-Interviews und schließlich von Telefon-Interviews und AVIs.

7.3.1 Akzeptanzunterschiede

Nachdem wir Unterschiede in der Kommunikation zwischen verschiedenen Arten der Interviewdurchführung festgestellt haben, soll nun der Fokus auf Unterschiede bei relevanten Outcome-Variablen der Personalauswahl gelegt werden. Eine dieser Variablen bezieht sich auf die Reaktionen von Bewerbenden – also die Frage, ob Bewerbende TMIs genauso positiv gegenüber eingestellt sind wie traditionellen Vorstellungsgesprächen. Etwaige Unterschiede könnten für Unternehmen mit erheblichen negativen Konsequenzen einhergehen, wie z. B. einer eingeschränkten Arbeitgeberattraktivität oder dass gute und geeignete Bewerbende ein Stellenangebot gar nicht erst annehmen (Hausknecht et al., 2004).

Eine Metaanalyse aus dem Jahr 2016 (Blacksmith et al., 2016), die alle bis dato verfügbaren Ergebnisse zu Bewerbendenreaktionen auf TMIs zusammengefasst hat, fand, dass Bewerbende allen TMIs eher skeptischer gegenüberstanden als traditionell durchgeführten Vorstellungsgesprächen (◘ Abb. 7.2). In verschiedenen in der Analyse eingeschlossenen Studien bemängelten die Studienteilnehmenden unter anderem, dass das Medium eine Art soziale Barriere aufbaut (z. B. Sears et al., 2013), was einerseits die theoretischen Aussagen der Social Presence Theory (Short et al.,

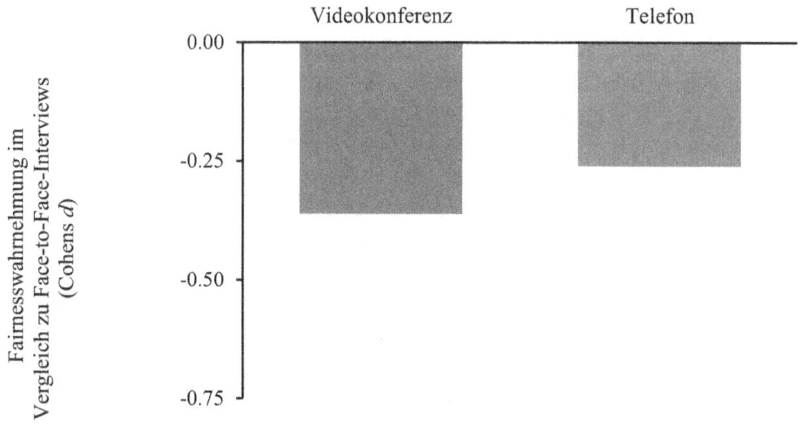

Abb. 7.2 Fairnesswahrnehmungen von Videokonferenz-Interviews und Telefon-Interviews im Vergleich zu Face-to-Face-Interviews (Blacksmith et al., 2016) *Anmerkung.* Negative Effektstärken (Cohens *d*) stehen für schlechtere Fairnesswahrnehmungen.

1976) und andererseits auch die empirischen Ergebnisse hinsichtlich der Konnektivität der Gehirnfunktionen von Schwartz et al. (2022) bestätigt. Nun muss aber angemerkt werden, dass die allermeisten Studien in der Metaanalyse mittlerweile mindestens zehn Jahre alt sind, sodass der damalige technologische Standard mit dem heutigen wohl kaum zu vergleichen ist. Neuere Studien mit vergleichbarerer digitaler Infrastruktur konnten das generelle Muster jedoch bestätigten. So zeigten beispielsweise Basch et al. (2020), dass bei einem Vergleich von Face-to-Face-Interviews, Videokonferenz-Interviews und AVIs Face-to-Face-Interviews hinsichtlich ihrer wahrgenommenen Fairness von potenziellen Bewerbenden am besten bewertet wurden. Hierbei zeigten sich jeweils große Effekte im Vergleich zu Videokonferenz-Interviews und AVIs. In Einklang mit den Annahmen der zuvor vorgestellten Kommunikationstheorien (▶ Abschn. 7.3) zeigten sich in dieser und anderen Studien (Griswold et al., 2022; Langer et al., 2017) zudem bessere Fairnessreaktionen auf Videokonferenz-Interviews als auf AVIs (Abb. 7.2).

Da AVIs jedoch eher zur Vorauswahl von Bewerbenden eingesetzt werden und synchrone Interviewformen weniger ersetzen, sondern ergänzen sollen (Basch et al., 2022), kommen Vergleiche zwischen AVIs und Videokonferenz-Interviews beziehungsweise Face-to-Face-Interviews dem klassischen Äpfel-Birnen-Vergleich nahe. Stellt man die Fairnesswahrnehmung von AVIs der anderer Vorauswahlinstrumente gegenüber, zeigen sich kaum merkliche Unterschiede, sodass AVIs im Vergleich zu Online-Leistungstests (vgl. ▶ Kap. 5) und Online-Bewerbungsformularen (vgl. ▶ Kap. 5) zwar aus Sicht der Bewerbenden ihre Vor- und Nachteile haben, diese sich aber im Mittel ausgleichen (Basch et al., 2022).

Die oben genannten Kommunikationstheorien geben bereits erste theoretische Antworten darauf, *warum* sich die Wahrnehmungen der verschiedenen Interviewformen unterscheiden könnten; empirische Erkenntnisse geben zusätzliche Erklärungen für etwaige Ursachen. Wie bereits in der Metaanalyse von Blacksmith et al. (2016) vermutet, könnte ein Grund für die schlechtere Akzeptanz von TMIs sein, dass sich Bewerbende in technologie-mediierten Interviewformen weniger wohl dabei fühlen, sich selbst in einem guten Licht darzustellen, also Impression-

Management-Taktiken (Schlenker, 1980, siehe auch ▶ Abschn. 6.2) zu nutzen. Tatsächlich führen Einschränkungen in der wahrgenommenen sozialen Präsenz (siehe auch Schwartz et al., 2022, bezüglich Unterschiede in der Interkonnektivität der Gehirnfunktionen) in TMIs dazu, dass Bewerbende angeben, diese Taktiken in TMIs auch weniger einzusetzen (Basch et al., 2020, 2021b).

Zudem konnten verschiedene Studien einen Einfluss interindividueller Unterschiede auf die Bewerbendenreaktionen finden, und zwar in dem Sinne, dass höhere Extraversion (Hiemstra et al., 2019) und Offenheit für Erfahrungen (Brenner et al., 2016) mit positiveren Reaktionen auf AVIs einhergehen können. Basch et al. (2020) konnten außerdem zeigen, dass Menschen mit einer höheren Selbstwirksamkeitsüberzeugung und einer höheren Technikaffinität Videokonferenz-Interviews gegenüber wohlgesonnener sind. Generell ist die Rolle von Computeraffinität, Alter und Geschlecht bezüglich der Wahrnehmung von TMIs noch eher unklar. Ergebnisse aus verwandten Studien liefern jedoch erste Hinweise darauf, dass ältere Menschen und Frauen TMIs schlechter akzeptieren könnten (Hauk et al., 2018; He & Freeman, 2019; Reed et al., 2005).

Zusätzlich können auch individuelle Erfahrungen sowie kulturelle Aspekte eine Rolle bei der Wahrnehmung von TMIs spielen. Verschiedene Studien konnten zeigen, dass die Fairnesswahrnehmungen im Vergleich zwischen TMIs und Face-to-Face-Interviews weniger auseinandergingen, wenn Bewerbende bereits Erfahrung mit den jeweiligen TMIs gemacht haben (Basch et al., 2023, 2021b; Melchers et al., 2021). Heruntergebrochen heißt das, dass viele Bewerbende TMIs einfach deshalb kritischer gegenüberstehen, weil sie noch keine Erfahrung mit ihnen gemacht haben, dass sie aber das klassische Vorstellungsgespräch selbst nach ersten Erfahrungen noch besser finden. Griswold et al. (2022) fanden in einer groß angelegten Studie außerdem, dass die Kulturdimensionen Unsicherheitsvermeidung und Langzeitorientierung Unterschiede in den Bewerbendenreaktionen zwischen Videokonferenz-Interviews und AVIs moderierten, wobei über alle Länder hinweg Videokonferenz-Interviews gegenüber AVIs bevorzugt wurden. Kulturen mit einer hohen Unsicherheitsvermeidung zeichnen sich dadurch aus, dass unsichere Situationen durch die Einhaltung von bekannten Normen und Regeln vermieden werden. Langzeitorientierung hingegen bezeichnet die Ausrichtung einer Gesellschaft auf langfristige und lang anhaltende Lösungen. Die erwähnten Moderationen in der Arbeit von Griswold et al. (2022) zeigten, dass Kulturen mit einer hohen Unsicherheitsvermeidung nochmals eine höhere Präferenz für Videokonferenz-Interviews aufweisen. Langzeitorientierte Kulturen hingegen zeigten einen weniger starken Zusammenhang zwischen dem Einsatz und der Zufriedenheit mit synchronen Interviews.

7.3.2 Unterschiede in der Leistungsbewertung

Ähnlich der Befundlage zu Bewerbendenreaktionen zeigt sich in der Metaanalyse von Blacksmith et al. (2016), dass Bewerbende in TMIs durchschnittlich schlechter beurteilt werden. Der Kritikpunkt an den Ergebnissen der Metaanalyse aus ▶ Abschn. 7.3.1 bleibt hier jedoch der gleiche – die Studien, die in die Analyse miteingeflossen sind, waren alle älteren Datums und daher ist die Aussagekraft der Metaanalyse nur für eine ältere digitale Infrastruktur repräsentativ. Neuere Studien, die die Leistungsbeurteilungen zwischen TMIs und traditionellen Vorstellungsgesprächen verglichen, bringen aber auch hier zum Ergebnismuster der Metaanalyse passende Befunde hervor. Studien von Basch et al. (2021b) und Sears et al. (2013) zeigen beispielsweise, dass Teilnehmende in Videokonferenz-Interviews auch unter Verwendung von modernerer Videokonferenztechnologie schlechter beurteilt werden als in Face-to-Face-Interviews. Zwischen Telefon- und Videokonferenz-Interviews fanden sich hingegen in der Studie von Melchers et al. (2021) keine Unterschiede in der Bewertung der Interviewleistung.

Spannenderweise zeigt sich bei Studien, die die Interviewleistung in AVIs mit der Leistung in anderen Interviewformen verglichen haben, ein gegensätzliches Muster, als man aufgrund der im ► Abschn. 7.3 beschriebenen Unterschiede in der Kommunikation erwarten würde: Fehlende Interaktionsmöglichkeiten, kein Feedback in Form von Mimik oder Gestik und die Einschränkung von Einschmeichlungen seitens der Bewerbenden sollten eigentlich dazu führen, dass Bewerbende in AVIs schlechter beurteilt werden. Allerdings fanden verschiedene Studien in AVIs bessere Interviewleistungsbeurteilungen als in Videokonferenz-Interviews (Langer et al., 2017) oder in Face-to-Face-Interviews (Castro & Gramzow, 2015).

Gründe für niedrige Leistungsbeurteilungen in TMIs liegen sowohl auf der Seite der Interviewten als auch aufseiten der Interviewenden. Im Hinblick auf die Interviewenden fanden Basch et al. (2021b) Hinweise, dass die niedrigere soziale Präsenz auch die Interviewenden negativ beeinflussen könnte – und damit auch deren Bewertungen von Interviewteilnehmer/-innen. In dieser Studie wurden die Teilnehmer/-innen zufällig in zwei Gruppen eingeteilt: Eine Gruppe musste ein Face-to-Face-Interview absolvieren und die andere Gruppe das gleiche Interview als Videokonferenz-Interview durchlaufen. Alle Interviews wurden auf Video aufgezeichnet, sodass auf Basis der Videoaufnahme eine Zweitbeurteilung vorgenommen werden konnte. Interessanterweise wurden die Interviews in der Face-to-Face-Bedingung auf Basis der Videoaufzeichnung schlechter beurteilt als in der Live-Bedingung. Sprich: Ein und dasselbe Interview wurde schlechter beurteilt, nur weil die Bewertung anhand der Aufnahme vorgenommen wurde. Auf der Suche nach Erklärungen für diesen Effekt könnte man argumentieren, dass die Durchführung des Interviews als Interviewender zusätzliche Kapazitäten benötigt und sich die Interviewenden nicht mehr auf die Bewertung konzentrieren können, da sie eben das Gespräch am Laufen halten müssen, sich Notizen machen müssen etc. Dann hätte man allerdings einen vergleichbaren Effekt auch in der Videokonferenzbedingung finden müssen, da diese Dinge auch erledigt werden müssen, wenn man das Gespräch per Videokonferenz führt – was aber nicht bestätigt werden konnte. Van Iddekinge et al. (2006) konnten in einer Studie einen ähnlichen Effekt finden. Ein Erklärungsansatz bietet hier erneut die soziale Präsenz, da die fehlende soziale Interaktion im gleichen Raum bei den Face-to-Face-Interviews zu schlechteren Beurteilungen bei den Videoaufzeichnungen führen könnte. Jedoch bleibt die Frage offen, ob die Bewertungen zwar schlechter, aber unter Umständen akkurater, also näher am wahren Wert der Leistung, sind und sich Interviewende in Face-to-Face-Situationen eher positiv beeinflussen lassen.

Wer sich selbst schon einmal in einer Videokonferenz mit zahlreichen technischen Störungen befunden hat, kann sich vorstellen, dass sich Interviewende bei Interviewbewertungen auch durch Störungen von Bild und Ton beeinflussen lassen könnten. Die Ergebnisse aus einem Experiment von Fiechter et al. (2018) zeigen, dass künstlich eingebaute Störungen in Video-Interviews zu schlechteren Beurteilungen der Bewerbenden führten, obwohl die Qualität der Antwort identisch war. Interessanterweise bewerteten Interviewende die Bewerbenden auch dann noch schlechter, wenn sie über den Effekt aufgeklärt wurden und, dass sie Störungen der Übertragungsqualität nicht in ihre Beurteilungen einfließen lassen sollten.

Ein weiterer Punkt, der einen verzerrenden Einfluss auf die Bewertung von Bewerbenden durch Interviewende haben könnte, ist der Hintergrund in synchronen und asynchronen Video-Interviews. Der Vorteil, TMIs flexibel von zu Hause machen zu können, kann dann zum Nachteil werden, wenn Interviewende durch Hinweise, Gegenstände etc. im Hintergrund der Bewerbenden vermeintliche und ungerechtfertigte Rückschlüsse auf deren Eignung ziehen. In verschiedenen Studien von Roulin et al. (2023) und Powell (2023) wurde untersucht, ob Hinweise auf Elternschaft, sexuelle und politische Orientierung im Hintergrund, die Professionalität des Hintergrunds oder die Ordentlichkeit des Hintergrunds Einfluss auf die Bewertung von Bewerbenden haben könnten. Die Ergebnisse zeigen, dass der Umstand, Vater oder Mutter zu sein, einen kleinen positiven Effekt auf die Bewertung haben kann. Allerdings gibt es keinen Effekt für die sexuelle Orientierung und einen großen negativen Effekt für die politische Orientierung – vor allem dann, wenn diese inkongruent ist. Zusätzlich zeigen die Studien keinen Effekt für die Professionalität und einen großen Effekt für die (fehlende) Ordentlichkeit auf die Bewertung.

Über die Einflussfaktoren für schlechtere Beurteilungen aufseiten der Bewerbenden wurden bereits einige Vermutungen und Untersuchungen angestellt. Einer dieser Einflussfaktoren ist der eingeschränkte Blickkontakt. Gegenseitiger Blickkontakt führt zu gegenseitigem Verständnis und hilft dabei, einen Eindruck von der anderen Person zu bekommen (Bohannon et al., 2013). Wer häufig an Videokonferenzen teilnimmt, weiß aber, dass es mit dem bekannten Interface mit Webcam und Videofenster schwierig ist, Blickkontakt herzustellen beziehungsweise aufrechtzuerhalten: Entweder man blickt in die Kamera, um direkten Blickkontakt herzustellen, und kann somit nicht mehr sehen, wie das Gegenüber reagiert, weil sich das Videofenster woanders auf dem Monitor befindet, oder man fixiert das Videofenster, was letztendlich aber zu einem durchschnittlich abweichenden Blickkontakt von 15° führt (Jaklič et al., 2017). Dementsprechend konnte eine Studie von Basch et al. (2021b) zeigen, dass sowohl Interviewte als auch Interviewende die Qualität des Blickkontakts in Videokonferenz-Interviews schlechter einschätzten als in Face-to-Face-Interviews, was letztendlich dazu führte, dass die Studienteilnehmer/-innen weniger Impression-Management-Taktiken nutzten, was schließlich mit schlechteren Leistungen zusammenhängt (Basch et al., 2021b). Dass der Einsatz von Impression-Management-Taktiken mit besseren Interviewleistungen einhergeht, konnte bereits in mehreren Studien gezeigt werden (Barrick et al., 2009). Im Zuge der Untersuchung des Blickkontakts sei auch erwähnt, dass die Selbstansicht in Videokonferenzen ein entscheidender Faktor sein kann. Eine Studie von Horn und Behrend (2017) fand zwar keinen Zusammenhang zwischen der Aktivierung der Selbstansicht und einer schlechteren Interviewbewertung, allerdings berichteten die Interviewten in der Bedingung mit Selbstansicht eine höhere kognitive Belastung.

Wie beim Effekt der sozialen Präsenz auf die Bewertung durch die Interviewenden hat die soziale Präsenz auch einen Einfluss auf die gezeigte Leistung der Interviewten. In der Studie von Basch et al. (2021b) berichteten die Interviewten in Videokonferenz-Interviews weniger empfundene soziale Präsenz der Gesprächspartner/-innen, sodass sie weniger dazu geneigt waren, Impression-Management-Taktiken einzusetzen, was sich letztendlich in einer niedrigeren Leistung niederschlug.

Wie bereits weiter oben erwähnt entspricht das Ergebnismuster, dass Interviewteilnehmende in AVIs bessere Leistungen zeigen als in anderen Interviewformen, nicht den theoretischen Annahmen. An dieser Stelle lohnt es sich, AVIs noch einmal näher zu betrachten. Bei der Konzeption von AVIs gibt es einerseits ähnliche Punkte zu berücksichtigen wie bei der Konzeption eines synchronen Interviews auch: eine spezifisch auf die zu besetzende Stelle zugeschnittene Anforderungsanalyse, Auswahl geeigneter Fragen auf Basis der Anforderungsanalyse, angemessene Standardisierung des Prozesses etc. Allerdings gibt es in AVIs im Vergleich zu Face-to-Face-Interviews oder Videokonferenz-Interviews verschiedene variable Designelemente und damit Fragen, die Unternehmen bei der Gestaltung des Interviews beantworten sollten (Dunlop et al., 2022; Lukacik et al., 2022):

- In welcher Form sollten die Bewerbenden die Fragen erhalten: in Textform, durch ein Video eines Mitarbeitenden der Personalabteilung, als Audio oder gar durch einen Avatar?
- Gibt es einen Technikcheck vor dem eigentlichen Interview?
- Gibt es eine Probefrage vor dem eigentlichen Interview?
- Wie viel Vorbereitungszeit sollen die Bewerbenden für die verschiedenen Fragen erhalten?
- Wie viel Antwortzeit sollen die Bewerbenden für die verschiedenen Fragen erhalten?
- Sollen Bewerbende mehrere oder gar unendlich viele Versuche für die Beantwortung der Fragen bekommen?

7

Es wird schnell klar, dass viele dieser Elemente die Leistung potenziell beeinflussen könnten. Eine der naheliegenden Überlegungen ist dabei, dass die Bereitstellung von Vorbereitungszeit in AVIs (typischerweise ca. 30 s pro Frage; Dunlop et al., 2022) die Leistung gegenüber anderen Interviews, in denen es keine Vorbereitungszeit gibt, verbessern könnte (Langer et al., 2017). Diese Vermutung konnte in zwei Experimenten von Basch et al. (2021a) bestätigt werden, in denen die Studienteilnehmenden entweder 60 s, 120 s (zusätzlich zur Lesezeit) oder keine Vorbereitungszeit für die Beantwortung der Fragen erhielten. Weiterhin zeigte sich in diesen Studien, dass die Teilnehmenden die Vorbereitungszeit aktiv nutzten, um sich Notizen zu machen oder ihre Antwort gedanklich vorzustrukturieren. Es fanden sich jedoch keine Unterschiede zwischen den Gruppen im generellen Ausmaß der Nutzung von Impression-Management-Taktiken oder bezüglich der durch das Interview ausgelösten Anspannung.

7.3.3 Unterschiede in der Kriteriumsvalidität

Eine der drängendsten und leider bisher unbeantworteten Fragen beim Vergleich von TMIs und traditionellen Vorgestellungsgesprächen ist die Frage nach Unterschieden in der Kriteriumsvalidität, also der Vorhersagekraft der Interviews für verschiedene für die Arbeit wichtige Outcome-Variablen. Unterschiede in der Bewertung (► Abschn. 7.3.2) zwischen verschiedenen Interviewformen könnten ein erster Hinweis darauf sein, dass sich die Validität unterscheiden könnte, die verschiedenen Interviewformen also letztlich auch in unterschiedlich starkem Maß die zukünftige Leistung der Bewerbenden im beruflichen Alltag vorhersagen könnten. Bis heute gibt es aber keine brauchbaren Studien, die einen solchen Vergleich anstellen. Allerdings existieren Einzelbefunde zur Validität verschiedener technologie-mediierter Interviewformen. Bezüglich Telefon-Interviews fanden Schmidt und Rader (1999) beispielsweise, dass die Leistung von Bewerbenden in einem Telefon-Interview die späteren Leistungsbeurteilungen und Verkaufszahlen gut vorhersagen konnte. Im Hinblick auf AVIs konnte Brenner (2019) positive Korrelationen zwischen der Leistung in einem AVI und der Leistung in einem späteren AC finden. Außerdem fanden Gorman et al. (2018) eine positive Korrelation zwischen der Leistung in einem AVI und der selbsteingeschätzten Arbeitsleistung. Zusätzlich gibt es eine Reihe von Studien aus den USA, in denen AVIs zur Auswahl von Ärzt/-innen genutzt werden. Die Ergebnisse der Studien zeigten moderate Zusammenhänge der Leistung im AVI und klinischen Wissen, klinischen Skills und Maßen für akademische Leistung im Studium der Medizin-Studierenden (Bird et al., 2019; Hopson et al., 2019a, b).

Zusammengefasst kann gesagt werden, dass es bisher keine stichhaltigen Hinweise auf Unterschiede in der Kriteriumsvalidität gibt. Was jedoch schon seit Längerem bekannt ist, ist, dass anforderungsbezogene, strukturierte Face-to-Face-Interviews die spätere Arbeitsleistung sehr gut vorhersagen können (Huffcutt et al., 2014; McDaniel et al., 1994; Taylor & Small, 2002). Werden die Standards und Empfehlungen zur Durchführung von standardisierten Interviews auch bei TMIs eingehalten, ist auch hier von einer guten Vorhersagekraft auszugehen. Gerade AVIs bieten hinsichtlich ihres hohen Maßes an Standardisierung und Strukturierung hier ein gutes Fundament für eine valide Personaldiagnostik.

7.4 Empfehlungen für die Praxis

Auf Basis der vorgestellten Befunde ergeben sich für Unternehmen verschiedene praktische Empfehlungen (◘ Tab. 7.2). Eine erste Empfehlung ist, dass sich Unternehmen der niedrigeren Akzeptanz von TMIs bewusst sein sollten. Wenn Bewerbende Auswahlverfahren als unfair empfinden und diese weniger akzeptieren, kann dies negative Auswirkungen für das Unternehmen haben, wie beispielsweise eine niedrigere wahrgenommene Arbeitgeberattraktivität oder eine niedrigere Wahrscheinlichkeit,

◘ Tab. 7.2 Empfehlungen für den Einsatz von technologie-mediierten Interviews

- Bedenken Sie die niedrigere Akzeptanz von TMIs. Erklären Sie Bewerber/-innen, welche Vorteile TMIs haben und warum Sie sie einsetzen.
- Geben Sie Bewerber/-innen durch Trainings und Probeinterviews die Chance, Erfahrungen mit TMIs zu sammeln.
- Standardisieren Sie den Auswahlprozess dahingehend, dass Sie für Bewerber/-innen eines Auswahlverfahrens auf keinen Fall unterschiedliche Interview-Medien verwenden.
- Passen Sie die Cut-off-Werte aus Ihren Auswahlverfahren mit Face-to-Face-Interviews an die Durchführung mit TMIs an.
- Schulen Sie Ihre Interviewer/-innen hinsichtlich der veränderten Rahmenbedingungen in TMIs:
  - Veränderung der nonverbalen Kommunikation in TMIs
  - Urteilsverzerrungen durch Übertragungsstörungen
  - Urteilsverzerrungen durch Hintergründe
  - Urteilsverzerrungen durch veränderten Blickkontakt

dass Bewerbende ein Stellenangebot auch tatsächlich annehmen würden (Hausknecht et al., 2004). Jedoch gilt es unter dem Gesichtspunkt der vor allem während der Corona-Pandemie deutlich gewordenen Vorteile dieser Interviews, den Einsatz von TMIs zur Personalauswahl nicht grundsätzlich auszuschließen. Vielmehr empfiehlt es sich, dass Unternehmen Bewerbenden deren Einsatz und ihre Vorteile erklären, da dies mit einer erhöhten wahrgenommenen Fairness sowie indirekt mit höherer organisationaler Attraktivität einhergehen kann (Basch & Melchers, 2019; Truxillo et al., 2009). Außerdem zeigen verschiedene weiter oben vorgestellte Befunde, dass sich die Reaktionen verbessern, wenn Bewerbende TMIs einmal durchlaufen haben. Daher könnten Unternehmen Bewerbenden beispielsweise in Vorabtrainings oder AVI-Probeinterviews die Chance zu geben, sich mit den ungewohnten Interviewformen vertraut zu machen und dadurch die Voreingenommenheit zu dämpfen (Basch et al., 2023).

Der wichtigste Punkt für Unternehmen zeigt sich aber letztendlich in der Standardisierung des Interviewprozesses hinsichtlich der Verwendung einheitlicher Interviewformen. Leistungsunterschiede zwischen Face-to-Face-, Videokonferenz-Interviews und AVIs sprechen eindeutig dafür, für einen Pool von Bewerbenden auch nur eine Interviewform zu nutzen, da ansonsten einzelne Bewerbende systematisch benachteiligt werden könnten. Konkretisieren wir dies an einem Beispiel: Stellen Sie sich vor, Sie arbeiten in einem Unternehmen in München und haben für eine vakante Stelle ca. 20 Bewerbungen, 15 davon aus dem näheren Umfeld von München und fünf aus Norddeutschland. Auf den ersten Blick wäre es zuvorkommend und effizienter, mit den fünf Personen aus Norddeutschland Videokonferenz-Interviews zu führen, um Zeit und Kosten zu sparen, und mit den übrigen 15 Bewerber/-innen das klassische Face-to-Face-Interview zu führen. Damit würden Sie jedoch den fünf Personen aus Norddeutschland eine niedrigere Chance bieten, eingestellt zu werden, da auf Basis der bereits vorgestellten Befunde davon auszugehen ist, dass Personen in Videokonferenz-Interviews durchschnittlich schlechter abschneiden. Es ist jedoch nicht verwerflich, in dieser Situation mit allen Bewerber/-innen Videokonferenz-Interviews zu führen. Zusammengefasst lässt sich also sagen: Wenn technologiemediiert, dann mit allen Bewerbenden. Einige Unternehmen arbeiten eventuell auch mit bestimmten Cut-off-Werten bei der Interviewbewertung, die sie im Laufe der Jahre durch eine solide Datengrundlage für Interviews eruiert haben. Diese gilt es dementsprechend, aufgrund der Erwartung einer niedrigeren Leistung in Videokonferenz-Interviews nach unten anzupassen.

Zuletzt sollten Schulungen für Interviewende auf TMIs erweitert werden. Wie bereits erwähnt, verändert sich die Kommunikation durch die Technologie-Mediation und Interviewende lassen sich durch verschiedene, in persönlichen Vorstellungsgesprächen bisher unbekannte Umstände unbewusst beeinflussen. Mögliche Ansatzpunkte für etwaige Schulungen könnten sein:

- Veränderung der nonverbalen Kommunikation in TMIs
- Bias durch Übertragungsstörungen
- Bias durch Hintergründe
- Bias durch veränderten Blickkontakt

Darüber hinaus ergeben sich durch die vorgestellten Befunde auch praktische Empfehlungen für die Kommunikation per Videokonferenz, die einerseits Interviewende, andererseits Mitarbeitende in Unternehmen betrifft, die sich regelmäßig in Videokonferenzen befinden:

- Nehmen Sie eine Position vor der Webcam ein, die den Fokus nicht zu stark auf Ihr Gesicht lenkt, sondern auch noch die Möglichkeit für Gesprächspartner besteht, Gestik wahrzunehmen.
- Positionieren Sie das Videofenster auf dem Monitor minimiert in der Nähe der Webcam, um die Abweichung vom normalen Blickkontakt zu minimieren.
- Deaktivieren Sie die Selbstansicht.

Fazit

Wenn man die vorliegenden Befunde zusammenfasst, wird deutlich, dass TMIs vielversprechende Alternativen zu oder auch Ersatz für klassische Vorstellungsgespräche sein können. Unternehmen wissen die vielen Vorteile von TMIs vermutlich vor allem seit der Corona-Krise zu schätzen, sodass deren Einsatz wahrscheinlich auch weiterhin zunehmen wird. Es ist dabei jedoch wichtig, dass Unternehmen einerseits nach wie vor die Grundlagen für die Entwicklung von qualitativ guten Interviews beachten. Andererseits sollten sie beim Einsatz von TMIs verschiedene Aspekte hinsichtlich Leistungs- und Akzeptanzunterschiede im Blick behalten, sich an die allgemeinen Leitlinien zur Durchführung von Interviews halten und neue Entwicklungen stets auch mit einem kritisch prüfenden Auge betrachten.

Literatur

Anderson, N., Salgado, J. F., & Hülsheger, U. R. (2010). Applicant reactions in selection: Comprehensive meta-analysis into reaction generalization versus situational specificity. *International Journal of Selection and Assessment, 18*(3), 291–304. https://doi.org/10.1111/j.1468-2389.2010.00512.x

Armoneit, C., Schuler, H., & Hell, B. (2020). Nutzung, Validität, Praktikabilität und Akzeptanz psychologischer Personalauswahlverfahren in Deutschland 1985, 1993, 2007, 2020. *Zeitschrift für Arbeits- und Organisationspsychologie, 64*(2), 67–82. https://doi.org/10.1026/0932-4089/a000311

Barrick, M. R., Shaffer, J. A., & DeGrassi, S. W. (2009). What you see may not be what you get: Relationships among self-presentation tactics and ratings of interview and job performance. *Journal of Applied Psychology, 94*(6), 1394–1411. https://doi.org/10.1037/a0016532

Basch, J. M., & Melchers, K. G. (2019). Fair and flexible?! Explanations can improve applicant reactions toward asynchronous video interviews. *Personnel Assessment and Decisions, 5*(3), 1–11. https://doi.org/10.25035/pad.2019.03.002

Basch, J. M., & Melchers, K. G. (2021). The use of technology-mediated interviews and their perception from the organization's point of view. *International Journal of Selection and Assessment, 29*(3–4), 495–502. https://doi.org/10.1111/ijsa.12339

Basch, J. M., Melchers, K. G., Kegelmann, J., & Lieb, L. (2020). Smile for the camera! The role of social presence and impression management in perceptions of technology-mediated interviews. *Journal of Managerial Psychology, 35*(4), 285–299. https://doi.org/10.1108/JMP-09-2018-0398

Basch, J. M., Brenner, F. S., Melchers, K. G., Krumm, S., Dräger, L., Herzer, H., & Schuwerk, E. (2021a). A good thing takes time: The role of preperation time in asynchronous video interviews. *International Journal of Selection and Assessment, 29*(3–4), 378–392. https://doi.org/10.1111/ijsa.12341

Basch, J. M., Melchers, K. G., Kurz, A., Krieger, M., & Miller, L. (2021b). It takes more than a good camera. Which factors contribute to differences between face-to-face interviews and videoconference interviews regarding performance ratings and interviewee perceptions? *Journal of Business and Psychology, 36*(5), 921–940. https://doi.org/10.1007/s10869-020-09714-3

Basch, J. M., Melchers, K. G., & Büttner, J. (2022). Pre-selection in the digital age: A comparison of perceptions of asynchronous video interviews with online tests and online application documents. *International Journal of Selection and Assessment, 30*(4), 639–652. https://doi.org/10.1111/ijsa.12403

Basch, J. M., Melchers, K. G., Jentzsch, N., & Schulte, S. (2023). *I don't know it so I don't like it: The effects of experience on the perceptions of technology-mediated interviews*. Manuscript in preparation.

Behrend, T. S., & Thompson, L. F. (2013). Combining I-0 psychology and technology for an environmentally sustainable world. In A. H. Huffman & S. R. Klein (Hrsg.), *Green organizations: Driving change with IO psychology* (S. 300–322). Routledge.

Biocca, F., Harms, C., & Burgoon, J. K. (2003). Toward a more robust theory and measure of social presence: Review and suggested criteria. *Presence: Teleoperators & virtual environments, 12*(5), 456–480. https://doi.org/10.1162/105474603322761270

Bird, S. B., Hern, H. G., Blomkalns, A., Deiorio, N. M., Haywood, Y., Hiller, K. M., Dunleavy, D., & Dowd, K. (2019). Innovation in residency selection: The AAMC standardized video interview. *Academic Medicine, 94*(10), 1489–1497. https://doi.org/10.1097/acm.0000000000002705

7

Blacksmith, N., Wilford, J. C., & Behrend, T. S. (2016). Technology in the employment interview: A meta-analysis and future research agenda. *Personnel Assessment and Decisions, 2*(1), 12–20. https://doi.org/10.25035/pad.2016.002

Bohannon, L. S., Herbert, A. M., Pelz, J. B., & Rantanen, E. M. (2013). Eye contact and video-mediated communication: A review. *Displays, 34*(2), 177–185. https://doi.org/10.1016/j.displa.2012.10.009

Brenner, F., Ortner, T. M., & Fay, D. (2016). Asynchronous video interviewing as a new technology in personnel selection: The applicant's point of view. *Frontiers in Psychology, 7*, 863. https://doi.org/10.3389/fpsyg.2016.00863

Brenner, F. S. (2019). *Asynchronous video interviews in selection: A systematic review and five empirical investigations* (Doctoral thesis). Freie Universität Berlin.

Castro, J. R., & Gramzow, R. H. (2015). Rose colored webcam: Discrepancies in personality estimates and interview performance ratings. *Personality and Individual Differences, 74*, 202–207. https://doi.org/10.1016/j.paid.2014.10.038

Daft, R. L., & Lengel, R. H. (1986). Organizational information requirements, media richness and structural design. *Management Science, 32*(5), 554–571. https://doi.org/10.1287/mnsc.32.5.554

Dunlop, P. D., Holtrop, D., & Wee, S. (2022). How asynchronous video interviews are used in practice: A study of an Australian-based AVI vendor. *International Journal of Selection and Assessment, 30*(3), 448–455. https://doi.org/10.1111/ijsa.12372

Fiechter, J. L., Fealing, C., Gerrard, R., & Kornell, N. (2018). Audiovisual quality impacts assessments of job candidates in video interviews: Evidence for an AV quality bias. *Cognitive research: principles and implications, 3*(1), 47. https://doi.org/10.1186/s41235-018-0139-y

Gibson, C., Van Iddekinge, C. H., & Vaughn, D. (2021). Hiring during a pandemic: Insights from the front lines of research and practice. *Industrial and Organizational Psychology, 14*(1), 105–109. https://doi.org/10.1017/iop.2021.8

Gorman, C. A., Robinson, J., & Gamble, J. S. (2018). An investigation into the validity of asynchronous web-based video employment-interview ratings. *Consulting Psychology Journal: Practice and Research, 70*(2), 129–146. https://doi.org/10.1037/cpb0000102

Griswold, K. R., Phillips, J. M., Kim, M. S., Mondragon, N., Liff, J., & Gully, S. M. (2022). Global differences in applicant reactions to virtual interview synchronicity. *The International Journal of Human Resource Management, 33*(15), 2991–3018. https://doi.org/10.1080/09585192.2021.1917641

Hauk, N., Hüffmeier, J., & Krumm, S. (2018). Ready to be a silver surfer? A meta-analysis on the relationship between chronological age and technology acceptance. *Computers in Human Behavior, 84*, 304–319. https://doi.org/10.1016/j.chb.2018.01.020

Hausknecht, J. P., Day, D. V., & Thomas, S. C. (2004). Applicant reactions to selection procedures: An updated model and meta-analysis. *Personnel Psychology, 57*(3), 639–683. https://doi.org/10.1111/j.1744-6570.2004.00003.x

He, J., & Freeman, L. A. (2019). Are men more technology-oriented than women? The role of gender on the development of general computer self-efficacy of college students. *Journal of Information Systems Education, 21*(2), 203–212.

Hiemstra, A. M., Oostrom, J. K., Derous, E., Serlie, A. W., & Born, M. P. (2019). Applicant perceptions of initial job candidate screening with asynchronous job interviews: Does personality matter? *Journal of Personnel Psychology, 18*(3), 138–147. https://doi.org/10.1027/1866-5888/a000230

Hopson, L. R., Dorfsman, M. L., Branzetti, J., Gisondi, M. A., Hart, D., Jordan, J., Cranford, J. A., Williams, S. R., & Regan, L. (2019a). Comparison of the standardized video interview and interview assessments of professionalism and interpersonal communication skills in emergency medicine. *AEM Education and Training, 3*(3), 259–268. https://doi.org/10.1002/aet2.10346

Hopson, L. R., Regan, L., Bond, M. C., Branzetti, J., Samuels, E. A., Naemi, B., Dunleavy, D., & Gisondi, M. A. (2019b). The AAMC standardized video interview and the electronic standardized letter of evaluation in emergency medicine: A comparison of performance characteristics. *Academic Medicine, 94*(10), 1513–1521.

Horn, R. G., & Behrend, T. S. (2017). Video killed the interview star: Does picture-in-picture affect interview performance? *Personnel Assessment and Decisions, 3*(1), 51–53. https://doi.org/10.25035/pad.2017.005

Huffcutt, A. I., & Culbertson, S. S. (2011). Interviews. In S. Zedeck (Hrsg.), *APA handbook of industrial and organizational psychology* (Bd. 2, S. 185–203). American Psychological Association.

Huffcutt, A. I., Culbertson, S. S., & Weyhrauch, W. S. (2014). Moving forward indirectly: Reanalyzing the validity of employment interviews with indirect range restriction methodology. *International Journal of Selection and Assessment, 22*(3), 297–309. https://doi.org/10.1111/ijsa.12078

Jaklič, A., Solina, F., & Šajn, L. (2017). User interface for a better eye contact in videoconferencing. *Displays, 46*, 25–36. https://doi.org/10.1016/j.displa.2016.12.002

Langer, M., König, C. J., & Krause, K. (2017). Examining digital interviews for personnel selection: Applicant reactions and interviewer ratings. *International Journal of Selection and Assessment, 25*(4), 371–382. https://doi.org/10.1111/ijsa.12191

Levashina, J., Hartwell, C. J., Morgeson, F. P., & Campion, M. A. (2014). The structured employment interview: Narrative and quantitative review of the research literature. *Personnel Psychology, 67*(1), 241–293. https://doi.org/10.1111/peps.12052

Lukacik, E.-R., Bourdage, J. S., & Roulin, N. (2022). Into the void: A conceptual model and research agenda for the design and use of asynchronous video interviews. *Human Resource Management Review, 32*(1), 100789. https://doi.org/10.1016/j.hrmr.2020.100789

McColl, R., & Michelotti, M. (2019). Sorry, could you repeat the question? Exploring video interview recruitment practice in HRM. *Human Resource Management Journal, 29*(4), 637–656. https://doi.org/10.1111/1748-8583.12249

McDaniel, M. A., Whetzel, D. L., Schmidt, F. L., & Maurer, S. D. (1994). The validity of employment interviews: A comprehensive review and meta-analysis. *Journal of Applied Psychology, 79*(4), 599–616. https://doi.org/10.1037/0021-9010.79.4.599

Melchers, K. G., Petrig, A., Basch, J. M., & Sauer, J. (2021). A comparison of conventional and technology-mediated selection interviews with regard to interviewees' performance, perceptions, strain, and anxiety. *Frontiers in Psychology, 11*, 603632. https://doi.org/10.3389/fpsyg.2020.603632

Morelli, N., Potosky, D., Arthur, W., & Tippins, N. (2017). A call for conceptual models of technology in IO psychology: An example from technology-based talent assessment. *Industrial and Organizational Psychology, 10*(4), 634–653. https://doi.org/10.1017/iop.2017.70

Potosky, D. (2008). A conceptual framework for the role of the administration medium in the personnel assessment process. *Academy of Management Review, 33*(3), 629–648. https://doi.org/10.5465/AMR.2008.32465704

Powell, D. M. (2023). Effects of background cues on videoconference interview ratings. *Personnel Assessment and Decisions, 9*(1), 37–50. https://doi.org/10.25035/pad.2023.01.003

Reed, K., Doty, D. H., & May, D. R. (2005). The impact of aging on self-efficacy and computer skill acquisition. *Journal of Managerial Issues, 17*(2), 212–228.

Roulin, N., Lukacik, E.-R., Bourdage, J. S., Clow, L., Bakour, H., & Diaz, P. (2023). Bias in the background? The role of background information in asynchronous video interviews. *Journal of Organizational Behavior, 44*(3), 458–475. https://doi.org/10.1002/job.2680

Sackett, P. R., Zhang, C., Berry, C. M., & Lievens, F. (2022). Revisiting meta-analytic estimates of validity in personnel selection: Addressing systematic overcorrection for restriction of range. *Journal of Applied Psychology, 107*(11), 2040–2068. https://doi.org/10.1037/apl0000994

Schlenker, B. R. (1980). *Impression management: The self-concept, social identity, and interpersonal relations*. Brooks/Cole.

Schmidt, F. L., & Rader, M. (1999). Exploring the boundary conditions for interview validity: meta-analytic validity findings for a new interview type. *Personnel Psychology, 52*(2), 445–464. https://doi.org/10.1111/j.1744-6570.1999.tb00169.x

Schuler, H., Hell, B., Trapmann, S., Schaar, H., & Boramir, I. (2007). Die Nutzung psychologischer Verfahren der externen Personalauswahl in deutschen Unternehmen. *Zeitschrift für Personalpsychologie, 6*, 60–70.

Schwartz, L., Levy, J., Endevelt-Shapira, Y., Djalovski, A., Hayut, O., Dumas, G., & Feldman, R. (2022). Technologically-assisted communication attenuates inter-brain synchrony. *NeuroImage, 264*, 119677. https://doi.org/10.1016/j.neuroimage.2022.119677

Sears, G., Zhang, H., Wiesner, W., Hackett, R., & Yuan, Y. (2013). A comparative assessment of videoconference and face-to-face employment interviews. *Management Decision, 51*(8), 1733–1752. https://doi.org/10.1108/MD-09-2012-0642

Short, J., Williams, E., & Christie, B. (1976). *The social psychology of telecommunications*. Wiley.

Straus, S. G., Miles, J. A., & Levesque, L. L. (2001). The effects of videoconference, telephone, and face-to-face media on interviewer and applicant judgments in employment interviews. *Journal of Management, 27*, 363–381. https://doi.org/10.1016/S0149-2063(01)00096-4

Taylor, P. J., & Small, B. (2002). Asking applicants what they would do versus what they did do: A meta-analytic comparison of situational and past behaviour employment interview questions. *Journal of Occupational and Organizational Psychology, 75*(3), 277–294. https://doi.org/10.1348/096317902320369712

Toldi, N. L. (2011). Job applicants favor video interviewing in the candidate-selection process. *Employment Relations Today, 38*(3), 19–27. https://doi.org/10.1002/ert.20351

Truxillo, D. M., Bodner, T. E., Bertolino, M., Bauer, T. N., & Yonce, C. A. (2009). Effects of explanations on applicant reactions: A meta-analytic review. *International Journal of Selection and Assessment, 17*(4), 346–361. https://doi.org/10.1111/j.1468-2389.2009.00478.x

Van Iddekinge, C. H., Raymark, P. H., Roth, P. L., & Payne, H. S. (2006). Comparing the psychometric characteristics of ratings of face-to-face and videotaped structured interviews. *International Journal of Selection and Assessment, 14*, 347–359. https://doi.org/10.1111/j.1468-2389.2006.00356.x

Wegge, J. (2006). Communication via videoconference: Emotional and cognitive consequences of affective personality dispositions, seeing one's own picture, and disturbing events. *Human-Computer Interaction, 21*(3), 273–318. https://doi.org/10.1207/s15327051hci2103_1

Digitalisierte und remote durchgeführte Assessment Center

Harriet Lingel, Tina Uhle und Klaus G. Melchers

Inhaltsverzeichnis

U. P. Kanning, M. L. Ohlms (Hrsg.), *Digitale Personalauswahl und Eignungsdiagnostik*,
https://doi.org/10.1007/978-3-662-68211-1_8

8.1 Einführung

Das klassische Assessment Center (AC) ist eine umfassende Methode, mit deren Hilfe unterschiedlichste Personalfragen beantwortet werden können. Die Anwendungsgebiete sind vielfältig und reichen von der Eignungsbeurteilung für die Personalauswahl über Potenzialbeurteilungen bis hin zur Personalentwicklung (in diesem Fall *Development Center* genannt). ACs erlauben eine umfassende Eindrucksbildung über die Teilnehmenden. Dabei unterscheiden sie sich von anderen Beurteilungsverfahren insbesondere durch 1) ihre Simulationsorientierung, also dem Ziel der Simulation echter Arbeitsaufgaben, 2) ihre Methodenvielfalt, also der Tatsache, dass die interessierenden Kompetenzen jeweils durch mehrere unterschiedliche Methoden abgeprüft werden, und 3) ihr Mehraugenprinzip, also dass jede Kompetenz durch verschiedene Assessor/-innen (d. h. Beobachter/-innen) beurteilt wird (Arbeitskreis Assessment Center, 2016). So soll die Diagnostik objektiviert und möglichst vollständig von beeinflussenden Faktoren losgelöst werden, die durch die spezifische Aufgabe oder die spezifischen Assessor/-innen eingebracht werden.

Die flächendeckende Verbreitung von Highspeed-Internetanschlüssen hat seit Beginn der frühen 2000er-Jahre neue Möglichkeiten für das AC eröffnet. Während bis dahin alle Übungen ortsgebunden und zeitsynchron stattfinden mussten, ermöglichte dieser technologische Fortschritt, einzelne Elemente ortsunabhängig über das Internet zu absolvieren. Insbesondere durch die Corona-Pandemie 2020 wurde die Verwendung von technologischen Hilfsmitteln verstärkt vorangetrieben: Durch die Notwendigkeit, das Infektionsgeschehen einzuschränken, mussten viele ACs auf Distanz digital umgesetzt werden. In diesem Zusammenhang wurden verschiedene Begrifflichkeiten geprägt, die teilweise synonym verwendet werden und deren Abgrenzung nicht flächendeckend gleich gehandhabt wird. Um zumindest für dieses Kapitel eine klare Nomenklatur einzuhalten, werden in ◘ Tab. 8.1 die Begriffe digitalisiertes AC (bzw. auch digitales AC genannt), virtuelles AC und Remote-AC voneinander abgegrenzt. Zusätzlich findet sich in der Literatur der Begriff Online-AC. Umgangssprachlich beschreibt er im Grunde genau wie Remote-AC dasjenige AC, das über Videokonferenzplattformen zeitsynchron durchgeführt wird.

◘ Tab. 8.1 Abgrenzung der verschiedenen Begrifflichkeiten im Rahmen von technologiemediierten ACs

Begriff	**Definition**
Digitalisiertes AC	Sobald ein computerbasiertes Element im AC verwendet wird, kann das AC als digitalisiert beschrieben werden. Dies beinhaltet zum Beispiel auch, wenn Unterlagen für Assessor/-innen in digitaler statt in Papierform vorliegen
Virtuelles AC	Ein AC, das rein im virtuellen Raum stattfindet, zum Beispiel ein Planspiel mit virtuellen Avataren
Remote-AC	Ein AC, bei dem die verschiedenen Beteiligten zeitlich synchron über ein Videokonferenzmedium miteinander in Verbindung stehen und sich nicht am selben physischen Ort aufhalten

Da der Begriff Online-AC jedoch wenig präzise ist (schließlich sind sowohl virtuelle als auch Remote-ACs in der Regel online), beschränken wir uns in diesem Kapitel auf den präziseren Begriff des *Remote-ACs*.

Innerhalb von Remote-ACs können verschiedene Subgruppen unterschieden werden. Zum einen können sich die ACs darin unterscheiden, wie groß der Anteil der Personen ist, die von remote zugeschaltet sind. Sobald sich mindestens zwei Personen am selben Ort befinden und mindestens eine Person zugeschaltet wird, werden die Verfahren als *hybrid* bezeichnet. Eine solche Situation kann zum Beispiel auftreten, wenn Beobachter/-innen aus dem Ausland zugeschaltet werden sollen oder ein Remote-Mitarbeitendengespräch simuliert werden soll und der/die Rollenspieler/-in zugeschaltet wird. Zum anderen können sich Remote-ACs darin unterscheiden, welche Übungen remote durchgeführt werden. Zum Beispiel ist es nicht unüblich, psychometrische Tests vorab remote und online durchzuführen, selbst wenn das eigentliche AC vor Ort durchgeführt wird. Im Verlauf dieses Kapitels werden wir uns hauptsächlich auf die vollständig Remote-Version des ACs konzentrieren, bei der sowohl alle Beteiligten remote sind als auch alle Übungen remote ablaufen.

Um Leserinnen und Lesern einen umfangreichen Einblick in die Thematik des Remote-ACs zu verschaffen, gehen wir in diesem Kapitel zunächst darauf ein, was die Verbreitung von Remote-ACs in der Praxis vorangetrieben hat. Anschließend umreißen wir drei wichtige theoretische Konzepte, die verdeutlichen, warum Remote-ACs nicht mit Vor-Ort-ACs gleichgesetzt werden können. In den darauffolgenden Abschnitten zeigen wir übergeordnete und spezifische Herausforderungen in der Umsetzung von Remote-ACs auf und geben Hinweise, wie man mit diesen Herausforderungen umgehen kann. Abschließend gehen wir auf Aspekte ein, weshalb Remote-ACs nicht vorbehaltlos eingesetzt werden sollten, und welche Grenzen diese Methode aufweist.

8.2 Gründe für die schnelle Verbreitung von Remote-ACs

Obwohl die für Remote-ACs erforderliche Technologie schon für eine längere Zeit zur Verfügung stand, konnten sich Remote-ACs vor dem Jahr 2020 kaum durchsetzen. Zwar gab es vereinzelt ACs, die über Videokonferenzplattformen durchgeführt wurden, diese waren jedoch eine Seltenheit. Wirft man zum Beispiel einen Blick in eine Veröffentlichung aus dem Jahr 2009, so konnten überhaupt nur in ca. 10 % der erfassten ACs Übungen online absolviert werden (Krause & Thornton, 2009). Obwohl diese Befragung in vielerlei Hinsicht das Thema AC umfassend beleuchtet hat, beinhaltete sie keine Frage nach Remote-ACs. Dies legt den Schluss nahe, dass deren Verbreitung zu diesem Zeitpunkt sehr unüblich war.

Mit Beginn der Corona-Pandemie änderte sich dies jedoch rapide. Wie oben bereits erwähnt, war die stärkste der treibenden Kräfte dabei vor allem die Einschränkung aufgrund des Infektionsgeschehens. Die Auswahl von Personal war weiterhin notwendig und sollte sich nicht davon einschränken lassen, dass sich nur wenige Personen gleichzeitig in einem Raum aufhalten durften. Zusammen mit der deutlichen Zunahme von Videointerviews (z. B. Gibson et al., 2021) ist während der

Corona-Pandemie auch die Verbreitung von Remote-ACs massiv angestiegen (vgl. Hessemer & Höft, 2022). Überdies gibt es jedoch vielfältige weitere Gründe, warum Remote-ACs auch nach dem Ende der Pandemie weiterhin verwendet werden.

Ein Hauptgrund stellt mit Sicherheit die Reduktion von Kosten der Durchführung dar. Diese Kosten können zum einen direkter finanzieller Natur sein oder sich indirekt durch investierte Zeit auf die Kosten des ACs auswirken. Direkte Kosten entstehen beim traditionellen Vor-Ort-AC durch An- und Abreise, etwaige Übernachtungen, die Raummiete und nicht zuletzt die Verpflegung von Assessor/-innen und Teilnehmenden. All diese Faktoren sind – wenn überhaupt – bei Remote-ACs in einem deutlich geringeren Umfang notwendig. Die indirekten Kosten aufgrund des notwendigen Zeitaufwandes werden bei der Remote-Durchführung vermutlich primär durch das Wegfallen der An- und Abreise reduziert. Während Unternehmen in Vor-Ort-ACs für die Reisezeit auf die eine oder andere Weise aufkommen müssen, können Assessor/-innen in Remote-ACs dieselbe Zeit anderweitig nutzen. Somit können sie zum Beispiel die Anzahl an ACs pro Woche erhöhen und eine bessere Auslastung sicherstellen. Auch der zeitliche Aufwand für Auf- und Abbau ist im Remote-AC deutlich reduziert gegenüber einer Durchführung vor Ort. Zwar müssen remote andere Vorbereitungen getroffen werden (z. B. digitale Vergabe von Berechtigungen, Freigabe von Unterlagen), in Summe sind diese allerdings in kürzerer Zeit zu schaffen als die Vorbereitungen vor Ort (z. B. Tische zurechtrücken, Getränkeversorgung sicherstellen).

Ein weiterer positiver Effekt von Remote-ACs ist die verminderte Umweltbelastung. Da weniger Personen (ggf. sogar gar keine) für das AC eine Reise auf sich nehmen müssen, wird der ökologische Fußabdruck deutlich reduziert. Ergebnisse aus dem Interviewbereich zeigen, dass eine Umstellung auf Remote-Verfahren bei hoher Bewerbendenmobilität in Summe deutlich besser für die Umwelt ist als die Beibehaltung von Vor-Ort-Verfahren (vgl. z. B. Daniel et al., 2022).

Wirft man einen Blick darauf, wie Teilnehmende zu Remote-ACs stehen, so ist es zum aktuellen Zeitpunkt noch zu früh, um definitive Aussagen zu treffen. Studien aus dem Interviewbereich sprechen dafür, dass Teilnehmende in der Regel Interviews vor Ort gegenüber Videokonferenzinterviews präferieren (Blacksmith et al., 2016). Die Annahme, dass dies auch bei ACs der Fall ist, erscheint daher naheliegend. Jedoch ergibt sich auf Basis erster Befunde aus dem AC-Bereich ein gegenteiliges Bild. Eine erste qualitative Untersuchung der Reaktionen der Bewerbenden gegenüber Remote-ACs zeigt, dass in etwa gleich viele Teilnehmende das Remote- bzw. das Vor-Ort-AC bevorzugen (Obermann, 2021). Dieser Befund wird jedoch in zukünftigen quantitativen Studien auf die Probe gestellt werden müssen.

Schon jetzt lässt sich vermuten, dass eine Präferenz für Vor-Ort- vs. Remote-ACs von unterschiedlichen Faktoren abhängig sein wird: Teilnehmer/-innen, die ihren zukünftigen Unternehmensstandort kennenlernen möchten, werden voraussichtlich mit einer höheren Wahrscheinlichkeit ein Vor-Ort-AC befürworten. Interne Bewerbende, die ein Einzel-Development-Center absolvieren, werden sich andererseits sicherlich auch mit einem Remote-AC wohlfühlen. Obwohl wir auf Basis der aktuellen Studienlage noch nicht abschließend sagen können, wovon die individuelle Einstellung gegenüber Remote-ACs abhängig ist, zeigen die Ergebnisse der Studie von Obermann (2021), dass Remote-ACs auch aus Sicht der Teilnehmenden ihre Daseinsberechtigung haben.

8.3 Theoretische Grundlage

Um ein ausreichendes Verständnis für die Prozesse in Remote-ACs aufzubauen, wollen wir nachfolgend auf drei wichtige Konzepte eingehen: Die *soziale Präsenz*, die *Media Richness* sowie die *Zoom-Fatigue*. Wenngleich es nicht Ziel dieses Kapitels ist, die entsprechenden Theorien abschließend zu erläutern, sollen im Folgenden doch die relevanten Grundsätze dieser Konzepte beschrieben werden.

8.3.1 Soziale Präsenz

Der Begriff „soziale Präsenz" wurde von Short et al. (1976) geprägt. Gemäß der *Social-Prescence-Theorie* beschreibt der Begriff das individuelle Empfinden, inwiefern ein Medium in der Lage ist, die Anwesenheit des/der Interaktionspartner/-in spürbar zu machen. Dies geschieht über die Gesamtwahrnehmung des Gegenübers durch Sprache, Mimik, Körpersprache und alle weiteren Details, die wir beobachten und durch unsere Sinne wahrnehmen können. Es ist unschwer zu erkennen, dass sich somit der direkten Interaktion von Angesicht zu Angesicht die höchste soziale Präsenz zuordnen lässt. Bei der Verwendung von Kommunikationsmedien müssen bislang hingegen immer Einschränkungen in Kauf genommen werden.

Laut der Theorie der sozialen Präsenz sind Videokonferenzen (aktuell) das Medium, das der sozialen Präsenz von direkten, persönlichen Gesprächen am nächsten kommt. Schließlich werden im Idealfall ein hochaufgelöstes Bild und klarer Ton mit minimalster Verzögerung störungsfrei übertragen. Nichtsdestotrotz ist auch dieses Abbild des Gegenübers deutlich weniger vielschichtig und fühlt sich weniger „echt" an. Studien zu Vorstellungsgesprächen über Videokonferenzplattformen belegen dies und zeigen, dass die wahrgenommene soziale Präsenz über dieses Medium geringer ausfällt (Basch et al., 2021). Somit ist der Mangel an sozialer Präsenz ein Faktor, der auch Remote-ACs beeinflussen kann.

8.3.2 Media Richness

Die *Theorie der Media Richness* geht auf Daft and Lengel (1984) zurück. Im Gegensatz zur sozialen Präsenz bezeichnet Media Richness dabei die Möglichkeit eines Mediums, bestimmte Informationsinhalte zu transportieren. Quintessenz dieser Theorie ist, dass Inhalte umso eindeutiger und unmissverständlicher übermittelt werden können, je mehr Kommunikationskanäle genutzt werden. In dieser Theorie geht es somit weniger darum, wie sehr das Medium eine Art Verbundenheitsgefühl ermöglicht, sondern eher um die emotional abgekühlte Vermittlung von Informationen. Insbesondere wenn unmittelbares Feedback über das Verständnis des Gegenübers eingeholt werden kann, ist eine eindeutige Kommunikation möglich (Daft & Lengel, 1984). Dann lässt sich ein Medium als „rich" beziehungsweise reichhaltig bezeichnen. Die direkte Kommunikation von Angesicht zu Angesicht gilt auch in dieser Theorie als das reichhaltigste Medium. In diesem Fall stehen uns drei Kommunikationskanäle zur Verfügung: der verbale, der paraverbale und der nonverbale Kanal. Der verbale Kanal beschreibt dabei den inhaltlichen Aspekt einer

Aussage. Paraverbale Kommunikation bezeichnet, *wie* etwas gesagt wird. Dieser Kanal bezieht sich also auf Faktoren wie die Intonation, Sprachmelodie oder Sprechgeschwindigkeit. Wenn Inhalte nonverbal übermittelt werden, werden sie geräuschlos über Mimik und Gestik kommuniziert.

Im Kontext von ACs stehen uns über Videokonferenzplattformen zwar prinzipiell die gleichen Kommunikationskanäle zur Verfügung wie vor Ort, jedoch sind diese bei der Remote-Kommunikation in ihrer Anwendung eingeschränkt. Zum einen sehen wir einen viel kleineren Ausschnitt des Gegenübers (z. B. nur den Kopf und einen Teil des Oberkörpers, der in der Regel auch keine lebensechte Größe hat) und wissen selten mehr über dessen Umgebung. Zum anderen kann die Technik eine Barriere schaffen, zum Beispiel durch Verbindungsprobleme, Asynchronität von Video und Tonspur (Wegge, 2006) oder durch Probleme mit der Tonqualität.

Unabhängig von der verwendeten Theorie müssen wir uns also bewusst sein, dass Videokonferenzen keineswegs ein direktes, uneingeschränktes Abbild der Realität sind. Wir erleben Einschränkungen durch die Technik, die über weniger reichhaltige Informationen oder das geringere Gefühl, gemeinschaftlich präsent zu sein, etwas an unserer Kommunikation verändern. Es ist daher ratsam, Vorkehrungen zu treffen, um mit diesen Einschränkungen besser umzugehen. Erste Empfehlungen finden sich in den folgenden Abschnitten dieses Kapitels.

8.3.3 Zoom-Fatigue

Die Zoom-Fatigue ist noch ein sehr junges Konzept. Der Begriff formte sich zum ersten Mal im Laufe der Corona-Pandemie, während der viele Besprechungen in den virtuellen Raum verlegt werden mussten. Vor allem im englischen Sprachraum hat sich Zoom als Videokonferenzplattform stark verbreitet, sodass der Begriff dort zu einem Deonym geworden ist – ähnlich wie googeln mittlerweile gleichbedeutend mit „im Internet suchen" ist (Bailenson, 2021).

Die Zoom-Fatigue beschreibt die Tatsache, dass Videokonferenzen als deutlich ermüdender empfunden werden als Besprechungen vor Ort (Shoshan & Wehrt, 2022). Obwohl die Gründe für diese erhöhte Müdigkeit weiterer Forschung bedürfen, gibt es bereits erste Erkenntnisse dazu, welche Personen mehr oder weniger betroffen sind. Zum Beispiel empfinden Personen Zoom-Fatigue schneller, wenn sie mit dem Aussehen ihres Gesichtes weniger zufrieden sind (Ratan et al., 2022), da man in Videokonferenzen in der Regel das eigene Spiegelbild viel länger sieht als an einem Tag ohne Videokonferenz. Auch Frauen und Personen mit kürzerer Betriebszugehörigkeit ermüden schneller in Videokonferenz-Besprechungen als Männer bzw. Personen mit längerer Betriebszugehörigkeit – allerdings nur, wenn sich entsprechende Personen während einer virtuellen Besprechung mit ihrer eigenen Kamera filmen (Shockley et al., 2021). Dies spricht dafür, dass Personen dann schneller ermüden, wenn sie stärker auf ihre Außenwirkung achten. In der Studie von Shockley et al. (2021) betrifft dies Personen mit einem weniger stabilen sozialen Status. Um in Auswahlsituationen einen positiven Eindruck von sich zu vermitteln und gut abzuschneiden, müssen auch Bewerbende ihre Außenwirkung im Blick behalten, was eine zusätzliche Herausforderung im Sinne von Zoom-Fatigue bedeuten kann.

Es empfiehlt sich, im Rahmen von Remote-ACs möglichen Ermüdungseffekten vorzubeugen. Dies ist sowohl auf der Seite der Teilnehmenden als auch auf der Seite der Assessor/-innen empfehlenswert. Ein AC ist schließlich für beide Seiten kognitiv fordernd, unabhängig von der ergänzten Anstrengung durch die Zoom-Fatigue. Eine Maßnahme, von der alle Seiten profitieren können, sind kürzere Übungen und häufigere Pausen (Knauth & Rutenfranz, 1987). Auch kann es förderlich sein, den Anwesenden zu empfehlen, ihre Pausen aktiv zu nutzen (Sianoja et al., 2018). Das bedeutet, sie explizit einzuladen, sich aus der Videokonferenz zurückzuziehen, Kamera und Mikrofon auszuschalten und sich vom Arbeitsplatz wegzubewegen, zum Beispiel für einen Spaziergang. Sofern mehrere Teilnehmende gleichzeitig von einem Assessor bzw. einer Assessorin beurteilt werden, empfiehlt es sich, diese Anzahl im Remote-AC gegenüber dem Vor-Ort-AC niedriger zu halten. Gruppenaufgaben sind ohnehin kognitiv zehrend für Assessor/-innen (Melchers et al., 2010), sodass die zusätzliche Belastung im Remote-Format reduziert werden sollte. Überdies kann es für Assessor/-innen hilfreich sein, wenn sie während Übungen, in denen sie nicht zwingend zu sehen sein müssen, ihre Kameras ausschalten. Dann können sie ihre Konzentration vollständig ihrer Aufgabe widmen, ohne Ressourcen auf Selbstdarstellungsverhalten lenken zu müssen. Dass Assessor/-innen ihre Kameras ausgeschaltet lassen, kann zudem einen positiven Nebeneffekt auf die Teilnehmenden haben. So wird deutlicher, auf wen sie sich in einem einzelnen Moment konzentrieren müssen, sodass auch für sie die kognitiven Anforderungen reduziert werden sollten. Die frei gewordenen Ressourcen können dann für die eigentliche Aufgabe verwendet werden.

8.4 Praktische Herausforderungen der Remote-Durchführung

Will man Assessment Center remote durchführen, gilt es, – neben der technischen Realisierung, auf die an anderer Stelle eingegangen wird – einige grundlegende Punkte zu bedenken, um Qualitätsmaßstäbe (z. B. die Standards der Assessment-Center-Methode, Arbeitskreis Assessment Center, 2016) einzuhalten.

8.4.1 Generelle Herausforderungen

Übungskonstruktion Die im Remote-Assessment eingesetzten Übungen müssen im Hinblick auf potenzielle Remote-Szenarien am Arbeitsplatz realistisch sein (Vorstand Swiss Assessment, 2020). So finden beispielsweise Präsentationen im Rahmen virtueller Zusammenarbeit nicht mehr mittels Flipchart und im Stehen statt, sondern werden per Bildschirm geteilt, wobei die präsentierende Person sitzt. Diskussionen innerhalb von Projektteams werden als Videokonferenzen abgehalten, dabei werden andere Fertigkeiten in der Moderation solcher Treffen relevant. All diese Szenarien sind im Remote-AC gut abbildbar. Dinge wie beispielsweise das ordnungsgemäße Verbauen von Kabelsträngen oder eine Kundenberatung beim Kühlschrankkauf sind hingegen auch nach der Pandemie eher keine Remote-Tätigkeit und sollten daher in einem Vor-Ort-AC abgeprüft werden.

Zugriff auf die Unterlagen Eine der wesentlichsten zu Beginn zu klärenden Fragen ist, wie alle Beteiligten Zugriff auf ihre Unterlagen und Arbeitsmaterialien erhalten sollen. Dies hat vor allem mit der Auswahl des Systems oder der Plattform zu tun, innerhalb derer das Assessment stattfinden soll. Darin werden die Beobachtendenunterlagen (Instruktionen, Mitschriften, Bewertungen) und Teilnehmendenmaterialien bereitgestellt. Hier gilt die besondere Herausforderung, dass dies zeitversetzt, zeitlich begrenzt, bearbeitbar und speicherbar für den späteren Abruf geschehen muss.

Datenschutz Es müssen in jedem Fall die gesetzlichen sowie in der Organisation geltenden Regelungen zum Datenschutz eingehalten werden (Kuhn, 2023). Darüber hinaus müssen die Kandidaten/-innen entsprechend dem Datenschutzgesetz informiert und ihrerseits verpflichtet werden. Dies gilt für den Umgang mit Aufzeichnungen (Notizen der Teilnehmenden) wie auch für den Umgang mit Dokumenten (bspw. Lebenslauf) oder Mitschriften der Beobachtenden im AC sowie auch darüber hinaus (Zugriffsrechte, Aufbewahrungsfristen, Ablageorte etc.).

Informationsverlust Nonverbale Verhaltensaspekte wie Blickkontakt, Mimik und Gestik sind anders, teils auch weniger beobachtbar. Dies muss sowohl in der Operationalisierung der Kompetenzen berücksichtigt werden als auch in der Schulung der Beobachtenden sowie der Instruktion der Rollenspielenden. Mehr Hinweise zu einem angemessenen Umgang mit dieser Thematik finden sich in diesem Kapitel in Abschn. 8.4.4.

Täuschungsversuche, Verfahrensschutz und Dokumentenschutz Um Täuschungsversuche zu unterbinden und die im Verfahren genutzten Dokumente zu schützen, sind verschiedene Maßnahmen erforderlich. Einerseits kann dies durch die verwendete Technik erfolgen (z. B. ein Assessment-System, das einen Download oder Druck der Unterlagen nicht gestattet) oder eine Arbeit unter Überwachung, in der eine Person das Vorgehen der Kandidaten/-innen über Kamera sowie geteilten Bildschirm verfolgt. Verschiedentlich wird auch die Variante gewählt, dass alle Beteiligten online arbeiten, die Teilnehmenden sowie die Moderation bzw. eine Assistenz sich jedoch am gleichen Ort befinden. Neben verschiedenen anderen Vorteilen (Betreuung, Vermittlung psychologischer Sicherheit, unmittelbare Unterstützung bei [technischen] Problemen) kann so auch der Entwendung von Unterlagen oder einer Täuschung vorgebeugt werden.

Verbindungsqualität bzw. Systemstabilität Während der Entstehung dieses Kapitels gab es einen Tag lang weltweite Ausfälle einer großen Zusammenarbeitsplattform, die häufig zur Durchführung von Remote-ACs eingesetzt wird. Viele ACs waren nicht durchführbar und mussten abgesagt oder unterbrochen werden. Für solche Fälle sollten schon im Vorfeld Regelungen getroffen werden: Ist ein Wechsel auf ein anderes System möglich? Wie lange wird auf eine Stabilisierung gewartet, bevor abgebrochen wird? Was bedeutet ein Abbruch für die Teilnehmenden? Muss das AC komplett wiederholt werden? Werden Teile angerechnet? Wann findet die Fortsetzung statt? Muss dazu die exakt gleiche Gruppe an Teilnehmenden und Beobachtenden zusammenkommen?

Für den Fall, dass nur einzelne Teilnehmende Verbindungsprobleme haben, sind ebenfalls solche Überlegungen anzustellen und als Regel auf alle Teilnehmenden gleichermaßen anzuwenden. Wie lange wird gewartet, bevor abgebrochen wird? Welche technischen Alternativen sind möglich? Für die Beobachtenden gilt dies ebenfalls. Dabei empfiehlt es sich in jedem Fall, eine/n Ersatzbeobachter/-in einzuplanen, der/die einspringen kann, falls ein/e Beobachter/-in sich aufgrund technischer Probleme nicht einwählen oder nicht auf die Unterlagen zugreifen kann.

Auch jenseits von Komplettausfällen von Videokonferenzsystemen kann es sein, dass die Verbindungsqualität nicht optimal ist und es zu Ton- oder Bildstörungen kommt. In Studien zu Videokonferenzinterviews (Fiechter et al., 2018) und Videobewerbungen (Melchers & Kerle, 2023) hat sich gezeigt, dass Unterschiede in der Bild- und Tonqualität bzw. Störungen der Übertragung die Bewertung von Bewerbenden verzerren können. Aus dem AC-Bereich gibt es diesbezüglich zwar bisher noch keine Studien, die dies untersucht haben, aber es erscheint plausibel, dort ähnliche verzerrende Effekte zu erwarten.

Störungen von Teilnehmenden während eines ACs Teilnehmende sollten während der Vorbereitung auf eine AC-Aufgabe und während der Durchführung nicht gestört werden, da dies ihre Leistung beeinträchtigen kann. Aus diesem Grund ist es wichtig, dass sie – ebenso wie andere Verfahrensbeteiligte – von einem Ort aus teilnehmen, an dem sie nicht unterbrochen werden. Aus Studien zu Online-Tests ist allerdings bekannt, dass erstaunlich viele Bewerber/-innen während der Durchführung von Auswahlverfahren gestört werden (Lawrence et al., 2017). Da ein AC deutlich länger dauert als Online-Tests, ist hier insbesondere darauf zu achten, dass Teilnehmende tatsächlich ohne Unterbrechung arbeiten können. Zudem sollten die Teilnehmenden auch im Vorfeld darauf hingewiesen werden, dass sie selbst ebenfalls für Ungestörtheit sorgen sollen.

8.4.2 Möglichen Verzerrungseffekten vorbeugen

Verzerrung durch die Technikkompetenz der Beteiligten Es ist wichtig, alle Teilnehmenden auf die Remote-Durchführung vorzubereiten, damit die im AC zu messenden Kompetenzen nicht durch technische Versiertheit oder technisches Unvermögen „verunreinigt" werden. Damit einher geht auch die Erzeugung psychologischer Sicherheit bei den Kandidaten/-innen, die dazu beiträgt, optimale Leistung zu erbringen und die soziale Akzeptanz der Auswahlsituation zu erhöhen. Es empfiehlt sich also, technische Checks im Vorfeld des ACs anzubieten, Leitfäden mit den wichtigsten Kniffen und Tricks zu verschicken und während des ACs eine Betreuung im Falle technischer Probleme bereitzuhalten. Die Beobachtenden sollten ebenfalls auf den Umgang mit dem System, ihren Unterlagen zur Beobachtung und Bewertung sowie der Ergebnisfindung vorbereitet werden (vgl. Arbeitskreis Assessment Center, 2016). Bei einer Remote-AC-Durchführung sollte auch das Beobachtendentraining remote stattfinden (im Idealfall innerhalb des im AC genutzten Systems).

Effekte des Hintergrunds Der Hintergrund in Videokonferenzen beeinflusst in Form einer unbewussten Wahrnehmungsverzerrung unsere Einschätzung der Person. So führt bspw. ein aufgeräumter Hintergrund im Kontext von Videokonferenz-interviews im Vergleich zu einer unaufgeräumten Wohnsituation zu einer positiveren Beurteilung der Bewerbenden (Powell et al., 2023). Es empfiehlt sich also, allen Teilnehmenden im Vorfeld die gleichen Tipps zur Hintergrundgestaltung zu geben.

Unterschiede bzw. Vergleichbarkeit der beiden Durchführungsvarianten Wissenschaftliche Studien weisen darauf hin, dass Bewertungen bei Videokonferenzinterviews etwas niedriger ausfallen als bei Vor-Ort-Interviews (z. B. Basch et al., 2021; Sears et al., 2013). Es ist denkbar, dass sich ähnliche Effekte auch im AC zeigen könnten, auch wenn die Studienlage hierzu momentan noch heterogene Befunde aufweist (vgl. Obermann, 2021, für einen zu Interviewergebnissen gegenteiligen Befund). Die Ursachen werden in der durch das Medium eingeschränkten Beobachtungsgrundlage (vgl. Media-Richness-Theorie) vermutet oder auch in der größeren persönlichen Distanz (vgl. Theorie der sozialen Präsenz) und damit einhergehender höherer Objektivität der Beobachtenden (für eine ausführlichere Diskussion dieser Thematik siehe ► Abschn. 8.6). Das Wissen um derartige Unterschiede muss in der Beobachtendenschulung transparent gemacht werden. Um bezüglich der Vergleichbarkeit mehrerer Kandidaten/-innen sicher und damit fair zu sein, empfiehlt es sich auf jeden Fall, dass alle Kandidaten/-innen die gleiche Form des Assessments durchlaufen.

8.5 Elemente eines (Remote-)ACs

Wie Vor-Ort-ACs bestehen auch Remote-ACs aus vielfältigen Übungen, die je nach spezifischer Stellenanforderung zusammengestellt werden. Sollen diese Übungen nun remote umgesetzt werden, ergeben sich spezifische Herausforderungen oder allgemeine Herausforderungen verschärfen sich. Obwohl die in den folgenden Abschnitten benannten Herausforderungen selbstverständlich bei unterschiedlichen Übungstypen auftreten können, werden wir pro Übung den Fokus auf jeweils besonders relevante Aspekte lenken. Damit verknüpft geben wir Handlungsempfehlungen, wie Anwender/-innen mit diesen spezifischen Herausforderungen umgehen können. Selbstverständlich ist die hier angeführte Liste an AC-Elementen nicht erschöpfend. Wir haben uns darauf beschränkt, diejenigen Übungstypen mit der höchsten Verbreitung näher zu beleuchten (vgl. Kanning et al., 2007; Krause & Thornton, 2009; Obermann et al., 2016).

8.5.1 Präsentation

Eine der am weitesten verbreiteten AC-Übungen ist die Präsentation (Obermann et al., 2016). Ob in Form einer Selbstvorstellung oder der Präsentation von Arbeitsergebnissen, in einem AC werden die meisten Teilnehmenden mit einer oder mehreren Präsentationsaufgaben konfrontiert. Aus diesem Grund ist es wichtig, auch im Remote-Format einen angemessenen Umgang mit Präsentationen zu pflegen.

Herausforderung: Technikkompetenz Wie oben bereits beschrieben, kann eine unterschiedlich ausgeprägte Technikkompetenz ggf. zu einem verzerrenden Einflussfaktor werden, wenn die im AC geforderte Technikkompetenz nicht im zukünftigen Arbeitsalltag benötigt wird. Der adäquate Umgang mit der Technikkompetenz ist insbesondere bei der Präsentationsaufgabe eine Herausforderung, da hier die Teilnehmenden selbst für den reibungslosen Ablauf verantwortlich sind. Im Rahmen von Remote-ACs empfiehlt es sich daher, alle geforderten Fähigkeiten (Bildschirm teilen, Whiteboard verwenden, mit mehreren Bildschirmen umgehen) im Vorfeld explizit zu üben.

Herausforderung: Veränderte Methodik Bei Präsentationen, die im Vorfeld zum AC vorbereitet werden dürfen, wurden in der Vergangenheit auch bei Vor-Ort-ACs in der Regel PowerPoint-Folien verwendet. Anders war dies, wenn Präsentationen innerhalb einer vorgegebenen Zeit während des ACs vorbereitet werden sollten, zum Beispiel als Ergebnispräsentation für eine Fallstudie (für Details zur Fallstudie siehe unten). Von Flip-Chart bis Metaplanwand waren die Möglichkeiten hierfür vielfältig. Durch die Verwendung von Remote-ACs lassen sich viele dieser Methoden nicht eins zu eins umsetzen. Es sind zwar online ähnliche Werkzeuge verfügbar, deren Handhabung ist jedoch in der Regel etwas anders als bei ihren analogen Pendants. Unsere Empfehlung ist daher, sich vor einem entsprechenden AC mit der digitalen Methodenlandschaft eingehend vertraut zu machen, ein für den jeweiligen Anwendungszweck sinnvolles Tool zu wählen und auch dessen Anwendung im Rahmen einer Einführung mit den Teilnehmenden zu üben.

8.5.2 Fallstudie

Die Aufgabe von Teilnehmenden im Rahmen einer Fallstudie ist in der Regel die Lösung einer komplexen Problemstellung durch die Integration vieler verschiedener Informationen. Die nötigen Informationen werden dabei im Rahmen einer Vorbereitungszeit durch verschiedene Dokumente zur Verfügung gestellt.

Herausforderung: Darstellung der Unterlagen Während im Vor-Ort-AC alle Unterlagen gleichzeitig betrachtet und verglichen werden können, wird dies im Remote-AC durch die individuelle Bildschirmfläche beschränkt. Insbesondere wenn verschiedenen Teilnehmenden desselben ACs unterschiedlich viele und unterschiedlich große Bildschirme zur Verfügung stehen, kann die Vergleichbarkeit der Leistungen eingeschränkt sein. Es gibt mehrere Möglichkeiten, wie mit dieser Problematik umgegangen werden kann. Eine Möglichkeit hierbei ist, im Vorfeld technische Empfehlungen auszusprechen. Zum Beispiel kann im Rahmen eines unternehmensinternen Verfahrens eine entsprechende Arbeitsplatzausstattung sichergestellt werden. Bei externen Teilnehmenden ist dies jedoch schwer umsetzbar, da nicht alle Personen Zugriff auf einen zweiten oder sogar dritten Bildschirm haben. Wenn die technische Ausstattung nicht über Teilnehmende hinweg standardisiert werden kann, bieten sich die zwei folgenden Vorgehensweisen an. Zum einen kann ein Teil der Unterlagen allen Teilnehmenden vorab zur Verfügung gestellt werden. Diese Unterlagen können dann gedruckt bereitgelegt werden. Die anderen Unterlagen werden während des ACs digital zur Verfügung gestellt. Da davon auszugehen ist, dass die Teilnehmenden die gedruckten Unterlagen vorab ansehen, sollte die Zuteilung zu vorab druckbaren und digitalen Unterlagen sorgfältig erfolgen. In den digitalen Unterlagen müssen genügend Schlüsselinformationen enthalten sein, sodass diese zur Lösung der Aufgabe zwingend erforderlich sind. Eine andere Alternative ist, dass die Anzahl an unterschiedlichen Unterlagen reduziert wird, die gleichzeitig betrachtet werden müssen. Dieser Kniff verändert jedoch die Natur der Übung grundlegend. Es kann daher also nicht sichergestellt werden, dass nach wie vor die gleichen Kompetenzen abgeprüft werden. Sofern die gleichen Anforderungen auch mit anderen Übungstypen abgebildet werden können, kann es ratsam sein, stattdessen von diesen anderen Übungstypen Gebrauch zu machen. Eine naheliegende Möglichkeit hierfür ist ein digitaler Postkorb (siehe den nachfolgenden ► Abschn. 8.5.3.).

8.5.3 Postkorbaufgaben

Typischerweise ist die Komplexität von Postkorbaufgaben im Gegensatz zu Fallstudien deutlich geringer. Aufgabe der Teilnehmenden ist hier, möglichst viele Aufgabenteile anhand klarer Regeln korrekt abzuarbeiten. Ein klassischer Postkorb besteht dabei aus Briefen, Memos, Arbeitsanweisungen oder ähnlichen Materialien in Papierform. Da unsere Arbeitsrealität jedoch zunehmend digitalisiert ist, wurden bereits vor der weiten Verbreitung der Remote-ACs digitale Formen der Postkorbaufgabe entwickelt (z. B. Lievens et al., 2010; Riediger & Rolfs, 1998). In diesen Formaten müssen in geschlossenen, halb offenen oder offenen Antwortformaten E-Mails direkt bearbeitet oder verschiedenen Mitarbeitenden delegiert werden. Da diese Form von Postkorbaufgabe genau so in Remote-ACs umsetzbar ist, müssen hierfür keine spezifischen Herausforderungen benannt oder Handlungsempfehlungen gegeben werden.

8.5.4 Rollenspiel

Im Rahmen eines Rollenspiels wird in der Regel ein herausforderndes Gespräch aus dem zukünftigen Berufsalltag simuliert. Möglich wäre hierbei zum Beispiel ein schwieriges Gespräch mit einer Mitarbeiterin oder einem Mitarbeiter, bei dem schlechte Neuigkeiten überbracht oder Fehlverhalten angesprochen werden soll.

Herausforderung: Einschränkung der Kommunikationskanäle Durch die Natur von Rollenspielen erfordern diese in vielen Fällen die Fähigkeit, sich in das Gegenüber einzufühlen und dann angemessen zu reagieren. Dieser Prozess ist durch das Videokonferenzmedium beeinträchtigt (vgl. ► Abschn. 8.3.1 und 8.3.2). Während uns in der direkten Kommunikation eine Fülle von Informationen zur Verfügung steht, beschränkt sich der Beobachtungsausschnitt im Remote-AC in der Regel auf einen sitzenden Oberkörper. Feine Details, die mehr über das Befinden, die Motive und Kommunikationsinhalte vermitteln, entziehen sich jedoch teilweise der Beobachtung. Das selbstbewusste Klopfen an der Tür oder das verunsicherte Platznehmen sind genauso wenig beobachtbar wie das wippende Bein unter dem Tisch. Das bedeutet, dass ein Rollenspiel im Remote-AC weniger natürlichen Vorlauf hat, in dem die Teilnehmenden die Gelegenheit haben, den Ton für das folgende Gespräch festzulegen und einen Eindruck vom Gegenüber zu gewinnen. Außerdem bedeutet es, dass sie unter sonst gleichen Bedingungen wie im Vor-Ort-AC deutlich aufmerksamer sein müssen, um das Gegenüber genauso gut einschätzen zu können. Ein angemessener Umgang mit dieser Herausforderung ist stark vom jeweiligen Arbeitskontext abhängig. Sofern ein solches Remote-Gespräch Teil der tatsächlichen Tätigkeit sein kann (z. B. bei der Führung eines virtuellen Teams, das über mehrere Standorte verteilt arbeitet), empfiehlt es sich, das Remote-Setting explizit in die Rollenspielsituation zu integrieren. Ist ein Remote-Gespräch nicht Teil der tatsächlichen Tätigkeit, können Teilnehmende im

Rahmen des Rollenspiels unterstützt werden: Rollenspielende können hier stärker verbalisieren, was sie in anderen Fällen durch Mimik und Gestik vermittelt hätten. Dieses Vorgehen wurde bis dato jedoch noch nicht hinsichtlich seines Effekts auf die Vorhersagekraft von Leistung geprüft und sollte daher mit Vorbehalt umgesetzt werden.

8.5.5 Gruppenaufgaben

Gruppenaufgaben können auf vielfältige Art und Weise ausgestaltet sein. Je nach Umsetzung stehen sie seit Langem in der Kritik wenig standardisiert zu sein (Kaess et al., 1961), sodass Reaktivität ein Problem darstellen kann. Dies ist insbesondere der Fall, wenn mehrere Teilnehmende miteinander interagieren (gegenüber Situationen, in denen einzelne Teilnehmende mit mehreren Rollenspielenden interagieren). Nichtsdestotrotz gibt es weiterhin Anwendungszwecke, für die der Einsatz von Gruppendiskussionen sinnvoll sein kann. Vorwiegend werden sie für die Auswahl von jüngeren Bewerbenden (also zum Beispiel von Trainees oder Auszubildenden) eingesetzt. Zusätzlich haben Gruppendiskussionen im Rahmen von Development Centern ihre Daseinsberechtigung, insbesondere wenn eine bestimmte Rollenverteilung geübt werden soll.

Herausforderung: Kommunikative Reibungsverluste Bei der Zusammenarbeit einer Gruppe über Videokonferenzplattformen sind die Kommunikationseinschränkungen gegenüber einem Gespräch zwischen zwei Personen und auch im Vergleich zu einer Gruppensituation vor Ort um ein Vielfaches potenziert. Zusätzlich zum reduzierten Bild jeder Einzelperson sind auch bewährte Methoden für Gruppeninteraktionen eingeschränkt: Während Sprechreihenfolgen in Präsenz durch Blicke und Handgesten gesteuert werden können, kann im Online-Setting keine einzelne Person angeschaut werden. Es ist nur erkennbar, ob jemand in die Kamera blickt – und somit alle Beteiligten gleichermaßen direkt ansieht – oder ob jemand irgendwo anders hinschaut. Ohne explizite Benennung spezifischer Adressat/-innen können Fragen somit nicht an Einzelpersonen gerichtet werden, genauso wenig wie Interesse oder Zustimmung zu einer Einzelperson durch Körperhaltung signalisiert werden können. Um trotzdem Gruppendiskussionen im Remote-Setting zu realisieren, kann es je nach Gruppenzusammensetzung hilfreich sein, im Vorhinein Umgangsformen explizit zu kommunizieren. Ist anzunehmen, dass alle Teilnehmenden in der Online-Zusammenarbeit aufgrund ihres Alltags versiert sind (z. B. digital Natives, die während Pandemiebedingungen praktisch täglich online in Gruppen gearbeitet haben), kann dieser Schritt überflüssig sein. Gruppen, die heterogener sind und bei denen nicht alle Personen an die Online-Zusammenarbeit gewöhnt sind, können jedoch von festgelegten Umgangsformen profitieren. Ein erster Ansatz ist die Beantwortung folgender Fragen: Sprechen alle Teilnehmenden in beliebiger Reihenfolge? Soll vor dem Sprechen die virtuelle Hand gehoben werden? Wie wird damit umgegangen, wenn zwei Personen gleichzeitig zu sprechen beginnen?

8.5.6 Weitere Assessment-Verfahren

Neben den bisher beschriebenen typischen AC-Übungen können ACs noch weitere Assessment-Verfahren enthalten. Sofern sie nicht bereits im Rahmen der Vorauswahl eingesetzt wurden, sind insbesondere Fragebögen, Testverfahren oder Interviews in diesem Zusammenhang zu nennen. Da diese Verfahren jedoch im Rahmen des Kapitels zur technologiegestützten Testdiagnostik (► Kap. 5) bzw. zu technologiemediierten Interviews (► Kap. 7) in diesem Buch ausführlich dargestellt werden, gehen wir an dieser Stelle nur jeweils knapp auf sie ein.

Herausforderung bzgl. Video-Interviews: Einschränkung der Kommunikationskanäle Wie bei persönlich durchgeführten Interviews können Video-Interviews entweder mit nur einer interviewenden Person oder als Panel-Interview mit mehreren Interviewerinnen und Interviewern durchgeführt werden, wobei Panel-Interviews im Rahmen von ACs vermutlich sehr viel häufiger der Regelfall sind. Ein potenzieller Vorteil ist in diesem Fall, dass AC-Teilnehmende alle Interviewer/-innen gleichzeitig „anschauen" können. Gleichzeitig sind die Einschränkung der Kommunikationskanäle und die damit einhergehende reduzierte Media Richness ähnlich wie bei Rollenspielen eine klare Einschränkung. Und im Gegensatz zu den äußerst sporadischen Untersuchungen von Effekten der Remote-Durchführung der oben behandelten AC-Aufgaben gibt es mittlerweile relativ viele Studien, die sich mit Effekten von Video-Interviews im Vergleich zu persönlich durchgeführten Interviews beschäftigt haben (vgl. ► Kap. 7 bzw. die Metaanalyse von Blacksmith et al., 2016, oder die Überblicksarbeit von Basch & Melchers, 2021).

In den verschiedenen Studien zeigte sich relativ konsistent, dass Bewerbende in Interviews, die per Videokonferenz durchgeführt werden, schlechter bewertet werden als in persönlich durchgeführten Interviews. Ein Teil dieser Unterschiede lässt sich dabei darauf zurückführen, dass Interviewende die Bewerbenden nicht persönlich sehen (Van Iddekinge et al., 2006), und der andere Teil darauf, dass Bewerbende bei einer Durchführung per Videokonferenz tatsächlich eine schlechtere Leistung zeigen (Basch et al., 2021). Insbesondere bezüglich der Verwendung von Impression-Management-Strategien (also Strategien, die Bewerber/-innen nutzen, um sich in ein positives Licht zu rücken, vgl. z. B. Bill & Melchers, 2023) scheint die Interviewdurchführung per Videokonferenz zu Beeinträchtigungen zu führen (Basch et al., 2021). Vor diesem Hintergrund ist eine zentrale Empfehlung, dass mögliche Interviews für alle Teilnehmenden vergleichbar durchgeführt werden, d. h. entweder für alle per Videokonferenz oder aber für alle persönlich vor Ort, da ansonsten die Videokonferenzteilnehmenden im Nachteil sind.

Herausforderung bzgl. Online-Tests: Täuschungsversuche und Einflüsse des technischen Endgeräts Aus Kostengründen erscheint es eigentlich sinnvoll, Tests eher im Rahmen der Vorauswahl zu verwenden, um nur Teilnehmende, die in diesen Tests ausreichend gute Leistungen gezeigt haben, für ein nachfolgendes und deutlich zeit- und kostenintensiveres AC einzuladen. Trotzdem sind Tests häufig Bestandteil von ACs (Kanning et al., 2007; Krause & Thornton, 2009). Aber selbst bei Präsenz-ACs werden sie mittlerweile in der Regel am Computer und online durchgeführt.

Bei der Verwendung von Online-Tests gibt es zwei große Herausforderungen, die umfassend in der Literatur diskutiert werden (vgl. diesbezüglich auch das ► Kap. 5 von Ohlms in diesem Buch). Bei der ersten handelt es sich um mögliche Täuschungsversuche von Teilnehmenden, wenn diese im Rahmen eines Auswahlverfahrens ohne Beaufsichtigung einen Online-Test bearbeiten müssen. Im der englischsprachigen Literatur wird in diesem Zusammenhang von Unproctored Internet Testing (= unbeaufsichtigte Testdurchführung über das Internet) gesprochen. Bei möglichen

Täuschungsversuchen geht es einerseits – wie bei den verschiedenen anderen AC-Aufgaben auch – um die Sorge, dass Testinhalte gestohlen und nachfolgenden Teilnehmenden zur Verfügung gestellt werden können, und andererseits um das Risiko, dass die eigentlichen Teilnehmenden Tests nicht alleine bzw. nicht selbst bearbeiten (Tippins, 2009). Das Risiko für beides erscheint insbesondere im Rahmen der (unbeaufsichtigten) Vorauswahl hoch. Bei einer synchronen Durchführung während eines ACs ist es hingegen deutlich einfacher, eine Beaufsichtigung zu gewährleisten. Auch bei einem Remote-AC kann eine Beaufsichtigung z. B. per Webcam und Teilen des Bildschirms stattfinden, um so einen möglichen Diebstahl von Testinhalten zu vermeiden und gleichzeitig sicherzustellen, dass Teilnehmer/-innen den Test tatsächlich selbst und alleine bearbeiten. Aus diesem Grund werden Tests auch gelegentlich als Teil eines ACs verwendet, um Testergebnisse aus einer unbeaufsichtigten Testung im Rahmen der Vorauswahl nochmals zu überprüfen (Tippins, 2009).

Die zweite große Herausforderung betrifft die Frage, ob die erzielten Testwerte vom verwendeten technischen Endgerät abhängen. Diesbezüglich hat sich gezeigt, dass die Ergebnisse von Persönlichkeitstests in der Regel kaum durch das verwendete Endgerät beeinflusst werden (z. B. Illingworth et al., 2015), die Ergebnisse von kognitiven Tests jedoch schon. Bei Letzteren fanden sich oftmals bessere Testleistungen bei einer Durchführung am Computer im Vergleich zu einer Durchführung per Smartphone (z. B. Arthur et al., 2014). Dabei ist jedoch nicht immer klar, inwieweit diese Unterschiede durch Unterschiede in der Bedienung der jeweiligen Geräte entstehen beziehungsweise durch Unterschiede der technischen Umsetzung der Tests für diese Geräte und inwieweit die Personengruppen vergleichbar sind, die einen Test über das eine oder das andere Medium bearbeiten (Arthur et al., 2018). Auf jeden Fall empfiehlt es sich deswegen zumindest für kognitive Testverfahren, die Durchführungsbedingungen möglichst soweit zu standardisieren, dass alle Teilnehmenden Tests mit vergleichbaren Endgeräten bearbeiten.

8.6 Risiken, Grenzen und offene Fragen bezüglich Remote-ACs

Wie aus den vorangegangenen Abschnitten hervorgeht, gibt es viele methodische Kniffe, die verwendet werden können, um Remote-ACs praktikabel zu gestalten und mögliche Nachteile aufzuwiegen. Außerdem haben wir aufgezeigt, dass Remote-ACs durchaus Vorteile gegenüber Vor-Ort-ACs bieten können. Beispiele hierfür sind Kosten-, Zeit- und Energieeinsparungen (also die Verkleinerung des ökologischen Fußabdrucks), um nur einige Aspekte zu wiederholen. Nichtsdestotrotz muss kritisch beurteilt werden, inwiefern für diese Vorteile von Remote-ACs potenzielle Nachteile in Kauf genommen werden müssen. Darüber hinaus gibt es bisher fast keine Forschung zu Remote-ACs, sodass eine Reihe wichtiger Fragen bisher empirisch noch ungeklärt ist. Diesen Fragen gehen wir in diesem Abschnitt nach.

Zum einen stellt sich die Frage, ob Teilnehmer/-innen ein Remote-AC im Vergleich zu einem Vor-Ort-AC eher bevorzugen oder eher ablehnen. Leider ist uns diesbezüglich keine einzige Studie bekannt, die Bewerbendenreaktionen über die beiden Durchführungsmodi verglichen hat. Im Interviewbereich ist bekannt, dass Interview-Teilnehmer/-innen in der Regel Präsenzinterviews etwas positiver wahrnehmen (vgl. ▶ Kap. 7 bzw. die Metaanalyse von Blacksmith et al., 2016, oder die Überblicksarbeit von Basch & Melchers, 2021). In der Studie von Obermann (2021) fand sich jedoch, dass die Teilnehmenden eines Remote-ACs dieses im Durchschnitt insgesamt relativ positiv wahrnahmen und es im Vergleich zu einer hypothetischen Vor-Ort-Durchführung als vergleichbar einschätzen. Allerdings gab es in dieser Studie zwischen einzelnen Teilnehmenden zum Teil erhebliche Unterschiede in ihren Wahrnehmungen des Remote-ACs, sodass weitere Forschung nötig ist, um die Frage nach der Wahrnehmung von Remote- im Vergleich zu Vor-Ort-ACs tatsächlich zu klären.

Eine weitere zentrale Frage ist, ob die Beurteilung der Teilnehmenden in Remote-ACs vergleichbar ist mit der in Vor-Ort-ACs. Diese Frage ist einerseits relevant bei der Überführung eines ACs von einer Vor-Ort-Durchführung zur Remote-Durchführung, wenn zum Beispiel Cut-off-Werte für Personalentscheidungen angepasst werden müssen. Andererseits stellt sich die Frage bzgl. der Vergleichbarkeit auch, wenn manche Teilnehmende vor Ort teilnehmen, andere hingegen remote. Mögliche Unterschiede in der Bewertung der Teilnehmenden können dabei sowohl dadurch entstehen, dass Beobachter/-innen Teilnehmende nicht in Präsenz sehen, als auch dadurch, dass die Art der Durchführung die Schwierigkeit der AC-Aufgaben beeinflusst und Teilnehmende eines Durchführungsmodus somit tatsächlich eine bessere Leistung zeigen als Teilnehmende des anderen Durchführungsmodus. Im Hinblick auf Bewertungsunterschiede aufseiten der Beobachter/-innen fanden Ryan et al. (1995), dass es zumindest keine Unterschiede bezüglich der Beurteilungsakkuratheit gibt, wenn Teilnehmende einer AC-Gruppenübung vor Ort oder auf Basis einer Videoaufzeichnung beobachtet werden. Allerdings gibt es bei Ryan et al. leider keine Informationen, wie gut oder schlecht die AC-Bewertungen in den verschiedenen Beobachtungssituationen im Durchschnitt ausgefallen sind. Somit bleibt unklar, ob Teilnehmende in einem Fall abweichende Bewertungen erhielten im Vergleich zum anderen Fall. Bei der Betrachtung eines Remote-ACs mit 168 Teilnehmenden fand Obermann (2021) hingegen, dass Teilnehmende hier signifikant bessere Gesamtbeurteilungen erhielten als ebenso viele Teilnehmende eines vergleichbaren Vor-Ort-ACs. Die gefundene Effektstarke von $d = 0.24$ entsprach jedoch lediglich einem kleinen Effekt. Diese Befunde von Ryan et al. und von Obermann stehen im Gegensatz zur Befundlage bei Interviews: Interview-Teilnehmer/-innen erhalten dann schlechtere Bewertungen, wenn sie auf Basis einer Videoaufzeichnung bewertet werden im Vergleich zu einer Bewertung direkt während eines persönlichen Interviews (Van Iddekinge et al., 2006). Gleiches gilt für die Befunde aus Videokonferenz-Interviews, bei denen die Bewertungen schlechter ausfallen als in persönlichen Interviews (vgl. ► Kap. 7 in diesem Buch bzw. die Metaanalyse von Blacksmith et al., 2016, oder die Überblicksarbeit von Basch & Melchers, 2021).

Eine abschließende Frage, die sich in diesem Zusammenhang stellt, ist, ob die Kriteriumsvalidität von Remote-ACs (d. h. ihre Vorhersagekraft z. B. für die Vorhersage der späteren Arbeitsleistung) mit der von Vor-Ort-ACs vergleichbar ist. Leider ist eine Antwort auf diese Frage derzeit noch nicht möglich, da uns die aktuell veröffentlichten Erkenntnisse darüber nicht ausreichend Aufschluss geben. Da die Vorhersagekraft von ACs im Allgemeinen jedoch gut belegt ist (vgl. z. B. Sackett et al., 2022), möchten wir auf Basis unseres Erfahrungsschatzes zumindest ein paar begründete Annahmen treffen, an welchen Stellen Remote-ACs für höhere oder niedrigere Validität sorgen könnten.

Ein erster Faktor, der die Kriteriumsvalidität beeinflusst, bezieht sich auf die Frage, inwieweit das Remote-Setting die tatsächliche Arbeitsaufgabe abbildet. Man stelle sich vor, es wird ein/e Teamleiter/-in für ein remote arbeitendes Team gesucht. Ein Großteil der Zusammenarbeit wird dann ebenfalls remote stattfinden. Somit bilden die Aufgaben des Remote-ACs (wie Remote-Präsentation, Remote-Mitarbeitendengespräch und Remote-Problemlösen in Fallstudien) hier den Arbeitsalltag viel treffender ab als die Aufgaben eines Vor-Ort-ACs. Es ist daher anzunehmen, dass in solchen oder so ähnlichen Fällen die Kriteriumsvalidität sogar höher ausfällt als diejenige eines Vor-Ort-ACs. Der umgekehrte Fall träfe ein, wenn die Arbeitsrealität ortsgebunden ist, vielleicht sogar praktische Tätigkeiten involviert (z. B. eine Platine bestücken in der Azubiauswahl). Für diese Fälle müssen wir annehmen, dass die Kriteriumsvalidität gegenüber Vor-Ort-Verfahren eingeschränkt ist.

Ein zweiter Faktor, der die Kriteriumsvalidität beeinflussen kann, ist die Einschränkung des beobachtbaren Verhaltens. Diesbezüglich stehen sich zwei Mechanismen gegenüber. Zum einen ist im Remote-AC die Beobachtung der Teilnehmenden auf den Zeitraum der Übungen beschränkt – wodurch sich ein klarer Vorteil gegenüber Vor-Ort-ACs vermuten lässt: In Vor-Ort-ACs erleben die Assessor/-innen die Teilnehmenden auch vor und nach den einzelnen Übungen und verbringen gegebenenfalls sogar Pausen mit ihnen (eine Praxis, von der wir an dieser Stelle abraten möchten). Studien, in denen variiert wurde, ob Assessor/-innen Vorinformationen über die Teilnehmenden erhalten, zeigen, dass allein das Wissen über das Abschneiden in vorangegangenen Auswahlschritten die Bewertung beeinflusst (z. B. Wenderdel & Kanning, 2008). Es ist also davon auszugehen, dass auch informelle Beobachtungen der Teilnehmenden einen nachteiligen Effekt auf die Unabhängigkeit der Bewertungen haben. Da diese informellen Beobachtungen in Remote-ACs gegenüber Vor-Ort-ACs reduziert sind, sollte dieser Störfaktor von Vor-Ort-ACs bei Remote-ACs reduziert sein.

8

Diesem Vorteil der Einschränkung des beobachtbaren Verhaltens steht entgegen, dass im Remote-Setting das Verhalten innerhalb der Übungen (wie oben bereits beschrieben) weniger gut beobachtbar wird. Der kleinere Bildausschnitt verhindert, dass wir das Gesamtbild der Teilnehmenden erfassen können. Dies kann die Bewertungen insbesondere bei interpersonellen Anforderungsdimensionen verändern. Welchen Effekt eine solche Veränderung auf die Kriteriumsvalidität hat, lässt sich zum jetzigen Zeitpunkt schwer einschätzen, sodass wir auf kommende Studien gespannt sind.

Als letzte Einschränkung möchten wir noch anfügen, dass wir mit der Annahme vorsichtig sein müssen, dass ein vollständig remote stattfindender Arbeitsalltag in Zukunft überhaupt keine direkten sozialen Interaktionen vor Ort beinhalten wird. Wir gehen eher davon aus, dass gerade High-Stakes-Situationen (also Situationen, von denen viel abhängt), in denen Vertrauensbildung notwendig ist, auch weiterhin vor Ort stattfinden werden. Stellen Sie sich zum Beispiel vor, Sie verwenden ein Remote-AC, um genau eine solche Stelle zu besetzen, bei der eben diese Situationen auftreten können. Nicht nur haben Sie wenig Einblick darin, wie sich Kandidaten/-innen in einer Vor-Ort-Verhandlung schlagen würden, diese Personen haben auch in ihrem Arbeitsalltag keine Gelegenheit, Kompetenzen für eine solche Situation zu üben. Wählen Sie nun eine Person aus, die zwar wunderbare Remote-Kompetenzen mitbringt, aber bei Treffen vor Ort kein Gespür dafür hat, worauf geachtet werden muss, können die benannten High-Stakes-Verhandlungen unter Umständen ungut ausgehen. Wir empfehlen daher, auch solche außergewöhnlichen, aber durchaus sehr wichtigen Situationen in der Wahl des AC-Modus mitzudenken. In solchen Fällen könnte zum Beispiel ein hybrides Format gewählt werden, mit einer remoten Vorauswahl und einem zweiten Assessment-Tag vor Ort.

In Summe lässt sich auch in diesem Fall sagen, dass der Assessment-Modus als weiterer Faktor mitgedacht werden muss. Die Frage der Kriteriumsvalidität sollte dabei immer im Hinterkopf behalten und der Anwendungsbezug nicht aus den Augen verloren werden. Nur so lässt sich sicherstellen, dass das jeweils gewählte AC die Arbeitsleistung auch wirklich vorhersagen kann.

Fazit

Obwohl die Studienlage zu Remote-ACs zum aktuellen Zeitpunkt noch sehr eingeschränkt ist, haben wir in diesem Kapitel diverse Denkanstöße gegeben, was es bei der Konzeption und Durchführung von Remote-ACs zu beachten gilt. In den folgenden Checklisten ist übersichtlich dargestellt, welche wichtigen Fragen während der verschiedenen Entwicklungs- und Durchführungsschritte eines (Remote-)ACs sorgfältig durchdacht werden sollten. ► Checkliste 8-1 behandelt die Frage, ob die Remote-Durchführung für den konkreten Anwendungszweck zu empfehlen ist. In ► Checkliste 8-2 führen wir Fragen an, deren Beantwortung vor der konkreten Durchführung von Remote-ACs sinnvoll ist. Zuletzt empfiehlt es sich, die Fragen aus ► Checkliste 8-3 zu beantworten, die Probleme bei der technischen Umsetzung von Remote-ACs thematisiert.

- **Checkliste 8-1: Inwiefern ist ein Remote-AC die richtige Wahl?**

  - ☐ Ist eine Remote-Durchführung für die betreffende Zielgruppe mit dem für diese geltenden Anforderungsprofil sinnvoll? Bildet sie die Anforderungen der Arbeitsrealität ab?
  - ☐ Welche Form der Umsetzung wird gewählt? Rein remote? Hybrid?
  - ☐ Wie kann es gelingen, den Durchführungsmodus über alle Teilnehmenden eines Verfahrens zu standardisieren? Was passiert, wenn dies nicht möglich sein sollte?
  - ☐ Ist der informelle Kontakt zwischen den Teilnehmenden oder die Bindung ans Unternehmen besonders wichtig? Wie kann auch remote ein entsprechender Raum hierfür geschaffen werden?
  - ☐ Inwieweit kann und sollte das Remote-Setting in die verschiedenen Übungen integriert werden?

- **Checkliste 8-2: Was gilt es bei der Umsetzung von Remote-ACs allgemein zu beachten?**

  - ☐ Wie können Verzerrungen vermieden und Fairness hergestellt werden?
  - ☐ Wie kann eine angenehme Arbeitsatmosphäre hergestellt werden?
  - ☐ Wie können der Übungs- und Pausenzeitplan gestaltet werden, um verstärkten Ermüdungseffekten und Zoom-Fatigue vorzubeugen (z. B. häufigere Pausen und kürzere Übungen)?
  - ☐ Welche Hinweise müssen den Teilnehmenden vorab gegeben werden (z. B. technische Empfehlungen, ungestörte Arbeitsumgebung, Leitfäden mit den wichtigsten technischen Kniffen, Tipps zur Hintergrundgestaltung)?
  - ☐ Wie könnten Vorbereitungszeiten standardisiert, Täuschungsversuche unterbunden und Unterlagen geschützt werden?
  - ☐ Müssen für spezifische Teilnehmendengruppen explizite Umgangsformen etabliert werden? Welche Umgangsformen werden für das konkrete Verfahren benötigt?
  - ☐ Wie können Beobachtende kognitiv entlastet werden (z. B. geringere Anzahl an zu beobachtenden Teilnehmenden, Ausschalten der Kamera)?
  - ☐ Welche Schulungsinhalte müssen bei Beobachtenden und Rollenspielenden im Vergleich zu Vor-Ort-ACs ergänzt werden (z. B. technische Schulung, Hinweise auf verzerrende Effekte durch schlechte Internetverbindung, Verständnis für Media Richness)?

- **Checkliste 8-3: Was gilt es im Umgang mit der Technik zu beachten?**
  - ☐ Welches technische System soll zur Anwendung kommen? Ein AC-System (mit integrierten Aufgaben, Beobachtungs- und Bewertungsunterlagen) oder eine Zusammenarbeitsplattform, die abgelegte Dokumente und ein Videokonferenzsystem kombiniert?
  - ☐ Welche der beteiligten Personen brauchen welche Rechte (z. B. Zugriff, Bearbeitung, Erteilen von Zugriffen)?
  - ☐ Welche Regeln gelten im Falle technischer Probleme?
  - ☐ Inwiefern kann eine Vergleichbarkeit der technischen Ausrüstung zwischen den Teilnehmenden sichergestellt werden? Welche technischen Empfehlungen sollen Teilnehmenden im Vorfeld gegeben werden, wenn eine Standardisierung nicht möglich ist?
  - ☐ Wie gestaltet sich das Techniktraining der Teilnehmenden und der Beobachtenden?
  - ☐ Welche Programme aus der digitalen Methodenlandschaft sind sinnvoll für die geplanten Übungen?

Etwas, was in diesem Kapitel bisher keine Erwähnung gefunden hat, sind die interkulturellen Aspekte von Remote-ACs. Selbstverständlich können auch bei Vor-Ort-ACs Teilnehmende und Beobachtende aus unterschiedlichen Kulturkreisen beteiligt sein. Durch die Nutzung von Remote-ACs ist es jedoch deutlich einfacher geworden, AC-Beteiligte aus verschiedenen Ländern und gegebenenfalls sogar von verschiedenen Kontinenten zu involvieren. Neben organisatorischen Herausforderungen (Wann müssen wir in Deutschland starten, damit Teilnehmende in Japan bis zum Ende durchhalten? Können wir in diesem Fall Beobachtende aus den USA einbinden? Wie lange kann das AC dann maximal dauern?) muss in diesem interkulturellen Setting auch Rücksicht auf die Gepflogenheiten unterschiedlicher Kulturen genommen werden (vgl. Briscoe, 1997). Obwohl Letzteres selbstverständlich auch auf interkulturelle Vor-Ort-ACs zutrifft, kann ein solches Setting remote deutlich leichter herbeigeführt werden, weshalb diese Problematik verschärft ist. Darüber hinaus müssen unterschiedliche örtliche Gegebenheiten berücksichtigt werden. Was in Deutschland nicht wegzudenken ist, muss in anderen Ländern längst nicht selbstverständlich sein: Um zum Beispiel das Stromnetz in Südafrika nicht zu überlasten, gibt es regelmäßig bezirksweise geplante (aber auch ungeplante) Stromausfälle (Pollet et al., 2015). Ein Remote-AC unter diesen Gegebenheiten durchzuführen, wäre schwer vorstellbar. In Zukunft werden wir jedoch immer häufiger mit Problematiken umgehen müssen, die auf Grundlage unterschiedlicher Weltrealitäten entstehen. Dann müssen wir Mittel und Wege finden, mit diesen Schwierigkeiten flexibel und weltoffen umzugehen.

Wie wir in diesem Kapitel gezeigt haben, steht die Forschung zu Remote-ACs noch am Anfang. Bis auf wenige Einzelstudien (z. B. Obermann, 2021) müssen wir uns bislang vorwiegend auf Literatur aus anderen Forschungsbereichen konzentrieren und daraus Schlussfolgerungen ziehen. Umso wichtiger ist es, dass kommende Studien relevante Fragen im direkten Zusammenhang mit Remote-ACs adressieren. Allen voran sind die Fragen nach der Kriteriumsvalidität (also Vorhersagekraft) beziehungsweise nach der Vergleichbarkeit der unterschiedlichen Durführungsmodalitäten von Interesse. Weitere Forschungsthemen, die momentan größtenteils noch Zukunftsmusik sind, könnten sich mit weiter automatisierten ACs beschäftigen – ähnlich wie wir sie im Rahmen von asynchronen Videointerviews aus dem Interviewbereich kennengelernt haben (vgl. Langer et al., 2017). Inwiefern ist ein asynchrones AC umsetzbar (d. h. ein AC, bei dem Teilnehmende sich selbst beim Absolvieren der Übungen aufzeichnen und diese Aufzeichnungen später von Assessoren/-innen angeschaut und bewertet werden)? Wie kann ein solches AC unseren Qualitätsansprüchen genügen? Ist ein vollständiges asynchrones AC überhaupt sinnvoll oder sollten nur einzelne AC-Übungen zur Vorselektion asynchron absolviert werden (vgl. Basch et al., 2022, für Erkenntnisse über asynchrone Videointerviews als Vorauswahlinstrument und Lukacik et al., 2022, für einen Überblick über zahlreiche potenziell relevante Aspekte bei einer asynchronen Interviewdurchführung)? Auch diese – und weitere – Fragen werden uns in Zukunft noch beschäftigen.

Literatur

Arbeitskreis Assessment Center. (2016). *AC-Standards. Standards der Assessment Center Methode.* https://www.forum-assessment.de/images/standards/AkAC-Standards-2016.pdf. Zugriffsdatum am 12.12.2023

Arthur, W., Jr., Doverspike, D., Muñoz, G. J., Taylor, J. E., & Carr, A. E. (2014). The use of mobile devices in high-stakes remotely delivered assessments and testing. *International Journal of Selection and Assessment, 22*(2), 113–123. https://doi.org/10.1111/ijsa.12062

Arthur, W., Jr., Keiser, N. L., & Doverspike, D. (2018). An information-processing-based conceptual framework of the effects of unproctored internet-based testing devices on scores on employment-related assessments and tests. *Human Performance, 31*(1), 1–32. https://doi.org/10.1080/08959285.2017.1403441

Bailenson, J. N. (2021). Nonverbal overload: A theoretical argument for the causes of Zoom fatigue. *Technology, Mind, and Behavior, 2*(1), 1–6. https://doi.org/10.1037/tmb0000030

Basch, J. M., & Melchers, K. G. (2021). Technologie-mediierte Interviews: Lessons learned und offene Fragen. *Wirtschaftspsychologie, 23*(4), 6–17

Basch, J. M., Melchers, K. G., Kurz, A., Krieger, M., & Miller, L. (2021). It takes more than a good camera: Which factors contribute to differences between face-to-face interviews and videoconference interviews regarding performance ratings and interviewee perceptions? *Journal of Business and Psychology, 36*(5), 921–940. https://doi.org/10.1007/s10869-020-09714-3

Basch, J. M., Melchers, K. G., & Büttner, J. C. (2022). Preselection in the digital age: A comparison of perceptions of asynchronous video interviews with online tests and online application documents in a simulation context. *International Journal of Selection and Assessment*, *30*(4), 639–652. https://doi.org/10.1111/ijsa.12403

Bill, B., & Melchers, K. G. (2023). Selbstdarstellungsverhalten in eignungsdiagnostischen Interviews – Was Sie gegen Faking und Impression Management tun können. In S. Schulte & M. Hiltmann (Hrsg.), *Eignungsdiagnostische Interviews: Standards der professionellen Interviewführung* (S. 133–151). Springer Gabler.

Blacksmith, N., Willford, J. C., & Behrend, T. S. (2016). Technology in the employment interview: A meta-analysis and future research agenda. *Personnel Assessment and Decisions, 2*(1), 12–20. https://doi.org/10.25035/pad.2016.002

Briscoe, D. R. (1997). Assessment centers: Cross-cultural and cross-national issues. *Journal of Social Behavior and Personality, 12*(5), 261–270.

Daft, R. L., & Lengel, R. H. (1984). Information richness: A new approach to managerial behavior and organizational design. *Research in Organizational Behavior, 6*, 191–223.

Daniel, M., Gottlieb, M., Wooten, D., Stojan, J., Haas, M. R. C., Bailey, J., et al. (2022). Virtual interviewing for graduate medical education recruitment and selection: A BEME systematic review: BEME Guide No. 80. *Medical Teacher, 44*(12), 1313–1331. https://doi.org/10.1080/0142159x.2022.2130038

Fiechter, J. L., Fealing, C., Gerrard, R., & Kornell, N. (2018). Audiovisual quality impacts assessments of job candidates in video interviews: Evidence for an AV quality bias. *Cognitive Research-Principles and Implications, 3*(1), 47. https://doi.org/10.1186/s41235-018-0139-y

Gibson, C., Van Iddekinge, C. H., & Vaughn, D. (2021). Hiring during a pandemic: Insights from the front lines of research and practice. *Industrial and Organizational Psychology: Perspectives on Science and Practice, 14*(1–2), 105–109. https://doi.org/10.1017/iop.2021.8

Hessemer, M., & Höft, S. (2022, Mai 05.–07). *Personalauswahl in Zeiten von Corona: Praktikerbefragung* [Konferenzvortrag]. 25. Fachtagung der Gesellschaft für angewandte Wirtschaftspsychologie, Köln.

Illingworth, A. J., Morelli, N. A., Scott, J. C., & Boyd, S. L. (2015). Internet-based, unproctored assessments on mobile and non-mobile devices: Usage, measurement equivalence, and outcomes. *Journal of Business and Psychology, 30*(2), 325–343. https://doi.org/10.1007/s10869-014-9363-8

Kaess, W. A., Witryol, S. L., & Nolan, R. E. (1961). Reliability, sex-differences, and validity in the leaderless group discussion technique. *Journal of Applied Psychology, 45*(5), 345–350. https://doi.org/10.1037/h0043681

Kanning, U. P., Pöttker, J., & Gelleri, P. (2007). Assessment Center-Praxis in deutschen Großunternehmen. Ein Vergleich zwischen wissenschaftlichem Anspruch und Realität. *Zeitschrift für Arbeits- und Organisationspsychologie, 51*(4), 155–167. https://doi.org/10.1026/0932-4089.51.4.155

Knauth, P., & Rutenfranz, J. (1987). Arbeitszeitgestaltung. In U. Kleinbeck & J. Rutenfranz (Hrsg.), *Enzyklopädie der Psychologie: Arbeitspsychologie* (Bd. DIII, 1, S. 532–576). Hogrefe.

Krause, D. E., & Thornton, G. C. (2009). A cross-cultural look at assessment center practices: Survey results from western Europe and North America. *Applied Psychology: An International Review, 58*(4), 557–585. https://doi.org/10.1111/j.1464-0597.2008.00371.x

Kuhn, S. (2023). Datenschutzrecht im Interview. In S. H. Schulte, M. (Hrsg.), *Eignungsdiagnostische Interviews: Standards der professionellen Interviewführung* (S 515–535). Springer Gabler. https://doi.org/10.1007/978-3-658-38720-4_22

Langer, M., König, C. J., & Krause, K. (2017). Examining digital interviews for personnel selection: Applicant reactions and interviewer ratings. *International Journal of Selection and Assessment, 25*(4), 371–382. https://doi.org/10.1111/ijsa.12191

Lawrence, A. D., Kinney, T. B., O'Connell, M. S., Delgado, K., & r. (2017). Stop interrupting me! Examining the relationship between interruptions, test performance and reactions. *Personnel Assessment and Decisions, 3*(1), 15–24. https://doi.org/10.25035/pad.2017.002

Lievens, F., Van Keer, E., & Volckaert, E. (2010). Gathering behavioral samples through a computerized and standardized assessment center exercise. Yes, it is possible. *Journal of Personnel Psychology, 9*(2), 94–98. https://doi.org/10.1027/1866-5888/a000010

Lukacik, E.-R., Bourdage, J. S., & Roulin, N. (2022). Into the void: A conceptual model and research agenda for the design and use of asynchronous video interviews. *Human Resource Management Review, 32*(1), 100789. https://doi.org/10.1016/j.hrmr.2020.100789

Melchers, K. G., Ingold, P. V., Kerle, F., & Hörni, A. (2023). *Are video resumés a useful selection tool? Influencing factors on evaluations and a preliminary assessment of their validity*. Manuscript in preparation.

Melchers, K. G., Kleinmann, M., & Prinz, M. A. (2010). Do assessors have too much on their plates? The effects of simultaneously rating multiple assessment center candidates on rating quality. *International Journal of Selection and Assessment, 18*(3), 329–341. https://doi.org/10.1111/j.1468-2389.2010.00516.x

Obermann, C. (2021). Remote Assessment Center vs. Traditionelles Assessment Center: Auswirkungen auf den Schwierigkeitsgrad und das Erlebnis der Teilnehmer/-innen. *Wirtschaftspsychologie, 23*(4), 6–17.

Obermann, C., Höft, S., & Becker, J.-N. (2016). Assessment Center-Praxis 2016: Ergebnisse der aktuellen AkACAnwenderbefragung. In Arbeitskreis Assessment Center e.V (Hrsg.), *Was kommt, was bleibt: Personalauswahl und Personalentwicklung zwischen Wandel und Konstanz* (S. 663–681). Pabst.

Pollet, B. G., Staffell, I., & Adamson, K.-A. (2015). Current energy landscape in the Republic of South Africa. *International Journal of Hydrogen Energy, 40*(46), 16685–16701. https://doi.org/10.1007/978-3-319-25510-1_3

Powell, D. M., Kavanagh, M. V., Wiseman, B. E., & Hodgins, A. (2023). Effects of background cues on online interview ratings. *Personnel Assessment and Decisions, 9*(1), 37–50. https://doi.org/10.25035/pad.2023.01.003

Ratan, R., Miller, D. B., & Bailenson, J. N. (2022). Facial appearance dissatisfaction explains differences in Zoom fatigue. *Cyberpsychology Behavior and Social Networking, 25*(2), 124–129. https://doi.org/10.1089/cyber.2021.0112

Riediger, M., & Rolfs, H. (1998). Computergestützte Postkorbverfahren: Mailbox '90, PC-Office und PC-Postkorb „Seeblick". *Zeitschrift für Arbeits- und Organisationspsychologie, 42*(1), 43–50.

Ryan, A. M., Daum, D., Bauman, T., Grisez, M., Mattimore, K., Nalodka, T., & McCormick, S. (1995). Direct, indirect, and controlled observation and rating accuracy. *Journal of Applied Psychology, 80*(6), 664–670. https://doi.org/10.1037/0021-9010.80.6.664

Sackett, P. R., Zhang, C., Berry, C. M., & Lievens, F. (2022). Revisiting meta-analytic estimates of validity in personnel selection: Addressing systematic overcorrection for restriction of range. *Journal of Applied Psychology, 107*(11), 2040–2068. https://doi.org/10.1037/apl0000994

Sears, G. J., Zhang, H. Y., Wiesner, W. H., Hackett, R. D., & Yuan, Y. F. (2013). A comparative assessment of videoconference and face-to-face employment interviews. *Management Decision, 51*(8), 1733–1752. https://doi.org/10.1108/Md-09-2012-0642

Shockley, K. M., Gabriel, A. S., Robertson, D., Rosen, C. C., Chawla, N., Ganster, M. L., & Ezerins, M. E. (2021). The fatiguing effects of camera use in virtual meetings: A within-person field experiment. *Journal of Applied Psychology, 106*(8), 1137–1155. https://doi.org/10.1037/apl0000948

Short, J., Williams, E., & Christie, B. (1976). *The social psychology of telecommunications*. Wiley.

Shoshan, H. N., & Wehrt, W. (2022). Understanding "Zoom fatigue": A mixed-method approach. *Applied Psychology: An International Review, 71*(3), 827–852. https://doi.org/10.1111/apps.12360

Sianoja, M., Syrek, C. J., de Bloom, J., Korpela, K., & Kinnunen, U. (2018). Enhancing daily well-being at work through lunchtime park walks and relaxation exercises: Recovery experiences as mediators. *Journal of Occupational Health Psychology, 23*(3), 428–442. https://doi.org/10.1037/ocp0000083

Tippins, N. T. (2009). Internet alternatives to traditional proctored testing: Where are we now? *Industrial and Organizational Psychology: Perspectives on Science and Practice, 2*(1), 2–10. https://doi.org/10.1111/j.1754-9434.2008.01097.x

Van Iddekinge, C. H., Raymark, P. H., Roth, P. L., & Payne, H. S. (2006). Comparing the psychometric characteristics of ratings of face-to-face and videotaped structured interviews. *International Journal of Selection and Assessment, 14*(4), 347–359. https://doi.org/10.1111/j.1468-2389.2006.00356.x

Vorstand Swiss Assessment. (2020). *Sind Remote und Präsenz Assessment Center gleichwertig?* https://www.swissassessment.ch/wp-content/uploads/RemoteAC_SwissAss_2020_final.pdf

Wegge, J. (2006). Communication via videoconference: Emotional and cognitive consequences of affective personality dispositions, seeing one's own picture, and disturbing events. *Human-Computer Interaction, 21*(3), 273–318. https://doi.org/10.1207/s15327051hci2103_1

Wenderdel, M., & Kanning, U. P. (2008). Wer mehr weiß beurteilt anders. *Personalwirtschaft, 8*, 52–54.

Künstliche Intelligenz in der Personalauswahl

Uwe Peter Kanning

Inhaltsverzeichnis

U. P. Kanning, M. L. Ohlms (Hrsg.), *Digitale Personalauswahl und Eignungsdiagnostik*,
https://doi.org/10.1007/978-3-662-68211-1_9

9.1 Grundlagen

Kaum ein Thema beschäftigt die öffentliche Diskussion der letzten Jahre so stark wie die Digitalisierung im Allgemeinen und der Einsatz künstlicher Intelligenz im Besonderen. Im Kontext der Personalauswahl geht es dabei unter anderem um die Frage, ob in Zukunft eine KI-Software aus der Art und Weise, wie jemand ein Anschreiben formuliert, oder aus den Daten, die sich über diese Person im Internet finden lassen, Persönlichkeitsprofile erstellen und mehr noch ob die künstliche Intelligenz in Zukunft nicht sogar komplett die Personalauswahlentscheidung übernimmt. Das folgende Kapitel diskutiert vor dem Hintergrund der bislang vorliegenden Studien, wie aussagekräftig die Ergebnisse einer KI-gestützten Datenanalyse, die zum Zweck der Personalauswahl eingesetzt wird, sind. Im Fokus stehen dabei der Reihe nach die Analyse von Internetdaten aus sozialen Netzwerken, die Analyse der geschriebenen und gesprochenen Sprache (beispielsweise im Anschreiben), die Analyse der Körpersprache im Einstellungsinterview sowie die Analyse von Leistungsdaten aus dem eigenen Unternehmen.

Wenn im Folgenden von künstlicher Intelligenz die Rede ist, dann ist hiermit das maschinelle Lernen gemeint (Baumeister et al., 2023; Ertel, 2021; siehe auch ▶ Kap. 1). Das Prinzip des maschinellen Lernens besteht darin, dass eine spezielle Software aus einem bestehenden Datensatz heraus in mehreren Lernzyklen eine mathematische Formel (= Algorithmus) entwickelt, die dann im nächsten Schritt die Basis für eine Diagnose beziehungsweise eine Auswahlentscheidung bildet. ◘ Abb. 9.1 verdeutlicht das Prinzip.

Die Grundlage zur Entwicklung eines Algorithmus bildet ein großer Datensatz von mehreren Tausend Menschen. In diesem Datensatz lassen sich zwei Gruppen von Variablen unterscheiden. Dies sind auf der einen Seite die Variablen, die vorhergesagt werden sollen (= Kriterien), und auf der anderen Seite die Variablen, mit denen die Kriterien vorhergesagt beziehungsweise diagnostiziert werden (= Prädiktoren). Geht es beispielsweise darum, aus der geschriebenen Sprache eines Anschreibens Rückschlüsse auf die Persönlichkeitsstruktur eines Menschen zu tätigen, so wären die verschiedenen Merkmale der geschriebenen Sprache (Häufigkeit bestimmter

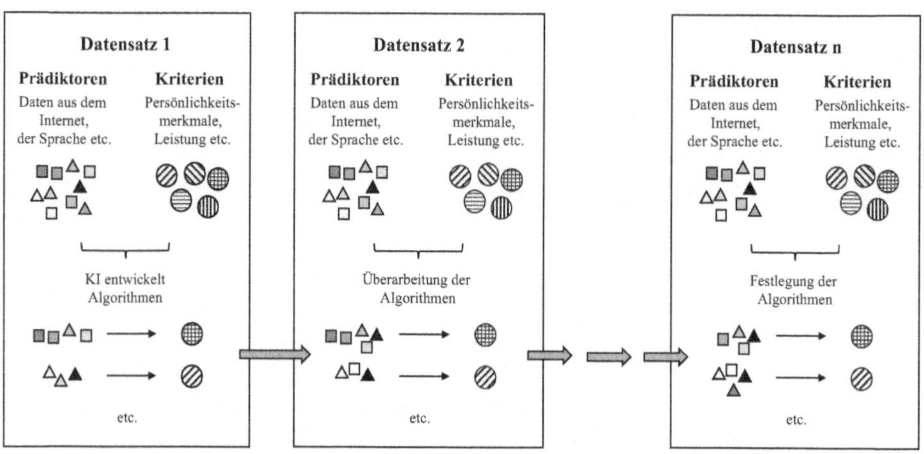

◘ **Abb. 9.1** Prinzip des maschinellen Lernens

Wörter, Satzlänge, Verschachtelung der Sätze etc.) die Prädiktoren, während die Ergebnisse eines Persönlichkeitsfragebogens, der vielleicht fünf Persönlichkeitsmerkmale erfasst, die Kriterien bilden. Geht es hingegen darum, mithilfe von Daten aus sozialen Netzwerken (Vielfalt der Interessen, Art und Anzahl der Fotos, Anzahl der Freunde etc.) die berufliche Leistung zukünftiger Mitarbeiterinnen und Mitarbeiter zu prognostizieren, so würden die Daten aus den sozialen Netzwerken die Prädiktoren und verschiedene Indikatoren der beruflichen Leistung die Kriterien darstellen.

In einem ersten Schritt sucht eine KI-Software in einem Teildatensatz (Datensatz 1 in ◘ Abb. 9.1) nach systematischen Zusammenhängen zwischen Prädiktoren und Kriterien. Für jedes einzelne Kriterium wird dabei eine mathematische Formel berechnet, mit deren Hilfe die Ausprägung des Kriteriums über eine mathematische Aggregation der Prädiktoren berechnet werden kann. Dabei handelt es sich um einen vorläufigen Algorithmus, der in den nachfolgenden Prozessschritten weiter verfeinert wird. In einem zweiten Schritt wendet die Software nun die Algorithmen auf einen zweiten Datensatz an und überprüft, inwieweit die Algorithmen noch verfeinert werden müssen, um eine möglichst gute Prognose des Kriteriums erreichen zu können. Dieser Prozessschritt wird mit immer wieder neuen Datensätzen so lange wiederholt, bis sich kein besserer Algorithmus mehr berechnen lässt. Die so entwickelten Algorithmen bilden nun die Basis für die Anwendung der künstlichen Intelligenz in der Praxis. Konkret bedeutet dies, dass fortan die Daten von Bewerberinnen und Bewerbern nach den Formeln verrechnet werden, um beispielsweise Persönlichkeitsprofile erstellen oder eine Auswahlentscheidung treffen zu können.

Auch wenn das Vorgehen in der Skizze sehr rational und fast schon einfach erscheinen mag, im Detail ist ein solches Vorgehen mit zahlreichen potenziellen Problemen verbunden (Kanning, 2018a, 2021):

- Fehler in den Datensätzen können zu fehlerhaften Algorithmen führen. Dies betrifft beispielsweise die Leistungskriterien. Wird die tatsächliche Leistung der Beschäftigten durch die Leistungskriterien (z. B. Vorgesetztenbeurteilungen, vgl. ► Kap. 10) qualitativ schlecht erfasst, so kann auch der Algorithmus die tatsächliche Leistung zukünftiger Mitarbeiterinnen und Mitarbeiter nur schlecht vorhersagen. Den Anwendern fällt es nicht auf, sofern sie die Qualität der Kriterien nicht kritisch hinterfragen.
- Softwarelösungen, die von kommerziellen Firmen derzeit angeboten werden, arbeiten mit Algorithmen, die aus verständlichen Gründen geheim gehalten werden. Dies hat zur Folge, dass auch Anwender nicht überprüfen können, ob entsprechende Algorithmen überhaupt existieren und welche Qualität sie haben. Darüber hinaus gibt es keine unabhängigen Studien zur Überprüfung der Qualität der eingesetzten Algorithmen. Anwender kaufen also letztlich die sprichwörtliche Katze im Sack.
- In der Regel dient bei der Entwicklung der Algorithmen lediglich ein Persönlichkeitsfragebogen als Kriterium. Das heißt, mithilfe der Algorithmen wird nicht die berufliche Leistung, sondern nur das Ergebnis eines Persönlichkeitsfragebogens vorhergesagt. Für Anwender ist es sehr wichtig zu verstehen, dass das Ergebnis eines Persönlichkeitsfragebogens nicht gleichzusetzen ist mit der beruflichen Leistung. Ganz im Gegenteil, Persönlichkeitsfragebögen besitzen eine eher geringe Prognosegüte im Hinblick auf die spätere berufliche Leistung. Wenn nun beispielsweise ein Algorithmus in der Lage ist, ein bestimmtes Persönlichkeitsmerkmal zu 20 % zu erfassen. Dieses Persönlichkeitsmerkmal, gemessen über einen

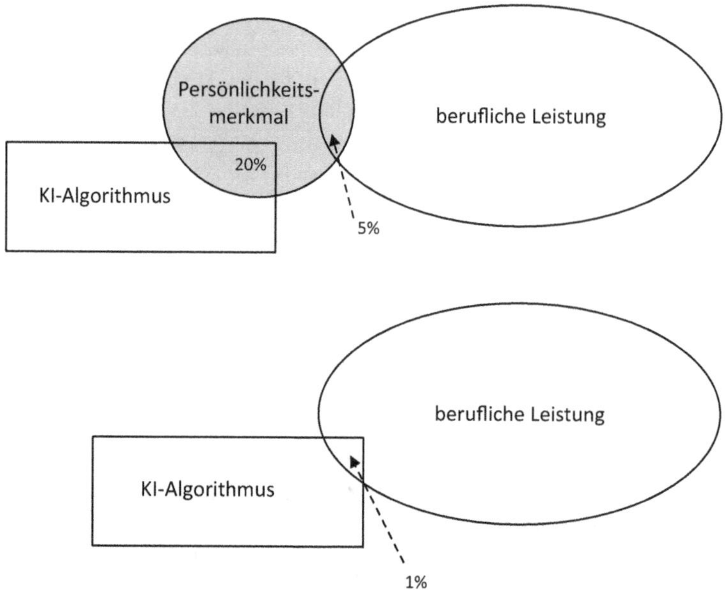

9

Abb. 9.2 Bedeutung der Prognose von Persönlichkeitsmerkmalen über die künstliche Intelligenz und ihre Bedeutung für die Prognose beruflicher Leistung

Persönlichkeitsfragebogen, aber nur 5 % der tatsächlichen beruflichen Leistung eines Menschen prognostizieren kann, so fällt die Prognosegüte der künstlichen Intelligenz noch einmal geringer aus (20 % von 5 % = 1 %; Abb. 9.2).

- In diesem Zusammenhang stellt sich dann schnell auch die Frage nach der wirtschaftlichen Effizienz. KI-Anwendungen sind oft um ein Vielfaches teurer als ein wissenschaftlicher Persönlichkeitsfragebogen. Wenn sie gleichzeitig aber nur einen Bruchteil der Information liefern, rechtfertigt sich die hohe Investition in der Regel nicht.
- KI-gestützte Methoden sind aus der Sicht von potenziellen Bewerberinnen und Bewerbern problematisch. Sie führen zu einem Imageverlust des Arbeitgebers und einer geringen Bewerbungsbereitschaft (Acikgoz et al., 2020; Kanning et al., 2019). Unternehmen, die heute KI-gestützte Methoden zum Einsatz bringen, laufen somit Gefahr, ihre Bemühungen des Personalmarketings zu konterkarieren. Dies dürften sich angesichts eines zunehmenden Fachkräftemangels nur wenige Unternehmen leisten können.
- Der Einsatz KI-gestützter Methoden ist rechtlich nicht unumstritten. Im Vorfeld muss die Frage geklärt werden, ob es zulässig ist, Daten von Bewerberinnen und Bewerbern zur Auswahl zu nutzen, wenn diese Daten von den betreffenden Personen nicht zum Zweck der Personalauswahl freigegeben wurden. Dies betrifft insbesondere Daten aus sozialen Netzwerken.
- Es gibt Hinweise darauf, dass auch die künstliche Intelligenz in systematischer Weise bestimmte Menschengruppen diskriminieren kann (s. u.). Dies ist vor allem der Fall, wenn in den Datensätzen, anhand derer ein Algorithmus entwickelt wurde, entsprechende Diskriminierungen bereits vorliegen. In der Folge schreibt die künstliche Intelligenz die Fehler fort. Berücksichtigen wir dabei, dass

Computerentscheidungen nicht selten als besonders rational und objektiv angesehen werden, so besteht die Gefahr, dass Fehler der Technologie kaum mehr aufgedeckt werden. Die Anwender glauben an ihre Software und hinterfragen Sie daher nicht.

- Zu guter Letzt stellt sich die Frage nach der ethischen Verantwortung von Arbeitgebern (Varma et al., 2023). Selbst wenn es juristisch erlaubt sein sollte, beispielsweise Daten aus sozialen Netzwerken zu nutzen, muss sich jeder Arbeitgeber fragen, ob er dies auch möchte und ob er damit nicht unangemessen in die Privatsphäre anderer Menschen eindringt. Dies wäre nicht zuletzt auch vor dem Hintergrund der Werte, die sich viele Unternehmen in den letzten Jahren auf ihre Fahnen geschrieben haben, zu reflektieren.

Schauen wir uns unabhängig von diesen Problemen im Folgenden verschiedene KI-gestützte Ansätze einmal näher an. Im Zentrum der Auseinandersetzung stehen dabei jeweils drei Fragen:

1. Gibt es empirische Hinweise darauf, dass sich in den verschiedenen Datenquellen (Informationen aus dem Internet, verbale Sprache, Körpersprache) valide Informationen über die Persönlichkeitsstruktur eines Menschen finden lassen?
2. Inwieweit ist die KI in der Lage, aus diesen Datenquellen valide Persönlichkeitsprofile abzuleiten?
3. Lassen sich über KI gewonnene Informationen sinnvoll zur Personalauswahl nutzen?

9.2 Analyse von Daten aus sozialen Netzwerken

Über viele Bewerberinnen und Bewerber lassen sich im Internet, insbesondere in sozialen Medien, Informationen finden, die zumindest potenziell auch für die Personalauswahl nutzbar sind. Schon heute ist es so, dass viele Unternehmen auch ohne den Einsatz künstlicher Intelligenz Daten von Bewerbenden aus sozialen Netzwerken sichten und aus dem Bauch heraus interpretieren (Hartwell & Campion, 2019). Dieser Prozess wird auch als *Cybervetting* (Cook et al., 2020; vgl. ▶ Kap. 3) bezeichnet. Sinnvoll wäre ein solches Vorgehen nur dann, wenn die Informationen, die zur Deutung herangezogen werden, tatsächlich eine berufsrelevante Information in sich tragen, also mit berufsrelevanten Persönlichkeitsmerkmalen hoch korreliert sind oder direkt einen Hinweis auf die berufliche Leistung geben können. In der Praxis nutzen Arbeitgeber sehr vielfältige Informationen aus dem Internet, um ihr Bild von Bewerbenden zu vervollständigen: Angaben zur Qualifikation, Berufserfahrung, Religion, sexuelle Orientierung, politische Überzeugungen, Fotos, Beschreibungen anderer Personen, Anzahl der Freunde, Aktualität des Profils, Familie, sportliche Aktivitäten, Urlaub, Teilnahme an Partys u. v. m. (Hartwell & Campion, 2019; Roulin & Bangerter, 2013). Schon an der Vielzahl der herangezogenen Informationen wird deutlich, dass Cybervetting nicht unproblematisch ist (vgl. ▶ Kap. 3). Zum einen dürfen manche dieser Informationen aus rechtlichen Gründen nicht zur Personalauswahl herangezogen werden, um bestimmte Personen vor Diskriminierung zu schützen. Zum anderen ist es mehr als fraglich, ob viele der oben genannten Informationen überhaupt einen validen Beitrag zur Personalauswahl liefern können.

Selbst wenn dies für einzelne der genannten Informationen gilt, stellt sich überdies die Frage, ob sie am Ende auch richtig interpretiert und gewichtet werden. Insgesamt betrachtet ist die derzeitige Praxis, bei der Internetdaten aus dem Bauch heraus gedeutet werden, somit höchst problematisch und birgt die Gefahr, dass sie keinen sinnvollen Beitrag zur Auswahlentscheidung liefert oder die Qualität der Entscheidung sogar senkt. Letzteres wäre beispielsweise der Fall, wenn auf der Grundlage gesichteter Internetdaten geeignete Personen fälschlicherweise als ungeeignet erscheinen und daher frühzeitig aus dem Auswahlverfahren ausscheiden.

Hier könnte der Einsatz der künstlichen Intelligenz zu einer Verbesserung beitragen. Hierzu müssten allerdings mehrere Bedingungen erfüllt sein:

- Einzelne Daten aus sozialen Netzwerken müssen im Hinblick auf die berufliche Eignung tatsächlich valide sein.
- Die künstliche Intelligenz muss in der Lage sein, zwischen validen und nicht validen Daten sauber zu differenzieren.
- Die künstliche Intelligenz muss in der Lage sein, diskriminierende Informationen als solche zu erkennen und herauszufiltern, sodass durch den Einsatz der Algorithmen keine Diskriminierung bestimmter Personengruppen erfolgt.
- Die validen Daten müssen so gewichtet werden, dass eine insgesamt möglichst valide Aussage entsteht.
- Das Ausmaß der erzielten Validität muss in einem ökonomisch sinnvollen Verhältnis zu den Kosten der Methode stehen.

◘ Tab. 9.1 gibt die Ergebnisse verschiedener Studien wieder, bei denen die Übereinstimmung zwischen den Ergebnissen psychologischer Testverfahren zur Messung diverser Eigenschaften und der Einschätzung derselben Eigenschaften auf der Basis von Daten aus sozialen Netzwerken überprüft wird. Dabei ist zu bedenken, dass die Einschätzung der Internetdaten immer durch eine größere Gruppe von Menschen erfolgte. Im beruflichen Alltag dürfte dies nur eine einzige Person sein. Insofern überschätzen die in der Tabelle dargestellten Zusammenhänge die Werte, die in der alltäglichen Praxis erzielt werden dürften.

Insgesamt zeigen sich sehr große Unterschiede zwischen den einzelnen Studien, wobei die meisten Studien nur sehr geringe Zusammenhänge finden. Eine Ausnahme bildet die Studie von Kluemper et al. (2012). Hier werden zwei Datenerhebungen durchgeführt, wobei die erste deutlich höhere Zusammenhänge ergibt als die zweite. Insgesamt deuten die Ergebnisse darauf hin, dass sich in sozialen Netzwerken durchaus Informationen über stabile Eigenschaften von Menschen finden lassen. Diese auch messgenau und valide diagnostizieren zu können, dürfte jedoch äußerst schwierig sein, wenn sich einzelne Personen die Daten der Bewerbenden anschauen und aus dem Bauch heraus eine Beurteilung vornehmen.

Studien zum Einsatz künstlicher Intelligenz bei der Interpretation von Internetdaten sind äußerst selten. Faliagka et al. (2014) können zeigen, dass eine KI-Software die Einschätzung von Menschen simulieren kann. Bezogen auf die Rangordnung von 100 Bewerbenden stimmen Menschen und Software zu 37–74 % überein. Dies verwundert nicht weiter, da der Algorithmus wahrscheinlich anhand der Einschätzung von Menschen entwickelt wurde. Die Frage, ob die Menschen – und mit ihnen dann auch die Software – zu richtigen Auswahlentscheidungen gelangen, wird mit dieser Studie nicht beantwortet. Eine Studie von Van Iddekinge et al. (2016) lässt erwarten, dass Menschen auf der Basis von Internetdaten keine prognostisch validen Auswahl-

Tab. 9.1 Zusammenhänge zwischen Testergebnissen und eingeschätzten Netzwerkdaten (Varianzaufklärung in Prozent)

Eigenschaft	Kluemper et al. (2012)	Roulin & Stornach (2022)	Roulin & Levashina (2018)	Van der Molen et al. (2018)	Schroeder et al. (2020)
Emotionale Stabilität	5,3 %/4,4 %	13,7 %	0 %		0 %
Extraversion	19,4 %/7,8 %	0 %	4 %	7,3 %	0 %
Offenheit	17,6 %/2,6 %	0 %	0 %	0 %	0–5,6 %
Gewissenhaftigkeit	9 %/3,6 %	0 %	0 %		0 %
Verträglichkeit	16 %/6,8 %	0 %	0 %		0 %
Vertrauenswürdigkeit		2,9 %			
Intelligenz		6,8 %	9 %		0–10,6 %
OCB		0 %			
Führung			6,8 %		
Planung			5,3 %		
Kommunikation			4,8 %		
Teamwork			0 %		
Problemlösung			0 %		
Konfliktmanagement			0 %		
Anpassungsfähigkeit			0 %		
Informationssuche			0 %		
Narzissmus				4,8 %	
Machiavellismus				0 %	
Psychopathie				0 %	

Erklärung: OCB = Organizational Citizenship Behavior

entscheidungen treffen können. Dementsprechend wäre es auch nicht sinnvoll, über künstliche Intelligenz die Auswahlentscheidung von Menschen zu simulieren. Stattdessen wäre eher unabhängig von der menschlichen Entscheidung zu überprüfen, ob die KI-basierte Analyse von Internetdaten zu prognostisch validen Auswahlentscheidungen gelangt.

Youyou et al. (2014) zeigen in einer Studie mit mehr als 86.000 Facebook-Datensätzen, dass mithilfe künstlicher Intelligenz validere Aussagen über die Persönlichkeit zu treffen sind als über eine Befragung von Menschen, die die Fokuspersonen kennen. Leider wird dabei nur ein Globalwert der Persönlichkeit berechnet, der inhaltlich letztlich ohne jede Aussage ist. Der globale Zusammenhang zum Selbstbild der Fokuspersonen lag bei 31 %. Für die Grundlagenforschung mag dies eine interessante Information sein. Für die Praxis der Personalauswahl ist sie

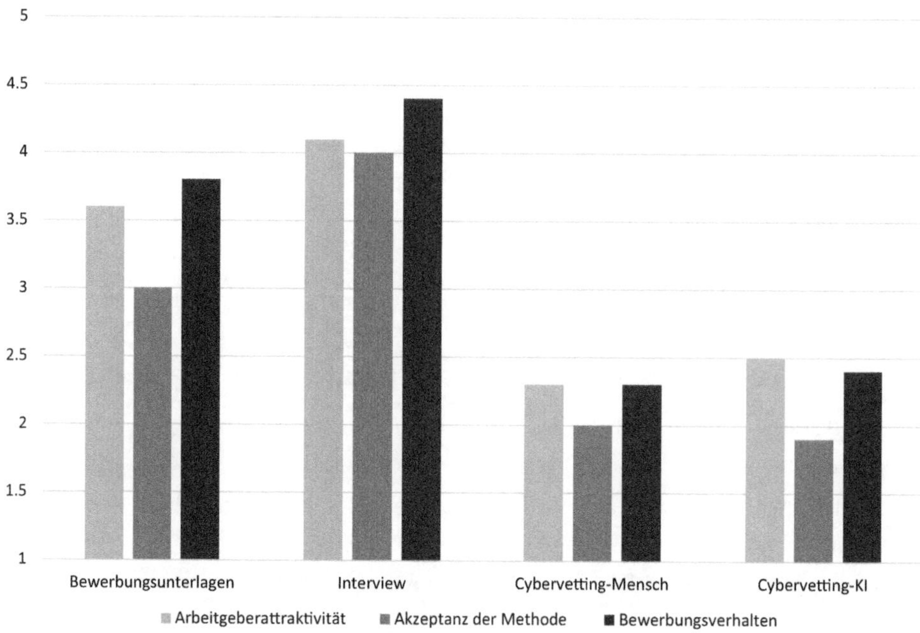

9

Abb. 9.3 Cybervetting bewertet aus der Perspektive potenzieller Bewerberinnen und Bewerber. (Daten aus Kanning et al., 2019)

ohne jede Bedeutung. Erneut stellt sich hier die Frage, wie gut die Software eigentlich in der Lage wäre, die berufliche Leistung zu prognostizieren. Darüber gibt die Studie keine Auskunft.

Selbst wenn dies der Fall wäre, ist bei einem etwaigen Einsatz immer noch zu bedenken, dass Cybervetting dem Personalmarketing schadet, weil es von Bewerbenden negativ bewertet wird (Kanning et al., 2019; Roulin & Levashina, 2018; Woods et al., 2019). Abb. 9.3 gibt hierzu beispielhaft die Ergebnisse aus einer Studie von Kanning et al. (2019) wieder. In den Augen von potenziellen Bewerberinnen und Bewerbern senkt der Einsatz von Cybervetting signifikant die Arbeitgeberattraktivität im Vergleich zu klassischen Methoden der Personalauswahl und damit einhergehend sinkt auch die Bereitschaft, sich bei entsprechenden Arbeitgebern zu bewerben. Cybervetting findet insgesamt keine Akzeptanz. Dabei ist es unerheblich, ob sie von Menschen betrieben wird oder über eine KI-Software läuft.

9.3 Sprachanalyse

Der Grundgedanke der Sprachanalyse besteht darin, dass sich in der gesprochenen oder geschriebenen Sprache eines Menschen Hinweise auf dessen Persönlichkeit finden lassen. Gelingt es, diesen Code gewissermaßen zu knacken, so könnte die Sprachanalyse auch in der Personalauswahl eingesetzt werden, beispielsweise im Einstellungsinterview. Dass Menschen im Alltag die Sprache anderer nutzen, um hieraus Schlussfolgerungen im Hinblick auf bestimmte Persönlichkeitsmerkmale zu ziehen, steht außer Frage. Vereinzelte Studien zeigen auch, dass sie dabei ähnliche Interpretationsmuster nutzen (Welch et al., 2021). Eine ganz andere Frage ist allerdings, wie zutreffend derartige Alltagsinterpretationen der Sprache sind. Gelingt es, ein objektives Deutungsraster zur Interpretation der geschriebenen und gesprochenen Sprache zu finden, so könnte dies einen Validitätsgewinn gegenüber den Bauchurteilen von Entscheidungsträgerrinnen und Entscheidungsträgern in der Personalauswahl liefern. Folgen wir den Überzeugungen mancher Protagonisten dieser Methode, so sollte der künstlichen Intelligenz dabei eine Schlüsselfunktion zukommen (Stulle, 2018). Doch der Reihe nach. Schauen wir zunächst einmal, inwieweit sich in der Sprache eines Menschen tatsächlich Hinweise auf stabile Persönlichkeitseigenschaften finden lassen.

In der Psychologie gibt es seit gut 20 Jahren *Grundlagenforschung* zu der Frage, ob in der Sprache eines Menschen Informationen über die individuelle Ausprägung von Persönlichkeitsmerkmalen zu finden sind. Die historischen Wurzeln reichen noch sehr viel weiter zurück (Markle et al., 1964). Ein Großteil der Forschung ist stark verbunden mit einem Modell, dass auf Pennebaker zurückzuführen ist (Boyd & Pennebaker, 2015; Pennebaker et al., 2003). In seinem Linguistic Inquiry and Word Count (LIWC) differenziert er verschiedene sprachliche Kategorien, mit denen sich ein schriftlicher oder gesprochener Text zumindest teilweise in einzelne Bestandteile zerlegen lässt. ◘ Abb. 9.4 gibt einen Überblick (vgl. Pennebaker et al., 2001; Wolf et al., 2008). Das Vorgehen besteht im Prinzip darin, dass der Text oder das Transkript eines Interviews dahingehend untersucht wird, welche Sprachkategorien verwendet

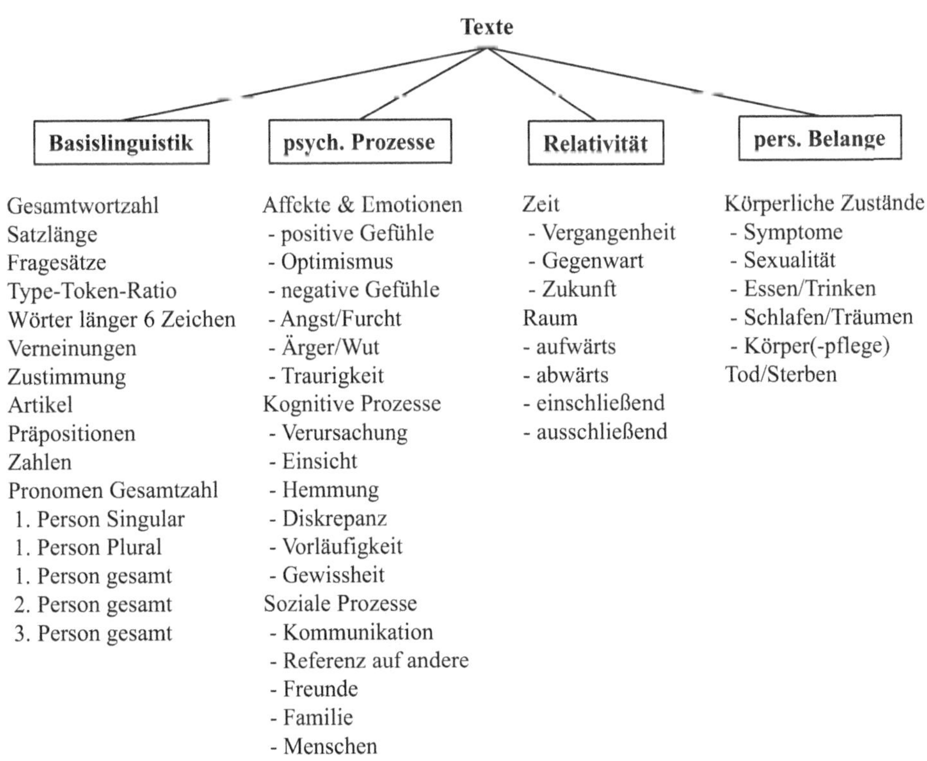

◘ **Abb. 9.4** Kategorien zur Beschreibung von Texten im Linguistic Inquiry and Word Count

wurden und in welcher Häufigkeit dies geschah. Dabei zeigt die Forschung, dass sich Menschen durchaus voneinander unterscheiden, wenn viele Kategorien berücksichtigt werden, und dass zumindest Schriftsteller wie Shakespeare ein immer wiederkehrendes Sprachprofil aufweisen, das ihnen zu eigen ist (Boyd & Pennebaker, 2015). Dies bedeutet jedoch noch nicht, dass sich hinter der Struktur der Sprache auch in systematischer Weise bestimmte Persönlichkeitsprofile verbergen, sodass aus der Struktur der Sprache auf die Struktur der Persönlichkeit zu schließen wäre. Beispielsweise würde wohl auch niemand behaupten, dass sich in einem Fingerabdruck Hinweise auf die Persönlichkeitsstruktur eines Menschen finden ließe, obwohl unbestritten ist, dass Menschen höchst individuelle Fingerabdrücke aufweisen.

Mehrere Studien untersuchen den Zusammenhang zwischen verschiedenen Parametern der Sprache und der Ausprägung von Persönlichkeitsmerkmalen. So untersuchen beispielsweise Carey et al. (2015), ob eine besonders häufige Verwendung des Wortes „ich" (= I-Talk) als Hinweis auf einen ausgeprägten Narzissmus interpretiert werden darf. Die Befunde sind negativ. Tackman et al. (2018) konnten hingen zeigen, dass Depression mit einem geringeren Einsatz des Wortes „ich" einhergeht. Allerdings betrug die Effektstärke des Zusammenhangs gerade einmal 1 % Varianzaufklärung. Cohen et al. (2008) beschäftigen sich mit dem Zusammenhang zwischen Sprachparametern und zeitlich stabilen Affekten. Ihre Ergebnisse belegen, dass Menschen mit chronisch negativen Affekten auch in signifikant stärkerem Maße Wörter verwenden, die eine negative Konnotation haben. Bei Menschen mit chronisch positiven Affekten finden sich spiegelbildlich häufiger Wörter, denen eine positive Konnotation zugeschrieben werden kann. Die Effektstärken bewegen sich zwischen 6 % und 8 % Varianzaufklärung.

Andere Studien beschäftigen sich mit dem Zusammenhang zwischen Sprachparametern und den Big 5. ◘ Tab. 9.2 gibt einen Überblick. In der Tabelle wird die Größe der Effektstärken in Prozent ausgedrückt. Die jeweilige Bandbreite der Effektstärken ergibt sich aus der Tatsache, dass einzelne Sprachparameter in unterschiedlich starkem Maß mit Persönlichkeitsmerkmalen korrelieren.

Zusätzlich zu der Bandbreite der gefundenen Zusammenhänge gibt es auch eine Angabe zu aggregierten Zusammenhängen. Sofern in den Studien aggregierte Zusammenhänge berechnet wurden, bedeutet dies, dass hier angegeben wird, inwieweit Sprachparameter insgesamt betrachtet mit dem jeweiligen Persönlichkeitsmerkmal korrelieren. Dabei gehen Studien, wie etwa die von Schwartz et al. (2013), über die im LIWC definierten Kategorien hinaus und berücksichtigen somit einen größeren Anteil der Informationen der untersuchten Sprachproben.

Die aggregierten Zusammenhänge fallen durchweg höher aus als die Zusammenhänge mit einzelnen Sprachparametern. Dies ist auch nicht verwunderlich, fließen doch in die aggregierten Effektstärken mehrere Sprachparameter gleichzeitig ein. Unter dem Strich zeigen die Ergebnisse, dass sich in der Sprache eines Menschen durchaus Hinweise auf dessen Persönlichkeit finden lassen. Die Grundannahme der KI-gestützten Sprachanalyse ist also zutreffend. Allerdings darf dabei die Höhe der Zusammenhänge nicht aus dem Blick geraten. Insgesamt betrachtet liegen die Effektstärken meist auf einem überschaubaren Niveau mit großen Unterschieden zwischen den verschiedenen Studien. Betrachten wir einzelne Sprachparameter, so finden sich auch immer wieder Null-Zusammenhänge. Es hängt letztendlich also stark davon ab, welche Sprachparameter zur Analyse der Persönlichkeitsstruktur herangezogen wer-

Tab. 9.2 Zusammenhang von Sprachparametern und grundlegenden Persönlichkeitsmerkmalen

Studie	Persönlichkeitsmerkmal				
	Neurotizismus	Extraversion	Offenheit	Gewissenhaftigkeit	Verträglichkeit
Pennebaker und King (1999)					
Einzelparameter schriftlich	0 – 2,6 %	0 – 2,3 %	0 – 2,6 %	0 – 2,3 %	0 – 2,3 %
Lee et al. (2007)					
Einzelparameter schriftlich	0 – 9,6 %	0 – 5,8 %	0 – 14,4 %	0 – 10,9 %	0 – 6,3 %
Mairesse et al. (2007)					
Einzelparameter schriftlich	0 – 3,2 %	0 – 0,6 %	0 – 4 %	0 – 2 %	0 – 2,6 %
Einzelparameter mündlich	0 – 20,3 %	0 – 39,7 %	0 – 9,6 %	0 – 37,2 %	0 – 26 %
Yarkoni (2010)					
Einzelparameter schriftlich	0 – 6,8 %	0 – 5,3 %	0 – 10,2 %	0 – 7,8 %	0 – 6,3 %
Holtgraves (2010)					
Einzelparameter schriftlich	0 – 2,3 %	0 – 3,6 %			0 – 6,3 %
Schwartz et al. (2013)					
Einzelparameter schriftlich	0 – 1,7 %	0 – 2,3 %	0 – 1,7 %	0 – 1,7 %	0 – 3,6 %
aggregiert	9,6 %	14,4 %	17,6 %	12,3 %	9,6 %
Park et al. (2015)					
aggregiert	12,3 %	17,6	18,5 %	13,7 %	12,3 %
Kucera et al. (2022)					
Einzelparameter schriftlich	0 – 3,2 %	0 – 1,7 %	0 – 3,6 %	0 – 3,2 %	0 – 1,4 %
Einzelparameter mündlich	0 – 2 %	0 – 2 %	0 – 5,3 %	0 %	0 – 3,2 %

den. Hierin liegt eine potenzielle Stärke der künstlichen Intelligenz, da sie letztlich nur solche Sprachparameter in die Analyse aufnimmt, die nachweislich in einem Zusammenhang zur Persönlichkeit stehen.

Die Studie von Mairesse et al. (2007) scheint darauf hinzudeuten, dass dies für die gesprochene Sprache in stärkerem Maß gilt als für geschriebene Sprache. Allerdings finden Fabbro et al. (2019) niedrigere aggregierte Werte für die gesprochene Sprache, wobei sie deutlich mehr Persönlichkeitsvariablen berücksichtigen (0–21 %). Auch in der Studie von Kučera et al. (2022) lässt sich keine systematisch höhere Aussagekraft der gesprochenen Sprache gegenüber der geschriebenen nachweisen.

Die Studie von Holtgraves (2011) zeigt zudem, dass die Struktur der Sprache stark davon abhängt, an welche Personen sich ein Text richtet. Wichtig ist demnach die Beziehung, in der Verfasser/-innen und Rezipienten/-innen zueinander stehen.

Überdies konnten Holtgraves (2011) sowie Kučera et al. (2022) zeigen, dass in Abhängigkeit vom Geschlecht der Verfasser/-innen Sprachparameter mit den einzelnen Persönlichkeitsmerkmalen unterschiedlich stark (bzw. gar nicht) korrelieren. Dies deutet darauf hin, dass im Zuge der Persönlichkeitsdiagnostik über Sprache auch unterschiedliche Sprachparameter und damit ggf. auch verschiedene Algorithmen für verschiedene Geschlechter genutzt werden müssten.

Eine Studie von Fast und Funder (2008) belegt, dass Sprachparameter nicht nur mit Aussagen zur Selbstbeschreibung, sondern auch mit Aussagen zur Fremdbeschreibung der Persönlichkeit korrelieren. Die Bandbreite der einzelnen Zusammenhänge ist dabei erneut groß und bewegt sich für einzelne Charakterisierungen zwischen 0 % und 9,6 % im Selbstbild bzw. 0 % und 6,8 % Varianzaufklärung im Fremdbild. Allerdings werden die Ergebnisse in dieser Studie nur sehr selektiv berichtet.

Wenige Studien der Grundlagenforschung gehen über die Berechnung von Zusammenhängen zu Persönlichkeitsmerkmalen hinaus und schauen, ob Sprachparameter auch mit sichtbarem Verhalten oder Leistung in Beziehung stehen. Hierzu gehören die Studien von Robinson et al. (2013) und Pennebaker et al. (2014). Sie gehen der Frage nach, inwieweit zwischen Sprachparametern und der Leistung im Studium ein systematischer Zusammenhang besteht. In der Studie von Robinson et al. (2013) lässt sich ein geringfügiger Zusammenhang von bis zu 4 % nachweisen. Dies bezieht sich auf den maximalen Zusammenhang zwischen einzelnen Sprachparametern und der Studiumsleistung. Auf aggregiertem Niveau beträgt der Wert 12 %. In einer vergleichbaren Studie von Pennebaker et al. (2014) lässt sich aggregiert ein Zusammenhang von lediglich 3,8 % belegen. Forsyth und Anglim (2020) untersuchen, ob sich an der Art und Weise, wie eine Person schreibt, erkennen lässt, ob sie die Wahrheit schreibt oder lügt. Von 30 untersuchten Sprachparametern ergaben sich bei acht Sprachparametern signifikante Unterschiede, wobei die Effektstärken bei einer Varianzaufklärung zwischen 1 % und 4 % lagen.

Interessant ist auch die Studie von Seih et al. (2020), die den Nachweis führt, dass sprachanalytische Informationen auch einen Zusammenhang zu arbeitsrelevanten Variablen aufweisen können. Untersucht wird der Zusammenhang zur Absicht, einen Arbeitgeber in Zukunft zu verlassen (Turnover Intention). Hierbei zeigt sich, dass die häufigere Verwendung bestimmter Wörter in einem geschriebenen Text eine inkrementelle Validität gegenüber Arbeitszufriedenheit und Burnout aufweist. Während Arbeitszufriedenheit und Burnout 26 % des Phänomens erklären, tragen die sprachanalytischen Ergebnisse weitere 9 % zur Erklärung des Phänomens bei. Hierbei ist zu bedenken, dass die Absicht, einen Arbeitgeber zu verlassen, nicht identisch ist mit dem tatsächlichen Verhalten.

Brandt und Herzberg (2020) untersuchen, inwieweit sich der Erfolg von Bewerbenden in einem Auswahlverfahren über Sprachparameter aus dem Anschreiben, dem Lebenslauf und einem Bewerbungsformular erklären lässt. Bezogen auf Anschreiben und Lebenslauf finden sie signifikante Zusammenhänge. Dies bedeutet allerdings nicht, dass sich über Sprachparameter eine valide Vorauswahl bewerkstelligen ließe. Die Studie belegt keineswegs die Validität der Sprachanalyse, sondern zeigt lediglich, dass sich die Entscheidungsträgerinnen und Entscheidungsträger (implizit) auch von Sprachparametern beeinflussen lassen. Diese Erkenntnis ist im Grunde fast schon banal. Die viel wichtigere Frage, ob die Entscheidungen richtig waren, wird nicht beantwortet.

Metaanalysen, die in der Lage wären, die Schwächen der einzelnen Primärstudien auszugleichen, liegen in diesem Feld bislang nicht vor. Dies ist schade, weil es immer wieder auch einzelne Studien gibt, in denen sich keine Zusammenhänge finden lassen. Dies gilt beispielsweise für die Studie von Roulin und Stornach (2022). Nach derzeitigem Stand des Wissens lässt sich allerdings festhalten, dass der Zusammenhang zwischen Sprachparametern und Persönlichkeitsmerkmalen sehr wohl vorhanden ist, die Höhe dieses Zusammenhangs aber von mehreren Faktoren abhängt:
- konkrete Sprachparameter, die untersucht wurden,
- Analyse einzelner Sprachparameter vs. Aggregation vieler Sprachparameter,
- geschriebene vs. gesprochene Sprache,
- Beziehung zwischen Verfasser/-innen und Rezipienten/-innen der Sprache,
- Geschlecht der Verfasser/-innen.

Studien, die sich auf die *Validität der KI-gestützten Sprachanalyse* beziehen, sind äußerst selten und stammen zudem nicht aus einer unabhängigen wissenschaftlichen Quelle. Stattdessen handelt es sich um Ergebnisse, die von Beratungsunternehmen publiziert werden, die mit der Sprachanalyse Geld verdienen. Insofern ist zu erwarten, dass die Befunde die Realität tendenziell positiv verzerrt darstellen (Kanning, 2023). Für eine seriöse Einschätzung der Aussagekraft KI-gestützter Sprachanalyse bedarf es unabhängiger wissenschaftliche Studien.

Die *kommerzielle Sprachanalyse* bezieht sich sowohl auf die geschriebene als auch auf die gesprochene Sprache und versucht dabei aus Texten bzw. verbalen Sprachproben Rückschlüsse auf die Persönlichkeitsstruktur eines Menschen zu ziehen, die dann wiederum zum Zweck der Personalauswahl genutzt werden. Im Fall der geschriebenen Sprache geht es dabei vor allem um das Anschreiben (Spitzer, 2018). Im Fall der verbalen Sprachprobe wird zuvor ein Interview per Telefon oder Videochat geführt, aufgezeichnet und später analysiert (Stulle, 2018). Dabei werden nicht nur die Wörter, sondern auch paraverbale Anteile der Sprache, wie etwa die Geschwindigkeit, mit der eine Person redet, die Betonung, Pausen und Ähnliches, zu einem erheblichen Anteil berücksichtigt (Stulle, 2018).

Auf den ersten Blick ähnelt das KI-gestützte Vorgehen dem analogen Prozess der Personalauswahl, denn auch hier versuchen Menschen aus dem geschriebenen oder gesprochenen Wort Informationen über Eigenschaften und Motive der sich bewerbenden Personen zu gewinnen. In einem wichtigen Punkt unterscheiden sich beide Ansätze jedoch sehr grundlegend. Bei der klassischen Vorgehensweise handelt es sich immer um sprachliche Informationen, die gezielt zum Zweck der Bewerbung generiert wurden. Im Anschreiben erläutern die Interessierten beispielsweise, welche besonderen Stärken sie aufweisen, warum sie sich bewerben oder welchen Nutzen sie einem Arbeitgeber bringen könnten. Im Interview werden Fragen gestellt, die aus Sicht des Arbeitgebers Aufschluss über die Eignung eines Menschen für bestimmte berufliche Aufgaben geben sollen. Bei der KI-gestützten Sprachanalyse spielt es hingegen keine Rolle, ob die Sprachproben im Prozess der Personalauswahl gewonnen wurden oder nicht. Die Vertreter des Ansatzes gehen davon aus, dass jede beliebige Sprachprobe eines Menschen Informationen über seine Persönlichkeitsstruktur enthält und daher zur Personalauswahl genutzt werden kann. Zur Analyse der geschriebenen Sprache würde sich demnach ein beliebiger Text der Person aus dem Internet ebenso eignen wie ein Podcast-Interview oder ein YouTube-Film, und zwar völlig unabhängig von den Themen, um die es hier geht. Unterhaltsame Beispiele für diese Sichtweise liefern Studien, in denen die Reden von Vorstandsmitgliedern oder schriftliche Ausführungen zur Hauptversammlung für eine Erstellung von Persönlichkeitsprofilen herangezogen werden (Weber & Büttgen, 2018). Offenbar gehen die Forschenden davon aus, dass Vorstandsvorsitzende ihre Reden selbst schreiben und sich auch keine Gedanken über deren Außenwirkung machen. Konsequenterweise werden dann auch im Einstellungsinterview, das gezielt zur Sprachanalyse genutzt werden soll, keine spezifischen Fragen zur Qualifikation oder zu anforderungsrelevanten Kompetenzen gestellt. Stattdessen sollen Bewerberinnen und Bewerber beschreiben, wie sie das letzte Wochenende verlebt haben, oder etwa aus ihrem letzten Urlaub erzählen (Schwertfeger, 2015). Wichtig ist allein, dass irgendeine Sprachprobe von mindestens 15 min vorliegt.

Zahlreiche wichtige Fragen, die letztlich Aufschluss über die Validität der Methode im Rahmen der Personalauswahl und Eignungsdiagnostik erlauben würden, bleiben bislang unbeantwortet (Kanning, 2021, 2023; Schwertfeger, 2015):

- Ist es tatsächlich so, dass sich aus der gesprochenen und der geschriebenen Sprache eines Menschen in gleicher Weise Schlussfolgerungen im Hinblick auf die Persönlichkeitsstruktur ableiten lassen? Dies ließe sich sehr leicht überprüfen, indem in einer Studie von denselben Personen schriftliche und verbale Informationen sprachanalytisch gedeutet werden würden. Im Ergebnis sollten sich annähernd gleiche Persönlichkeitsprofile ergeben.
- Ist es tatsächlich irrelevant, worüber eine Person schreibt oder redet? Auch dies ist ohne Weiteres zu überprüfen, indem die KI-gestützten Persönlichkeitsprofile über verschiedene Texte und Sprachproben zu unterschiedlichen Themen miteinander verglichen werden.
- Unterscheidet sich die Sprache derselben Menschen im Bewerbungsprozess nicht von einem mehr oder minder privaten Gespräch? Zu einem erfolgreichen Auftreten im Auswahlprozess gehört, dass sich die Bewerbenden an bestimmte Regeln der Personalauswahl-Folklore halten und sich selbst vermarkten (Kanning, 2016a, 2017). Sollte dies keinen Einfluss darauf nehmen, wie man schreibt und redet? Die Studie von Holtgraves (2011) zeigt, dass Menschen in Abhängigkeit von ihrer Beziehung zu den Personen, an die sich ein Text richtet, Wörter in unterschiedlicher Häufigkeit verwenden. In der Konsequenz ergeben sich dann auch unterschiedliche Persönlichkeitsprofile. Dies wäre zu bedenken, wenn beispielsweise Daten aus sozialen Netzwerken in der Personalauswahl genutzt werden.
- Wie werden etwaige Unterschiede zwischen verschiedenen Subgruppen, beispielsweise zwischen Bewerberinnen und Bewerbern, im Sprachgebrauch berücksichtigt (Holtgraves, 2011; Kučera et al., 2022)? Bislang scheint dieses Problem von kommerziellen Anbietern nicht thematisiert zu werden.
- Insbesondere wenn Anbieter mit der gesprochenen Sprache arbeiten, ist damit zu rechnen, dass sie in systematischer Weise bestimmte Personengruppen diskriminieren. Denken wir hier beispielsweise an Menschen, die erst seit kurzer Zeit in Deutschland leben oder die aus einem entlegenen Winkel der Republik stammen und mit einem sehr starken Dialekt sprechen. Die Art und Weise, wie sie sprechen, wird in der KI-gestützten Sprachanalyse, die sich auf das gesprochene Wort bezieht, nicht einfach als Ausdruck einer bestimmten regiona-

len Herkunft gedeutet, sondern fließt in die Persönlichkeitsdiagnostik ein. Dies kann nicht sinnvoll sein. Lösen ließe sich dieses Problem nur, wenn die Anbieter extrem viele „Normierungsstichproben" hätten, mit deren Hilfe sich Effekte der regionalen Herkunft aus den Persönlichkeitsanalysen herausrechnen ließen. Dies ist in Anbetracht der Vielfalt regionaler Herkünfte praktisch kaum zu leisten, zumal kommerzielle Anbieter auch immer auf die Wirtschaftlichkeit ihres Produktes achten müssen.

- Wie wird sichergestellt, ob eine bestimmte Person den zu analysierenden Text auch selbstständig verfasst hat? Die überwiegende Mehrheit der Bewerberinnen und Bewerber laden ihre Anschreiben heute komplett aus dem Internet herunter und überarbeiten die Texte nur noch geringfügig, damit sie besser zur Stellenausschreibung passen (Kanning, 2017). Ein solcher Text dürfte schwerlich etwas über die individuelle Persönlichkeit der Bewerbenden aussagen.
- Es ist unklar, inwieweit paraverbale Informationen valide Auskünfte über Persönlichkeitsmerkmale geben. Die Zahlen aus der kommerziellen Sprachanalyse legen dies zwar indirekt nahe, es fehlen jedoch spezifische und vor allem unabhängige wissenschaftliche Studien.
- Sofern die Software mit gesprochener Sprache arbeitet, ist unklar, inwieweit insbesondere die paraverbalen Anteile der Sprache durch den Einsatz der Technik verzerrt werden (Schwertfeger, 2015). Hierzu liegen bislang keine Erkenntnisse vor.
- Selbst wenn die kommerzielle Sprachanalyse in der Lage sein sollte, grundlegende Persönlichkeitsmerkmale in nennenswertem Umfang aufzuklären, so stellt sich immer noch das Problem, dass es in der Personalauswahl letztlich nicht um die Messung von Persönlichkeitsmerkmalen, sondern um die Prognose beruflicher Leistung geht (◘ Abb. 9.2). Auch hier fehlen bislang überzeugende Ergebnisse, die tatsächlich eine Prognose der beruflichen Leistung mittels KI-gestützter Sprachanalyse belegen.

Eine für die Individualdiagnostik sehr wichtige Fragestellung wird in der Grundlagenforschung nur äußerst selten untersucht. In der Individualdiagnostik werden – im Gegensatz zur Forschung – Aussagen über einzelne Menschen getroffen, die z. B. in der Personalauswahl sehr weitreichende Konsequenzen haben. So wird beispielsweise entschieden, ob eine bestimmte Person für eine vakante Stelle geeignet ist oder nicht. In diesem Zusammenhang kommt der *Reliabilität* (Messgenauigkeit) eine große Bedeutung bei (vgl. ► Kap. 1). Die Reliabilität macht eine Aussage darüber, wie präzise eine Diagnose ist und ob sie auch über die Zeit hinweg stabil bleibt. Je geringer die Reliabilität, desto fragwürdiger ist die resultierende Aussage über einen Bewerber bzw. eine Bewerberin. Bei einer sehr geringen Reliabilität würde ggf. eine bestimmte Person heute als geeignet gelten und 14 Tage später würde man nach einer erneuten Untersuchung zu einer gegenteiligen Einschätzung gelangen. Pennebaker et al. (2003) untersuchen die Reliabilität in einer Grundlagenstudie und finden bezogen auf die alltägliche Sprache eine absurd niedrige Übereinstimmung zwischen zwei Untersuchungen derselben Personen über einen geringen Zeitraum von vier Wochen. Die Übereinstimmung lag bei gerade einmal 16,8 % Varianzaufklärung.

Ein kommerzieller Anbieter, der eine KI-gestützte Analyse von Anschreiben vermarktet, legt ebenfalls Daten zur Reliabilität vor, die sehr viel mehr gegen als für den Einsatz seiner Software sprechen. In der Regel liegt die Fehlervarianz bei mehr als 50 % (Kanning, 2023; Spitzer, 2018). Ein anderer kommerzieller Anbieter macht Angaben zur Reliabilität, die durchaus in einem positiven Bereich liegen, allerdings fehlen die Angaben für einzelne Persönlichkeitsmerkmale, zudem sind die Angaben in verschiedenen Publikationen widersprüchlich (Kanning, 2018b; Stulle, 2018).

Jenseits des klassischen Vorgehens, bei dem es darum geht, Persönlichkeitsmerkmale über die Sprache zu erfassen, bietet ein kommerzieller Anbieter seinen Kundinnen und Kunden eine bemerkenswerte Alternative des *Matchings* an. Vor dem Hintergrund der Annahme, dass zukünftige Beschäftigte dieselben Eigenschaften aufweisen sollten wie derzeitige Mitarbeiter/-innen, sofern diese erfolgreich sind, schlagen sie ein Vorgehen vor, das in ◘ Abb. 9.5 skizziert wird. Zunächst werden im eigenen Unternehmen Personen identifiziert, die als besonders leistungsstark gelten. In einem

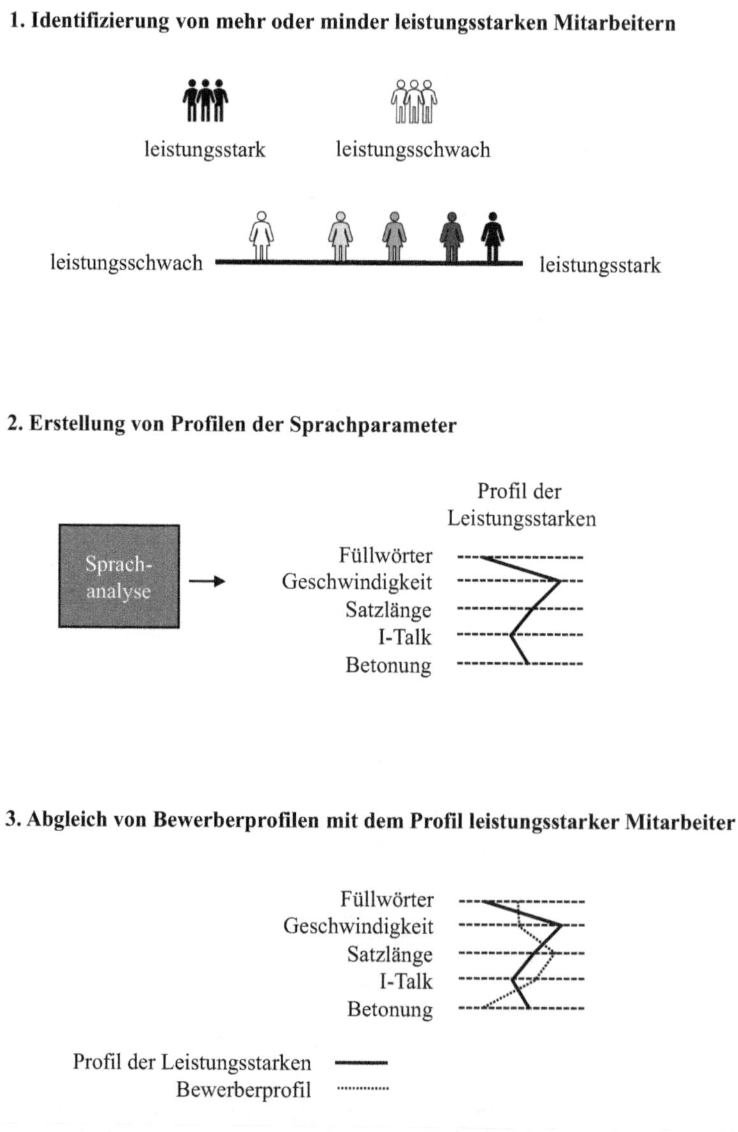

◘ **Abb. 9.5** Matching von Sprachprofilen. (Kanning, 2023, S. 96)

9

zweiten Schritt wird für diese Personen ein Sprachprofil erstellt. Dabei geht es nur um die Struktur der Sprache, also etwa darum, welche Wörter sie verwenden, wie lang ihre Sätze sind, wie laut oder betont sie sprechen etc. Ihre Persönlichkeitsstruktur ist dabei irrelevant bzw. wird nicht untersucht. Die Sprachprofile der erfolgreichen Personen dienen im nächsten Schritt als Referenzwert, mit dem die Sprachprofile der Bewerbenden verglichen werden. Entspricht das Sprachprofil einer Bewerberin oder eines Bewerbers weitgehend dem Sprachprofil erfolgreicher Personen aus dem Unternehmen, so gilt sie als geeignet. Je weiter ihr Profil von diesen Vergleichspersonen entfernt ist, desto mehr erscheint sie als ungeeignet.

Wie absurd dieses Vorgehen ist, fällt vielleicht erst dann auf, wenn wir dasselbe Prinzip einmal auf andere Merkmale erfolgreicher Personen übertragen. Nehmen wir beispielsweise an, in einem Unternehmen würden besonders erfolgreiche Personen die Schuhgröße 42 haben und noch dazu blond sein. Würde man deshalb bei der Personalauswahl nur solche Personen positiv bewerten, die ebenfalls Schuhgröße 42 tragen und blonde Haare haben? Nein, so würde das Unternehmen sicherlich nicht vorgehen, denn schon auf den ersten Blick würde klar sein, dass es sich hierbei um Merkmale handelt, die zwar in einem Zusammenhang zu den Personen stehen, die besonders erfolgreich sind, denen deshalb aber nicht automatisch eine ursächliche Wirkung für den beruflichen Erfolg zugeschrieben werden kann. Das sprachanalytische Matching wäre nur dann sinnvoll, wenn die Anbieter nachweisen könnten, dass im konkreten Anwendungsfall die untersuchten Sprachparameter ursächlich für den Erfolg der Beschäftigten sind.

Zu guter Letzt stellt sich auch im Zusammenhang mit der Sprachanalyse die Frage, wie Bewerbende eine solche Methode erleben. Kanning et al. (2019) vergleichen zwei Formen der KI-gestützten Sprachanalyse mit der klassischen Sichtung von Bewerbungsunterlagen bzw. einem klassischen Einstellungsinterview. Die Ergebnisse sind sehr eindeutig (◘ Abb. 9.6). Beide Formen der Sprachanalyse schneiden im Vergleich zu den klassischen Auswahlmethoden signifikant schlechter ab. Potenzielle Bewerberinnen und Bewerber schreiben Arbeitgebern, die ihre Sprache mittels künstlicher Intelligenz analysieren, eine geringere Attraktivität zu. Gleichzeitig akzeptieren sie diese Methode weniger und sind auch in geringerem Maß bereit, sich in einem solchen Unternehmen zu bewerben.

Zusammenfassend lässt sich festhalten, dass die Sprache in einem Zusammenhang zu stabilen Eigenschaften steht. Dass der Einsatz künstlicher Intelligenz bei der Analyse von Sprache zu valideren Abbildungen der Persönlichkeitsstruktur führen kann, ist durchaus wahrscheinlich. Dies liegt schlicht daran, dass im Zuge der KI-gestützten Analyse mehr sprachliche Eigenschaften berücksichtigt werden, die noch dazu optimal miteinander verrechnet werden. Wie gut die Sprachanalyse diese Aufgabe letztlich erfüllt, ist so lange unklar, wie es keine unabhängigen Studien in diesem Bereich gibt. Zudem ist vollkommen unklar, ob sich hierdurch valide Prognosen der beruflichen Leistung ergeben, die überdies trotz der hohen Kosten, die mit dem Einsatz einer solchen Software verbunden sind, wirtschaftlich sinnvoll wären. Die bislang vorliegenden kommerziellen Lösungen weisen so große Probleme auf (Kanning, 2021, 2022, 2023; Schmidt-Atzert et al., 2019; Schwertfeger, 2015), dass sich ihre praktische Anwendung in der Personalauswahl und Eignungsdiagnostik zum gegenwärtigen Zeitpunkt verbietet.

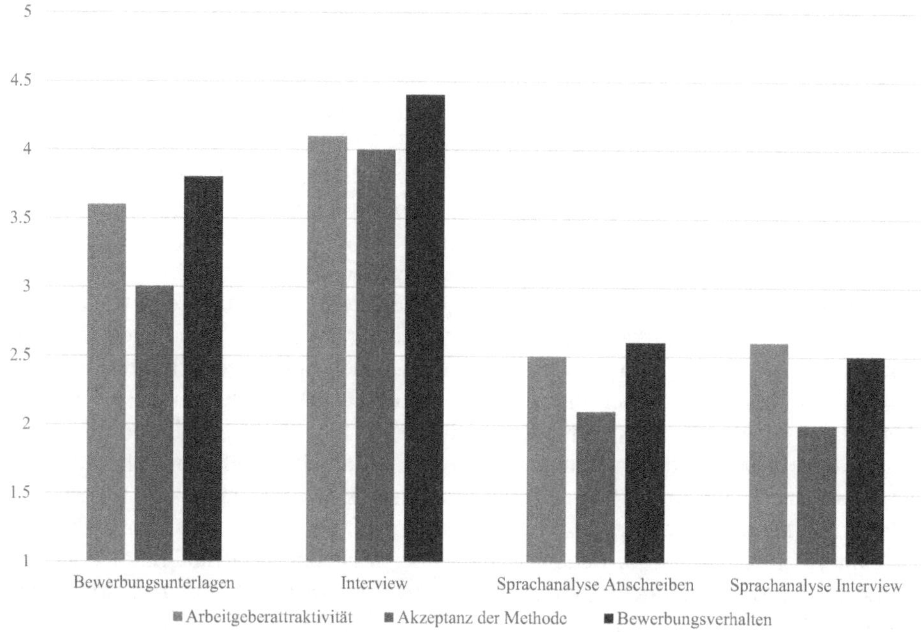

9

Abb. 9.6 Sprachanalyse bewertet aus der Perspektive potenzieller Bewerberinnen und Bewerber. (Daten aus Kanning et al., 2019)

9.4 Analyse der Körpersprache

Folgen wir der klassischen Sichtweise, so gehören zur Körpersprache eines Menschen Mimik, Gestik sowie die Bewegung im Raum. Letzteres bezieht sich beispielsweise auf die Frage, wie schnell sich eine Person bewegt oder in welche Richtung sie ihren Kopf neigt, wenn sie anderen Menschen zuhört oder selbst redet. In einer erweiterten Sichtweise kann auch das Aussehen, also beispielsweise die physische Attraktivität, die Breite des Gesichtes oder die Kleidung, mit zur Körpersprache gezählt werden. Explizit ausgeklammert bleiben hingegen verbale bzw. paraverbale Äußerungen eines Menschen. Die Körpersprache wird daher auch als „nonverbal" oder „nonverbale Kommunikation" bezeichnet.

Wer den Begriff „Körpersprache" in eine bekannte Internetsuchmaschine eingibt, erhält mehr als fünf Millionen Einträge, darunter zahlreiche Hinweise auf Ratgeberliteratur, die den Ratsuchenden dabei helfen soll, die Körpersprache ihrer Mitmenschen zu entschlüsseln. Offenkundig interessieren sich sehr viele Menschen für das Thema und so mancher verdient damit auch Geld. Ob die hier angebotenen Deutungen auch der Realität entsprechen, ist nicht selten mehr als fraglich (Kanning, 2010).

In der wissenschaftlichen Literatur wird häufig auf das Linsenmodell von Brunswik (1956) verwiesen, um die Beziehung zwischen Persönlichkeit, Körpersprache und Deutung der Körpersprache zu verdeutlichen (z. B. Breil et al., 2021; Gifford, 2006). Brunswik (1956) beschreibt, wie sich ein bestimmtes Phänomen (beispielsweise eine Eigenschaft eines Menschen), in verschiedenen Indikatoren der Umwelt mitteilt und wie diese Umwelt wiederum aus den Indikatoren auf das Phänomen

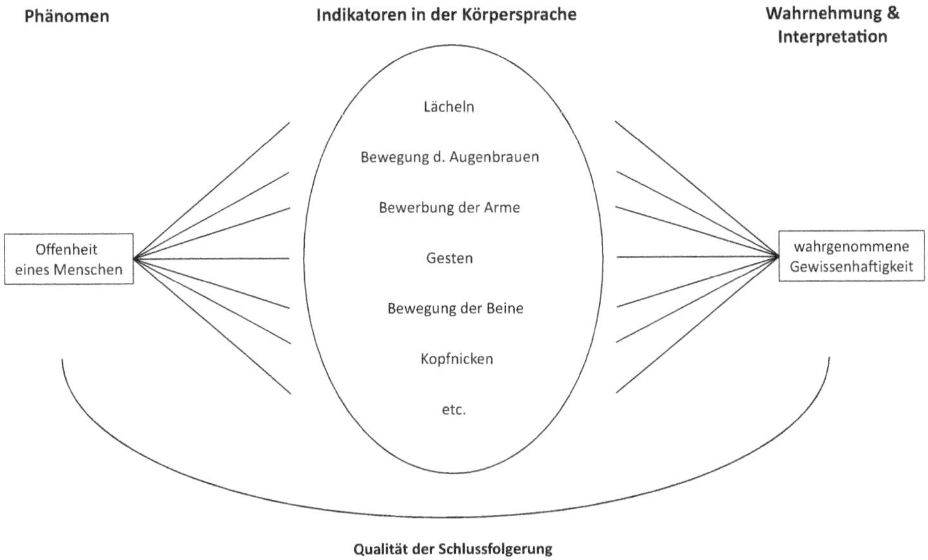

Abb. 9.7 Fiktives Linsenmodell der Körpersprache

zurückschließt. Abb. 9.7 verdeutlicht das Prinzip am Beispiel der Körpersprache. Ein bestimmtes Persönlichkeitsmerkmal, wie etwa die Offenheit eines Menschen, könnte sich demnach in verschiedenen Indikatoren der Körpersprache widerspiegeln. Dies könnte für die Bewegung der Arme, die Häufigkeit des Lächelns oder die Intensität des Kopfnickens gelten. Diese Indikatoren wiederum werden von anderen Menschen wahrgenommen und interpretiert. Im Zuge der Interpretation wird von den wahrgenommenen Indikatoren auf die Eigenschaft des beobachteten Menschen zurückgeschlossen. Auch wenn die meisten Menschen wahrscheinlich ihre Schlussfolgerungen in Bezug auf die Persönlichkeit anderer Menschen als vollkommen valide ansehen, wird dies mit großer Wahrscheinlichkeit sehr oft nicht so sein. Grundsätzlich verdeutlicht das Modell von Brunswick drei Fehlerquellen in diesem Prozess:

1. Die Eigenschaft eines Menschen spiegelt sich nicht eins zu eins in seiner Körpersprache. Einzelne Facetten einer Eigenschaft – ggf. sogar der überwiegende Anteil – werden nicht durch Indikatoren der Körpersprache abgebildet. Diese zu beobachtende Körpersprache spiegelt somit die Eigenschaft nur zu einem mehr oder minder großen Anteil.
2. Die Indikatoren werden von der sozialen Umwelt nicht vollständig und auch nicht zu 100 % richtig wahrgenommen. So könnte beispielsweise einem Gesprächspartner entgehen, dass ein Gegenüber während eines Gespräches unter dem Tisch mit den Füßen zappelt. Umgekehrt nimmt der Gesprächspartner eine körpersprachliche Äußerung war, ohne dass diese de facto vorgelegen hat. Ein gutes Beispiel hierfür wäre etwa das vermeintlich kurzzeitige Aufflackern einer Emotion in der Mimik, die de facto gar nicht vorgelegen hat.
3. Bei der Interpretation der wahrgenommenen Indikatoren im Hinblick auf die Ausprägung einer Eigenschaft können Fehler unterlaufen. So ist beispielsweise sehr gut belegt, dass die physische Attraktivität eines Menschen in systematischer Weise dazu führt, dass diese Person von anderen positiv verzerrt wahrgenommen

wird. Gut aussehende Menschen werden demnach beispielsweise als intelligenter oder sogar fachkompetenter wahrgenommen als weniger gut aussehende Menschen (Hamermesh, 2011). Übergewichtige Personen werden als weniger leistungsstark erlebt (Giel et al., 2012) und Personen, die groß und kräftig sind, erscheinen vielen als besonders führungsstark (Sczesny & Stahlberg, 2002).

Wie gut Außenstehende die Persönlichkeit eines Menschen aus dessen Körpersprache erschließen, ergibt sich aus einem Vergleich zwischen der interpretierten Persönlichkeit (Fremdbild) und der selbst zugeschriebenen Persönlichkeit der Person, die im Fokus steht (Selbstbild). Genau genommen muss dabei aber auch noch berücksichtigt werden, dass Selbstbilder die Realität auch nicht unverzerrt wiedergeben. Zahlreiche Studien zeigen, dass Menschen dazu neigen, positiv verzerrte Selbstbilder zu konstruieren und aktiv aufrechtzuerhalten (Kanning, 2000). Es überrascht daher nicht, dass Selbstbilder und Fremdbilder oft nur sehr geringfügig miteinander korrelieren bzw. in ihrer absoluten Höhe der Merkmalsauprägungen übereinstimmen (Funder & Colvin, 1997; Harris & Schaubroeck, 1988).

Breil et al. (2021) legen eine sehr interessante Metaanalyse vor, in der zahlreiche Studien zusammenfassend betrachtet werden, die sich zum einen mit der Frage beschäftigen, inwieweit grundlegende Persönlichkeitsmerkmale nachweisbar mit spezifischen Formen der Körpersprache zusammenhängen, und zum anderen, inwieweit bestimmte Formen der Körpersprache von Außenstehenden als Indikatoren für die Zuschreibung von Persönlichkeitsmerkmalen herangezogen werden. Schauen wir uns zunächst einmal an, inwieweit sich tatsächlich Zusammenhänge zwischen Körpersprache und der Ausprägung grundlegender Persönlichkeitsmerkmale finden lassen (◘ Tab. 9.3). Wir sehen, es gibt durchaus Belege dafür, dass einzelne körpersprachliche Merkmale mit der Ausprägung grundlegender Persönlichkeitsmerkmale korrelieren. Dies ist jedoch nur vergleichsweise selten der Fall und auch die Höhe des Zusammenhangs bewegt sich auf einem sehr niedrigen Niveau. Diese Erkenntnis ist von weitreichender Bedeutung für den Versuch, über künstliche Intelligenz aus der Körpersprache eines Menschen Rückschlüsse auf dessen Persönlichkeit zu ziehen. Offensichtlich steckt in der Körpersprache nur wenig Information darüber, welche Persönlichkeit ein Mensch hat. Allerdings dürften die Zusammenhänge größer ausfallen, wenn nicht nur einzelne Aspekte der Körpersprache isoliert betrachtet werden, sondern eine Integration der Einzelinformationen erfolgt. Hier verhält es sich mit der Körpersprache wahrscheinlich nicht anders als mit Parametern der gesprochenen Sprache.

Betrachten wir hingegen die Interpretation spezifischer Äußerungen der Körpersprache in den Augen Außenstehender, so ergibt sich ein ganz anderes Bild (◘ Tab. 9.4). Im Fremdbild finden sich sehr viel häufiger Zusammenhänge und diese fallen darüber hinaus auch oft sehr viel größer aus. Im Vergleich der Ergebnisse beider Tabellen zeigt sich, wie stark Fremdbilder verzerrt sind, sofern wir als Vergleichswert das Selbstbild der einzuschätzenden Personen heranziehen. Diese Erkenntnis ist wichtig, da manche Anbieter KI-gestützter Körperspracheanalyse allein mit Daten von Fremdbildern arbeiten.

Darüber hinaus gibt es Studien, die sich mit der Wahrnehmung von Gesichtern oder sehr spezifischen körpersprachlichen Merkmalen auseinandersetzen. So untersucht Todorov (2017) beispielsweise, welche Eigenschaften Gesichter aufweisen müssen, um Vertrauen zu erwecken. Andere (Carré & McCormick, 2008; Haselhuhn &

Tab. 9.3 Zusammenhänge zwischen spezifischen Formen der Körpersprache und der Ausprägung grundlegender Persönlichkeitsmerkmale. (Nach Breil et al., 2021; Kanning, 2023, S. 108)

	Emotionale Stabilität	Extraversion	Offenheit	Verträglichkeit	Gewissenhaftigkeit
Gesichtsausdruck					
Freude	1,2	2,3	0	1,0	0
Dominanz	0	0	0	−2,9	0
Ausdrucksstärke	0	2,0	0	0	-
Blickkontakt	0	0	0	0	0
Bewegung Augenbrauen	0	0	0	0	0
Bewegung Oberkörper					
Intensität	0	0	0	0	0
Sich nach vorn lehnen	0	2,0	0	-	-
Gestik					
Intensität	0	3,2	0	0	0
Selbstberührung	0	0	0	0	−4,4
Kopfbewegung					
Intensität	0	0	0	0	0
Armbewegung					
Verschränkte Arme	0	0	0	0	−2,3
Nervosität					
Intensität	−1,7	−2,6	0	0	0

Erläuterung: Prozent aufgeklärter Varianz. Dargestellt wird der Zusammenhang in Prozent; liegen keine Studien vor, so wird dies mit einem „-" gekennzeichnet

Wong, 2011; Stirrat & Perrett, 2010) gehen der Frage nach, ob sich in der Breite von Gesichtern Eigenschaften wie Aggression und Durchsetzungsfähigkeit finden. Wieder andere beschäftigen sich mit der Symmetrie von Gesichtern (Fink et al., 2005) oder der Aussagekraft der Länge einzelner Finger (Lindová et al., 2008). Besondere Aufmerksamkeit hat eine umstrittene Studie von Wang und Kosinski (2018) auf sich gezogen. Sie gehört zu den äußerst seltenen Studien, die in diesem Zusammenhang mit künstlicher Intelligenz arbeiten. Die Autoren deuten mithilfe einer KI-Software die Fotos von Menschen auf Dating-Plattformen und können mit großer Treffergenauigkeit die sexuelle Orientierung der Personen erkennen. Neben ethischen Problemen wird vor allem kritisiert, dass die Software sich nicht nur – wie sie vorgibt – auf physiologische Merkmale des Gesichtes konzentriert, sondern auch Informationen über Schminke oder Frisuren in die Analyse einfließen, die letztlich viel aussagekräftiger sein könnten (Schwertfeger, 2018).

Tab. 9.4 Zusammenhänge zwischen spezifischen Formen der Körpersprache und der von anderen Menschen wahrgenommenen Ausprägung grundlegender Persönlichkeitsmerkmale. (Nach Breil et al., 2021; Kanning, 2023, S. 111)

	Emotionale Stabilität	Extraversion	Offenheit	Verträglichkeit	Gewissenhaftigkeit
Gesichtsausdruck					
Freude	0	29,2	14,4	28,1	7,8
Dominanz	33,6	27	13	4,8	0
Ausdrucksstärke	-	16	0	-	-
Blickkontakt	2	4,4	0	5,8	4
Bewegung Augenbrauen	0	0	0	0	0
Bewegung Oberkörper					
Intensität	0	10,9	0	0	0
Sich nach vorn lehnen	-	1,0	2,3	0	0
Gestik					
Intensität	0	12,3	0	0	0
Selbstberührung	0	0	0	0	−4,4
Kopfbewegung					
Intensität	−1,7	6,8	0	3,2	0
Armbewegung					
Verschränkte Arme	−1,7	−1,4	0	0	0
Nervosität					
Intensität	0	−17,6	0	−9	0

Erläuterung: Prozent aufgeklärter Varianz. Dargestellt wird der Zusammenhang in Prozent; liegen keine Studien vor, so wird dies mit einem „-" gekennzeichnet

Einen anderen Zugang zum Thema Körpersprachedeutung nehmen Studien, in denen sich die Befragten zunächst im Video eine kurze Verhaltenssequenz einer Fokusperson anschauen und anschließend eine Charakterisierung vornehmen (Borkenau & Liebler, 1992a, b). Die Studien zeigen, dass die Befragten zu sehr ähnlichen Schlussfolgerungen gelangen und dass diese Schlussfolgerungen auch mit dem Selbstbild der Fokuspersonen korrelieren (Varianzaufklärung zwischen 0 % und 22 %; Borkenau & Liebler, 1992b).

Die Befundlage zur Körpersprachedeutung ähnelt stark der aus dem Bereich der Sprachanalyse. Es lässt sich nicht leugnen, dass es tatsächlich Beziehungen zwischen der Körpersprache und Persönlichkeitsmerkmalen gibt. Die Höhe der Zusammenhänge ist überschaubar. Hinzukommt, dass es auch immer wieder Studien gibt, die bezogen auf einzelne körpersprachliche Merkmale keine Zusammenhänge finden konnten. Insgesamt haben wir es also mit einer sehr heterogenen Befundlage zu tun. Dennoch ist damit zu rechnen, dass aggregierte Daten einen stärkeren Zusammenhang aufweisen werden als Studien, in denen einzelne körpersprachliche Merkmale isoliert voneinander betrachtet werden. Eine solche Aggregation könnte mithilfe künstlicher Intelligenz geschehen. Bislang liegen keine unabhängigen wissenschaftlichen Studien vor, die sich mit der Frage beschäftigen, ob sich über derartige Analyseverfahren berufliche Leistung sinnvoll prognostizieren lässt. Dennoch gibt es Anbieter auf dem Markt, deren Kundinnen und Kunden dergleichen versprechen.

Wie fragil ihre Methoden mitunter sind, verdeutlicht ein journalistischer Beitrag des Fernsehmagazins Report München (2021). In einer Simulation wird die Qualität einer Software überprüft. mit deren Hilfe die Körpersprache im Einstellungsinterview zur Erstellung von Persönlichkeitsprofilen genutzt wird. In der Simulation wird ein und dieselbe Person mit unterschiedlichen Bildhintergründen versehen. In der einen Bedingung spricht sie ihren Text vor einer weißen Wand, in der zweiten Bedingung vor einem Bücherregal und in der dritten Bedingung vor einer Wand, an der ein Bild hängt. In der Folge werden ihr von der KI-Software unterschiedliche Persönlichkeitsprofil zugeschrieben, obwohl sie exakt die gleichen verbalen und körpersprachlichen Informationen geliefert hat. In einem anderen Beispiel zeigt eine Schauspielerin in zwei Bedingungen exakt das gleiche körpersprachliche Verhalten, in Bedingung eins trägt sie jedoch eine Brille und in Bedingung zwei nicht. Auch hier ergeben sich am Ende unterschiedliche Persönlichkeitsprofile. Diese Simulationen decken sehr eindrucksvoll Fehler der Diagnose per künstlicher Intelligenz auf, obwohl die Anbieter gerade mit der besonderen Urteilsqualität ihrer Software werben. Der Hintergrund für derartige Fehler ist relativ leicht zu verstehen. Die Software lernt nicht etwa an empirisch nachgewiesen Zusammenhängen zwischen Körpersprache und Persönlichkeit, sondern an der subjektiven Wahrnehmung anderer Menschen. Konkret bedeutet dies, dass in der Lernphase der Software auf Datensätze zurückgegriffen wurde, bei denen Menschen aus dem Bauch heraus die Persönlichkeit der Fokuspersonen eingeschätzt haben. Dabei machen sie selbstverständlich Fehler, indem sie beispielsweise die Kleidung, eine Brille, ein Kopftuch oder eben auch den Hintergrund der Person in ihr Urteil einfließen lassen. Am Ende ist die Software also nicht besser als das Bauchurteil der Menschen, sondern simuliert vielmehr sämtliche Urteilsfehler, die seit Jahrzehnten in der Psychologie bekannt sind (Attraktivitätseffekt, Verzerrung aufgrund von Übergewicht, soziale Stereotype etc.). Eine solche Software braucht niemand. Schlechte Bauchurteile kann jeder Interviewer und jede Interviewerin auch ohne den Einsatz einer teuren Software in Windeseile generieren.

Ob eine Körpersprachеanalyse auf der Basis künstlicher Intelligenz jemals in der Lage sein wird, valide Aussagen zu erstellen, die auch sinnvoll in der Personalauswahl genutzt werden können, bleibt somit fraglich. Im Prinzip stellen sich bei der Deutung der Körpersprache durch künstliche Intelligenz dieselben Probleme, wie auch schon bei der Deutung der gesprochenen Sprache:

- Mit großer Wahrscheinlichkeit verändert die Situation eines Einstellungsinterviews die Körpersprache eines Menschen und damit auch die Erstellung von Persönlichkeitsprofilen.
- Es ist bislang nichts darüber bekannt, wie zeitlich stabil die von einer KI getroffenen Persönlichkeitsprofile sind.

- Zusammenhänge zwischen körpersprachlichen Merkmalen und Persönlichkeit sagen nur sehr wenig über die tatsächliche prognostische Validität eines solchen Verfahrens aus (◘ Abb. 9.2).
- Selbst wenn eine prognostische Validität nachgewiesen werden kann, stellt sich immer noch die Frage nach der wirtschaftlichen Effizienz im Vergleich zu herkömmlichen Methoden.
- Es ist damit zu rechnen, dass Bewerbende eine entsprechende Technologie selbst dann ablehnen, wenn sie valide sein sollte. Arbeitgeber konterkarieren daher durch den Einsatz einer entsprechenden Software ihre Bemühungen im Bereich des Personalmarketings.
- Grundsätzlich stellen sich wie auch bei der computergestützten Sprachanalyse ethische und rechtliche Probleme (s. o.).

9.5 Analyse von Leistungsdaten aus dem eigenen Unternehmen

Der vierte Ansatz bezieht sich auf die Analyse von Leistungsdaten, die im eigenen Unternehmen generiert werden. Es geht darum, eine maßgeschneiderte Lösung für einen Arbeitgeber zu entwickeln. Eine wichtige Voraussetzung für diesen Prozess ist es allerdings, dass der Arbeitgeber selbst über hinreichend große Datensätze verfügt, die qualitativ auch so hochwertig sind, dass der Einsatz künstlicher Intelligenz sinnvoll ist. Letztlich wird dies also nur eine Lösung sein, die große Konzerne oder große Behörden einsetzen können, wobei sich immer noch die Frage nach der Qualität der vorhandenen Leistungsdaten stellt.

◘ Abb. 9.8 beschreibt das prinzipielle Vorgehen. Stellen wir uns zur Verdeutlichung einen großen Konzern vor, in dem Außendienstmitarbeiter/-innen mithilfe von KI-basierten Algorithmen vorausgewählt werden sollen. In dem Unternehmen arbeiten 5000 Versicherungsmakler/-innen, zu denen diverse Informationen im Personalcomputer vorliegen. Auf der einen Seite sind dies vielfältige Daten, die Auskunft über die berufliche Leistung der einzelnen Personen geben: Umsatz, Gewinn, Kundenzufriedenheit, Leistungseinschätzung durch Vorgesetzte sowie Kolleginnen und Kollegen. Auf der anderen Seite liegen Daten vor, die Merkmale dieser Mitarbeiterinnen und Mitarbeiter beschreiben: Abschlussnote der beruflichen Ausbildung, Art der Ausbildung, Dauer der Berufserfahrung, Vielfalt der Berufserfahrung, Anzahl früherer Arbeitgeber, Anzahl und Art absolvierter Weiterbildungen, Anzahl bisheriger Beförderungen etc.

In mehreren Lernzyklen (s. o.) ist es nun die Aufgabe der Software, die Merkmale der Mitarbeiterinnen und Mitarbeiter zu identifizieren und miteinander zu verrechnen, die in einem signifikanten Zusammenhang zu den Leistungsdaten stehen. Vorausgesetzt, ein solcher Algorithmus ergibt sich und weist eine hinreichende Validität auf, so bildet er die Basis für die Auswahl der zukünftigen Beschäftigten. Mithilfe eines Online-Bewerbungsbogens werden später genau die Informationen erfasst, die sich in der vorausgegangenen Analyse als sinnvoll nutzbar erwiesen haben. Im konkreten Bewerbungsprozess nimmt später dann der Algorithmus die Verrechnung dieser Variablen vor und entscheidet, welche Personen zu einer tiefer gehenden Untersuchung eingeladen werden.

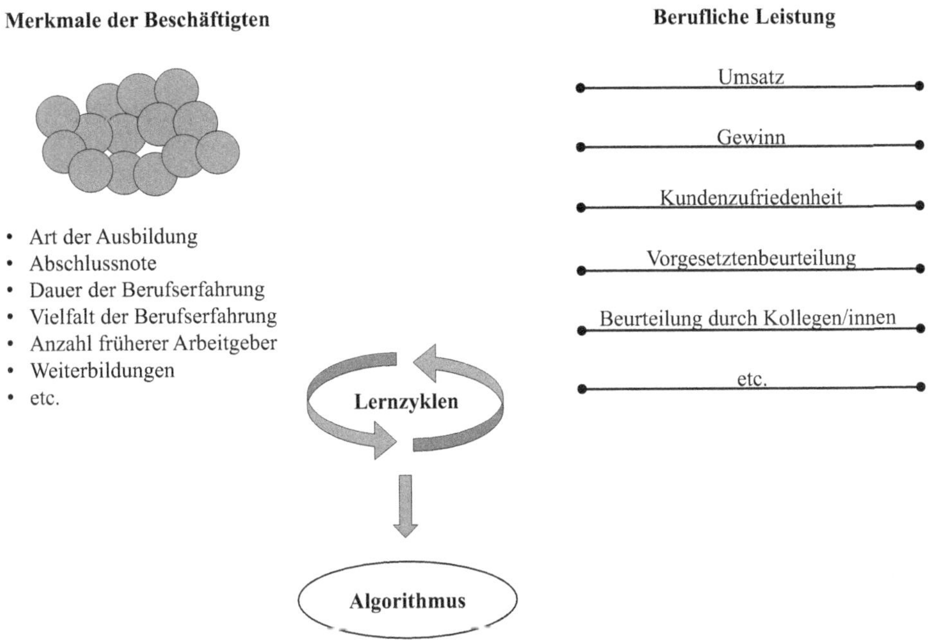

Abb. 9.8 Prinzip der Entwicklung

Empirische Studien zu dieser Vorgehensweise liegen bislang nicht vor. Die Qualität einer solchen Vorgehensweise steht und fällt mit den Datensatzen, anhand derer der Algorithmus berechnet wird. Das größte Problem besteht darin, dass in den vorliegenden Datensätzen systematische Fehlentscheidungen verborgen sein können, die als solche nicht erkannt und daher durch den Algorithmus dauerhaft etabliert werden. Ein Praxisbeispiel für diesen Fall liefert ein US-amerikanisches Unternehmen, dass vor wenigen Jahren bereits eine solche Softwarelösung zur Besetzung von Führungspositionen eingesetzt hat. Nach einigen Monaten fiel auf, dass aufgrund der algorithmenbasierten Auswahl keine Frauen mehr in Führungspositionen gelangten. Die wahrscheinliche Ursache für diesen Fehler lag darin, dass in dem Unternehmen insgesamt betrachtet vergleichsweise wenige Frauen in Führungspositionen anzutreffen sind und darüber hinaus diese wenigen Frauen nicht zu den größten Leistungsträgern des Unternehmens zählten. Folgerichtig identifiziert der Algorithmus Weiblichkeit als einen negativen Indikator für die Leistung von Führungskräften und sortiert in der eigentlichen Auswahlentscheidung die Frauen heraus. In diesem Beispiel ist der Fehler noch bemerkt worden, weil es so offensichtlich war. Viel schwieriger dürfte es sein, Fehler zu identifizieren, die sehr versteckte Variablen bzw. die Kombination verschiedener Variablen betreffen. Würde man beispielsweise merken, dass mithilfe eines Algorithmus Migranten im Alter zwischen 20 und 35 negativ aussortiert werden?

Selbst wenn es gelingt, einen Algorithmus zu finden, der entsprechende Fehler vermeidet, bleibt immer noch das Problem der geringen Akzeptanz KI-gestützter Methoden unter den sich bewerbenden Personen.

Fazit

Kehren wir zum Schluss dieses Kapitels noch einmal zurück zu den drei Ausgangsfragen.

1. Gibt es empirische Hinweise darauf, dass sich in den verschiedenen Datenquellen (Informationen aus dem Internet, verbale Sprache, Körpersprache) valide Informationen über die Persönlichkeitsstruktur eines Menschen finden lassen?

   Die erste Frage muss mit einem Ja beantwortet werden. Zahlreiche Studien zeigen, dass sowohl im Internet als auch in der verbalen Sprache sowie der Körpersprache Informationen über zeitlich stabile Eigenschaften von Menschen zu finden sind. Allerdings ist die Befundlage sehr heterogen und auch die Höhe der Zusammenhänge bewegt sich meist auf einem sehr niedrigen Niveau.
2. Inwieweit ist die KI in der Lage, aus diesen Datenquellen valide Persönlichkeitsprofile abzuleiten?

   Es ist zu erwarten, dass eine Aggregation der Einzelinformationen mit einer höheren Varianzaufklärung einhergeht als die isolierte Betrachtung einzelner Informationen aus sozialen Netzwerken, einzelne Sprachparameter oder einzelne Elemente der Körpersprache. Wie hoch am Ende die Varianzaufklärung sein wird, lässt sich zum gegenwärtigen Zeitpunkt nicht einschätzen. Hierzu bedarf es deutlich mehr Studien und vor allem auch Metaanalysen, die eine Aufklärung darüber liefern, von welchen Variablen die Qualität der so erzeugten Persönlichkeitsprofile abhängt.
3. Lassen sich über KI gewonnene Informationen sinnvoll zur Personalauswahl nutzen?

   Zum gegenwärtigen Zeitpunkt spricht wenig bis gar nichts dafür, künstliche Intelligenz in der Personalauswahl einzusetzen, sofern es darum geht, Daten aus dem Internet, die gesprochene Sprache oder die Körpersprache zu nutzen. Derzeit belegen die Studien bestenfalls, dass sich in den entsprechenden Datenquellen Informationen über die Persönlichkeit eines Menschen finden lassen. Wie gut sich damit am Ende tatsächlich berufliche Leistung prognostizieren lässt, ist unbekannt, auch wenn Anbieter entsprechender Dienstleistungen gerne ein völlig anderes Bild vermitteln.

Einstweilen ist davon auszugehen, dass ein wissenschaftlich abgesicherter Persönlichkeitsfragebogen oder Leistungstest weitaus mehr nützliche Informationen liefert als eine KI-gestützte Analyse von Daten aus dem Internet, der verbalen Sprache oder der Körpersprache. Dies hat unter anderem damit zu tun, dass die vorliegenden Studien sich in der Regel darauf konzentrieren, aus entsprechenden Datenquellen heraus Persönlichkeitsmerkmale zu diagnostizieren, wobei als Referenzwert in aller Regeln die Ergebnisse von Persönlichkeitsfragebögen dienen. Da dies niemals zu 100 % gelingen wird, ist der Fragebogen, dessen Ergebnisse mithilfe der Analysen erklärt werden sollen, zwangsläufig immer aussagekräftiger. Anders mag es aussehen, wenn Arbeitgeber Leistungsdaten aus dem eigenen Unternehmen nutzen, um auf dieser Basis Algorithmen zur Vorauswahl zu entwickeln. Voraussetzung hierfür ist allerdings, dass entsprechende Daten in großem Umfang und in hinreichender Qualität überhaupt vorliegen. Das dürfte eher selten der Fall sein.

Über allem stehen zudem die Frage nach der wirtschaftlichen Effizienz sowie der Akzeptanz entsprechender Verfahren durch potenzielle Bewerberinnen und Bewerber. Ob die künstliche Intelligenz Diagnosen anbieten kann, die in einem vernünftigen Preis-Leistungs-Verhältnis stehen, lässt sich erst dann sagen, wenn klar ist, ob und inwieweit derartige Lösungen prognostisch valide Informationen für die Personalauswahl liefern. Hinsichtlich der Akzeptanz ist bekannt, dass technikbasierte Auswahlverfahren und insbesondere KI-gestützte Auswahlverfahren bislang eine sehr geringe Akzeptanz haben. Langfristig wird sich dies möglicherweise ändern, denn letztlich hat die Akzeptanz immer auch etwas damit zu tun, wie weitverbreitet eine Methode ist (z. B. Kanning, 2016b). Je üblicher der Einsatz der künstlichen Intelligenz in der Personalauswahl in Zukunft werden wird, desto größer wird auch vermutlich die Akzeptanz sein.

Ob dann schließlich der Einsatz einer künstlichen Intelligenz, die u. a. sehr private Daten verarbeitet, die von den Betroffenen für diesen Zweck nicht bewusst zur Verfügung gestellt werden, auch ethisch legitim ist, muss sich jeder Arbeitgeber selbst fragen (lassen).

Literatur

Acikgoz, Y., Davison, K. H., Compagnone, M., & Laske, M. (2020). Justice perceptions of artificial intelligence in selection. *International Journal of Selection and Assessment, 28*(4), 399–416. https://doi.org/10.1111/ijsa.12306

Baumeister, H., Garatva, P., Pryss, R., Ropinski, T., & Montag, C. (2023). Digitale Phänotypisierung in der Psychologie – Ein Quantensprung in der psychologischen Forschung? *Psychologische Rundschau, 74*(2), 89–106. https://doi.org/10.1026/0033-3042/a000609

Borkenau, P., & Liebler, A. (1992a). The cross-modal consistency of personality: Inferring strangers' traits from visual or acoustic information. *Journal of Research in Personality, 26*(2), 183–204. https://doi.org/10.1016/0092-6566(92)90053-7

Borkenau, P., & Liebler, A. (1992b). Trait inferences: Sources of validity at zero acquaintance. *Journal of Personality and Social Psychology, 62*(4), 645–657. https://doi.org/10.1037/0022-3514.62.4.645

Boyd, R. L., & Pennebaker, J. W. (2015). Did Shakespeare write double falsehood? Identifying individuals by creating psychological signatures with text analysis. *Psychological Science, 26*(5), 570–582. https://doi.org/10.1177/095679761456665

Brandt, P. M., & Herzberg, P. Y. (2020). Is a cover letter still needed? Using LIWC to predict application success. *International Journal of Selection and Assessment, 28*(4), 417–429. https://doi.org/10.1111/ijsa.12299

Breil, S. M., Osterholz, S., Nestler, S., & Back, M. D. (2021). Contributions of nonverbal cues to the accurate judgment of personality traits. In T. D. Letzring & J. S. Spain (Hrsg.), *The Oxford handbook of accurate personality judgment* (S. 195–218). Oxford University Press.

Brunswik, E. (1956). *Perception and the representative design of psychological experiments*. University of California Press.

Carey, A. L., Brucks, M. S., Küfner, A. C. P., Holtzman, N. S., Deters, F., Back, M. D., Donnellan, M. B., Pennebaker, J. W., & Mehl, M. R. (2015). Narcissism and the use of personal pronouns revisited. *Journal of Personality and Social Psychology, 109*(3), e1–e15. https://doi.org/10.1037/pspp0000029

Carré, J. M., & McCormick, C. M. (2008). In your face: Facial metrics predict aggressive be-haviour in the laboratory and in varsity and professional hockey players. *Proceedings of the Royal Society Biological Sciences*, 2651–2656. https://doi.org/10.1098/rspb.2008.0873

Cohen, A. S., Minor, K. S., Baillie, L. E., & Dahir, A. M. (2008). Clarifying the linguistic signature: Measuring personality from natural speech. *Journal of Personality Assessment, 90*(6), 559–563. https://doi.org/10.1080/00223890802388459

Cook, R., Jones-Chick, R., O'Rourke, K., & Roulin, N. (2020). Job seekers' attitudes toward cybervetting: Scale development, validation, and platform comparison. *International Journal of Selection and Assessment, 28*(4), 383–398. https://doi.org/10.1111/ijsa.12300

Ertel, W. (2021). Grundkurs Künstliche Intelligenz (5. Aufl.). Springer Vierweg.

Fabbro, A., Crescentini, C., D'Antoni, F., & Fabbro, F. (2019). A pilot study on the relationships between language, personality and attachment styles: A linguistic analysis of descriptive speech. *Journal of General Psychology, 146*(3), 283–298. https://doi.org/10.1080/00221309.2019.1570910. Epub 2019 Mar 11. PMID: 30857496.

Faliagka, E., Iliadis, L., Karydis, I., Rigou, M., Sioutas, S., Tsakalidis, A., & Tzimas, G. (2014). On-line consistent ranking on e-recruitment: Seeking the truth behind a well-formed CV. *Artificial Intelligence Review, 42*, 515–528. https://doi.org/10.1007/s10462-013-9414-y

Fast, L. A., & Funder, D. C. (2008). Personality as manifest in word use: Correlations with self-report, acquaintance report, and behavior. *Journal of Personality and Social Psychology, 94*(2), 334–346. https://doi.org/10.1037/0022-3514.94.2.334

Fink, B., Neave, N., Manning, J. T., & Grammer, K. (2005). Facial symmetry and the 'big-five' personality factors. *Personality and Individual Differences, 39*(3), 523–529. https://doi.org/10.1016/j.paid.2005.02.002

Forsyth, L., & Anglim, J. (2020). Using text analysis software to detect deception in written short-answer questions in employee selection. *Journal of Selection and Assessment, 28*(3), 236–246. https://doi.org/10.1111/ijsa.12284

Funder, D. C., & Colvin, C. R. (1997). Congruence of others' and self-judgments of personality. In R. Hogan, J. Johnson, & S. R. Briggs (Hrsg.), *Handbook of Personality Psychology* (S. 617–647). Academic Press.

Giel, K. E., Zipfel, S., Alizadeh, M., Schäffeler, N., Zahn, C., Wessel, D., Hesse, F. W., Thiel, S., & Thiel, A. (2012). Stigmatization of obese individuals by human resource professionals: An experimental study. *BMC Public Health, 12*(1), 1–9.

Gifford, R. (2006). Personality and Nonverbal Behavior: A Complex Conundrum. In V. Manusov & M. L. Patterson (Hrsg.), *The Sage handbook of nonverbal communication* (S. 159–179). Sage.

Hamermesh, D. S. (2011). *Beauty pays: Why attractive people are more successful*. Princeton University Press.

Harris, M. H., & Schaubroeck, J. (1988). A meta-analysis of self-supervisor, self-peer, and peer-supervisor ratings. *Personnel Psychology, 41*(1), 43–62. https://doi.org/10.1111/j.1744-6570.1988.tb00631.x

Hartwell, C. J., & Campion, M. A. (2019). Getting social in selection: How social networking website content is perceived and used in hiring. *International Journal of Selection and Assessment, 28*(1), 1–16. https://doi.org/10.1111/ijsa.12273

Haselhuhn, M. P., & Wong, E. M. (2011). Bad to the bone: Facial structure predicts unethical behavior. *Proceedings of the Royal Society Biological Sciences, 279*, 1–6. https://doi.org/10.1098/rspb.2011.1193

Holtgraves, T. (2011). Text messaging, personality, and the social context. *Journal of Research in Personality, 45*(1), 92–99. https://doi.org/10.1016/j.jrp.2010.11.015

Kanning, U. P. (2000). *Selbstwertmanagement: Die Psychologie des selbstwertdienlichen Verhaltens*. Hogrefe.

Kanning, U. P. (2010). *Von Schädeldeutern und anderen Scharlatanen*. Unseriöse Methoden der Psychodiagnostik. Pabst.

Kanning, U. P. (2016a). Über die Sichtung von Bewerbungsunterlagen in der Praxis der Personalauswahl. *Zeitschrift für Arbeits- und Organisationspsychologie, 60*, 18–32.

Kanning, U. P. (2016b). Wie Bewerberinnen und Bewerber die Praxis der Personalauswahl erleben und bewerten. *Report Psychologie, 2*, 56–66.

Kanning, U. P. (2017). Strategisches Verhalten in der Personalauswahl – Wie Bewerber versuchen, ein gutes Ergebnis zu erzielen. *Zeitschrift für Arbeits- und Organisationspsychologie, 61*(1), 3–17.

Kanning, U. P. (2018a). Digitalisierung in der Eignungsdiagnostik. *Report Psychologie, 10*, 398–405.

Kanning, U. P. (2018b). Rezension: Psychologische Diagnostik durch Sprachanalyse von Stulle. Wirtschaftspsychologie aktuell. www.wirtschaftspsychologie-aktuell.de/fachbuch/20180425-klaus-stulle-psychologische-diagnostik-durch-sprachanalyse.html. Zugriffsdatum am 3.10.2018

9

Kanning, U. P. (2021). Künstliche Intelligenz in der Eignungsdiagnostik. In H. Tirrel, L. Winnen, & R. Lanwehr (Hrsg.), *Digitales Human Resources Management: Aktuelle Forschungserkenntnisse, Trends und Anwendungsbeispiele* (S. 17–30). SpringerGabler.
Kanning, U. P. (2022). 100 Worte – Ein KI-Ansatz auf dem Prüfstand. *Personalmagazin, 6*, 66–71.
Kanning, U. P. (2023). *Wider alle Vernunft – Coaching und HR-Management auf Abwegen*. Pabst.
Kanning, U. P., Kraul, L.-F., & Litz, R. Z. (2019). Einstellungen zu digitalen Methoden der Personalauswahl. *Journal of Business and Media Psychology, 10*(1), 57–61.
Kluemper, D. H., Rosen, P. A., & Mossholder, K. W. (2012). Social networking websites, per-sonality ratings, and the organizational context: More than meets the eye? *Journal of Ap-plied Social Psychology, 42*(5), 1143–1172. https://doi.org/10.1111/j.1559-1816.2011.00881.x
Kučera, D., Haviger, J., & Havigerová, J. M. (2022). Personality and word use: Study on Czech language and the big five. *Journal of Psycholinguistic Research, 51*(5), 1165–1196. https://doi.org/10.1007/s10936-022-09892-
Lee, C. H., Kim, K., Seo, S. Y., & Chung, C. K. (2007). The relations between personality and language use. *The Journal of General Psychology, 134*(4), 405–413. https://doi.org/10.3200/GENP.134.4.405-414
Lindová, J., Hrušková, M., Pivoňková, V., Kuběna, A., & Flegr, J. (2008). Digit ratio (2D,4D) and Cattell's personality traits. *European Journal of Personality, 22*(4), 347–356. https://doi.org/10.1002/per.664
Mairesse, F., Walker, M. A., Mehl, M. R., & Moore, R. K. (2007). Using linguistic cues for the automatic recognition of personality in conversation and text. *Journal of Artificial Intelligence Research, 30*(1), 457–500. https://doi.org/10.1613/jair.2349
Markle, N. N., Meisels, M., & Houck, J. E. (1964). Judging personality from voice quality. *Journal of Abnormal and Social Psychology, 69*(4), 458–463. https://doi.org/10.1037/h0041774
Park, G., Schwartz, H. A., Eichstaedt, J. C., Kern, M. L., Kosinski, M., Stillwell, D. J., Ungar, L. H., & Seligman, M. E. P. (2015). Automatic personality assessment through social media language. *Journal of Personality and Social Psychology, 108*(6), 934–952. https://doi.org/10.1037/pspp0000020
Pennebaker, J. W., & King, L. A. (1999). Linguistic styles: Language use as an individual difference. *Journal of Personality and Social Psychology, 77*(6), 1296–1312. https://doi.org/10.1037/0022-3514.77.6.1296
Pennebaker, J. W., Francis, M. E., & Booth, R. J. (2001). *Linguistic inquiry and word count – LIWC2001*. Erlbaum.
Pennebaker, J. W., Mehl, M. R., & Niederhoffer, K. G. (2003). Psychological aspects of natural language use: Our words, our Selves. *Annual Review of Psychology, 54*(1), 547 577. https://doi.org/10.1146/annurev.psych.54.101601.145041
Pennebaker, J., Chung, C., Frazee, J., Lavergne, G. M., Beaver, D. (2014). When small words foretell academic success: The case of college admissions essays. PloS one, *12*, 1–10.
Report München. (2021). Künstliche Intelligenz bei der Jobbewerbung. https://www.ardmediathek.de/video/report-muenchen/kuenstliche-intelligenz-bei-der-jobbewerbung/das-erste/Y3JpZDovL-2Rhc2Vyc3RlLmRlL3JlcG9ydCBtw7xuY2hlbi8wODQxYzgxNS1kMjU1LTRhNjMtYjYyY-y1lZTJiNmExOTg2ZWU
Robinson, R.L., Navea R., Ickes, W. (2013). Predicting final course performance from students' written selfintroductions. Journal of Language and Social Psychology, *32*, 469–479.
Roulin, N., & Bangerter, A. (2013). Social networking websites in personnel selection. *Journal of Personnel Psychology, 12*(3), 143–151. https://doi.org/10.1027/1866-5888/a000094
Roulin, N., & Levashina, J. (2018). LinkedIn as a new selection method: Psychometric proper-ties and assessment approach. *Personnel Psychology, 72*(2), 187–211. https://doi.org/10.1111/peps.12296
Roulin, N., & Stornach, R. (2022). LinkedIn-based assessments of applicant personality, cogni-tive ability, and likelihood of organizational citizenship behaviors: Comparing self-, other-, and language-based automated ratings. *International Journal of Selection and Assessment, 30*(4), 503–525. https://doi.org/10.1111/ijsa.1239630
Schmidt-Atzert, L., Künecke, J., & Zimmermann, J. (2019). Psychologische Diagnostik durch Sprachanalyse. *Report Psychologie, 44*(7+8), 19–21.
Schroeder, A. N., Odd, K. R., & Whitaker, J. H. (2020). Agree to disagree: Examining the psy-chometrics of cybervetting. *Journal of Managerial Psychology, 35*(5), 435–450. https://doi.org/10.1108/JMP-09-2018-0420

Schwartz, H. A., Eichstaedt, J. C., Kern, M. L., Dziurzynski, L., Ramones, S. M., Agrawal, M., Shah, A., Kosinski, M., Stillwell, D., Seligman, M. E. P., & Ungar, L. H. (2013). Personality, gender, and age in the language of social media: The open-vocabulary approach. *PLoS ONE, 8*(9), 1–16. https://doi.org/10.1371/journal.pone.0073791

Schwertfeger, B. (2015). Personalauswahl per Sprachtest. *Personalmagazin, 12*, 32–34.

Schwertfeger, B. (2018). Lernen von Alexander Todorov – Gesichtserkennung: Stanford-Studie als fragwürdig entlarvt. Wirtschaftspsychologie aktuell.

Sczesny, S., & Stahlberg, D. (2002). Geschlechtsstereotype Wahrnehmung von Führungskräften. *Wirtschaftspsychologie, 9*, 35–40.

Seih, Y.-T., Lepicovsky, M., & Chang, Y.-Y. (2020). Your words reveal your thoughts: A two-wave study of assessing language dimensions in predicting employee turnover intention. *International Journal of Selection and Assessment, 28*(4), 484–497. https://doi.org/10.1111/ijsa.12302

Spitzer, D. (2018). *Lassen sich Ergebnisse aus impliziten Motivtests mit den 100 Worte Motiv-kategorien vorhersagen? – Eine Validierung*. Ohne Verlag.

Stirrat, M., & Perrett, D. I. (2010). Valid facial cues to cooperation and trust: Male facial width and trustworthiness. *Psychological Science, 21*(3), 349–354. https://doi.org/10.1177/0956797610362647

Stulle, K. P. (Hrsg.). (2018). *Psychologische Diagnostik durch Sprachanalyse*. SpringerGabler.

Tackman, A. M., Sbarra, D. A., Carey, A. L., Donnellan, M. B., Horn, A. B., Holtzman, N. S., Edwards, T. S., Pennebaker, J. W., & Mehl, M. R. (2018). Depression, negative emotionality, and self-referential language: A multi-lab, multi-measure, and multi-language-task research synthesis. *Journal of Personality and Social Psychology*. Advance online publication. https://doi.org/10.1037/pspp0000187

Todorov, A. (2017). *Face value: The irresistible influence of first impression*. Princeton University Press.

Van der Molen, R. J., Kaplan, S., Choi, E., & Montoya, D. (2018). Judgments of the dark triad based on Facebook profiles. *Journal of Research in Personality, 73*, 150–163. https://doi.org/10.1016/j.jrp.2017.11.010

Van Iddekinge, C. H., Lanivich, S. E., Roth, P. L., & Junco, E. (2016). Social media for selection? Validity and adverse impact potential of a Facebook-based assessment. *Journal of Management, 42*(7), 1811–1835. https://doi.org/10.1177/0149206313515524

Varma, A., Dawkins, C., & Chaudhuri, K. (2023). Artificial Intelligence and people management: A critical assessment through the ethical lens. *Human Resource Management Review, 33*. https://doi.org/10.5465/AMBPP.2021.11014

Wang, Y., & Kosinski, M. (2018). Deep neural networks are more accurate than humans at detecting sexual orientation from facial images. *Journal of personality and social psychology, 114*(2), 246–257. https://doi.org/10.1037/pspa0000098

Weber, E., & Büttgen, M. (2018). Eine empirische Untersuchung zur Persönlichkeitsbeurteilung der DAX 30 Vorstandsvorsitzenden mittels automatisierter Sprachanalyse. In K. P. Stulle (Hrsg.), *Psychologische Diagnostik durch Sprachanalyse* (S. 281–336). SpringerGabler.

Welch, B., van Mersbergen, M. R., & Helou, L. B. (2021). Listeners' perceptions of speaker personality traits based on speech. *Journal of speech, language, and hearing research, 64*(12), 4762–4771. https://doi.org/10.1044/2021_JSLHR-20-00582

Wolf, M., Horn, A. B., Mehl, M. R., Haug, S., Pennebaker, J. W., & Kordy, H. (2008). Computergestützte quantitative Textanalyse. *Diagnostica, 54*(2), 85–98. https://doi.org/10.1026/0012-1924.54.2.85

Woods, S. A., Ahmed, S., Nikolaou, I., Costa, A. C., & Anderson, N. R. (2019). Personnel selection in the digital age: A review of validity and applicant reactions, and future research challenges. *European Journal of Work and Organizational Psychology, 29*(1), 64–77. https://doi.org/10.1080/1359432X.2019.1681401

Yarkoni, T. (2010). Personality in 100,000 words: A large-scale analysis of personality and word use among bloggers. *Journal of Research in Personality, 44*(3), 363–373. https://doi.org/10.1016/j.jrp.2010.04.001

Youyou, W., Kosinski, M., & Stillwell, D. (2014). Computer-based personality judgments are more accurate than those made by humans. *Proceedings of the National Academy of Sciences of the United States of America, 112*(4), 1036–1040. https://doi.org/10.1073/pnas.1418680112

Leistungsbeurteilung in Zeiten der Digitalisierung

Daniela Lohaus und Wolfgang Habermann

Inhaltsverzeichnis

U. P. Kanning, M. L. Ohlms (Hrsg.), *Digitale Personalauswahl und Eignungsdiagnostik*,
https://doi.org/10.1007/978-3-662-68211-1_10

10.1 Leistungsbeurteilung im Kontext der Personalauswahl

Wie in den ersten Kapiteln des Buches bereits deutlich wurde, zielen Eignungsdiagnostik und Personalauswahl darauf ab, Personen für die Organisation zu gewinnen, die drei Kriterien erfüllen (Schuler, 2014): Sie müssen erstens die Tätigkeit, für die sie eingestellt werden sollen, ausüben können und auch in der Lage sein, andere Aufgaben zu übernehmen, wenn sich Stelleninhalte verändern. Entsprechend wird zur *Eignung* auch ihr *Potenzial* für die Übernahme anderer Tätigkeiten gezählt. Zweitens sollen sie *motiviert* sein, ihre Aufgaben auszuführen und sich für den Unternehmenserfolg einzusetzen. Es ist drittens wichtig, dass sie nicht nur in ihre Arbeitsgruppe, sondern auch ins Unternehmen als Ganzes passen. Das bedeutet, ihr Anspruchsniveau und ihre *Werte* sollen mit denen der Organisation harmonieren, damit sie zufrieden sind und innerhalb der Organisation akzeptiert werden. Diesem Ansatz liegt die Annahme zugrunde, dass Personen umso stärker zum Unternehmenserfolg beitragen werden, je besser sie diesen Kriterien entsprechen. Diese Entsprechung manifestiert sich dann in hoher Leistung der Einzelnen, die gemeinsam den Erfolg der Organisation ausmachen. Der Zusammenhang zwischen individueller Leistung und der der Organisation, d. h. deren Erfolg, konnte allerdings bislang nicht durchgängig aufgezeigt werden (DeNisi & Murphy, 2017).

Das Human Resource Management (HRM) ist u. a. für die Eignungsdiagnostik und die Personalauswahl zuständig, wie auch für die Rahmenbedingungen der Leistungsbeurteilung. Die Verbindung der Aufgabenfelder liegt darin, dass Leistungsbeurteilungen auch dazu genutzt werden, interne Stellenbewerber/-innen einzuschätzen und Auswahlentscheidungen zu validieren. Ebenso wie in anderen Unternehmensbereichen leisten digitale Anwendungen auch im HRM einen wachsenden Beitrag, Nutzen für Führungskräfte und Mitarbeitende zu schaffen. Dabei gab es bereits frühzeitig Ansätze zum digitalen Leistungsmanagement (Bondarouk & Ruël, 2009), die seit einiger Zeit auch durch Elemente von *Gamification* ergänzt werden (siehe hierzu auch ► Kap. 8, Silic et al., 2020).

In diesem Kapitel werden Inhalte, Formen und Rahmenbedingungen von Leistungsbeurteilungen als Teil eines komplexen Leistungsmanagements dargestellt. Dabei wird deutlich, welche Möglichkeiten die Digitalisierung in diesem Zusammenhang bietet.

10.2 Aufgaben der Leistungsbeurteilung

Der eingangs beschriebene Beitrag zur Erreichung der Ziele der Organisation und damit zum Unternehmenserfolg wird als Leistung verstanden. Aufgrund ihrer meist großen Bedeutung für die Erreichung der Ziele der Organisation (Campbell & Wiernik, 2015) ist eine *systematische Erfassung* des individuellen Anteils bzw. des Anteils von Untereinheiten am Erfolg sinnvoll. Die Leistungsbeurteilung ist ein Prozess, in dem Personen (meist Vorgesetzte) Informationen über Arbeitsleistungen gewinnen und diese nutzen, um subjektive und bewertende Urteile über die Leistung von Personen zu treffen (Murphy, 2020). Die so gewonnenen Beurteilungen werden für unterschiedliche Zwecke genutzt. Murphy et al. (2019) führen acht mögliche *Ziele* auf, denen Leistungsbeurteilung dienen kann (◘ Abb. 10.1).

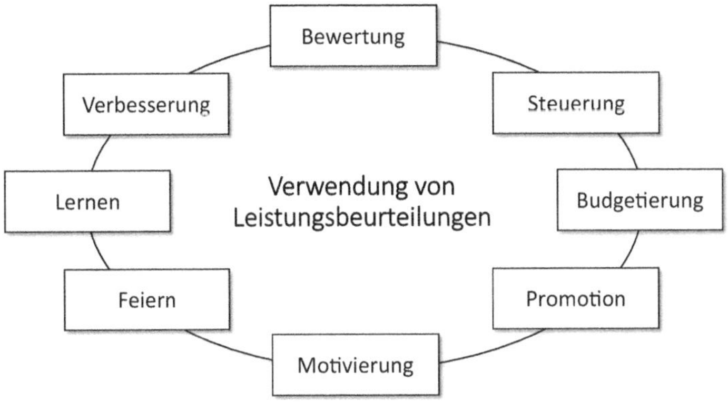

Abb. 10.1 Potenzielle Zwecke von Leistungsbeurteilungen

- Bewertung: In jedem Fall geht es darum festzustellen, wie gut einzelne Mitarbeitende oder Einheiten arbeiten.
- Steuerung: Die Beurteilung kann dazu dienen, das Verhalten der Beurteilten zu lenken, indem es zum Beispiel stärker auf die Erreichung der Ziele der Einheit ausgerichtet wird.
- Budgetierung: Beurteilungen sind nützlich, um Entscheidungen über Ressourcenzuweisungen zu treffen und zu rechtfertigen.
- Promotion: Gegenüber verschiedenen Gruppen von Stakeholdern können Leistungsbeiträge und die Erreichung von Zielen deutlich gemacht werden.
- Motivierung: Mitarbeitende können durch Beurteilungen dazu angeregt werden, sich besonders einzusetzen.
- Feiern: Leistungen sollten angemessen anerkannt werden, um zukünftige Motivation sicherzustellen.
- Lernen: Leistungsbeurteilungen helfen dabei herauszufinden, was und warum etwas gut oder schlecht läuft.
- Verbesserung: Die lernbezogene Analyse dient als Grundlage, um die Leistung kontinuierlich zu steigern.

Eine weitere Verwendung, die von den Autor/-innen bei dieser Aufzählung nicht explizit genannt wird, ist die *Validierung von Auswahlverfahren* (Farr et al., 2014). Denn im Rahmen der Eignungsdiagnostik werden Verfahren eingesetzt, die Leistung messen bzw. vorhersagen. Um die Güte dieser Verfahren zu bewerten, ist es sinnvoll, anhand der Beurteilungen der Leistung in der Tätigkeit, für die jemand eingestellt wurde, zu überprüfen, ob die Vorhersage der späteren tatsächlichen Leistung entspricht (Adler et al., 2016; Cleveland et al., 1989).

Nur wenn der individuelle oder Gruppenbeitrag in Form der diese kennzeichnenden Daten transparent ist, kann er sinnvoll genutzt werden, um für Mitarbeitende wie Unternehmen *relevante Entscheidungen* zu treffen (Aguinis & Burgi-Tian, 2021a, b; Aguinis et al., 2013; Jelley, 2016; Trevor & Piyanontalee, 2020). Dazu gehören auf der Ebene der Mitarbeitenden Entscheidungen über Gehalt, Beförderung und Platzierung, Weiterbeschäftigung sowie die Ermittlung von Trainingsbedarfen und der Zuschnitt von Arbeitsinhalten. So trägt beispielsweise die leistungsabhängige Vergütung speziell in Unternehmenskontexten (im Vergleich zu Laborstudien) deutlich zur Leistungssteigerung bei (Gerhart & Fang, 2015). Auf der Ebene der Organisation sind Personalplanung und Personaleinsatzplanung, Gestaltung von Arbeitsplätzen, Zuweisung finanzieller Mittel, Entscheidungen über die Durch- und Fortführung von Projekten und die Gestaltung personalpolitischer Instrumente und der Unternehmenskultur zu nennen.

Bei der Verwendung von Leistungsbeurteilungen ist zu bedenken, dass viele Unternehmen diese *für mehrere Zwecke gleichzeitig* nutzen möchten, was aber das Risiko birgt, die damit verbundenen Ziele nur unzureichend zu erfüllen (Adler et al., 2016). Forschungsergebnisse zeigen, dass der Zweck der Beurteilung die Suche nach urteilsrelevanter Information beeinflusst und auch verantwortlich dafür ist, wie diese genutzt wird, um Entscheidungen zu treffen (DeNisi & Murphy, 2017). So ist beispielsweise vorstellbar, dass ein Beurteilungssystem, das zur Festlegung der Vergütung (z. B. Grundgehalt, Leistungszulagen, Boni) genutzt wird, weniger gut geeignet ist, um Trainingsbedarfe zu identifizieren. Denn im ersten Fall ist es aus Sicht von Mitarbeitenden zielführend, sich als möglichst leistungsstark darzustellen, während die beurteilenden Führungskräfte möglicherweise eher danach streben, Schwächen aufzudecken, um geringere Gehaltsanpassungen zu rechtfertigen und so ein meist gedeckeltes Budget monetärer Belohnungen einhalten zu können. Im zweiten Fall kann ein umgekehrter Zusammenhang vermutet werden, wenn Mitarbeitende gern an Personalentwicklungsmaßnahmen teilnehmen möchten, weil sie eigene Schwächen erkannt haben, und ihre Führungskräfte das Budget lieber anderweitig verwenden würden. Dieses plakative Beispiel macht deutlich, dass nicht alle Ziele eines Leistungsbeurteilungssystems gleichzeitig gleich gut erfüllt werden können. Stattdessen werden in der Praxis entweder wichtigere Zwecke zugunsten der weniger wichtigen priorisiert oder es werden verschiedene Verfahren für unterschiedliche Ziele genutzt.

Die Vielfältigkeit der Anwendungsfelder von Leistungsbeurteilungen erklärt deren *weite Verbreitung in Organisationen* (Murphy et al., 2019), wobei die Nutzung von Beurteilungen für das Leistungsmanagement in privaten Organisationen üblicher ist als im öffentlichen Sektor (Knies et al., 2022). Im Vordergrund steht eindeutig ihr Zusammenhang mit der Vergütung. Zumindest bis zum Beginn der Covid-19-Pandemie haben weltweit 87 % der Unternehmen die Vergütung mit Leistungsbewertungen verbunden (Mercer, 2019). In ihrer Global Performance Management Study 2019 berichtet Mercer, dass 70 % der befragten HR-Manager/-innen das Leistungsmanagement zukünftig noch stärker mit anderen talentbezogenen Entscheidungen, wie Beförderungen und Nachfolgeplanung, verbinden wollen. Dieser *Trend zur umfangreicheren und ganzheitlicheren Nutzung von Leistungsbeurteilungen* spiegelt sich auch in der wissenschaftlichen Literatur wider (Müller & Lohaus, 2018; Pulakos et al., 2019).

10.3 Das Konstrukt Arbeitsleistung

Bevor die verschiedenen gängigen Formen der Leistungsbeurteilung dargestellt werden, ist der Begriff der Leistung zu spezifizieren. Arbeitsleistung gilt als *komplexes Konstrukt*, das nicht einheitlich verstanden wird (Murphy et al., 2019). Unterschiede beziehen sich auf verschiedene Facetten, wie darauf, ob darunter Verhalten oder Ergebnisse von Verhalten zu fassen sind und was als Vergleichsmaßstab dienen soll, um die Güte der Leistung einzuordnen. Das soll an einem Beispiel deutlich werden. Wenn eine Versicherungsagentin in einem Quartal 50 Lebensversicherungspolicen verkauft, ist das eine gute oder schlechte Leistung? Sie werden sagen: Es kommt darauf an. Und so ist es auch. Die Bewertung ihrer Leistung hängt von vielen zusätzlichen Aspekten ab, wie ihrem Verkauf anderer Versicherungsprodukte, der Leistung von Kolleg/-innen, ihrer Leistung im Vergleich zum vorgegebenen Verkaufsziel, der Finanzkraft und der Struktur des potenziellen Kundenkreises usw. Und dabei ist noch nicht berücksichtigt, ob die Kund/-innen die Policen behalten oder wieder kündigen, ob sie mit ihrer Beratung zufrieden waren und weitere Leistungen in Anspruch nehmen und das Unternehmen weiterempfehlen.

10.3.1 Perspektiven auf Leistung

Um Leistung fassbar zu machen, werden daher verschiedene Ansätze genutzt. So kann Leistung als *Input*, als *Prozess bzw. Verhalten* oder als *Ergebnis bzw. Output* verstanden werden (◘ Abb. 10.2). Leistung als *Input* bezieht sich darauf, dass Personen Voraussetzungen erfüllen, aufgrund derer von ihnen eine bestimmte Leistung erwartet werden kann. Das können formale Qualifikationen wie ein Studienabschluss sein oder Berufserfahrung. Vorteil dieser Sichtweise ist die meist einfache Ermittlung der Voraussetzungen; und Letztere werden in der Praxis häufig genutzt, um neu einzustellende Personen einem Arbeitsplatz und einer Gehaltsklasse zuzuweisen. Allerdings wird Leistung dabei eher als Leistungsversprechen gesehen, denn das Vorliegen bestimmter Qualifikationen bedeutet noch nicht, dass die Person die erwartete Leistung auch wirklich erbringt. Leistung als *Prozess* bezieht sich auf das Verhalten, das eine Person im Arbeitskontext zeigt, um Aufgaben zu erledigen bzw. Ziele zu erreichen. Vorteil dieser Perspektive ist, dass Anstrengungen erfasst werden können, die sich möglicherweise erst nach dem Beurteilungszeitraum als erfolgreich herausstellen. Beispielsweise könnten regelmäßige Kundenbesuche mit dem Fokus auf Beziehungsaufbau und Vertrauensbildung (Verhalten) eine Grundlage dafür sein, dass potenzielle Kunden, die vorerst vielleicht sogar an andere Lieferanten vertraglich gebunden sind, schließlich zu tatsächlichen Kunden werden (Ergebnis). Dieses Verständnis wird von Forschenden (Campbell & Wiernik, 2015; Murphy et al., 2019) und teilweise auch in der Praxis (Church et al., 2015) bevorzugt. Die dritte als Resultate von Verhalten verstandene Perspektive, nämlich *Ergebnis* bzw. Output (Campbell & Wiernik, 2015), wird von vielen Unternehmen wo immer möglich verfolgt, weil diese Sichtweise den Zielen der Organisation am besten entspricht. Häufig sind Ergebnisse zudem objektiv erfassbar (wie z. B. Umsatz oder Gewinn), was Vorteile in der Messung mit sich bringt.

◘ **Abb. 10.2** Perspektiven auf Leistung

10.3.2 Inhaltliche Komponenten von Leistung

Es gibt verschiedene Ansichten, aus welchen *inhaltlichen Komponenten* sich individuelle Leistung zusammensetzt. Auf der Basis ihres systematischen Reviews über 17 generische und 18 tätigkeitsspezifische Modelle postulierten Koopmans et al. (2011) ein generisches hierarchisches Modell (◘ Abb. 10.3). Auf oberster Ebene steht die individuelle Arbeitsleistung, die einem g-Faktor der Leistung entspricht, der wesentliche Anteile der Varianz in empirischen Leistungsbeurteilungen erklärt (Viswesvaran et al., 2005). Auf der zweiten Ebene sind vier voneinander nicht unabhängige Dimensionen verortet, die den in früheren Leistungsmodellen identifizierten Komponenten entsprechen: aufgabenbezogene Leistung, kontextbezogene (umfeldbezogene) Leistung, adaptive (Anpassungs-)Leistung und kontraproduktives Arbeitsverhalten. Die *aufgabenbezogene Leistung* (z. B. Borman & Motowidlo, 1997; Pulakos et al., 2000; Viswesvaran & Ones, 2000) bezieht sich auf die Aufgabenbewältigung durch das Beherrschen zentraler Arbeitsaufgaben, auch Intrarollenverhalten genannt. Die *kontextbezogene Leistung* oder auch Extrarollenverhalten, die zweite Dimension, besteht aus Verhaltensweisen, die über die eigentliche Arbeitsleistung hinaus erbracht werden und das organisatorische, soziale und psychologische Arbeitsumfeld unterstützen (z. B. Borman & Motowidlo, 1997). Diese Art der Leistung weist eine deutliche Nähe zum Konstrukt des *Organizational Citizenship Behavior* (OCB) auf (Organ, 1988). Die dritte Dimension ist die *adaptive Leistung*, d. h. die Fähigkeit von Mitarbeitenden, sich an Veränderungen in einem Arbeitssystem oder in der Arbeitsrolle anzupassen (Allworth & Hesketh, 1999; Pulakos et al., 2000). Damit sind der Einsatz von Kompetenzen und das Erlernen neuer Kompetenzen gemeint, wenn sich Arbeitsinhalte und Arbeitsweisen verändern. Diese Form der Leistung ist speziell in Krisen relevant, wie der durch die Covid-19-Pandemie ausgelösten (Aguinis & Burgi-Tian, 2021b). Sie gewinnt aber auch ganz allgemein durch die zunehmende Digitalisierung an Bedeutung. So weisen Cascio und Montealegre (2016) auf die gestiegenen Arbeitsanforderungen hin, die nichts mit der eigentlichen Arbeitsaufgabe, also dem Tätigkeitsinhalt, zu tun haben, sondern mit dem Erlernen und Verwenden von Technologien, die neuerdings auch bei gleichbleibendem Arbeitsinhalt mit der

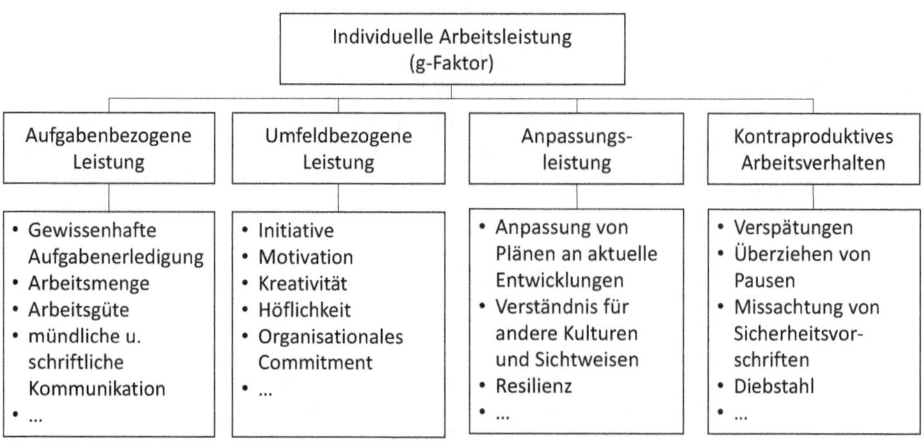

◘ **Abb. 10.3** Generisches Modell der Leistung. (Angepasste Darstellung nach Koopmans et al., 2011)

Arbeitserledigung verbunden sind (siehe auch Bernauer & Kornau, 2022; Hu et al., 2021; Lohaus et al., 2018; Nixon & Spector, 2014). Die damit möglicherweise einhergehende technische Überlastung kann allerdings zu Leistungseinbußen führen (Bilotta et al., 2021). Allen et al. (2020) haben Kompetenzen identifiziert, die notwendig sind, um mit der digitalen Transformation zurechtzukommen. Dazu gehören Anpassungs- und Widerstandsfähigkeit, Kreativität und Innovationsfähigkeit sowie die Anwendung von Technologien. Das *kontraproduktive Arbeitsverhalten* (im Englischen: *Counterproductive Work Behavior*, CWB) ist solches, das die Organisation schädigt (Dalal, 2005; Viswesvaran & Ones, 2000). Es wird als vierte Dimension der Leistung gesehen und auch als negative Leistung bezeichnet (O'Boyle & Aguinis, 2012). Die dritte Ebene des Rahmenwerks besteht aus Indikatoren für die Dimensionen der zweiten Ebene.

In der Praxis werden meist nicht alle Dimensionen berücksichtigt. So gaben in einer Studie unter HR-Manager/-innen der Fortune-500-Unternehmen in den USA 64 % der teilnehmenden Organisationen an, neben der aufgabenbezogenen Leistung auch kontextbezogene Leistung/OCB zu erheben. Allerdings lassen nur 39 % CWB beurteilen (Gorman et al., 2017). Es kann sinnvoll sein, das generische Modell für die Leistungsbeurteilung in der jeweiligen Organisation anzupassen, um die Validität, die Praktikabilität und die Akzeptanz des Beurteilungssystems sicherzustellen.

Bei der Leistungsbeurteilung sind die Entstehungsbedingungen von Leistungen zu berücksichtigen. Dabei ist zu beachten, dass Leistung als eine Multiplikation der *Fähigkeit* von Menschen (des Könnens), ihrer *Motivation* (des Wollens) und der *Rahmenbedingungen* (des Dürfens) verstanden wird (Campbell & Wiernik, 2015). Ist eine der drei Komponenten nicht vorhanden, entsteht keine Leistung. Konkret: Wenn jemand zwar die Arbeitsleistung ausführen kann, aber nicht motiviert ist, wird die Person keine Leistung erbringen. Ebenso reicht es nicht aus, wenn sie zwar die Kompetenzen aufweist und sie auch einsetzen möchte, sie aber durch die Arbeitssituation oder Vorgaben durch die Führungskraft daran gehindert wird. Alle drei Aspekte sind bei der Beurteilung von Leistungen zu berücksichtigen.

Zudem ist zu beachten, dass Leistung kein statisches Konstrukt ist, sondern eine z. T. erhebliche *Variabilität über die Zeit* zeigt (Dalal et al., 2020). So gehen Änderungen in der Leistung mit Veränderungen innerhalb einer Person einher, die durch die Fähigkeiten und die Motivation bedingt sind (Dalal et al., 2014). Eine wesentliche Unterscheidung im Hinblick auf die Variabilität ist die zwischen maximaler und typischer Leistung, die in Bezug auf Richtung, Ausmaß und Dauer der Anstrengung zur Aufgabenbewältigung erbracht werden (Campbell & Wiernik, 2015). Maximale Leistung wird als die Obergrenze dessen bezeichnet, was eine Person aufgrund ihrer Fähigkeiten unabhängig von ihrer Motivationslage erreichen kann („can do", Dalal et al., 2014). Sie ist im Arbeitsalltag nur kurzfristig aufrechtzuerhalten. Typische Leistung wird als diejenige bezeichnet, die jemand dauerhaft im Alltag zeigt („will do", Dalal et al., 2014). Letztere hängt natürlich auch von den Fähigkeiten ab, wird aber wesentlich von der aktuellen Motivation der Person bestimmt (Klehe & Anderson, 2007), also der Ausdauer und der Anstrengung. Für drei im Modell von Koopmans et al. (2011) genannte Leistungsdimensionen (außer adaptiver, die nicht untersucht wurde) ermittelten McCormick et al. (2020) sowie Podsakoff et al. (2019), dass 40 % bis 50 % der Variabilität der Leistung durch innerhalb von Personen liegende Faktoren erklärt werden können. *Kurzfristige Schwankungen* in der Leistung können beispielsweise durch den Biorhythmus, Interesse, Müdigkeit, Langeweile oder auch

Stress bedingt sein (Lohaus, 2009). Von Beurteilenden wird erwartet, dass sie nicht nur die durchschnittliche Leistung bewerten, sondern auch Extreme, Trends und Zyklen berücksichtigen (Dalal et al., 2014). *Längerfristig* spielt speziell das Lernen bzw. die Entwicklung von Kompetenzen eine Rolle, um die Fähigkeit zur Leistungserbringung zu steigern. Weitere Veränderungen hängen mit dem Alter zusammen. Während die Abnahme der Informationsverarbeitungsgeschwindigkeit sich bei manchen Arbeitstätigkeiten negativ auswirken kann, kann die Zunahme an erfahrungsbasiertem Urteilsvermögen dies teilweise kompensieren und sich zudem positiv auf OCB und reduzierend auf CWB auswirken (Ng & Feldman, 2013). Die mit dem Alter einhergehenden stärkeren Ausprägungen von Gewissenhaftigkeit und Verträglichkeit (Roberts et al., 2006) sowie das Streben nach positiven Beziehungen und Erfahrungen sollten sich ebenfalls günstig auf alle Leistungsdimensionen (außer adaptive Leistung, die nicht betrachtet wurde) auswirken (Ng & Feldman, 2013). Eine Verschiebung der Zielorientierung von Gewinnmaximierung zu Verlustvermeidung wirkt sich nachteilig auf die aufgabenbezogene Leistung aus, speziell in Bezug auf das Streben nach Kompetenzentwicklung. Im Gegensatz dazu beeinflusst diese Verschiebung der Zielorientierung tendenziell OCB und CWB in günstiger Weise (Ng und Feldman, 2013).

10.4 Leistungskriterien

Bei Leistung handelt es sich nicht nur um ein komplexes, sondern auch um ein latentes Konstrukt, was bedeutet, es ist *nicht direkt beobachtbar*, sondern muss über *geeignete Indikatoren* erfasst werden. Im Allgemeinen wird nicht versucht, alle Aspekte der Arbeitsleistung über Indikatoren zu erheben, weil das zu aufwändig wäre. Daher muss eine sinnvolle Auswahl getroffen werden. In jedem Fall muss ein Indikator einen Teil der Leistung abdecken (*Kriteriumsrelevanz*). Um das sicherzustellen, sollten die Leistungskriterien auf der Basis einer systematischen *Aufgaben- und Anforderungsanalyse* (Sanchez & Levine, 2012) oder eines *Kompetenzmodells* (Campion et al., 2011) entwickelt werden. Da allerdings kein einzelner Indikator die Leistung komplett abdeckt (*Kriteriumsdefizienz*), werden üblicherweise mehrere Leistungskriterien genutzt. Bei den verwendeten Indikatoren sollte außerdem darauf geachtet werden, dass sie die Leistung so rein wie möglich erfassen, das bedeutet, andere Einflüsse als die Leistung des Individuums (*Kriteriumskontamination*) sollen vermieden werden.

Wenn wir bei dem Beispiel der Versicherungsmaklerin bleiben, ist die Anzahl der verkauften Policen sicher ein relevanter Indikator für Leistung. Allerdings ist er insofern defizient, als er andere wichtige Aspekte, wie z. B. Kundenbindung, nicht erfasst. Außerdem kann der Verkaufserfolg beispielsweise dadurch behindert werden, dass die Angebote von Wettbewerbern deutlich attraktiver sind oder dass im zu bearbeitenden Verkaufsgebiet kaum potenzielle Kund/-innen leben, was das Kriterium kontaminiert.

Unter Berücksichtigung dieser Aspekte werden Indikatoren bzw. Leistungskriterien ausgewählt, die sich danach unterscheiden lassen, ob sie objektiv oder subjektiv zu erheben sind. Als *objektiv* gilt alles, was mess- und zählbar ist, wie monetäre Kenngrößen und Mengen. *Subjektiv* sind Kriterien, die durch die Einschätzung einer

Tab. 10.1 Arten von Beurteilungskriterien

Verständnis von Leistung als	Input	Prozess/Verhalten	Ergebnis/Output
Verwendung	Vorhersage von Leistung	Steuerung von Verhalten Personalentwicklung	Ergebnisfeststellung
Vorteile	Gut generalisierbar auf viele Leistungskontexte	Durch Konkretheit lassen sie Ansatzpunkte für Änderungen des Verhaltens leicht erkennen	Repräsentieren die Ziele der Organisation am besten Meist objektiv messbar
Nachteile	Bilden eher das Leistungspotenzial als die tatsächliche Leistung ab	Vernachlässigen alternative Verhaltensweisen, die zum selben Ziel führen	Unterliegen häufig nicht nur dem Einfluss der beurteilten Person
Beispiele	- Gewissenhaftigkeit - Studienabschluss - Seniorität	- Anwesenheit - Unterstützung von Kolleg/-innen	- Umsatz - Produzierte Stückzahl - Anzahl bearbeiteter Vorgänge - Kundenzufriedenheit

Person zustande kommen, wie die Beurteilung von Persönlichkeitseigenschaften oder Verhaltensweisen. Wie bereits bei den Perspektiven auf Leistung deutlich wurde, wird unterschieden, ob sich Kriterien an Leistung als Input (z. B. Cenciotti et al., 2022; Woods, 2022), als Prozess (z. B. Aguinis & Burgi-Tian, 2021a; Cenciotti et al., 2022) oder als Ergebnis bzw. Output (z. B. Aguinis & Burgi-Tian, 2021b; Cenciotti et al., 2022) orientieren (Abb. 10.2). Letztere entsprechen häufig dem, was im betriebswirtschaftlichen Kontext als *Key Performance Indicators* (KPIs, Aguinis & Burgi-Tian, 2021a) verstanden wird. Mit der Verwendung jeder Art von Kriterium gehen wesentliche Vor- und Nachteile einher (Tab. 10.1), sodass zu überlegen ist, wie im konkreten Fall Kriterien kombiniert werden, um die Ziele der Beurteilung möglichst gut zu erreichen. So gibt es beispielsweise zu selbst bewerteten Persönlichkeitseigenschaften Hinweise, dass sie kaum mit Leistungsbewertungen durch andere zusammenhängen (Woods, 2022). Ergebniskriterien (wie z. B. Umsatz, Aktienkurs) haben den Nachteil, dass sie häufig nicht nur durch die Person beeinflusst, sondern auch kontaminiert sind (Campbell & Wiernik, 2015) (Tab. 10.1).

10.5 Formen der Leistungsbeurteilung

Nach dem Zeithorizont und dem vorrangigen Ziel der Beurteilung werden drei Ebenen der Bewertung unterschieden (Abb. 10.4). Das sog. *Day-to-Day-Feedback* gibt die Führungskraft ihren Mitarbeitenden zeitnah im Arbeitsalltag. Es handelt sich dabei um kurze Gespräche, die meistens dazu dienen, aktuell beobachtetes Verhalten, das suboptimal im Hinblick auf die Zielerreichung ist, rasch umzusteuern oder zielführendes Verhalten anzuerkennen. Dieses Feedback ist nicht formalisiert und ergibt sich aus der aktuellen Arbeitssituation. Es gewinnt auch in der Leistungsbeurteilungs-

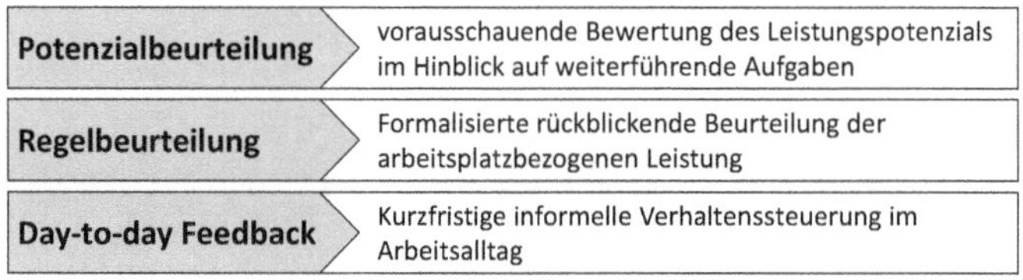

Abb. 10.4 Ebenen der Leistungsbeurteilung. (Nach Schuler, 2004)

forschung zunehmend an Bedeutung (Katz et al., 2021). Die zweite Ebene, um die es in diesem Kapitel hauptsächlich geht, ist die der sog. *Regelbeurteilung*. Damit ist die rückblickende Beurteilung der Leistungen für einen festgelegten Beurteilungszeitraum gemeint. Dieser umfasst in vielen Unternehmen ein Jahr, die Beurteilung kann aber auch häufiger oder unregelmäßiger, z. B. bei projektorientierter Arbeit am Ende eines Projekts, stattfinden. Diese Beurteilung erfolgt üblicherweise formalisiert anhand systematischer Beurteilungsinstrumente, wie sie weiter unten beschrieben werden. Auch diese Beurteilung geht mit einem Feedback an die beurteilte Person einher. In den letzten Jahren scheinen Unternehmen von starren Beurteilungszeiträumen abzugehen. GE, Accenture, Adobe, NETFLIX und andere Unternehmen haben jährliche Beurteilungen aufgegeben und sind wohl zu viel häufigeren Gesprächen zwischen Vorgesetzten und Mitarbeitenden übergegangen. Man verabredet sich vierteljährlich, monatlich oder gar wöchentlich zu Treffen wie zu einer Kaffeepause (Wilkie, 2015). Die dritte Ebene ist die der *Potenzialbeurteilung*. Sie wird typischerweise höchstens einmal jährlich vorgenommen und bezieht sich auf der Basis zuvor beobachteter Leistungen auf die Abschätzung des Leistungsvermögens einer Person, zukünftig weiterführende Aufgaben zu übernehmen. Eine Potenzialeinschätzung kann Bestandteil der Regelbeurteilung sein, wird in manchen Unternehmen aber auch als separate Messung, z. B. in Form von Assessment-Centern, vorgenommen. Sie kann auch ohne direkte Beteiligung der betroffenen Person erfolgen, z. B. durch Einschätzung der Führungskraft in sog. *Talent-Reviews*, in denen sich das Management über Potenzialträger/-innen im eigenen Bereich austauscht. Während die ersten beiden Ebenen auf aktuelle Mitarbeitende der Organisation beschränkt sind, können Potenzialbeurteilungen auch bereits während der Phase der Personalauswahl vorgenommen werden (Lohaus & Kleinmann, 2002).

Im Hinblick auf die Art, wie arbeitsplatzbezogene Leistung in Organisationen bewertet wird, lassen sich drei Hauptformen unterscheiden, die im Folgenden beschrieben werden. Außerdem wird das in den letzten Jahren verstärkt eingesetzte digital unterstützte Performance-Monitoring beleuchtet.

10.5.1 Kriterienorientierte bzw. absolute Leistungsbeurteilung

Von kriterienorientierter oder absoluter Leistungsbeurteilung wird gesprochen, wenn Personen mithilfe einer oder mehrerer *Urteilsskalen* im Hinblick auf *zuvor festgelegte Leistungskriterien* bewertet werden (Lohaus & Schuler, 2014). Dabei wird die Leistung im Vergleich zur sog. *Normalleistung* beurteilt. Obgleich es keine einheitliche Definition dieses Begriffs gibt, wird im Allgemeinen darunter die Leistung verstanden, die eine Person erbringt, die für die Tätigkeit geeignet und eingearbeitet, in ihr geübt ist, und sie bei mittlerer Anstrengung und durchhaltbarem Kräfteeinsatz auf Dauer ohne Gesundheitsschädigung zeigt. Kennzeichnend für diese Form der Beurteilung ist demnach, dass der Beurteilungsmaßstab im Vorfeld feststeht und jede Person unabhängig von anderen beurteilt wird (Lohaus, 2009). Allerdings muss man in der Praxis davon ausgehen, dass die beurteilenden Personen keinen abstrakten Begriff der Normalleistung vor Augen haben, sondern aus ihren Erfahrungen bzw. bisherigen Beobachtungen von Leistung schöpfen und vermutlich eine darauf bezogene durchschnittliche Leistung damit verbinden.

Die Frage nach der besten Urteilsskala hat die psychologische Leistungsbeurteilungsforschung lange beschäftigt, ohne zu einer eindeutigen Antwort zu kommen (DeNisi & Murphy, 2017). Innerhalb vielfältiger Formate können drei wesentliche Aspekte unterschieden werden: erstens, wie stark die Beurteilung *differenziert* werden kann im Hinblick auf die Anzahl der zu beurteilenden Kriterien und die Anzahl der Abstufungen im Urteil, zweitens, wie viel *Interpretationsspielraum* bezüglich der Kriterien gewährt wird bzw. wie konkret Leistungsindikatoren beschrieben sind, und drittens, ob die Beurteilung in Form der *Zustimmung* zu einer Aussage erfasst wird oder als Einschätzung der beobachteten Häufigkeit von Verhalten (Lohaus & Schuler, 2014).

Am weitesten verbreitet sind Einstufungsverfahren anhand sog. *grafischer oder einfacher Urteilsskalen*, bei denen jedes Leistungskriterium auf einer abgestuften Skala bewertet wird (◘ Abb. 10.5). Um den Interpretationsspielraum einzuschränken, sollten die Kriterien möglichst klar verständlich beschrieben werden (◘ Abb. 10.5, Beispiel d im Vergleich zu a und b). Zu entscheiden ist, wie viele Abstufungen für den Beurteilungszweck sinnvoll sind. Eine höhere Anzahl erlaubt die stärkere *Differenzierung des Urteils*, was günstig ist für die Ermittlung von Trainingsbedarf und -erfolg sowie für das Feedback zu Leistungsveränderungen. Gleichzeitig muss aber darauf geachtet werden, Beurteilende nicht durch eine zu große Anzahl von Abstufungen zu

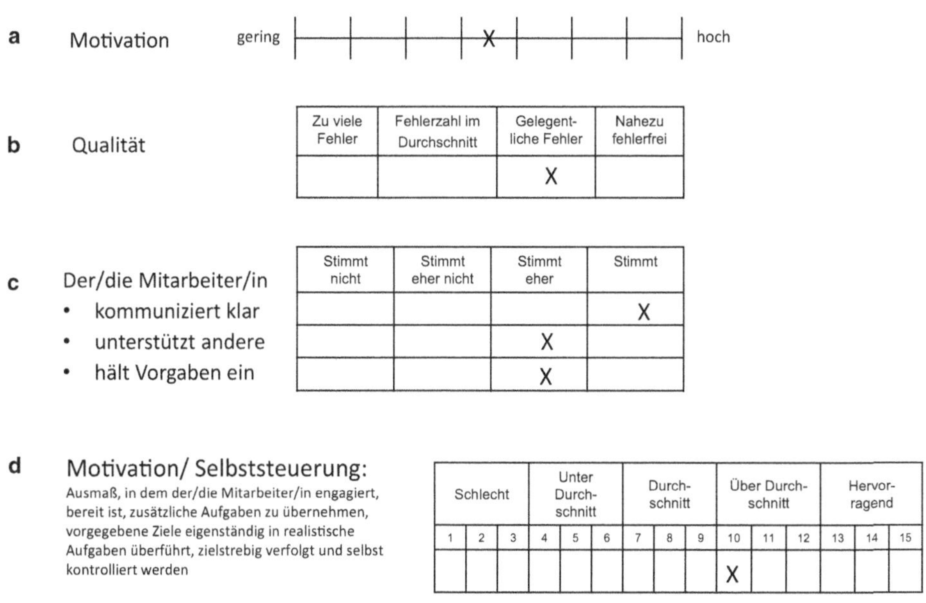

◘ **Abb. 10.5** Beispiele für Gestaltungsoptionen für einfache Urteilsskalen

überfordern, was üblicherweise bei mehr als sieben Stufen erwartet wird. Daher kann es sich anbieten, die Einschätzung in zwei Schritten vorzunehmen (◘ Abb. 10.5, Beispiel d), indem zunächst die gröbere Einordnung der Leistung erfolgt (hier die semantische Beschreibung der Leistung in der ersten Tabellenzeile) und dann eine feinere Abstufung (die numerische Beschreibung der Leistung in der zweiten Tabellenzeile). Auch ist festzulegen, ob die Skala eine gerade oder ungerade Anzahl von Stufen aufweist, wobei Letzteres impliziert, dass es eine mittlere oder durchschnittliche Leistung gibt. Es ist zu empfehlen, alle Leistungskriterien anhand derselben Skala zu bewerten, weil das den Prozess der Entwicklung und der Nutzung des Instruments vereinfacht (◘ Abb. 10.5, Beispiele a, c und d im Vergleich zu b).

Neben den einfachen Urteilsskalen gibt es innerhalb der Gruppe der *Einstufungsverfahren* aufwändiger konstruierte Skalen, z. B. *verhaltensverankerte Skalen* und *Verhaltensbeobachtungsskalen*. Weiterhin wurden auch sog. Kennzeichnungs- und Auswahlverfahren empirisch untersucht. Da sie für die Praxis allerdings kaum von Bedeutung sind, wird auf die Darstellung dieser Verfahren hier verzichtet. Nähere Beschreibungen finden sich bei Landy und Farr (1983) sowie Schuler (2004) und Lohaus (2009).

10 Kriterienorientierte Verfahren sind in Unternehmen weitverbreitet. So gaben in einer Studie unter HR-Manager/-innen der Fortune-500-Unternehmen in den USA 52 % der teilnehmenden Organisationen an, absolute Beurteilungsformate zu nutzen (Gorman et al., 2017). An kriterienorientierten Verfahren wird aber häufig kritisiert, dass sie in der Praxis *zu milde Urteile* begünstigen, d. h. eine Führungskraft ihre Mitarbeitenden relativ positiv bewertet (Thomason et al., 2018). Das kann Schwierigkeiten bzgl. der auf ihnen basierenden Personalentscheidungen mit sich bringen, z. B. bei der Einhaltung des Budgets für Vergütungen, weshalb nach Lösungen gesucht wurde, wie diese wahrscheinliche Urteilsverzerrung vermieden werden kann. Eine Möglichkeit dafür bieten normorientierte Verfahren.

10.5.2 Normorientierte oder relative Leistungsbeurteilung

Kennzeichnend für normorientierte Beurteilungsverfahren ist, dass die Leistung einer Person *mit der anderer Personen verglichen* wird. Das kann summarisch oder in Bezug auf mehrere Leistungskriterien geschehen. Der *Vergleichsmaßstab steht dadurch nicht im Vorhinein* fest, sondern ergibt sich aus der Leistung der anderen Personen im Beurteilungszeitraum. Im Vergleich zu den absoluten Verfahren stehen die Motivationsfunktion sowie ggf. der *Wettbewerbscharakter* für die Mitarbeitenden im Fokus mit dem Ziel, eine Leistungskultur in der Organisation zu etablieren (Blume et al., 2013).

Auch innerhalb dieser Verfahrensgruppe gibt es mehrere Varianten (siehe Lohaus & Schuler, 2014), wobei die direkte Rangreihenbildung und die Quotenvorgabe die einfachsten sind. Bei der direkten *Rangreihenbildung* hat die Führungskraft die Aufgabe, alle Mitarbeitenden im Hinblick auf ihre Leistung von der besten zur schlechtesten in eine Abfolge zu bringen. Bei der *Quotenvorgabe* wird den Führungskräften eine begrenzte Anzahl von Kategorien (z. B. typischerweise fünf bis sieben) von sehr guter bis sehr schlechter Leistung vorgegeben. Sie ordnen dann ihre Mitarbeitenden unter Beachtung vorgegebener Prozentsätze für die Kategorien ein, die sich meist an der Normalverteilung orientieren (◘ Abb. 10.6). Quotenvorgaben basieren auf der

Rang	Vorgehen
1	1. Festlegung
2	2. Festlegung
3	3. Festlegung
4	…
…..	…
N-1	…
N	Letzte Festlegung

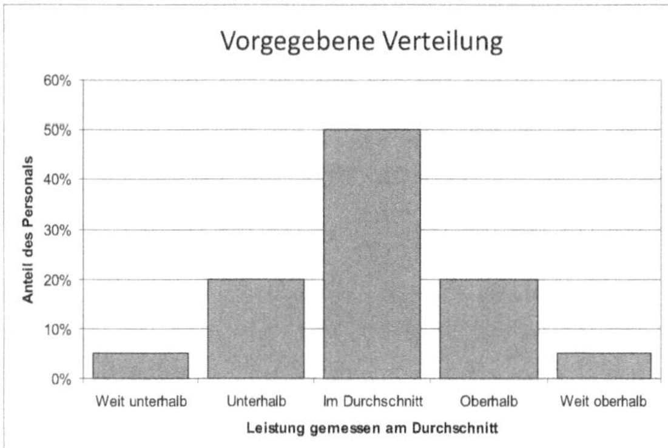

Abb. 10.6 Beispiele für normorientierte Verfahren (links: direkte Rangreihenbildung, rechts: Quotenvorgabe)

impliziten Annahme, Leistung sei normalverteilt, was allerdings in der Realität in vielen Fällen nicht gegeben ist (O'Boyle & Aguinis, 2012). Speziell bei kleinen Arbeitsgruppen, die relativ homogene Leistungen aufweisen, kann diese Form der Verteilung problematisch sein, insbesondere dann, wenn an die Beurteilung weitreichende Konsequenzen, wie die Entscheidung über eine Weiterbeschäftigung, geknüpft werden.

Forschungsbefunde zu dieser Verfahrensform sind uneinheitlich. Jelley (2016) argumentiert, dass Menschen in allen Lebensbereichen soziale Vergleiche anstellen, vor allem, wenn keine absoluten Informationen zur Verfügung stehen und ihnen Vergleiche leichter fallen als absolute Einschätzungen. Daher hält er den direkten Vergleich mit anderen Personen auch im Kontext von Leistungsbeurteilungen für sinnvoll. Zudem verweisen verschiedene Autor/-innen auf Belege für die *inkrementelle Validität relativer Leistungsurteile* im Vergleich zu absoluten (Goffin & Olson, 2011; Jelley, 2016). Adler et al. (2016) nennen Befunde, nach denen Millennials eher durch relatives Feedback zu motivieren sind als durch absolutes. Blume et al. (2013) berichten von einer höheren Attraktivität von Organisationen, die *Zwangsverteilungssysteme* (also die hier beschriebenen normorientierten Verfahren) verwenden für Personen, die über eine höhere kognitive Leistungsfähigkeit verfügen als andere. Hingegen berichten Thomason et al. (2018) eine höhere Attraktivität dieses Vorgehens für Personen, deren Gewissenhaftigkeit geringer ausgeprägt ist und die ein stärkeres Empfinden dafür haben, dass ihnen mehr zustünde als anderen. Ein weiteres Argument gegen diese Verfahren besteht darin, dass es von Vorgesetzten als schwieriger anzuwenden und weniger fair empfunden wird als absolute Beurteilungsverfahren, speziell, wenn die Leistungen der beurteilten Personen dicht beieinander liegen (Schleicher et al., 2009). Grant und Shandell (2022)weisen darauf hin, dass Wettbewerb zwar zur Leistungssteigerung motivieren kann, aber auch zu einem höheren Ausmaß an kontraproduktivem Arbeitsverhalten und dass der Wechsel von Wettbewerb zu Kooperation schwerer fällt als umgekehrt.

Obgleich mit diesem Verfahren Mildeeffekte verhindert werden können, haben inzwischen einige Unternehmen, wie General Electric, Microsoft und Amazon, dieses Verfahren wieder abgeschafft (siehe Thomason et al., 2018), weil es aufgrund des hohen Wettbewerbscharakters und *Nullsummenspiels* ein Risiko für die Unternehmenskultur darstellt.

10.5.3 Zielorientierte Leistungsbeurteilung

Zielorientierte Leistungsbeurteilung ist in der Praxis sehr weitverbreitet (Aguinis & Burgi-Tian, 2021b). Das Verfahren basiert auf der *Zielsetzungstheorie* von Latham und Locke. Die Motivationstheorie erklärt, warum manche Menschen Arbeitsaufgaben besser erledigen als andere (Locke & Latham, 2013). Sie geht von der Annahme aus, dass Ziele Menschen zum Handeln motivieren. Im Kontext von Leistungsbeurteilungen wird dieser Zusammenhang genutzt, um die Leistung von Mitarbeitenden auf Ziele auszurichten, die aus Sicht der Organisationsleitung erstrebenswert sind. Ziele sind durch zwei wesentliche Merkmale gekennzeichnet: ihren *Inhalt* und ihre *Intensität*. Der Inhalt beschreibt das, was angestrebt wird, und die Intensität die Wichtigkeit für die handelnde Person (Locke & Latham, 2013). Auf der Basis unzähliger Studien zu Zielsetzungspraktiken haben sich einige Prinzipien für Ziele als besonders wirksam herausgestellt, um Leistung zu fördern (Latham, 2017):

- Schwierige spezifische Ziele führen zu einer deutlich höheren Leistung als einfache, keine oder abstrakte Ziele.
- Je höher das Commitment zum Ziel (bzw. die Wichtigkeit für die handelnde Person), desto höher ist die Leistung.
- Setzung und Verfolgung von Zielen werden durch Persönlichkeitsmerkmale der handelnden Person und durch Anreize beeinflusst.
- Ziele wirken auf die drei Mechanismen der Motivation, d. h. auf die Wahl von Strategien, auf die Anstrengung und auf die Ausdauer. Diese können dazu anregen, neue Wege zu finden, um ein Ziel zu erreichen.

10

Von zielorientierten Verfahren wird gesprochen, wenn für einen Beurteilungszeitraum *im Vorhinein Ziele festgesetzt* und deren Erreichungsgrad am Ende des Beurteilungszeitraums das Leistungsniveau bestimmt. Das bedeutet, ebenso wie bei kriterienorientierten Verfahren ist der beurteilten Person der *Leistungsmaßstab im Voraus bekannt und hängt nicht von der aktuellen Leistung anderer* Personen ab (Lohaus & Schuler, 2014). Dabei wird häufig davon ausgegangen, dass die Ziele ausgehend von denen der Unternehmensleitung für jede nachfolgende Ebene heruntergebrochen werden sollten, damit sie an die strategischen Ziele angebunden sind. Das kann allerdings zu zeitintensiv und schwierig sein, sodass dieser Link in der Praxis oft nicht erreicht wird (Pulakos et al., 2015).

Es lässt sich unterscheiden, wie die Ziele festgelegt werden. So können sie einseitig bzw. top-down als Vorgabe festgelegt werden (*Zielsetzung*). Alternativ werden die Mitarbeitenden an der Zielfindung beteiligt (*Zielvereinbarung*) oder sie setzen sich ihre Ziele selbst. Alle drei Ansätze sind nützlich, um Leistung zu fördern (Latham, 2017). Van Lill et al. (2020) berichten, dass im Vergleich zur direktiven Vorgabe eine stärkere Zielbindung durch einen sog. beratenden Stil der Führungskraft erreicht werden kann. In diesem Stil kombiniert die Führungskraft überzeugende Argumente zu Wichtigkeit und Zweckmäßigkeit der von ihr vorgeschlagenen Ziele mit der Berücksichtigung von alternativen Sichtweisen und Bedenken, die von ihren Mitarbeitenden geäußert werden. Das bedeutet, in den beiden letztgenannten Varianten führt die Partizipation zu einer hohen Zielbindung. Bei gesetzten Zielen wird diese Zielbindung typischerweise über Anreize erreicht, z. B. die Knüpfung der Vergütung an die Zielerreichung. ◘ Abb. 10.7 beschreibt das typische Vorgehen in Unternehmen.

Abb. 10.7 Typischer Zielmanagementprozess in Unternehmen. (Verändert nach Pulakos et al., 2019, S. 256)

Zur besseren Handlungssteuerung sind Unternehmen in den letzten Jahren dazu übergegangen, einen kürzeren als den zuvor typischen jährlichen Zyklus für die Vereinbarung und Überprüfung von Zielen anzusetzen (Ledford et al., 2016), was auch von Wissenschaftler/-innen empfohlen wird (Pulakos et al., 2015).

Ein großer Vorteil des Führens mit Zielen ist, dass es den Mitarbeitenden die Wahl lässt, auf welchem Weg sie das Ziel erreichen. Das eröffnet ihnen *Handlungsspielraum*, setzt allerdings auch voraus, dass sie die Tätigkeit bereits beherrschen. Ist das nicht der Fall, ist es günstiger, Lernziele zu setzen, die dabei helfen, die aufgabenrelevanten Kompetenzen zu entwickeln (Giessner et al., 2020). Im Prozess der Zielerreichung vergleichen Mitarbeitende ihre aktuelle Leistung mit dem Ziel und überwachen so selbstständig ihren Fortschritt und ziehen Befriedigung aus der Annäherung an das Ziel und seinem Erreichen oder Überschreiten. Giessner und Kolleg/-innen (2020) argumentieren, dass es günstiger ist, Ziele als Maximal- oder Idealstandard im Vergleich zu Minimalstandards zu formulieren. Sie zeigten, dass auch das Verfehlen eines Maximalstandards eine umso höhere Zufriedenheit bewirkt, je dichter die Leistung am Ziel liegt. Die Zufriedenheit bei Übererfüllung war unabhängig vom Grad der Übererfüllung. Umgekehrt zeigte sich auch bei nur knapper Verfehlung von Minimalstandards Unzufriedenheit, während das Ausmaß des Übertreffens des Minimalstandards den Grad der Zufriedenheit mit der eigenen Leistung bestimmte. Welsh und Kolleg/-innen (2020) warnen allerdings davor, Ziele zu hoch zu setzen (z. B. so hoch, dass nur 10 % der Beschäftigten sie erreichen können), weil das bei hoher Zielbindung dazu führen kann, dass sich die Betroffenen moralisch distanzieren und fragwürdiges Verhalten zeigen, um die Ziele zu erreichen.

10.6 Beurteilende Personen

Am Prozess der Leistungsbeurteilung ist meist die *Triade* von HR-Spezialist/-in, Führungskraft in der Linie und Mitarbeiter/-in beteiligt. Das HRM stellt ein Leistungsbeurteilungssystem zur Verfügung und die HR-Spezialist/-innen beraten zum Verfahren und sorgen dafür bzw. überwachen, dass unternehmensinterne Standards (z. B. Häufigkeit und Zeitraum der Beurteilung, Fairness) sowie rechtliche Bedingungen eingehalten werden. Die Führungskräfte beurteilen die Leistung und geben ihren Mitarbeitenden Feedback dazu. Sie dokumentieren die Bewertung und stellen sie dem HRM zur weiteren Nutzung zur Verfügung. Mitarbeitende haben die Aufgabe, das Feedback zu nutzen, um ihre Leistung zu verbessern sowie ggf. an der Beurteilung mitzuwirken (Lohaus, 2009).

Leistungsbeurteilungen beruhen auf der Annahme, dass jede beurteilte Person ein *stabiles Niveau der tatsächlichen oder wahren Leistung* aufweist, das ihre Effektivität bei der Arbeit widerspiegelt. Außerdem wird angenommen, dass die Beurteilenden in der Lage und motiviert sind, andere zutreffend zu bewerten (Pulakos et al., 2019). Wenn Leistung beurteilt wird, muss immer die Frage beantwortet werden, wer diese Aufgabe übernimmt. Auf diese Fragen gibt es verschiedene Antworten, bei denen zu beachten ist, dass Urteile nicht objektiv sind, sondern u. U. *systematischen Verzerrungen* (wie Urteilsfehlern) unterliegen und durch die von der beurteilenden Person verfolgten *Absichten* beeinflusst sein können. Die Forschung zu möglichen Einflüssen hat lange Tradition und inzwischen besteht Konsens, dass vor allem der Kontext, in dem Leistungsbeurteilungen stattfinden, relevant ist (DeNisi & Murphy, 2017). Das bedeutet, es sollte bei der Auswahl der Art der Beurteilenden berücksichtigt werden, welchem *Zweck* die Beurteilung dient und in welchem organisationalen und gesellschaftlichen Kontext sie stattfindet (Adler et al., 2016).

Forschung zum Kontext von Leistungsbeurteilungen hat die besondere Bedeutung von vier Variablen für die *Reaktion* der beurteilten Personen auf die Beurteilung hervorgehoben. Unter Reaktionen werden die wahrgenommene Fairness und Nützlichkeit der Beurteilung, die Zufriedenheit mit ihr und die Absicht, das Leistungsverhalten zu ändern, verstanden (Keeping & Levy, 2000; Pilcher, 2012). Diese Reaktionen sind insofern wichtig, weil sie mit Arbeitseinstellungen zusammenhängen, d. h., eine günstige Reaktion auch im Sinne der Organisation wünschenswert ist. Gerade in Zeiten von Krisen, wie der Pandemie, in denen sich nicht nur Arbeitsinhalte und -abläufe ändern, sondern auch vermehrt von zu Hause aus gearbeitet wird, haben Mitarbeitende Bedenken, dass ihre Leistung nicht adäquat wahrgenommen wird (Tziner & Rabenu, 2021). Eine Metaanalyse (Pilcher, 2012) zeigte, dass die Beziehungsqualität zwischen beurteilender und beurteilter Person die Reaktion besser erklärt als die Günstigkeit der Urteile und die Partizipation am Urteilsprozess.

Die unterstellte relativ zeitstabile Beziehung zwischen den Beteiligten und die Nähe der Führungskraft zu ihren Mitarbeitenden ist nicht in allen Beurteilungskontexten gegeben. Dort, wo in erster Linie in Projekten gearbeitet wird, ist die Linienführungskraft oft nicht vor Ort. Dann wird die Leistung der meist hoch qualifizierten Mitarbeitenden verschiedener Unternehmensbereiche, die sehr autonom arbeiten, von Projektmanager/-innen angeleitet und überwacht. Eine qualitative Studie in zwei niederländischen Unternehmen eines weltweit agierenden Konzerns hat diesbezüglich interessante Ergebnisse gezeigt (Keegan & Den Hartog, 2019). So wurde offensichtlich, dass Führungskräfte ihre Mitarbeitenden aufgrund der Distanz und der großen Führungsspanne kaum beurteilen konnten und Sorge hatten, ihnen dabei nicht gerecht zu werden. Gleichzeitig kümmerten sich Projektmitarbeitende darum, von relevanten Kontaktpersonen, wie ihren Kund/-innen, Feedback über ihre Leistung einzuholen, um dieses Feedback an die eigene Führungskraft weiterzuleiten.

Es ist naheliegend, dass die *Führungskraft* die Leistungen ihrer Mitarbeitenden beurteilt, da sie dafür zuständig ist, ihnen Aufgaben zu übertragen und deren Erledigung unter Bereitstellung der notwendigen Ressourcen zu steuern (Murphy et al., 2019). Die Führungskraft ist zudem für wesentliche auf Beurteilungen basierende Entscheidungen verantwortlich oder zumindest an ihnen beteiligt. Häufig haben Führungskräfte allerdings wenig Einblick in die Alltagsarbeit, d. h. das leistungsbezogene Verhalten (Leistung als Prozess), sondern können lediglich die Ergebnisse der Arbeit bewerten, was beispielsweise für die Ermittlung von Trainingsbedarfen ungünstig ist.

Inzwischen integrieren viele Beurteilungssysteme *Selbsteinschätzungen* (Murphy et al., 2019). Dieses Element der Beteiligung kann nützlich sein, um bei allen Beteiligten einen gemeinsamen Bezugsrahmen für Leistung zu entwickeln, der dann auch dazu dienen kann, Selbst- und Fremdeinschätzungen abzugleichen. Selbsteinschätzungen profitieren davon, dass die betroffenen Personen einen zeitlich und inhaltlich umfassenden Einblick in ihre Tätigkeiten haben, fallen allerdings häufig positiver aus als die Beurteilungen ihrer Führungskräfte und bieten so Konfliktpotenzial. Im Vergleich zur Selbstbewertung anhand absoluter Urteilsverfahren fallen nach einer Studie von Carver et al. (2021) die Einschätzungen mithilfe eines relativen Verfahrens niedriger aus.

Als *360-Grad-Feedback* wird ein Beurteilungssystem bezeichnet, bei dem eine Personen rundum, gewissermaßen aus jeder hierarchischen Perspektive, beurteilt wird (◘ Abb. 10.8). Neben der klassischen Top-down-Bewertung durch die eigene Führungskraft werden Selbsteinschätzungen und Einschätzungen von Kolleg/-innen, eigenen Mitarbeitenden und in manchen Fällen auch von *Kund/-innen* erhoben. Diese Einschätzungen werden je Urteilendengruppe integriert (DeNisi & Murphy, 2017), um bei der Rückmeldung der Ergebnisse (relative) Anonymität der Beurteilenden zu gewährleisten. Das Verfahren wurde zunächst für Personalentwicklungszwecke entwickelt, wird inzwischen aber auch in Leistungsmanagementsysteme integriert (Campion, et al., 2015). Es hat den großen Vorteil, viele relevante Perspektiven einzubeziehen, um so ein möglichst vollständiges Bild der Leistung einer Person zu er-

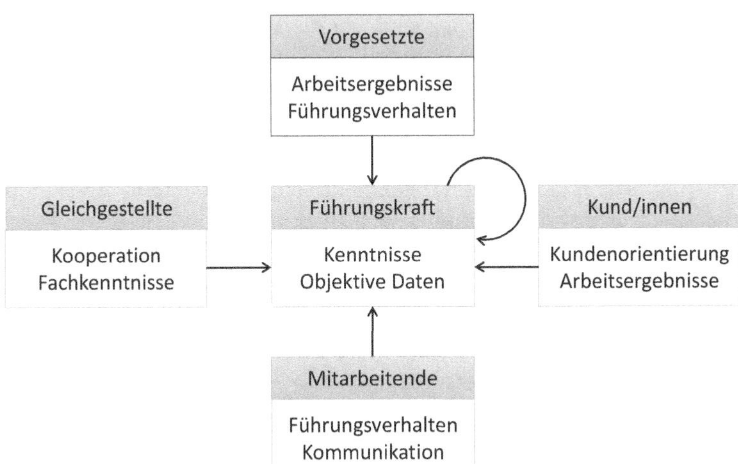

◘ **Abb. 10.8** Perspektiven im 360-Grad-Feedback mit typischen Leistungskriterien

halten. Zudem können individuelle Urteilereinflüsse minimiert und dabei die Zuverlässigkeit und die Validität der Messung erhöht sowie die Defizienz klassischer Vorgesetztenurteile reduziert werden. Forschung hat gezeigt, dass 360-Grad-Feedback die wahrgenommene prozedurale Gerechtigkeit von Beurteilungen erhöht. Zudem kann mit einer hohen Akzeptanz gerechnet werden, da übereinstimmende Einschätzungen aus verschiedenen Quellen schwieriger abzuwerten sind (Campion et al., 2015). Allerdings zeigte sich auch, dass sich nicht nur die Einschätzungen verschiedener Urteilsquellen unterscheiden (Adler et al., 2016), sondern auch die Schlüsse, die aus den Beurteilungen gezogen werden (DeNisi & Murphy; 2017). Trotz der offensichtlichen Vorteile des Verfahrens hat eine Studie unter HR-Manager/-innen der Fortune-500-Unternehmen in den USA gezeigt, dass nur 23 % der teilnehmenden Organisationen das Verfahren einsetzen (Gorman et al., 2017).

Peer-Ratings, also Einschätzungen durch Kolleg/-innen, haben im Grunde erst durch die Einführung von 360-Grad-Feedbacks an Bedeutung gewonnen. Kolleg/-innen haben in vielen Fällen einen guten Einblick in die Tätigkeit der beurteilten Person und arbeiten direkt mit ihr zusammen. Dennoch wird Peer-Ratings nur eingeschränkter Nutzen zugeschrieben, u. a., weil die Beobachtung und Bewertung des Arbeitsverhaltens nicht zu den Aufgaben von Kolleg/-innen gehört und Peer-Urteile der etablierten Machtstruktur von Organisationen zuwiderlaufen.

Aufwärtsbeurteilungen, bei denen Mitarbeiter/-innen ihre Führungskräfte beurteilen, sind nach wie vor selten, außer sie sind in 360-Grad-Feedbacks einbezogen (Murphy et al., 2019). Wenngleich Untergebene möglicherweise die Führungskompetenzen ihrer Manager/-innen besonders gut einschätzen können, gilt auch hier, dass sie aufgrund der Umkehr der Machtverhältnisse nur begrenzt Akzeptanz erfahren.

10.7 Leistungsmanagement traditionell und digital

Leistungsbeurteilung wird als Teil des Leistungsmanagements verstanden. Dieser Zusammenhang ist speziell im Hinblick auf die zunehmende Digitalisierung relevant, da diese nicht separat für die Komponente Leistungsbeurteilung, sondern integriert in ein *digitales Leistungsmanagement (E-LM)* erfolgt.

Mit Bezug auf frühere seiner Publikationen definiert Aguinis (Aguinis & Burgi-Tian, 2021a) Leistungsmanagement als kontinuierlichen Prozess zur Identifizierung, Messung und Entwicklung der Leistung von Individuen und Teams sowie die Ausrichtung der Leistung auf die strategischen Ziele der Organisation (siehe auch DeNisi & Murphy, 2017). Leistungsmanagement geht über die reine Beurteilung hinaus, weil es auch die zukünftige Leistung in den Blick nimmt, indem die Entwicklung von Kompetenzen geplant wird (Aguinis & Burgi-Tian, 2021b). Damit unterscheidet sich das Leistungsmanagement von der Leistungsbeurteilung, die eher einen *Eventcharakter* aufweist, wenn sie ein- oder zweimal jährlich stattfindet (Pulakos et al., 2015; Schleicher et al., 2018). Leistungsbeurteilung ist damit eine Komponente eines umfassenden Leistungsmanagements, ebenso wie das Day-to-Day-Feedback. Leistungsmanagement ist wiederum ein Teilaspekt eines umfassenderen Talentmanagements (Pulakos et al., 2019), das ein Teilbereich des Managements der Unternehmensleistung ist (◘ Abb. 10.9). Obgleich der Nutzen eines umfassenden Leistungsmanagements nachvollziehbar ist, haben es längst nicht alle Unternehmen etabliert (Aguinis & Burgi-Tian, 2021b).

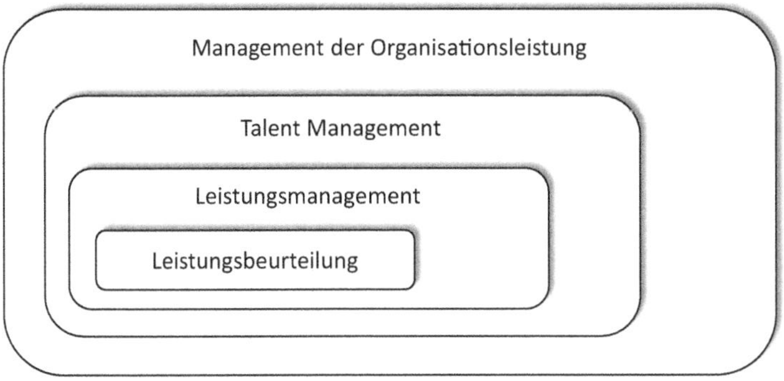

Abb. 10.9 Einbettung der Leistungsbeurteilung in den organisationalen Kontext

Schleicher et al. (2018, S. 2219) weisen darauf hin, welche Schlüsselaufgaben ein Leistungsmanagementsystem in jedem Fall erfüllen sollte und was dann diesbezüglich auch von einem digitalen System zu erwarten ist. Das sind die Festlegung von Leistungserwartungen, die Beobachtung von Leistungen, die Integration von Leistungsinformationen, die Erstellung einer auf den integrierten Leistungsinformationen basierenden summativen Leistungsbeurteilung, die Erstellung und Übermittlung von Leistungsfeedback, die formelle Leistungsbeurteilung, die Durchführung eines formellen Gesprächs sowie Leistungscoaching. Zu ergänzen sind hier noch die Ableitung von Maßnahmen auf der Grundlage der Beurteilung (wie Training, Vergütung, Personaleinsatz und Tätigkeitsinhalte) und die Dokumentation, um rechtlichen Vorgaben gerecht zu werden.

Im Rahmen der zunehmenden Digitalisierung des Personalmanagements in Organisationen (E-HRM), das 2009 bereits von 92 % der befragten deutschen Organisationen genutzt wurde (Parry, 2014), nimmt auch der Einsatz elektronischer Funktionen für das Leistungsmanagement zu. In einer internationalen Studie von 2009 gaben 40 % der teilnehmenden Organisationen die Nutzung von E-Leistungsmanagement an (Parry, 2014). 2015 waren es 93 % der befragten US-Unternehmen (Stone et al., 2015). Neben den Zielen der Kostenreduzierung und der schnelleren Erbringung von HR-Dienstleistungen soll es einen stärkeren strategischen Beitrag des HRMs ermöglichen und internationale Zusammenarbeit erleichtern, indem mehr Zeit für strategische Aufgaben sowie größere Datenmengen in höherer Qualität als Grundlage für strategische Entscheidungen zur Verfügung stehen (Parry, 2014; Ruël & Bondarouk, 2014). Letztlich wird durch die Digitalisierung des Leistungsmanagements erwartet, die Produktivität und die Wettbewerbsfähigkeit der gesamten Organisation zu steigern (Farr et al., 2014).

In ihrer Metaanalyse zu E-HRM belegen Zhou et al. (2022) den positiven Zusammenhang zwischen E-HRM und der Organisationsleistung. Stone et al. (2015) warnen allerdings davor, dass durch den verstärkten Einsatz von E-HRM-Systemen das eigentliche Ziel des HRMs aus dem Blick geraten kann und Effizienz durch Kostensenkung und Dienstleistungsgeschwindigkeit anstatt Effektivität im Sinne der Gewinnung, Motivierung und Bindung einer leistungsstarken Belegschaft im Vordergrund stehen.

10.7.1 Elektronisches Leistungsmonitoring

Elektronisches Leistungsmonitoring (englisch „electronic performance monitoring", EPM) bezeichnet Systeme und Prozesse zur Erfassung, Speicherung, Analyse und Berichterstattung über Handlungen oder Leistungen von Einzelpersonen oder Gruppen bei der Arbeit (Cascio & Montealegre, 2016). EPM wird zunehmend von größeren Unternehmen in vielfältiger Form eingesetzt (Alge & Hansen, 2014; Thiel et al., 2022). Auf technischer Ebene zählen zum EPM „Videoüberwachung, Anrufüberwachung, elektronische Aufzeichnungen zur Medikamentenverabreichung, GPS-Ortung, tragbare elektronische Sicherheitsmonitore, elektronische Zeiterfassungssysteme, E-Mail-Überwachung und Überwachung der Internetnutzung" (Ravid et al., 2020, S. 101). EPM kann Mitarbeitende ununterbrochen, zufällig oder intermittierend, diskret oder aufdringlich und mit oder ohne Ankündigung oder Zustimmung überwachen (Ravid et al., 2020). Im Gegensatz zur traditionellen Leistungsbeobachtung durch Vorgesetzte, deren Ressourcen begrenzt sind, bietet EPM die Möglichkeit der *vollständigen Erfassung* und *dauerhaften Speicherung* von Daten, die nicht nur leistungsbezogen sind (Alge & Hansen, 2014). Diese Daten können prinzipiell auch im Nachhinein für verschiedene, nicht zuvor festgelegte Zwecke genutzt werden.

Ziele dieser meist in Echtzeit durchgeführten Datenerfassung ist die bessere Kontrolle des Betriebsablaufs, um Störungen zu vermeiden, indem für auftretende Probleme sofort Maßnahmen ergriffen und präventive Lösungen eingeleitet werden können (Cascio & Montealegre, 2016). Empirischen Befunden zufolge kann EPM zur aufgaben- und kontextbezogenen Leistungssteigerung, beispielsweise in Callcentern, beitragen, zeigte aber keine Wirkung auf CWB (Bhave, 2014).

10

EPM-Systeme werden von Mitarbeitenden als zusätzliche Arbeitsanforderung wahrgenommen (Cascio & Montealegre, 2016) und zu ihrer *Akzeptanz* durch Mitarbeitende gibt es erste Befunde. Demnach ist die Akzeptanz höher, wenn EPM zur Steigerung der Produktivität beiträgt (Abraham et al., 2019) und wenn Leistung auf Gruppen- anstatt auf Individualebene erfasst wird (Cascio & Montealegre; 2016). Als sinnvoller Einsatz wird die Möglichkeit gesehen, die Leistung durch Selbsttracking zu steigern, d. h. die selbstgesteuerte Nutzung der Daten durch die Mitarbeitenden zur Anpassung ihres Verhaltens (Landers & Marin, 2021). Hingegen empfinden Mitarbeitende EPM als unterdrückend, wenn sein Einsatz ihre Autonomie beschneidet, wodurch neben Stress auch kontraproduktives Arbeitsverhalten hervorgerufen werden kann (Cascio & Montealegre, 2016). Geringe Akzeptanz wird EPM-Systemen entgegengebracht, wenn sie zum Zweck der Überwachung individueller Leistung dienen (Abraham et al., 2019). Außerdem kann die Vertrauensbeziehung zwischen Vorgesetzten und Mitarbeitenden beeinträchtigt werden (Thiel et al., 2022).

Einen Überblick über weitere Forschungsergebnisse bieten Ravid et al. (2020). Sie berichten von *ungünstigen Wirkungen* auf die Haltung der Beschäftigten, wie geringerem Empfinden von Fairness und Gerechtigkeit sowie geringerer Arbeitszufriedenheit und erhöhter Stresswahrnehmung, wenn die Überwachung ohne einen spezifischen Grund erfolgt. Wird als Zweck des EPM das Leistungsmanagement kommuniziert, gibt es einen konsistent positiven Zusammenhang zwischen EPM und Leistung, wenn Letztere sehr spezifische Aufgaben umfasst. Es zeigte sich aber auch, dass EPM die Aufmerksamkeit der Beschäftigten auf die überwachten Aufgaben lenkt, dafür aber andere vernachlässigt werden (z. B. kann ein Fokus auf Fehlerreduktion zur Verringerung des Tempos bei der Aufgabenerledigung führen). Positivere Haltungen gegenüber EPM wurden eher in Laborstudien mit Studierenden gefunden, negative in großen Online-Studien und Arbeitskontexten. Hingegen gibt es auch Hinweise auf günstige Auswirkungen von EPM auf Arbeitshaltungen, wie Zufriedenheit und Commitment. Diese wurden in Arbeitskontexten gefunden, wenn das EPM für Entwicklungszwecke genutzt wurde, indem den Mitarbeitenden konstruktives Leistungsfeedback zur Verfügung gestellt wurde, sodass sie ihre Kompetenzen erweitern und so über die Zeit ihre Leistung steigern konnten.

Soweit EPM im Zusammenhang mit Leistungsbeurteilung genannt wird, ist offensichtlich, dass es sich dabei um ein System zur Beurteilung von Leistung auf der Grundlage der Überwachung von arbeitsbezogenem Verhalten handelt. Die Art der erhobenen Daten bestimmt im Wesentlichen, was unter Leistung verstanden wird, wie beispielsweise Anzahl der Anschläge auf der Tastatur, Zeit, die für bestimmte Aufgaben verwendet wird, Anzahl abgeschlossener Vorgänge, Anzahl der Fehler, Ablenkung durch Nutzung nicht arbeitsbezogener Anwendungen und Leerlaufzeiten (Rondeau, 2018). Die Art der Tätigkeiten, deren Leistung auf diese Weise adäquat abgebildet werden kann, ist beschränkt. Zudem ist infrage zu stellen, dass auf diese Weise nur einfach und praktikabel erfassbare anstatt anforderungsbezogener Leistungskriterien verwendet werden. In jedem Fall ungeeignet ist diese Form der Leistungserfassung für kreative Aufgaben sowie generell für Tätigkeiten, die einen hohen kognitiven Anteil aufweisen. Zudem handelt es sich nur um die Erfassung von arbeitsbezogenen Daten. Diese müssen zum Zweck der Leistungsbeurteilung anschließend anhand eines der zuvor geschilderten Verfahren entweder mit denen anderer Personen, mit einem üblichen Maßstab oder den zu erreichenden Zielen verglichen werden.

10.7.2 Digitale Leistungsbeurteilung als Teil des Leistungsmanagements

Digitales Leistungsmanagement bietet eine *Vielfalt von Funktionen*. Dazu gehören die zuvor beschriebene Erfassung von Leistungsdaten (EPM), die Unterstützung beim Erzeugen standardisierter Feedbackberichte, 360-Grad-Feedback, Benchmark der individuellen und der Gruppenleistung sowie anderer im weiteren Sinne leistungsbezogener Indikatoren (wie Verspätungen, Abwesenheiten, Beschwerden, Fluktuation) und deren Abgleich mit denen anderer Abteilungen oder Organisationen (Rondeau, 2018). Geshkov (2021) und Ullah et al. (2021) nennen u. a. mit Bezug auf umfassende Softwaresysteme außerdem die Möglichkeit, innerhalb von Teams sich selbst zu beurteilen und sich gegenseitig Feedback zu geben, die Möglichkeit der Individualisierung von Beurteilungsinstrumenten, Zielmanagement und KPI-Monitoring wie auch die Abbildung der Beurteilungshistorie, Kompetenzmanagement mit individuellen Kompetenzprofilen sowie individuelles Entwicklungsmanagement. Manche Systeme umfassen außerdem Tutorials und Trainingsmodule für deren Nutzer/-innen sowie Prüfverfahren zur Einhaltung rechtlicher und Beurteilungsstandards und zur Vermeidung diskriminierender Sprache (Farr et al., 2014).

Neben den genannten Elementen werden im Rahmen des E-LM auch Elemente von *Gamification* eingesetzt. Diese dienen durch die Bereitstellung von Echtzeitdaten zur Leistung, die diese salient und mit der anderer Personen vergleichbar machen, aufgrund ihres Wettbewerbscharakters der Motivierung und Leistungssteigerung (Cardador et al., 2017), aber nicht der Beurteilung von Leistungen. Verschiedene Methoden werden dafür genutzt. Am häufigsten werden für besonders gute Leistungen Punkte oder Abzeichen verliehen und Bestenlisten ausgehängt (Hamari et al., 2014; vgl. auch Mitchell et al., 2020). Ein besonders spielerisches Vorgehen beschreiben Perryer et al. (2016). Demnach können in manchen Arbeitskontexten erledigte Aufgaben elektronisch registriert und die entsprechenden Leistungen als Bausteine zum Aufbau einer virtuellen Stadt genutzt werden. Die Größe der eigenen Stadt kann dann mit der anderer Organisationseinheiten verglichen werden und man kann in ihr, je nach individuellem Beitrag, attraktive Funktionen einnehmen. So kann für alle Beteiligten ein Anreiz entstehen, besser zu arbeiten, um andere zu übertreffen. Voraussetzung dafür ist allerdings, dass diese Art der Gamification den Bedürfnissen der Mitarbeitenden entspricht (Perryer et al., 2016) und nicht als Kontrolle oder angst- und stresserzeugend aufgrund von sozialem Druck empfunden wird (Mitchell et al., 2020).

Eine Übersicht gängiger *Software*, die sowohl für Day-to-Day-Feedback als auch für umfassendere Leistungsmanagementprozesse genutzt werden kann, findet sich bei Geshkov (2021). Überlegungen zur Installation solcher Software müssen selbstverständlich neben der Frage der Passung zur Unternehmenskultur auch die rechtlichen Grundlagen und die mitbestimmungsbezogenen Voraussetzungen einschließen.

Digitales Leistungsmanagement bietet auf jeden Fall verschiedene *Vorteile*: Farr et al. (2014) sehen in E-LM die Möglichkeit, häufigeres Feedback zu geben, und eine Chance, Mitarbeitende rascher zu entwickeln, speziell wenn das System eine direkte Verbindung zu Trainingssystemen aufweist. Digitale Vorrichtungen, die es erlauben, sich innerhalb des Teams Feedback und Anerkennung (im Sinne des Day-to-Day-Feedbacks) zu geben, werden als wichtig betrachtet, da Wissensarbeitende heutzutage nicht mehr nur auf Rückmeldung von Vorgesetzten angewiesen sein wollen (Goldberg, 2015). Die digitale Unterstützung erlaubt größere Führungsspannen, weil Vorgesetzte weniger Zeit mit Leistungsbeurteilungsprozessen verbringen und daher mehr Zeit für das eigentliche Leistungsmanagement haben (Farr et al., 2014; Stone et al., 2015). Wesentliche Ziele des Einsatzes von E-LM sollten vor allem in der Motivierung und Bindung der Mitarbeitenden bestehen, die den größten Beitrag zum Unternehmenserfolg leisten. Einheitlich definierte und standardisiert erhobene Leistungsdaten der Belegschaft können darüber hinaus vom HRM für *umfassende Talentanalysen und -vorhersagen* und damit zur Steuerung belegschaftsbezogener Entscheidungen genutzt werden (Müller & Lohaus, 2018). Für ein elektronisches Zielmanagementsystem spricht, dass viele Arbeitstätigkeiten heute komplexer und globaler werden und daher meist in Teams erbracht werden. Aus diesem Grund wird die Kommunikation über Ziele und deren Status innerhalb von Teams immer wichtiger (Goldberg, 2015). Goldberg empfiehlt daher, den aktuellen Zielerreichungsgrad transparent zu kommunizieren, damit die Beteiligten ihren Fortschritt erkennen und einordnen können und alle motiviert werden, zur Erreichung beizutragen.

Obgleich digitale Leistungsmanagementsysteme inzwischen weitverbreitet sind, gibt es wenig aktuelle Forschungsergebnisse zu ihrer Nutzung und Wirkung. Versuche mit digitaler adaptiver Leistungsbeurteilung durch die Vorgabe von Paaren leistungsbezogener Aussagen mit Wahlzwang haben bei geringerer Urteilerübereinstimmung als bei traditionellem Vorgehen eine höhere Validität der Urteile ergeben (Darr et al., 2017). Dabei wurde über einen programmierten Algorithmus auf der Basis vorheriger Urteile über eine Person gesteuert, welche Aussagenpaare Beurteilende im Folgenden vorgegeben bekamen. So konnte die sog. tatsächliche Leistung immer stärker eingrenzt und dadurch möglichst korrekt abgebildet werden. Die höhere Validität ist zwar durch die Adaptierung der Aussagen im Vergleich zur traditionellen Beurteilung erreicht worden, wäre aber ohne die Digitalisierung aufgrund der geringeren Praktikabilität schwerer realisierbar.

Unter Bezug auf verschiedene Studien weisen Farr et al. (2014) darauf hin, dass technologisch vermitteltes Feedback weniger gern akzeptiert wird als entweder in Papierform oder mündlich mitgeteiltes. Generelles Misstrauen und Unbehagen gegenüber Technologien werden als eine mögliche Erklärung für diesen Unterschied gesehen. Hinzu kommt, dass elektronisches Feedback als Distanz zur Führungskraft wahrgenommen werden und so zu Vertrauensverlust und zur Verletzung der empfundenen prozeduralen Gerechtigkeit führen kann. Auch geht elektronisches Leistungsfeedback tatsächlich oder vermeintlich mit negativeren Bewertungen einher (Farr et al., 2014). Diese Argumente erklären allerdings eher den Unterschied zu persönlich vermitteltem Feedback, nicht jedoch die Präferenz von Feedback in Papierform im Vergleich zu digital vermitteltem, insbesondere wenn nicht klar ist, in welcher Form das Feedback kommuniziert wird. In jedem Fall ist unklar, ob diese Befunde in Bezug auf *jüngere Generationen* noch Bestand haben.

Payne und Kolleg/-innen (2009) haben Reaktionen von Mitarbeitenden auf digitale Leistungsbeurteilungen und auf traditionelle untersucht. Als Vorteile digitaler Leistungsbeurteilungen ermittelten sie eine größere Verantwortlichkeit der beurteilenden Personen (Beteiligung und Monitoring durch weitere Hierarchieebenen) und Beteiligung der Beurteilten (Möglichkeit, selbst Information beizusteuern). Andererseits wurde eine geringere Qualität der Urteile (vor allem bezüglich Menge, Qualität und Spezifität des Feedbacks) als nachteilig berichtet. Keine Unterschiede zwischen beiden Formen ergaben sich hinsichtlich der Zufriedenheit mit den Beurteilungen (vor allem der Ablauf der Beurteilungen wurde betrachtet) und der Bewertung ihrer Nützlichkeit sowie ihrer Sicherheit.

Auch Ullah et al. (2021) haben sich mit Reaktionen auf E-Appraisal beschäftigt, im konkreten Fall mit der wahrgenommenen Genauigkeit der Beurteilungen in einem großen Krebskrankenhaus und Forschungszentrum in Pakistan. Als starke Einflussfaktoren identifizierten sie die wahrgenommene Kompetenz der beurteilenden Person und die Möglichkeit, als unfair oder ungenau empfundene Leistungsbeurteilungen anzufechten. Weniger stark beeinflussend, aber dennoch relevant, waren eine klare Kommunikation des erwarteten Leistungsstandards bzw. der Ziele und die Einschätzung der vorausgegangenen Bewertung im Hinblick auf Fairness, Genauigkeit und Zufriedenheit.

Fazit

Aufgrund des großen Aufwands, den Leistungsmanagementverfahren verursachen, und ihrer Unzufriedenheit mit deren Ergebnissen lehnen immer mehr Unternehmen wie auch Forschende bisher gängige Leistungsbeurteilungsverfahren ab (vgl. Adler et al., 2016; Buckingham & Goodall, 2015; Cardy & Munjal, 2016, Murphy, 2020; Pulakos et al., 2015). Das bedeutet aber nicht, dass auf Leistungsbeurteilungsverfahren verzichtet werden sollte. Pulakos et al. (2019) empfehlen, alternativ andere Mechanismen zu etablieren, die sicherstellen, dass Mitarbeitende Klarheit bezüglich der *Leistungserwartungen* an sie haben und *regelmäßig Feedback* zu ihrer Leistung erhalten. Es besteht generelle Übereinstimmung, dass Mitarbeitende Wert auf Beurteilungen ihres Leistungsbeitrags legen (Pulakos et al., 2019). Ledford et al. (2016) fanden in ihrer Studie Belege dafür, dass Unternehmen Leistungsbeurteilungsverfahren nicht ganz abschaffen, sondern mindestens regelmäßiges Feedback beibehalten. Letztlich kann es keine einheitliche Empfehlung für alle Organisationen geben, da auf der Grundlage der Ziele des Leistungsmanagements entschieden werden muss, welcher Prozess dafür angemessen ist. Daher werden im Folgenden allgemeine Hinweise gegeben, die – sofern sie für das gewählte Verfahren relevant sind – berücksichtigt werden sollten.

Qualität der Beurteilungen

- Wenn E-LM genutzt wird, sollten diejenigen, die beurteilen, und diejenigen, die beurteilt werden, sehr gut in der Anwendung der Software geschult sein, um Fehler zu vermeiden und Akzeptanz zu steigern (Farr et al., 2014).
- Wenn Urteilsskalen verwendet werden, dann möglichst mit Verhaltensankern, die die Leistungskriterien erklären und die Akzeptanz von Bewertungen fördern (DeNisi & Murphy, 2017).
- Leistungsbeurteilungen können durch das Training der beurteilenden Personen verbessert werden. Auf der Grundlage vieler Studien ist erwiesen, dass es am effektivsten ist, einen gemeinsamen Bezugsrahmen dafür zu entwickeln, welches Verhalten hoher, mittlerer und geringer Leistung entspricht (DeNisi & Murphy, 2017). Dieser Rahmen sollte dann für die Beurteilung im konkreten Einzelfall als Referenz genutzt werden.

Kommunikation

- E-LM darf das persönliche Gespräch zwischen Führungskraft und Mitarbeitenden nicht ersetzen (Farr et al., 2014).
- Führungskräfte müssen kontinuierlich in Kontakt mit ihren Mitarbeitenden sein, um deren Situation zu kennen und sie zielgerichtet steuern und unterstützen zu können (Pulakos et al., 2019).
- Eine effektive Kommunikation und eine verlässliche Beziehung zwischen Führungskraft und Mitarbeitenden fördern Engagement und Leistung (Pulakos et al., 2019).
- Häufiges informelles Feedback fördert die Leistung (Pulakos et al., 2019).
- Die Sorgfalt der beurteilenden Person bei der Einschätzung, aber vor allem das anschließende Mitarbeitergespräch und die Reaktion der Mitarbeitenden darauf beeinflussen maßgeblich den Willen der beurteilten Person, eine Leistungsverbesserung anzustreben (McClendon et al., 2017).

Anwendung des Verfahrens
- Führungskräfte sollten klare Erwartungen, Leistungsstandards, Prioritäten und Erfolgskriterien formulieren (Pulakos et al., 2019).
- Leistungsziele sollten kurzfristiger als bisher üblich und agil gesetzt werden (Cardy & Munjal, 2016; Pulakos et al., 2019). Das heißt, Erwartungen sind zeitnah an aktuelle Entwicklungen anzupassen, damit Mitarbeitende ihr Handeln auf veränderte Ziele ausrichten können.
- Leistungsbeurteilungssysteme sollten so konstruiert sein, dass Betroffene ihre Bewertungen als fair bzw. gerecht empfinden (DeNisi & Murphy, 2017).

Literatur

Abraham, M., Niessen, C., Schnabel, C., Lorek, K., Grimm, V., Möslein, K., & Wrede, M. (2019). Electronic monitoring at work: The role of attitudes, functions, and perceived control for the acceptance of tracking technologies. *Human Resource Management Journal, 29*(4), 657–675. https://doi.org/10.1111/1748-8583.12250

Adler, S., Campion, M., Colquitt, A., Grubb, A., Murphy, K., Ollander-Krane, R., & Pulakos, E. D. (2016). Getting rid of performance ratings: Genius or folly? A debate. *Industrial and Organizational Psychology: Perspectives on Science and Practice, 9*(2), 149–160. https://doi.org/10.1017/iop.2015.106

Aguinis, H., & Burgi-Tian, J. (2021a). Measuring performance during crises and beyond: The performance promoter score. *Business Horizons, 64*(1), 241–249. https://doi.org/10.1016/j.bushor.2020.09.001

Aguinis, H., & Burgi-Tian, J. (2021b). Talent management challenges during COVID-19 and beyond: Performance management to the rescue. *Business Research Quarterly, 24*(3), 1–8. https://doi.org/10.1177/23409444211009528

Aguinis, H., Joo, H., & Gottfredson, R. K. (2013). What monetary rewards can and cannot do: How to show employees the money. *Business Horizons, 56*(2), 241–249. https://doi.org/10.1016/j.bushor.2012.11.007

Alge, B. J., & Hansen, S. D. (2014). Workplace monitoring and surveillance research since "1984": A review and agenda. In M. D. Coovert & L. F. Thompson (Hrsg.), *The Psychology of Workplace Technology* (S. 209–237). Routledge.

Allen, K., van Someren, G., & Gutierrez, S. (2020). What's age got to do with it? You may be surprised! *Industrial and Organizational Psychology, 13*(3), 403–407. https://doi.org/10.1017/iop.2020.68

Allworth, E., & Hesketh, B. (1999). Construct-oriented biodata: capturing change-related and contextually relevant future performance. *International Journal of Selection and Assessmen, 7*(2), 97–111. https://doi.org/10.1111/1468-2389.00110

Bernauer, V. S., & Kornau, A. (2022). E-voice in the digitalised workplace. Insights from an alternative organisation. *Human Resource Management Journal*, 1–17. https://doi.org/10.1111/1748-8583.12460

Bhave, D. P. (2014). The invisible eye? Electronic performance monitoring and employee job performance. *Personnel Psychology, 67*(3), 605–635. https://doi.org/10.1111/peps.12046

Bilotta, I., Cheng, S., Ng, L., Corrington, A., Watson, I., Paoletti, J., et al. (2021). Remote communication amid the coronavirus pandemic: Optimizing interpersonal dynamics and team performance. *Industrial and Organizational Psychology, 14*(1–2), 36–40. https://doi.org/10.1017/iop.2021.10

Blume, B. D., Rubin, R. S., & Baldwin, T. T. (2013). Who is attracted to an organisation using a forced distribution performance management system? *Human Resource Management Journal, 23*(4), 360–378. https://doi.org/10.1111/1748-8583.12016

Bondarouk, T. V., & Ruël, H. J. M. (2009). Electronic Human Resource Management: challenges in the digital era. *International Journal of Human Resource Management, 20*(3), 505–514. https://doi.org/10.1080/09585190802707235

Borman, W. C., & Motowidlo, S. J. (1997). Task performance and contextual performance: The meaning for personnel selection research. *Human Performance, 10*(2), 99–109. https://doi.org/10.1207/s15327043hup1002_3

Buckingham, M., & Goodall, A. (2015). Reinventing performance management. *Harvard Business Review, 93*(4), 40–50.

Campbell, J. P., & Wiernik, B. M. (2015). The modeling and assessment of work performance. *Annual Review of Organizational Psychology and Organizational Behavior, 2*, 47–74. https://doi.org/10.1146/annurev-orgpsych-032414-111427

Campion, M. A., Fink, A. A., Ruggeberg, B. J., Carr, L., Phillips, G. M., & Odman, R. B. (2011). Doing competencies well: Best practices in competency modeling. *Personnel Psychology, 64*(1), 225–262. https://doi.org/10.1111/j.1744-6570.2010.01207.x

Campion, M. C., Campion, E. D., & Campion, M. A. (2015). Improvements in performance management through the use of 360 feedback. *Industrial and Organizational Psychology: Perspectives on Science and Practice, 8*(1), 85–93. https://doi.org/10.1017/iop.2015.3

Cardador, M. T., Northcraft, G. B., & Whicker, J. (2017). A theory of work gamification: Something old, something new, something borrowed, something cool? *Human Resource Management Review, 27*(2), 353–365. https://doi.org/10.1016/j.hrmr.2016.09.014

Cardy, R., & Munjal, D. (2016). Beyond performance ratings: The long road to effective performance management. *Industrial and Organizational Psychology, 9*(2), 322–328. https://doi.org/10.1017/iop.2016.18

Carver, S., Goffin, R., & Factor, R. (2021). Relative and absolute self-ratings of work performance: Does social comparison lead to an enhanced thought process in self-evaluations? *International Journal of Selection and Assessment, 29*(3–4), 336–351. https://doi.org/10.1111/ijsa.12351

Cascio, W. F., & Montealegre, R. (2016). How technology is changing work and organizations. *Annual Review of Organizational Psychology and Organizational Behavior, 3*, 349–375. https://doi.org/10.1146/annurev-orgpsych-041015-062352

Cenciotti, R., Alessandri, G., Borgogni, L., & Consiglio, C. (2022). Agentic capabilities as predictors of psychological capital, job performance, and social capital over time. *International Journal of Selection and Assessment, 30*(2), 249–264. https://doi.org/10.1111/ijsa.12357

Church, A., Ginther, N., Levine, R., & Rotolo, C. (2015). Going beyond the fix: Taking performance management to the next level. *Industrial and Organizational Psychology, 8*(1), 121–129. https://doi.org/10.1017/iop.2015.10

Cleveland, J. N., Murphy, K. R., & Williams, R. E. (1989). Multiple uses of performance appraisal: Prevalence and correlates. *Journal of Applied Psychology, 74*(1), 130–135. https://doi.org/10.1037/0021-9010.74.1.130

Dalal, R. S. (2005). A meta-analysis of the relationship between organizational citizenship behavior and counterproductive work behavior. *Journal of Applied Psychology, 90*(6), 1241–1255. https://doi.org/10.1037/0021-9010.90.6.1241

Dalal, R. S., Bhave, D. P., & Fiset, J. (2014). Within-person variability in job performance: A theoretical review and research agenda. *Journal of Management, 40*(5), 1396–1436.

Dalal, R. S., Alaybek, B., & Lievens, F. (2020). Within-person job performance variability over short timeframes: Theory, empirical research, and practice. *Annual Review of Organizational Psychology and Organizational Behavior, 7*, 421–449. https://doi.org/10.1146/annurev-orgpsych-012119-045350

Darr, W., Borman, W. C., St-Pierre, L., Kubisiak, C., & Grossman, M. (2017). An applied examination of the computerized adaptive rating scale for assessing performance. *International Journal of Selection and Assessment, 25*(2), 149–153. https://doi.org/10.1111/ijsa.12167

DeNisi, A. S., & Murphy, K. R. (2017). Performance appraisal and performance management: 100 years of progress? *Journal of Applied Psychology, 102*(3), 421–433. https://doi.org/10.1037/apl0000085

Farr, J. L., Fairchild, J., & Cassidy, S. E. (2014). Technology and performance appraisal. In M. D. Coovert & L. F. Thompson (Hrsg.), *The psychology of workplace technology* (S. 77–98). Routledge.

Gerhart, B., & Fang, M. (2015). Pay, intrinsic motivation, extrinsic motivation, performance, and creativity in the workplace: Revisiting long-held beliefs. *Annual Review of Organizational Psychology and Organizational Behavior, 2*, 489–521. https://doi.org/10.1146/annurev-orgpsych-032414-111418

Geshkov, M. (2021). Application of digital technologies in performance appraisal. *Trakia Journal of Sciences, 19*(Suppl. 1), 117–121. https://doi.org/10.15547/tjs.2021.s.01.016

Giessner, S. R., Stam, D., Kerschreiter, R., Verboon, D., & Salama, I. (2020). Goal-setting reloaded: The influence of minimal and maximal goal standards on task satisfaction and goal striving after performance feedback. *Organizational Behavior and Human Decision Processes, 161*(C), 228–241. https://doi.org/10.1016/j.obhdp.2020.08.004

Goffin, R. D., & Olson, J. M. (2011). Is it all relative? Comparative judgments and the possible improvement of self-ratings and ratings of others. *Perspectives on Psychological Science, 6*(1), 48–60. https://doi.org/10.1177/1745691610393521

Goldberg, E. L. (2015). Leveraging technology to improve social dynamics. *Industrial and Organizational Psychology, 8*(1), 100–102. https://doi.org/10.1017/iop.2015.5

Gorman, C. A., Meriac, J. P., Roch, S. G., Ray, J. L., & Gamble, J. S. (2017). An exploratory study of current performance management practices: Human resource executives' perspectives. *International Journal of Selection and Assessment, 25*(2), 193–202. https://doi.org/10.1111/ijsa.12172

Grant, A. M., & Shandell, M. S. (2022). Social otivation at work: The organizational sychology of effort for, against, and with others. *Annual Review of Psychology, 73*, 301–326. https://doi.org/10.1146/annurev-psych-060321-033406

Hamari, J., Koivisto, J., & Sarsa, H. (2014, January 6–9). Does gamification work? – A literature review of empirical studies on gamification. In *Proceedings of the 47th hawaii international conference on system sciences*. IEEE.

Hu, X., Barber, L., Park, Y., & Day, A. (2021). Defrag and reboot? Consolidating information and communication technology research in I-O psychology. *Industrial and Organizational Psychology, 14*(3), 371–396. https://doi.org/10.1017/iop.2021.3

Jelley, R. B. (2016) Working With Social Comparisons in the Appraisal and Management of Performance Industrial and Organizational Psychology, 9(2), 288–296 https://doi.org/10.1017/iop.2016.13

Katz, I. M., Rauvola, R. S., & Rudolph, C. W. (2021). Feedback environment: A meta-analysis. *International Journal of Selection and Assessment, 29*(4), 305–325. https://doi.org/10.1111/ijsa.12350

Keegan, A., & Den Hartog, D. (2019). Doing it for themselves? Performance appraisal in project-based organisations, the role of employees, and challenges to theory. *Human Resource Management Journal, 29*(2), 217–237. https://doi.org/10.1111/1748-8583.12216

Keeping, L. M., & Levy, P. E. (2000). Performance appraisal reactions: Measurement, modeling, and method bias. *Journal of Applied Psychology, 85*(5), 708–723. https://doi.org/10.1037/0021-9010.85.5.708

Klehe, U.-C., & Anderson, N. (2007). Working hard and working smart: Motivation and ability during typical and maximum performance. *Journal of Applied Psychology, 92*(4), 978–992. https://doi.org/10.1037/0021-9010.92.4.978

Knies, E., Borst, R. T., Leisink, P., & Farndale, E. (2022). The distinctiveness of public sector HRM: A fourwave trend analysis. *Human Resource Management Journal, 32*(4), 799–825. https://doi.org/10.1111/1748-8583.12440

Koopmans, L., Bernaards, C. M., Hildebrandt, V. H., Schaufeli, W. B., de Vet Henrica, C. W., & van der Beek, A. J. (2011). Conceptual frameworks of individual work performance: A systematic review. *Journal of Occupational and Environmental Medicine, 53*(8), 856–866. https://doi.org/10.1097/JOM.0b013e318226a763

Landers, R. N., & Marin, S. (2021). Theory and technology in organizational psychology: A review of technology integration paradigms and their effects on the validity of theory. *Annual Review of Organizational Psychology and Organizational Behavior, 8*(1), 235–258. https://doi.org/10.1146/annurev-orgpsych-012420-060843

Landy, F. J., & Farr, J. L. (1983). *The measurement of work performance. Methods, theory, and applications*. Academic Press.

Latham, G. P. (2017). Motivate employee performance through oal Sestting. In E. A. Locke (Hrsg.), *The Blackwell handbook of principles of organizational behaviour* (S. 109–124). Wiley.

Ledford, G., Benson, G., & Lawler, E. (2016). Aligning research and the current practice of performance management. *Industrial and organizational psychology, 9*(2), 253–260. https://doi.org/10.1017/iop.2016.7

Locke, E. A., & Latham, G. P. (2013). Goal setting theory, 1990. In E. A. Locke & G. P. Latham (Hrsg.), *New developments in goal setting and task performance* (S. 3–15). Routledge/Taylor & Francis.

Lohaus, D. (2009). *Leistungsbeurteilung*. Hogrefe.

Lohaus, D., & Kleinmann, M. (2002). Analysis of performance potential. In S. Sonnentag (Hrsg.), *Psychological management of individual performance* (S. 155–178). Wiley.

Lohaus, D., & Schuler, H. (2014). Leistungsbeurteilung. In H. Schuler & U. Kanning (Hrsg.), *Lehrbuch der Personalpsychologie* (3. Aufl., S. 357–411). Hogrefe.

Lohaus, D., Bronner, U., Müller, P., Baumann, A., & Wallemann, A. (2018). *Die Zukunft des Personalmarketings in Deutschland – Ergebnisse einer Delphi-Studie* (2. Aufl.). Hochschule Darmstadt.

McClendon, J. A., Deckop, J. R., Han, S., & Petrucci, T. (2017). A study of system execution of performance appraisal. *International Journal of Selection and Assessment, 28*(3), 322–336. https://doi.org/10.1111/ijsa.12289

McCormick, B. W., Reeves, C. J., Downes, P. E., Li, N., & Ilies, R. (2020). Scientific contributions of within-person research in management: Making the juice worth the squeeze. *Journal of Management, 46*(2), 321–350. https://doi.org/10.1177/0149206318788435

Mercer. (2019). *Performance transformation in the future of work*. https://www.mercer.us/content/dam/mercer/attachments/private/us-2019-performance-transformation-in-the-future-of-work.pdf. Zugegriffen am 29.11.2022.

Mitchell, R., Schuster, L., & Jin, H. S. (2020). Gamification and the impact of extrinsic motivation on needs satisfaction: Making work fun? *Journal of Business Research, 106*, 323–330. https://doi.org/10.1016/j.jbusres.2018.11.022

Müller, P., & Lohaus, D. (2018). Talent Analytics – Chancen und Risiken eines datenbasierten Talent Managements aus wirtschaftspsychologischer Sicht. *Wirtschaftspsychologie, 20*(3), 34–42.

Murphy, K., Cleveland, J., & Hanscom, M. (2019). *Performance appraisal and management*. Sage.

Murphy, K. R. (2020). Performance evaluation will not die, but it should. *Human Resource Management Journal, 30*(1), 13–31. https://doi.org/10.1111/1748-8583.12259

Ng, T. W. H., & Feldman, D. C. (2013). How do within-person changes due to aging affect job performance? *Journal of Vocational Behavior, 83*(3), 500–513. https://doi.org/10.1016/j.jvb.2013.07.007

Nixon, A. E., & Spector, P. E. (2014). The impact of technology on employee stress, health, and well-being. In M. D. Coovert & L. F. Thompson (Hrsg.), *The psychology of workplace technology* (S. 238–260). Routledge.

O'Boyle, E., Jr., & Aguinis, H. (2012). The best and the rest: Revisiting the norm of normality of individual performance. *Personnel Psychology, 65*(1), 79–119. https://doi.org/10.1111/j.1744-6570.2011.01239.x

Organ, D. W. (1988). *Organizational citizenship behavior: The good soldier syndrom*. Lexington.

Parry, E. (2014). e-HRM: A catalyst for changing the HR function? In F. J. Martinez-Lopez (Hrsg.), *Handbook of strategic e-business management* (S. 589–604). Springer. https://doi.org/10.1007/978-3-642-39747-9

Payne, S. C., Horner, M. T., Boswell, W. R., Schroeder, A. N., & Stine-Cheyne, K. J. (2009). Comparison of online and traditional performance appraisal systems. *Journal of Managerial Psychology, 24*(6), 526–544. https://doi.org/10.1108/02683940910974116

Perryer, C., Celestine, N. A., Scott-Ladd, B., & Leighton, C. (2016). Enhancing workplace motivation through gamification: Transferrable lessons from pedagogy. *The International Journal of Management Education, 14*(3), 327–335. https://doi.org/10.1016/j.ijme.2016.07.001

Pilcher, S. (2012). The social context of performance appraisal and appraisal reactions: A meta-analysis. *Human Resource Management, 51*(5), 709–732. https://doi.org/10.1002/hrm.21499

Podsakoff, N. P., Spoelma, T. M., Chawla, N., & Gabriel, A. S. (2019). What predicts within-person variance in applied psychology constructs? An empirical examination. *Journal of Applied Psychology, 104*(6), 727–754. https://doi.org/10.1037/apl0000374

Pulakos, E. D., Arad, S., Donovan, M. A., & Plamondon, K. E. (2000). Adaptability in the workplace: Development of a taxonomy of adaptive performance. *Journal of Applied Psychology, 85*(4), 612–624. https://doi.org/10.1037/0021-9010.85.4.612

Pulakos, E. D., Mueller Hanson, R., Arad, S., & Moye, N. (2015). Performance management can be fixed: An on-the-job experiential learning approach for complex behaviour change. *Industrial and Organizational Psychology: Perspectives on Science and Practice, 8*(1), 51–76. https://doi.org/10.1017/iop.2014.2

Pulakos, E. D., Muller-Hanson, R., & Arad, S. (2019). The evolution of performance management: Searching for value. *Annual Review of Organizational Psychology and Organizational Behavior, 6*(1), 249–271. https://doi.org/10.1146/annurev-orgpsych-012218-015009

Ravid, D. M., Tomczak, D. L., White, J. C., & Behrend, T. S. (2020). EPM 20/20: A review, framework, and research agenda for electronic performance monitoring. *Journal of Management, 46*(1), 100–126. https://doi.org/10.1177/0149206319869435

Roberts, B. W., Walton, K. E., & Viechtbauer, W. (2006). Patterns of mean-level change in personality traits across the life course: A meta-analysis of longitudinal studies. *Psychological Bulletin, 132*(1), 1–25. https://doi.org/10.1037/0033-2909.132.1.1

Rondeau, K. V. (2018). e-Performance and reward management. In M. Thite (Hrsg.), *e-HRM: Digital approaches, directions & applications* (S. 196–213). Routledge.

Ruël, H., & Bondarouk, T. (2014). e-HRM research and practice: Facing the challenges ahead. In F. J. Martinez-Lopez (Hrsg.), *Handbook of strategic e-business management* (S. 633–653). Springer. https://doi.org/10.1007/978-3-642-39747-9

Sanchez, J. I., & Levine, E. L. (2012). The rise and fall of job analysis and the future of work analysis. *Annual Review of Psychology, 63*, 397–425. https://doi.org/10.1146/annurev-psych-120710-100401

Schleicher, D. J., Bull, R. A., & Green, S. G. (2009). Rater reactions to forced distribution rating systems. *Journal of Management, 35*(4), 899–927. https://doi.org/10.1177/0149206307312514

Schleicher, D. J., Baumann, H. M., Sullivan, D. W., Levy, P. E., Hargrove, D. C., & Barros-Rivera, B. A. (2018). Putting the system into performance management systems: A review and agenda for performance management research. *Journal of Management, 44*(6), 2209–2245. https://doi.org/10.1177/0149206318755303

Schuler, H. (2004). *Beurteilung und Förderung beruflicher Leistung* (2. Aufl.). Hogrefe.

Schuler, H. (2014). *Psychologische Personalauswahl. Eignungsdiagnostik für Personalentscheidungen und Berufsberatung* (4., vollst. überarb. Aufl.). Hogrefe.

Silic, M., Marzi, G., Caputo, A., & Bal, P. M. (2020). The effects of a gamified human resource management system on job satisfaction and engagement. *Human Resource Management Journal, 30*(2), 260–277. https://doi.org/10.1111/1748-8583.12272

Stone, D. L., Deadrick, D. L., Lukaszewski, K. M., & Johnson, R. (2015). The influence of technology on the future of human resource management. *Human Resource Management Review, 25*(2), 216–231. https://doi.org/10.1016/j.hrmr.2015.01.002

Thiel, C. E., Prince, N., & Sahatjian, Z. (2022). The (electronic) walls between us: How employee monitoring undermines ethical leadership. *Human Resource Management Journal, 32*(4), 743–758. https://doi.org/10.1111/1748-8583.12462

Thomason, S., Brownlee, A., Beekman, A., & Rustogi, H. (2018). Forced distribution systems and attracting top talent. *International Journal of Productivity and Performance Management, 67*(7), 1171–1191. https://doi.org/10.1108/IJPPM-06-2017-0141

Trevor, C. O., & Piyanontalee, R. (2020). Discharges, poor-performer quits, and layoffs as valued exits: Is it really addition by subtraction? *Annual Review of Organizational Psychology and Organizational Behavior, 7*, 181–211. https://doi.org/10.1146/annurev-orgpsych-012119-045343

Tziner, A., & Rabenu, E. (2021). The COVID-19 pandemic: A challenge to performance appraisal. *Industrial and Organizational Psychology, 14*(1–2), 173–177. https://doi.org/10.1017/iop.2021.24

Ullah, Z., Ahmad, N., Scholz, M., Ahmed, B., Ahmad, I., & Usman, M. (2021). Perceived accuracy of electronic performance appraisal systems. The case of a non-for-profit organization from an emerging economy. *Sustainability, 13*(4), 2109. https://doi.org/10.3390/su13042109

Van Lill, X., Roodt, G., & De Bruin, G. P. (2020). The relationship between managers' goal-setting styles and subordinates' goal commitment. *South African Journal of Economic and Management Sciences, 23*(1), a3601. https://doi.org/10.4102/sajems.v23i1.3601

Viswesvaran, C., & Ones, D. S. (2000). Perspectives on models of job performance. *International Journal of Selection and Assessment, 8*(4), 216–226. https://doi.org/10.1111/1468-2389.00151

Viswesvaran, C., Schmidt, F. L., & Ones, D. S. (2005). Is there a general factor in ratings of job performance? A meta-analytic framework for disentangling substantive and error influences. *Journal of Applied Psychology, 90*(1), 108–131. https://doi.org/10.1037/0021-9010.90.1.108

Welsh, D. T., Baer, M. D., Sessions, H., & Garud, N. (2020). Motivated to disengage: The ethical consequences of goal commitment and moral disengagement in goal setting. *Journal of Organizational Behavior, 41*(7), 663–677. https://doi.org/10.1002/job.2467

Wilkie, D. (2015, October). Is the annual performance review dead? *HR Magazine*, 11–12.

Woods, S. A. (2022). Where I am and who I am with: Contextual dynamics of personality in the prediction of work performance. *International Journal of Selection and Assessment, 30*(2), 236–248. https://doi.org/10.1111/ijsa.12355

Zhou, Y., Cheng, Y., Zou, Y., & Liu, G. (2022). e-HRM: A meta-analysis of the antecedents, consequences, and cross-national moderators. *Human Resource Management Review, 32*(4). https://doi.org/10.1016/j.hrmr.2021.100862

Fazit – Aufgaben für die Forschung und Empfehlungen für die Praxis

Marie L. Ohlms und Uwe Peter Kanning

Inhaltsverzeichnis

U. P. Kanning, M. L. Ohlms (Hrsg.), *Digitale Personalauswahl und Eignungsdiagnostik*,
https://doi.org/10.1007/978-3-662-68211-1_11

11.1 Aufgaben für die zukünftige Forschung

Die Digitalisierung in der Personalauswahl und Eignungsdiagnostik hat in den vergangenen Jahren zunehmend Aufmerksamkeit auf sich gezogen. Dies gilt insbesondere für neue Methoden wie das Cybervetting, gamifizierte Verfahren oder technologiemediierte Einstellungsinterviews. Angesicht der Komplexität der Materie bleiben bislang jedoch noch sehr viele Fragen unbeantwortet. ◘ Tab. 11.1 gibt einen Überblick über die zahlreichen Forschungsfragen, die sich aus den vorangestellten Kapiteln des Buches ergeben.

◘ **Tab. 11.1** Forschungsfragen

Forschungsbereich	**Forschungsfragen**
Digitalisierung im Personalmarketing	Wie wirken sich verschiedene Varianten von Chatbots auf das Erleben von Bewerbenden aus? Wie erleben Bewerbende Fotos (von Beschäftigten, Bürogebäuden u. Ä.), die in Stellenanzeigen und Karrierewebsites zum Einsatz kommen? Wie müssen entsprechende Fotos gestaltet werden, um eine positive Wirkung im Personalmarketing entfalten zu können? Wie wirken Bewertungen in Arbeitgeberbewertungsportalen oder Arbeitgeberpreise im Personalmarketing? Entfalten Websites eine unterschiedliche Wirkung, wenn sie auf verschiedenen Endgeräten (z. B. PC vs. Smartphone) abgerufen werden? Wie müsste „Recruitainment" gestaltet werden, um einen Nutzen im Personalmarketing entfalten zu können?
Digitalisierte Vorauswahl	Wie werden die Daten von Online-Bewerbungsformularen in den Unternehmen ausgewertet und wie müssten sie ausgewertet werden, um einen diagnostischen Mehrwert entfalten zu können? Welche Rolle spielen Fälschungsversuche in der Online-Diagnostik (Identität der Bewerbenden, Testtrainings, Weitergabe der Items etc.) für die Validität der eingesetzten Instrumente? Sind Chatbots in der Lage, reliable und valide Auswahlentscheidungen zu treffen? Inwieweit liefern private vs. berufliche Netzwerke valide Informationen zur Eignungsdiagnostik? Welchen Einfluss hat in diesem Zusammenhang die Selbstdarstellung von Bewerbenden in Bezug auf ihre Internetpräsentationen? Schaffen KI-Lösungen zum Matching von Internetdaten mit Anforderungsprofilen einen diagnostischen Mehrwert? Inwieweit führt Cybervetting zu einer systematischen Diskriminierung bestimmter Personengruppen? Schützt die Digitalisierung vor klassischen Urteilsfehlern (z. B. bezogen auf die Sichtung von Internetdaten)? Welches Entscheidungsverhalten zeigen Personaler/-innen im Hinblick auf komplexe Informationen aus dem Internet? Schaffen KI-Algorithmen einen diagnostischen Mehrwert im Vergleich zum Urteil von Personaler/-innen im Vorauswahlprozess?

Tab. 11.1 (Fortsetzung)

Forschungsbereich	Forschungsfragen
Videobewerbungen	Inwiefern führt die Beurteilung von Bewerbenden auf Basis von Videobewerbungen im Vergleich zu schriftlichen Bewerbungen zu gleichen Ergebnissen? Wovon hängt dies ab? Wie wirken sich Video- und Tonqualität oder der verwendete Hintergrund auf die Beurteilung von Bewerbenden aus? Welche Bedeutung kommt visuellen Stigmata und der generellen Attraktivität im Vergleich zu anderen Auswahlverfahren zu? Wie erleben Bewerbende die Aufforderung, ein Bewerbungsvideo zu drehen? Welche Konsequenzen hat dies für das Personalmarketing? Welche Einsatzmöglichkeiten haben Bewerbungsvideos im Bewerbungsprozess (welche Kompetenzen können damit valide diagnostiziert werden)? Inwieweit eignen sich Bewerbungsvideos in spezifischen Berufsfeldern als Arbeitsproben? Liefert die Videobewerbung eine inkrementelle Validität über die klassischen schriftlichen Bewerbungsunterlagen?
Testdiagnostik und Gamifizierung	Wie wirkt sich die digitale Testdiagnostik auf das Personalmarketing aus? Wie wirken sich verschiedene Grade der Gamifizierung auf das Personalmarketing aus? Welchen Einfluss haben in diesem Zusammenhang verschiedene Designs (z. B. Spielelemente, Genre) gamifizierter und spielbasierter Verfahren auf die Akzeptanz von Bewerbenden? Wie ist es um und Reliabilität von gamifizierten und Game-based Assessments bestellt? Wie lässt sie sich ggf. steigern? Wie beeinflusst die Gestaltung gamifizierter und Game-based Assessments die prognostische Validität? Gehen gamifizierte Verfahren mit einer systematischen Diskriminierung bestimmter Personengruppen einher und wie kann diese ggf. reduziert werden? Ist die Möglichkeit zum sozial erwünschten Antwortverhalten in spielerischen Verfahren geringer als in traditionellen Instrumenten?
Technologiemediierte Interviews	Verändert sich die geringe Akzeptanz von technologiemediierten Interviews durch die zunehmende Verbreitung und die Erfahrung von Bewerbenden mit diesen Instrumenten? Wie ist es um die (prognostische) Validität von technologiemediierten Interviews (insbesondere asynchroner Videointerviews) bestellt? Durch welche Gestaltungselemente kann die Validität positiv beeinflusst werden? Wie wirken sich potenziell verzerrende Einflussfaktoren, wie z. B. Videoqualität, auf die Leistung sowie die Einschätzung der Leistung von Bewerbenden aus?

(Fortsetzung)

Tab. 11.1 (Fortsetzung)

Forschungsbereich	Forschungsfragen
Digitalisierte Assessment-Center	Wie erleben Bewerbende das digitalisierte Assessment-Center (AC) und welche Bedeutung hat dies für das Personalmarketing? Welchen Einfluss nimmt die Digitalisierung bzw. nehmen verschiedene Grade der Digitalisierung auf die Validität der Verfahren? Wie verändert sich die Validität im Vergleich zum herkömmlichen ACs? Inwiefern beeinflusst die unterschiedliche Pausengestaltung in Remote-ACs im Vergleich zu Vor-Ort-ACs die Leistung der Bewerbenden? Werden in digitalisierten ACs bestimmte Personengruppen benachteiligt? Nehmen technische Besonderheiten (z. B. das Endgerät) Einfluss auf das Verhalten und die Bewertung der Bewerbenden?
Fragewürdige Methoden (KI-gestützte Sprachanalyse, Analyse der Körpersprache etc.)	Welches Bild zeichnen Metaanalysen in Bezug auf den Zusammenhang zwischen Sprachparametern/Internetdaten/Körpersprachedaten und Persönlichkeit? Wie ist es um die prognostische Validität und inkrementelle Validität entsprechender Methoden bestellt? Führt die Berücksichtigung zahlreicher Einzeldaten zu einem relevanten Reliabilitätsgewinn? Inwieweit werden bestimmte Personengruppen (z. B. Menschen mit Migrationshintergrund bei der Sprachanalyse) durch den Einsatz von KI diskriminiert? Führt der Einsatz von KI zu einer Tradierung klassischer Urteilsfehler? Wie ließe sich dies vermeiden? Wie wirkt sich die Veränderung von Algorithmen durch neu hinzugewonnene Datensätze im laufenden Auswahlverfahren auf die Fairness der Methoden aus?
Digitale Leistungsbeurteilung	Inwieweit unterscheiden sich verschiedene Beschäftigtengruppen (z. B. Jüngere vs. Ältere) hinsichtlich der Akzeptanz digitaler Leistungsbeurteilungen? Wie verhält es sich in Bezug auf digitales Feedback? Verändert die Digitalisierung das Ergebnis einer Leistungsbeurteilung im Vergleich zum herkömmlichen Vorgehen? Wie erleben Beschäftigte Leistungsbeurteilungen durch Kolleginnen und Kollegen? Wie erleben Beschäftigte eine tägliche digitale Leistungsbeurteilung bzw. ein tägliches digitales Feedback?

11.2 Empfehlungen für die Praxis

Auch wenn noch viele Forschungsfragen weitgehend unbeantwortet sind, lassen sich durchaus auch schon zum gegenwärtigen Zeitpunkt zahlreiche Empfehlungen aus den bisherigen Erkenntnissen ableiten. ◘ Tab. 11.2 gibt einen Überblick.

◘ **Tab. 11.2** Empfehlungen für die Praxis digitalisierter Personalauswahl und Eignungsdiagnostik

Methodik	Empfehlungen
Digitalisierung im Personalmarketing	Koppeln Sie Stellenanzeigen mit der Unternehmenswebsite, wobei die Website stets differenziertere Informationen liefern sollte. Achten Sie auf eine glaubwürdige Selbstpräsentation des Arbeitgebers sowohl in Stellenanzeigen als auch auf der Unternehmenswebsite. Zielen Sie nicht primär darauf ab, die Menge der Bewerbungen zu steigern, sondern versuchen Sie insbesondere die Grundquote zu maximieren. Sprechen Sie Bewerbende selektiv an, sodass diejenigen, die zu den Anforderungen der Stelle passen, angezogen werden und die ungeeigneten Personen von einer Bewerbung abgehalten werden. Formulieren Sie Ansprüche an Bewerbende, um hierdurch eine bessere Selbstselektion erzielen zu können. Verzichten Sie auf ein positiv verzerrtes und übertriebenes Selbstmarketing, sondern geben Sie vielmehr eine realistische Tätigkeitsvorschau (Realistic Job Preview) von dem, was zukünftige Stellenplatzinhabender in Ihrem Unternehmen erwarten wird. Geben Sie potenziellen Bewerbenden differenzierte Informationen über die Stelle, damit diese ihre eigene Eignung kritisch prüfen können (Selbstselektion). Benennen Sie die Unternehmenswerte nicht nur, sondern erläutern Sie diese auch und liefern Sie Belege für deren Umsetzung. Achten Sie auf eine zielgruppenspezifische Ansprache und passen Sie auf, sich dabei nicht von Stereotypen (z. B. Generation Y oder Z) leiten zu lassen. Siezen Sie Bewerbende in der Regel weiterhin und verzichten Sie auf ein generisches Duzen. Arbeiten Sie die Individualität des eigenen Unternehmens in Abgrenzung zum Branchenstereotyp heraus. Annoncieren Sie je nach Zielgruppe nach wie vor in Zeitungen (z. B. bei älterer Zielgruppe mit geringer Bildung). Achten Sie bei der Gestaltung der Karrierewebsite mehr auf die Nutzerfreundlichkeit denn auf die Ästhetik. Die Inhalte der Website sind wichtiger als die Form. Ermöglichen Sie potenziellen Bewerbenden ggf. einen Selbsttest zur Selbstselektion (z. B. in Form eines kurzen Fragebogens).

(Fortsetzung)

Tab. 11.2 (Fortsetzung)

Methodik	Empfehlungen
Digitalisierte Vorauswahl	Ignorieren Sie das Anschreiben oder fordern Sie explizit dazu auf, keine Anschreiben mehr zu schicken. Dasselbe gilt auch für Motivationsschreiben. Verzichten Sie auf die Deutung von Freizeitaktivitäten. Berücksichtigen Sie Schul- und Ausbildungsnoten insbesondere bei der Auswahl von Auszubildenden und Berufsanfängern. Ignorieren Sie Lücken im Lebenslauf ebenso wie die Anzahl der bisherigen Stellenwechsel. Gewichten Sie im Hinblick auf die Berufserfahrung die Inhalte und die Vielfalt stärker als die Dauer der Berufserfahrung. Setzen Sie, wenn möglich, Online-Bewerbungsbögen ein. Nutzen Sie für eine digitale Vorauswahl bei großen Bewerbendengruppen valide Online-Leistungstests. Geben Sie Bewerbenden explizite Hinweise zur Durchführung der Testverfahren, um die Durchführungsobjektivität zu steigern. Stellen Sie sicher, dass die Identität der Person, die den Test ausfüllt, überprüft wird oder führen Sie später offline einen Paralleltest durch. Erlauben Sie je nach Branche ggf. Videobewerbungen, fordern Sie aber nicht explizit dazu auf. Achten Sie auf die Nutzerfreundlichkeit von Online-Bewerbungsformularen und -Testverfahren. Nutzen Sie Cybervetting nicht zur Persönlichkeitsdiagnostik, sondern setzen Sie Cybervetting nur dann ein, wenn Fakten aus der Biografie überprüft werden sollen oder das Image eines Bewerbenden hinterfragt werden soll.
Videobewerbungen	Berücksichtigen Sie die Erkenntnisse aus der Forschung zu schriftlichen Bewerbungsunterlagen und Social-Media-Profilen. Definieren Sie standardisierte Kriterien zur Beurteilung der Videos auf Basis einer Anforderungsanalyse. Schützen Sie personenbezogene Daten und achten Sie auf den Datenschutz, wenn Sie Bewerbungsvideos von Bewerbenden einfordern. Schützen Sie dabei insbesondere die Plattformen für Bewerbungsvideos und achten Sie darauf, dass der Zugriff auf autorisierte Personen beschränkt ist. Lassen Sie für die Eignung der Bewerbenden irrelevante Informationen, wie z. B. die Qualität der technischen Umsetzung und das Videoformat, nicht in die Beurteilung einfließen. Geben Sie Bewerbenden einheitliche Instruktionen zur Erstellung der Videobewerbungen hinsichtlich des Inhalts und der Form (z. B. technische Ausgestaltung, Hoch- vs. Querformat). Verwenden Sie Bewerbungsvideos in bestimmten Berufsfeldern ggf. als Arbeitsprobe (z. B. Tänzer/-innen, Musiker/-innen).

Tab. 11.2 (Fortsetzung)

Methodik	Empfehlungen
Digitalisierte Testdiagnostik	Verwenden Sie ausschließlich Verfahren, die eine ausreichende Objektivität, Reliabilität und Validität aufweisen. Nutzen Sie ausschließlich Verfahren von Anbietern, die alle relevanten Informationen zu den Entwicklungsschritten und zur diagnostischen Qualität des Testverfahrens (Validierungs- und Normierungsstudien) offenlegen. Verwenden Sie nur solche Normierungsstichproben, die zur Zielgruppe passen und nicht älter als ca. acht Jahre sind. Überprüfen Sie beim Einkauf von Testverfahren, ob diese tatsächlich die relevanten Merkmale für die vakante Stelle erfassen. Ziehen Sie zur Entwicklung neuer Instrumente Fachexperten und -expertinnen heran, die die Testverfahren unter Berücksichtigung wissenschaftlicher Testentwicklungsstandards konzipieren. Achten Sie darauf, dass die Testdurchführung (Administration, Auswertung, Interpretation) für jeden Bewerbenden unter den gleichen, standardisierten Bedingungen erfolgt. Evaluieren Sie den Einsatz der Verfahren regelmäßig, z. B. hinsichtlich etwaiger Leistungsunterschiede zwischen verschiedenen Personengruppen (z. B. weibliche vs. männliche Bewerbende). Beziehen Sie bei der Entwicklung berufsspezifischer Leistungstests das Wissen von Experten und Expertinnen des jeweiligen Berufsfeldes mit ein. Überprüfen Sie bei der Digitalisierung eines papier-basierten Testverfahrens die Validierungs- und Normierungsstudien für die technologiegestützte Variante. Achten Sie bei der Einführung eines computer- oder mobilbasierten Testverfahrens auf dessen Nutzerfreundlichkeit.
Gamifizierung und Game-based Assessment	Führen Sie vor der Entwicklung von gamifizierten und Game-based Assessments eine Anforderungsanalyse durch und nutzen Sie diese als Basis für die Entwicklung der spielbasierten Verfahren. Passen Sie das Design eines spielerischen Verfahrens (verwendete Spielelemente, Genre) an die Vorlieben der jeweiligen Zielgruppe an. Achten Sie bei der Konzeption eines gamifizierten und Game-based Assessments darauf, dass dieses zumindest einen gewissen Bezug zur tatsächlichen Tätigkeit aufweist. Setzen Sie ausschließlich Verfahren ein, die ausreichend objektiv, reliabel und valide sind. Nutzen Sie nur Verfahren von Anbietern, die die wesentlichen Informationen zur diagnostischen Qualität eines spielerischen Instruments (Validierungs- und Normierungsstudien) offenlegen. Treffen Sie die Entscheidung darüber, ob ein spielerisches Verfahren eingesetzt werden soll, basierend auf einer Kosten-Nutzen-Analyse, bei der verschiedene relevante Kriterien wie Gütekriterien, Akzeptanz und Kosten berücksichtigt werden. Evaluieren Sie den Einsatz der Verfahren regelmäßig, z. B. hinsichtlich Leistungsunterschiede zwischen verschiedenen Personengruppen (z. B. ältere vs. jüngere Bewerbende).

(Fortsetzung)

Tab. 11.2 (Fortsetzung)

Methodik	Empfehlungen
Technologiemediierte Interviews	Stellen Sie allen Bewerbenden stets die gleichen Fragen, unabhängig davon, ob Sie ein Face-to-Face-Interview oder ein technologiemediiertes Interview (TMI) durchführen, um sicherzustellen, dass alle Bewerbenden die gleichen Chancen haben und um Vergleichbarkeit zwischen Bewerbenden herzustellen. Informieren Sie Bewerbende über die Vorteile von TMIs und erklären Sie Bewerbenden, warum diese eingesetzt werden (z. B. keine Anfahrtskosten). Räumen Sie Bewerbenden die Möglichkeit ein, Erfahrungen mit TMIs sammeln zu können, beispielsweise durch Probeinterviews. Nutzen Sie für alle Bewerbenden das gleiche Interviewmedium (Präsenz, Videointerview, asynchrones Interview), um einen standardisierten Auswahlprozess sicherzustellen. Passen Sie ggf. die Bewertungskriterien für Face-to-Face-Interviews an die technologiemediierte Durchführung an. Schulen Sie Interviewende hinsichtlich der veränderten Bedingungen bei TMIs, wie beispielsweise Veränderungen in der nonverbalen Kommunikation, mögliche Verzerrungen aufgrund von Übertragungsstörungen, Hintergründen und verändertem Blickkontakt.
Digitalisierte Assessment-Center	Setzen Sie digitalisierte Assessment-Center (AC) nicht als Regelverfahren ein, sondern eher als Ausnahme, wenn ein herkömmliches Vorgehen schwer zu realisieren ist (z. B. wenn sich einzelne Personen im Ausland befinden). Wägen Sie ab, ob für die betreffende Zielgruppe eine Remote-Durchführung sinnvoll ist, d. h., ob die Anforderungen der Arbeitsrealität in einem digitalen AC sinnvoll abgebildet werden können. Nutzen Sie für alle Bewerbenden das gleiche Durchführungsmedium (Präsenz oder digital), um eine standardisierte Durchführung des ACs zu gewährleisten. Stellen Sie sicher, dass (unerfahrene) Bewerbende vor der Durchführung eines digitalen ACs entsprechend geschult und aufgeklärt werden, damit diese auf die veränderten Rahmenbedingungen vorbereitet sind. Schulen Sie Beobachtende, insbesondere hinsichtlich der veränderten Bedingungen im digitalen AC, wie z. B. den Einfluss verzerrender Einflussfaktoren durch technische Störungen oder die Hintergründe der Bewerbenden. Führen Sie bei einem digitalen AC auch die Schulung der Beobachtenden digital durch. Achten Sie auf die Einhaltung des Datenschutzes personenbezogener Daten der Bewerbenden.
Fragewürdige Methoden (KI-gestützte Sprachanalyse, Analyse der Körpersprache etc.)	Reflektieren Sie Produkte von KI-Anbietern kritisch, im Hinblick auf die Retest-Reliabilität, Validität, Akzeptanz bei Bewerbenden, Diskriminierung und Kosten-Nutzen-Relation, bevor Sie deren Einsatz in Erwägung ziehen. Verzichten Sie, zumindest zum jetzigen Kenntnisstand, auf den Einsatz einer Sprachanalysesoftware. Gleiches gilt für die Verwendung einer Software, die versucht die Körpersprache von Bewerbenden im Interview zu deuten.

Tab. 11.2 (Fortsetzung)

Methodik	Empfehlungen
Digitale Leistungsbeurteilung	Schulen Sie Beurteilende vor der Anwendung einer Leistungsbeurteilungssoftware, um Beurteilungsfehler zu vermeiden sowie die Akzeptanz zu steigern. Verwenden Sie standardisierte Urteilsskalen, z. B. solche, die Verhaltensanker beinhalten. Achten Sie darauf, dass das digitale Leistungsmanagement (E-LM) nicht das persönliche Gespräch zwischen Führungskraft und Mitarbeitenden ersetzt, sondern dieses im besten Fall ergänzt. Etablieren Sie Mechanismen, die sicherstellen, dass Mitarbeitende Klarheit bezüglich der Leistungserwartungen haben. Achten Sie darauf, dass die Erwartungen, Leistungsstandards, Prioritäten und Erfolgskriterien durch die Führungskräfte klar formuliert werden. Stellen Sie sicher, dass die Führungskraft zusätzlich zur eigentlichen Leistungsbeurteilung regelmäßiges informelles Feedback zur Leistung und Zielerreichung an die Mitarbeitenden gibt. Achten Sie darauf, dass die (digitale) Leistungsbeurteilung durch die Führungskraft in einem anschließenden Mitarbeitergespräch besprochen wird und etwaige Unklarheiten hinsichtlich der Leistungsbeurteilung klargestellt und erläutert werden. Setzen Sie kurzfristige Leistungsziele, um Veränderungen gerecht zu werden und die Ausrichtung des Handelns der Mitarbeitenden an sich ändernde Gegebenheiten anpassen zu können. Achten Sie bei der Konzeption von Leistungsbeurteilungssystemen darauf, dass diese so gestaltet werden, dass die Betroffenen sie als fair und gerecht empfinden.

Fazit

Es ist zweifellos deutlich geworden, dass die Digitalisierung der Personalauswahl und Eignungsdiagnostik eine Vielzahl von Chancen bietet, die Effizienz und Effektivität des Personalauswahlprozesses zu optimieren. Beispielsweise können Bewerbende mithilfe von Online-Bewerbungsformularen ihre Bewerbung bequem mittels weniger Klicks einreichen, ohne dass sie wie bei den traditionellen Bewerbungsunterlagen in Papierform den Aufwand haben, diese zunächst ausdrucken zu müssen und dann auf dem Postweg zu versenden. Ebenso ermöglicht die Remote-Durchführung von Vorstellungsgesprächen mittels einer Videokonferenzsoftware (z. B. Zoom oder Microsoft Teams), im Vergleich zu einem Face-to-Face-Interview, Ressourcen einzusparen, da Kosten und Zeit für die wegfallende Anfahrt der Bewerbenden eingespart werden können. Weiterhin ermöglichen uns automatisierte Bewertungssysteme und KI-gestützte Analysen, große Datenmengen effizient zu verarbeiten. Neben Effizienzaspekten dürfen dabei jedoch weitere essenzielle Kriterien einer guten Personalauswahl nicht außer Acht gelassen werden. Was hilft schließlich ein maximal effizient gestalteter Bewerbungsprozess durch eine voll automatisierte Durchführung mittels künstlicher Intelligenz, wenn die darauf basierenden Auswahlentscheidungen weder psychologischen Gütekriterien (d. h. Validität, Reliabilität, Objektivität, vgl. ► Kap. 1) gerecht werden noch fair und datenschutzrechtlich unbedenklich sind. Wie auch bei traditionellen Personalauswahlmethoden sollten bei der Konzeption und beim Einsatz digitaler Auswahlinstrumente die diagnostische Qualität der Verfahren sowie die Minimierung verzerrender Einflussfaktoren auf die Bewertung von Bewerbenden oberste Priorität haben, um sicherzustellen, dass die getroffene Auswahlentscheidung gerecht und zuverlässig ist. Darüber hinaus ist es zwingend notwendig, die ethischen und rechtlichen Implikationen der digitalen Personalauswahl zu betrachten. Hierbei ist es unabdingbar, dass Forschung und Praxis eng zusammenarbeiten, um diese Herausforderungen anzugehen und verantwortungsbewusste Lösungen zu entwickeln.

Die allermeisten Organisationen werden heutzutage wohl darüber nachdenken, ihren Personalauswahlprozess zumindest an einigen Stellen zu digitalisieren, wenn sie es nicht schon bereits getan haben. Wie wir in den vorangegangenen Kapiteln gesehen haben, gibt es dabei eine breite Palette von Instrumenten und Technologien, derer man sich potenziell bedienen kann – von der Schaltung von Online-Stellenanzeigen und der Nutzung von Online-Bewerbungsformularen über die Durchführung von Videointerviews und Remote-Assessment-Centern bis hin zur digitalen Leistungsbeurteilung. Wie so oft gilt hier jedoch die Devise: Viel hilft nicht immer viel. Ganz im Gegenteil, Organisationen sollten stets auf der Basis einer Anforderungsanalyse die für ihre spezifischen Anforderungen passenden Instrumente auswählen. Lassen Sie uns das an einem Beispiel verdeutlichen. Während es für einen weltweit tätigen Konzern sehr sinnvoll sein kann, die Einstellungsgespräche per Videokonferenz durchzuführen, da sowohl Interviewende als auch Bewerbende rund um den Globus verteilt sitzen, mag es für einen regionalen Handwerksbetrieb ganz anders aussehen. So kann es für Bewerbende auf eine handwerkliche Tätigkeit, wie einen Tischler beispielsweise, von großer Bedeutung sein, sich die Begebenheiten vor Ort anzuschauen. Entsprechend könnte in dieser Situation ein remote durchgeführtes Auswahlverfahren auf wenig Akzeptanz stoßen. Demnach Entsprechend ist es wichtig, dass Personalverantwortliche die Funktionsweise und die Stärken sowie die Grenzen digitaler Instrumente verstehen, um mündige Entscheidungen bei der Implementierung treffen zu können.

Abschließend lässt sich also festhalten, dass die Digitalisierung der Personalauswahl und Eignungsdiagnostik sowohl vielfältige Chancen also auch einige Herausforderungen birgt. Die grundlegenden Kriterien einer guten Personalauswahl bleiben bei digitalen Methoden im Vergleich zu ihren traditionellen Pendants jedoch unverändert. Es gilt weiterhin, dass die Basis eines jeden Auswahlprozesses stets eine fundierte Anforderungsanalyse bilden sollte, die die Entscheidung dahingehend leitet, welche Instrumente zur Auswahl der Kandidatinnen und Kandidaten zum Einsatz kommen sollen. Selbstverständlich müssen auch digitale Methoden den grundlegenden psychometrischen Gütekriterien Objektivität, Reliabilität und Validität gerecht werden. Ein weiterer Aspekt, der dabei nicht außer Acht gelassen werden darf, ist die Rolle der Personalverantwortlichen bei der Gestaltung und Umsetzung der digitalen Personalauswahl. Schließlich bleibt trotz des technologischen Fortschritts die zwischenmenschliche Komponente von großer Bedeutung. HR-Expertinnen und -Experten spielen eine entscheidende Rolle bei der Auswahl adäquater digitaler Verfahren, die den spezifischen Anforderungen des Unternehmens und der Bewerbenden gerecht werden. Entsprechend sollten HR-Expertinnen und -Experten stets aktiv in den Entwicklungsprozess von digitalen Personalauswahlverfahren eingebunden sein, um sicherzustellen, dass die eingesetzten Technologien diagnostisch wertvoll und fair sind. Dabei kommt einer engen Zusammenarbeit zwischen HR-Expert/-innen und den verschiedenen internen Stakeholdern, wie z. B. Führungskräften und IT-Abteilungen, ein zentraler Stellenwert zu. Nur durch einen ganzheitlichen Ansatz, der sowohl die technischen als auch die zwischenmenschlichen Aspekte berücksichtigt, kann eine erfolgreiche Implementierung der digitalen Eignungsdiagnostik gewährleistet werden. Neben der Konzeption und Umsetzung einer technologiebasierten Personalauswahl sollten Personalverantwortliche ebenso die Relevanz der Kommunikation nicht vernachlässigen. Eine offene und transparente Kommunikation mit Kandidatinnen und Kandidaten über den Bewerbungsprozess, die genutzten Technologien sowie die damit verbundenen Vorteile und gegebenenfalls Herausforderungen ist entscheidend, um Vertrauen aufzubauen und die Akzeptanz zu fördern.

Zusammenfassend lässt sich festhalten, dass die digitale Personalauswahl und Eignungsdiagnostik ein spannendes und vielversprechendes Feld ist, das jedoch sorgfältig gestaltet und umgesetzt werden muss sowie noch weiterer umfassender Forschung bedarf. Die Rolle der HR-Expertinnen und -Experten als Vermittler zwischen Technologie und Mensch ist von entscheidender Bedeutung, um den Erfolg dieser digitalen Lösungen sicherzustellen. Nur durch eine komplexe Betrachtungsweise, die sowohl die technologischen als auch die zwischenmenschlichen Aspekte berücksichtigt, kann die digitale Personalauswahl und Eignungsdiagnostik ihr volles Potenzial entfalten und einen Mehrwert für Organisationen und Bewerbende stiften.

Printed in France by Amazon
Brétigny-sur-Orge, FR

30728093R00159